# 看例题学

# 建筑工程工程量清单计价

杨杰 主编

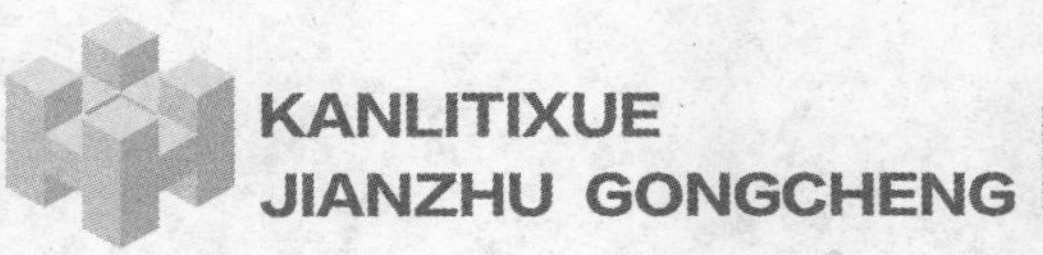


GONGCHENGLIANG
QINGDAN JIJIA

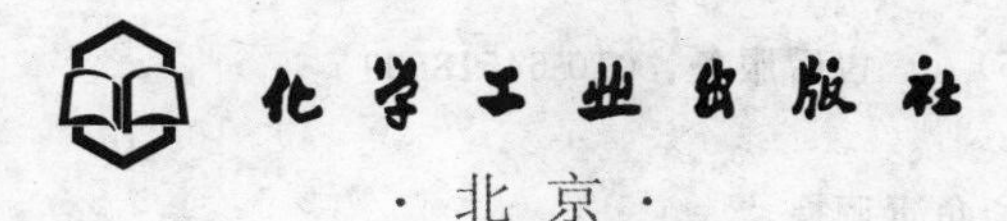


·北京·

全书共分为十一章，内容主要包括建设工程工程量清单计价概述，建筑面积计算规范及实例，各类建筑工程的工程量清单项目设置规则、套用规定及计算实例，具体包括：土石方工程，桩与地基基础工程，砌筑工程，混凝土及钢筋混凝土工程，厂库房大门、特种门、木结构工程，金属结构工程，屋面及防水工程，防腐、隔热、保温工程。

本书可供建筑工程领域的造价人员、技术人员、管理人员参考使用，也可供高等院校相关专业师生参考。

**图书在版编目（CIP）数据**

看例题学建筑工程工程量清单计价/杨杰主编. —北京：化学工业出版社，2013.1
ISBN 978-7-122-15354-8

Ⅰ.①看… Ⅱ.①杨… Ⅲ.①建筑工程-工程造价 Ⅳ.①TU723.3

中国版本图书馆 CIP 数据核字（2012）第 220749 号

责任编辑：袁海燕　　文字编辑：荣世芳
责任校对：宋　玮　　装帧设计：王晓宇

出版发行：化学工业出版社（北京市东城区青年湖南街 13 号　邮政编码 100011）
印　　装：三河市延风印装厂
787mm×1092mm　1/16　印张 16　字数 416 千字　　2013 年 9 月北京第 1 版第 1 次印刷

购书咨询：010-64518888（传真：010-64519686）　售后服务：010-64518899
网　　址：http://www.cip.com.cn
凡购买本书，如有缺损质量问题，本社销售中心负责调换。

定　　价：48.00 元

# 本书编写人员

主　　编：杨　杰
副 主 编：梁大伟　杨晓方
参　　编：孙兴雷　刘彦林　张素景　秦付良　孙　丹
　　　　　刘　义　马立棉　李红芳　李志刚

# 前　言

为了适应我国工程造价管理改革和贯彻落实《建设工程工程量清单计价规范》（GB 50500—2013）与国际惯例接轨及开拓国际工程承包业务的需要，帮助建设工程造价工作者对《建设工程工程量清单计价规范》（GB 50500—2013）的理解和应用，特编写了本书。

本书立足基本理论、基本技能的训练，注重理论联系实际，突出重点，通俗易懂。该书在介绍基本理论时，分别将工程量清单计算规则、计算方法、计算常用资料及基础定额套用规定进行了详略得当的讲解；书中的分项工程量计算示例，选材典型精辟，阐述清晰实用。

本书的最后列举了分项工程工程量清单计价综合实例，以帮助读者更加深刻地解读清单计价的计算方法，在这里也真切希望广大读者学有所用。

本书在编写过程中，承蒙多位专家朋友的帮助与指导，也参考了许多行内人士的佳作资料，在这里诚恳地表示感谢！

限于水平及时间，书中难免有不妥之处，还望读者朋友批评指正，编者将不胜感激！

编者

2013 年 5 月

# 目　录

# 第一章　建设工程工程量清单计价概述

## 第一节　建设工程工程量清单计价规范简介（以 GB 50500—2013 为例）

### 一、《建设工程工程量清单计价规范》（GB 50500—2013）的发布及编制原则

**1. 发布**

通过 2003 版与 2008 版工程量清单计价规范的普遍使用，我国工程建设项目已由定额计价体系转变为工程量清单计价体系。建筑业的发展要求建设项目参与方对工程价款进行精细化、科学化的管理，保证参与方的利益。为此，中华人民共和国住房和城乡建设部又颁布了新的计价标准《建设工程工程量清单计价规范》（GB 50500—2013）（以下简称《计价规范》）。

**2. 总的指导思想**

《建设工程工程量清单计价规范》（GB 50500—2013）是根据建设部令第 107 号《建筑工程施工发包与承包计价管理办法》，结合我国工程造价管理现状，总结有关省市工程量清单试点的经验，参照国际上有关工程量清单计价通行的做法进行编制的，编制中遵循的指导思想为：按照政府宏观调控、企业自主报价、市场竞争形成价格的要求，创造公平、公正、公开竞争的环境，以建立全国统一的、有序的建筑市场，既要与国际惯例接轨，又考虑我国的实际。

《建设工程工程量清单计价规范》主要思想主要表现在以下几个方面。

（1）政府宏观调控　一是规定了全部使用国有资金或国有资金投资的大中型建设工程要严格执行《建设工程工程量清单计价规范》的有关规定。与招标投标法规定的政府投资要进行公开招标是相适应的。二是《计价规范》统一了分部分项工程项目名称、统一了计量单位、统一了工程计算规则、统一了项目编码，为建立全国统一的建设市场和规范计价行为提供了依据。三是计价规范没有人、材、机的消耗量，必然促使企业提高管理水平，引导学会编制企业自己的消耗量定额，适应市场需要。

（2）企业自主报价、市场竞争形成要求　由于《建设工程工程量清单计价规范》不规定人工、材料、机械消耗量，为企业报价提供了自主空间，投标企业可以结合自身的生产效率、消耗水平和管理能力与已储备的企业报价资料，按照《计价规范》规定的原则和方法投标报价。工程造价最终由承包双方在市场竞争中按价值规律通过合同确定。

**3. 编制原则**

（1）政府宏观调控、企业自主报价、市场竞争形成价格的原则　按照政府宏观调控、企业自主报价、市场竞争形成价格的指导思想，为规范发包方与承包方计价行为，确定工程量清单计价原则、方法和必须遵循的规则，包括统一项目编码、项目名称、计量单位、工程量计算规则等。留给企业自主报价、参与市场竞争的空间，将属于企业性质的施工方法、施工措施和人工、材料、机械的消耗量水平、取费等应该由企业来确定，给企业充分的权利，促进生产力的发展。

（2）与现行预算定额既有机结合又有所区别的原则　由于现行预算定额是我国经过几十年长期实践总结出来的，有一定的科学性和实用性，从事工程造价管理工作的人员已形成了

运用预算定额的习惯，《计价规范》以现行的《全国统一工程预算定额》为基础，特别是项目划分、计量单位、工程量计算规则等方面，尽可能与定额衔接。与工程预算定额有所区别的原因：预算定额是按照计划经济的要求制定、发布贯彻执行的，其中有许多不适应《计价规范》编制指导思想的。

预算定额计价方法使得企业报价时表现为平均主义，企业不能结合项目具体情况、自身技术管理自主报价，不能充分调动企业加强管理的积极性。

(3) 既考虑我国工程造价管理的现状，又尽可能与国际惯例接轨的原则 《建设工程工程量计价规范》应要根据我国当前工程建设市场发展的形势，逐步解决定额计价中与当前工程建设市场不相适应的因素，适应我国社会主义市场经济发展的需要，适应与国际接轨的需要，积极稳妥地推行工程量清单计价。因此，在编制中，既借鉴了世界银行、菲迪克(FIDIC)、英联邦国家以及我国香港地区等的一些做法和思路，同时，也结合了我国现阶段的具体情况。

## 二、新版《建设工程工程量清单计价规范》的主要内容

2013 版规范在 2008 清单计价规范的基础上对工程项目全过程的价款管理进行了约定(包括工程量清单、招标控制价、投标价、签约合同价、工程计量、价款的调整与支付、争议解决等内容)，并涉及重大现实问题，比如承包人报价浮动率、工程量清单缺项等影响合同价款调整的重大事件的约定，并强化了清单的操作性，这些特点满足了价款精细化的管理需求。

新版清单规范在 2008 规范的基础上把计量、计价两部分规定实际分开，新规范先是对计价内容进行了规范，形成了 300 多条的规定，且单独给出 9 个专业（房屋建筑与装饰工程、仿古建筑工程、通用安装工程、市政工程、园林绿化工程、构筑物工程、矿山工程、城市轨道交通工程、爆破工程）的工程计量规范。

## 三、新版《建设工程工程量清单计价规范》的特点

### 1. 强制性和统一性

① 一般由建设行政主管部门按照强制性标准的要求批准颁发，规定全部使用国有资金或国有资金投资为主的大、中型建设工程按《建设工程量清单计价规范》规定执行。

② 它明确工程量清单是招标文件的一部分，并规定了招标人在编制工程量清单时必须遵守的规则，做到了四统一，即统一项目编码、统一项目名称、统一计量单位、统一工程量计算规则。

### 2. 实用性及竞争性

①《建设工程工程量清单计价规范》附录中工程量清单项目名称表现的是工程实体项目，项目明确清晰，工程量计算规则简洁明了，特别还有项目特征和工程内容，易于编制工程量清单。

②《建设工程工程量清单计价规范》中的措施项目。在工程量清单中只列“措施项目”一栏，具体采用什么措施，如模板、脚手架、临时设施、施工排水等详细内容由投标人根据企业的施工组织设计，视具体情况报价，因为这些项目在各个企业间各有不同，是企业竞争项目，是留给企业竞争的空间。规范中人工、材料和施工机械没有具体的消耗量，投标企业可以依据企业的定额和市场价格信息，也可以参照建设行政主管部门发布的社会平均消耗量定额报价，计价规范将报价权交给企业。

③ 通用性。采用工程量清单计价将与国际惯例接轨，符合工程量清单计算方法标准化、工程量计算规则统一化、工程造价确定市场化的规定。

## 四、新版《建设工程工程量清单计价规范》编制依据

为了增强清单的全面、深入及操作性以及适应目前建筑业建设工程项目参与双方的合同管理和项目管理的需求，依据《最高人民法院关于审理建设工程施工合同纠纷案件适用法律问题的解释》(法释［2004］14 号)、《建设工程价款结算暂行办法》(财建［2004］369 号)、《建筑安装工程费用项目组成》(建标［2003］206 号)、2008 版《建设工程工程量清单计价规范》(GB 50500—2008)、《房屋建筑和市政工程标准施工招标文件》(2010 年版)、《中华人民共和国招标投标法实施条例》(国务院第 613 号令) 等法律、法规及合同范本出台了 2013 版《建设工程工程量清单计价规范》(以后简称 2013 版规范)。

## 五、新版《建设工程工程量清单计价规范》的专业术语

(1) 工程量清单［bills of quantities (BQ)］

载明建设工程分部分项工程项目、措施项目、其他项目的名称和相应数量以及规费、税金项目等内容的明细清单。

(2) 招标工程量清单 (BQ for tendering)

招标人依据国家标准、招标文件、设计文件以及施工现场实际情况编制的，随招标文件发布供投标报价的工程量清单，包括其说明和表格。

(3) 已标价工程量清单 (priced BQ)

构成合同文件组成部分的投标文件中已标明价格，经算术性错误修正 (如有) 且承包人已确认的工程量清单，包括其说明和表格。

(4) 分部分项工程 (work sections and trades)

分部工程是单项或单位工程的组成部分，是按结构部位、路段长度及施工特点或施工任务将单项或单位工程划分为若干分部的工程；分项工程是分部工程的组成部分，是按不同施工方法、材料、工序及路段长度等将分部工程划分为若干个分项或项目的工程。

(5) 措施项目 (preliminaries)

为完成工程项目施工，发生于该工程施工准备和施工过程中的技术、生活、安全、环境保护等方面的项目。

(6) 项目编码 (item code)

分部分项工程和措施项目清单名称的阿拉伯数字标识。

(7) 项目特征 (item description)

构成分部分项工程项目、措施项目自身价值的本质特征。

(8) 综合单价 (all-in unit rate)

完成一个规定清单项目所需的人工费、材料和工程设备费、施工机具使用费和企业管理费、利润以及一定范围内的风险费用。

(9) 风险费用 (risk allowance)

隐含于已标价工程量清单综合单价中，用于化解发承包双方在工程合同中约定内容和范围内的市场价格波动风险的费用。

(10) 工程成本 (construction cost)

承包人为实施合同工程并达到质量标准，在确保安全施工的前提下，必须消耗或使用的人工、材料、工程设备、施工机械台班及其管理等方面发生的费用和按规定缴纳的规费和税金。

(11) 单价合同 (unit rate contract)

发承包双方约定以工程量清单及其综合单价进行合同价款计算、调整和确认的建设工程

施工合同。

(12) 总价合同 (lump sum contract)

发承包双方约定以施工图及其预算和有关条件进行合同价款计算、调整和确认的建设工程施工合同。

(13) 成本加酬金合同 (cost plus contract)

发承包双方约定以施工工程成本再加合同约定酬金进行合同价款计算、调整和确认的建设工程施工合同。

(14) 工程造价信息 (guidance cost information)

工程造价管理机构根据调查和测算发布的建设工程人工、材料、工程设备、施工机械台班的价格信息，以及各类工程的造价指数、指标。

(15) 工程造价指数 (construction cost index)

反映一定时期的工程造价相对于某一固定时期的工程造价变化程度的比值或比率。包括按单位或单项工程划分的造价指数，按工程造价构成要素划分的人工、材料、机械等价格指数。

(16) 工程变更 (variation order)

合同工程实施过程中由发包人提出或由承包人提出经发包人批准的合同工程任何一项工作的增、减、取消或施工工艺、顺序、时间的改变；设计图纸的修改；施工条件的改变；招标工程量清单的错、漏从而引起合同条件的改变或工程量的增减变化。

(17) 工程量偏差 (discrepancy in BQ quantity)

承包人按照合同工程的图纸（含经发包人批准由承包人提供的图纸）实施，按照现行国家计量规范规定的工程量计算规则计算得到的完成合同工程项目应予计量的工程量与相应的招标工程量清单项目列出的工程量之间出现的量差。

(18) 暂列金额 (provisional sum)

招标人在工程量清单中暂定并包括在合同价款中的一笔款项。用于工程合同签订时尚未确定或者不可预见的所需材料、工程设备、服务的采购，施工中可能发生的工程变更、合同约定调整因素出现时的合同价款调整以及发生的索赔、现场签证确认等的费用。

(19) 暂估价 (prime cost sum)

招标人在工程量清单中提供的用于支付必然发生但暂时不能确定价格的材料、工程设备的单价以及专业工程的金额。

(20) 计日工 (dayworks)

在施工过程中，承包人完成发包人提出的工程合同范围以外的零星项目或工作，按合同中约定的单价计价的一种方式。

(21) 总承包服务费 (main contractor's attendance)

总承包人为配合协调发包人进行的专业工程发包，对发包人自行采购的材料、工程设备等进行保管以及施工现场管理、竣工资料汇总整理等服务所需的费用。

(22) 安全文明施工费 (health, safety and environmental provisions)

在合同履行过程中，承包人按照国家法律、法规、标准等规定，为保证安全施工、文明施工，保护现场内外环境和搭拆临时设施等所采用的措施而发生的费用。

(23) 索赔 (claim)

在工程合同履行过程中，合同当事人一方因非己方的原因而遭受损失，按合同约定或法律法规规定应由对方承担责任，从而向对方提出补偿的要求。

(24) 现场签证 (site instruction)

发包人现场代表（或其授权的监理人、工程造价咨询人）与承包人现场代表就施工过程中涉及的责任事件所作的签认证明。

（25）提前竣工（赶工）费［early completion（acceleration）cost］

承包人应发包人的要求而采取加快工程进度措施，使合同工程工期缩短，由此产生的应由发包人支付的费用。

（26）误期赔偿费（delay damages）

承包人未按照合同工程的计划进度施工，导致实际工期超过合同工期（包括经发包人批准的延长工期），承包人应向发包人赔偿损失的费用。

（27）不可抗力（force majeure）

发承包双方在工程合同签订时不能预见的，对其发生的后果不能避免，并且不能克服的自然灾害和社会性突发事件。

（28）工程设备（engineering facility）

指构成或计划构成永久工程一部分的机电设备、金属结构设备、仪器装置及其他类似的设备和装置。

（29）缺陷责任期（defect liability period）

指承包人对已交付使用的合同工程承担合同约定的缺陷修复责任的期限。

（30）质量保证金（retention money）

发承包双方在工程合同中约定，从应付合同价款中预留，用以保证承包人在缺陷责任期内履行缺陷修复义务的金额。

（31）费用（fee）

承包人为履行合同所发生或将要发生的所有合理开支，包括管理费和应分摊的其他费用，但不包括利润。

（32）利润（profit）

承包人完成合同工程获得的盈利。

（33）企业定额（corporate rate）

施工企业根据本企业的施工技术、机械装备和管理水平而编制的人工、材料和施工机械台班等的消耗标准。

（34）规费（statutory fee）

根据国家法律、法规规定，由省级政府或省级有关权力部门规定施工企业必须缴纳的，应计入建筑安装工程造价的费用。

（35）税金（tax）

国家税法规定的应计入建筑安装工程造价内的营业税、城市维护建设税、教育费附加和地方教育附加。

（36）发包人（employer）

具有工程发包主体资格和支付工程价款能力的当事人以及取得该当事人资格的合法继承人，本规范有时又称招标人。

（37）承包人（contractor）

被发包人接受的具有工程施工承包主体资格的当事人以及取得该当事人资格的合法继承人，本规范有时又称投标人。

（38）工程造价咨询人［cost engineering consultant（quantity surveyor）］

取得工程造价咨询资质等级证书，接受委托从事建设工程造价咨询活动的当事人以及取得该当事人资格的合法继承人。

(39) 造价工程师［cost engineer (quantity surveyor)］

取得造价工程师注册证书，在一个单位注册、从事建设工程造价活动的专业人员。

(40) 造价员 (cost engineering technician)

取得全国建设工程造价员资格证书。在一个单位注册、从事建设工程造价活动的专业人员。

(41) 单价项目 (unit rate project)

工程量清单中以单价计价的项目，即根据合同工程图纸（含设计变更）和相关工程现行国家计量规范规定的工程量计算规则进行计量，与已标价工程量清单相应综合单价进行价款计算的项目。

(42) 总价项目 (lump sum project)

工程量清单中以总价计价的项目，即此类项目在相关工程现行国家计量规范中无工程量计算规则，以总价（或计算基础乘费率）计算的项目。

(43) 工程计量 (measurement of quantities)

发承包双方根据合同约定，对承包人完成合同工程的数量进行的计算和确认。

(44) 工程结算 (final account)

发承包双方根据合同约定，对合同工程在实施中、终止时、已完工后进行的合同价款计算、调整和确认。包括期中结算、终止结算、竣工结算。

(45) 招标控制价 (tender sum limit)

招标人根据国家或省级、行业建设主管部门颁发的有关计价依据和办法，以及拟定的招标文件和招标工程量清单，结合工程具体情况编制的招标工程的最高投标限价。

(46) 投标价 (tender sum)

投标人投标时响应招标文件要求所报出的对已标价工程量清单汇总后标明的总价。

(47) 签约合同价（合同价款） contract sum

发承包双方在工程合同中约定的工程造价，即包括了分部分项工程费、措施项目费、其他项目费、规费和税金的合同总金额。

(48) 预付款 (advance payment)

在开工前，发包人按照合同约定，预先支付给承包人用于购买合同工程施工所需的材料、工程设备，以及组织施工机械和人员进场等的款项。

(49) 进度款 (interim payment)

在合同工程施工过程中，发包人按照合同约定对付款周期内承包人完成的合同价款给予支付的款项，也是合同价款期中结算支付。

(50) 合同价款调整 (adjustment in contract sum)

在合同价款调整因素出现后，发承包双方根据合同约定，对合同价款进行变动的提出、计算和确认。

(51) 竣工结算价 (final account at completion)

发承包双方依据国家有关法律、法规和标准规定，按照合同约定确定的，包括在履行合同过程中按合同约定进行的合同价款调整，是承包人按合同约定完成了全部承包工作后，发包人应付给承包人的合同总金额。

(52) 工程造价鉴定 (construction cost verification)

工程造价咨询人接受人民法院、仲裁机关委托，对施工合同纠纷案件中的工程造价争议，运用专门知识进行鉴别、判断和评定，并提供鉴定意见的活动。也称为工程造价司法鉴定。

## 第二节 工程量清单计价与预算定额计价的主要区别

### 一、表现形式

① 传统的定额预算计价一般是采用总价形式。

② 工程量清单报价采用综合单价形式，综合单价包括人工费、材料费、机械使用费、管理费和利润，并考虑风险因素。工程量清单报价具有直观、单价相对固定的特点，工程量发生变化时，单价一般不作调整。

### 二、费用组成

① 传统预算定额计价的工程造价由直接工程费、现场经费、间接费、利润和税金组成。

② 工程量清单计价工程造价包括分部分项工程费、措施项目费、其他项目费、规费和税金。包括完成每项工程包含的全部工程内容的费用、完成每项工程内容所需的费用（规费、税金除外）、工程量清单中没有体现的施工中又必须发生的工程内容所需费用，还包括风险因素而增加的费用。

### 三、编制依据

① 传统的定额预算计价编制依据是图纸；人工、材料、机械台班消耗量依据建设行政主管部门颁发的预算定额；人工、材料、机械台班单价依据工程造价管理部门发布的价格信息进行计算。

② 工程量清单计价，根据建设部第107号令规定：标底的编制依据招标文件中的工程量清单和有关要求、施工现场情况、合理的施工方法以及按建设行政主管部门制定的有关工程造价计价办法。企业的投标报价则根据企业定额和市场价格信息，或参照建设行政主管部门发布的社会平均消耗量定额编制。

### 四、项目编码

① 传统的预算定额项目编码：全国各省市采用不同的定额子目。

② 工程量清单计价全国实行统一编码：项目编码采用十二位阿拉伯数字表示。一到九位为统一编码，前九位码不能变动，后三位编码由清单编制人依据项目设置的清单项目编制。

### 五、工程量单位

① 传统定额预算计价办法中建设工程的工程量分别由招标单位和投标单位按图计算。

② 工程量清单计价中工程量由招标单位统一计算或委托有工程造价咨询资质的单位统一计算，“工程量清单”是招标文件的重要组成部分，各投标单位应根据招标人提供的“工程量清单”，根据自身的技术装备、施工经验、企业成本、企业定额和管理水平自主填写报单价。

### 六、编制工程量清单时间

① 定额预算计价是在发出招标文件后编制清单（招标与投标人同时编制或投标人编制在前，招标人编制在后）。

② 工程量清单计价必须在发出招标文件前编制工程量清单。

### 七、评标所用的方法

① 定额计价投标一般采用百分制评分法。

② 工程量清单计价投标，一般采用合理低报价中标法，既要对总价进行评分，还要对综合单价进行分析评分。

**八、合同价调整方式**

① 定额预算计价合同价调整方式有变更签证、定额解释和政策性调整。工程量清单计价法合同价调整方式主要是索赔。

② 工程量清单的综合单价一般通过招标中报价的形式体现，一旦中标，报价作为签订施工合同的依据相对固定下来，工程结算按承包商实际完成工程量乘以清单中相应的单价计算，减少了调整活口。采用传统的预算定额经常有定额解释及定额规定，结算中又有政策性文件调整。工程量清单计价单价不能随意调整。

**九、投标计算口径**

① 采用定额计价招标时各投标单位各自计算工程量，各投标单位计算的工程量不一致。

② 采用工程量清单计价招标时各投标单位都依据统一的工程量清单报价，达到了投标计算口径的统一。

**十、索赔事件**

工程量清单计价相比定额计价包含的工作内容一目了然，所以凡建设方不按清单内容施工的，任意要求修改清单的，都会增加施工索赔的因素，相对来说，工程量清单计价更趋自于公平。

## 第三节 工程量清单的编制依据、要求及清单表的形式

**一、工程量清单及其计价的概念**

工程量清单是表现拟建工程的分部分项工程项目、措施项目、其他项目名称和相应数量的明细清单。是按照招标要求和施工设计图纸要求规定拟建工程的全部项目和内容，依据统一的计算规则、统一的工程量清单项目编制规则要求，计算拟建工程分部分项工程数量的表格。

工程量清单是招标文件的组成部分。是招标人发出的一套注有拟建工程各实物工程名称、性质、特征、单位、数量及开办税费等相关表格组成的文件。在理解工程量清单的概念时，首先注意到，工程量清单是一份招标人提供的文件，编制人是招标人或委托具有资质的中介机构。其次，从性质上说，工程量清单是招标文件的组成部分，一经中标且签定合同，即成为合同的组成部分。因此，无论招标人还是投标人都要慎重对待。再次，工程量清单的描述对象是拟建工程，其内容涉及清单项目的性质、数量等，并以表格为主要表现形式。

工程量清单计价，是指投标人完成由招标人提供的工程量清单所需的全部费用。包括分部分项工程费、措施项目费、其他项目费和规费、税金等。

工程量清单计价采用综合单价计价。综合单价包含完成规定计量单位项目所需的人工费、材料费、机械使用费、管理费、利润，并考虑风险因素产生的费用。

**二、工程量清单编制的依据**

① 现行建设工程工程量清单计价规范。

② 国家或省级行业建设主管部门颁发的计价依据和办法。

③ 建设工程设计文件。

④ 与建设工程项目有关的标准、规范、技术资料。

⑤ 拟定招标文件。

⑥ 施工现场情况、工程特点及常规施工方案。

⑦ 其他相关资料。

**三、工程量清单编制的价值**

(1) 是建筑工程投标报价的依据　工程投标的整个过程中，标书的编制是其中的关键环节，而报价又是标书编制的核心工作，投标方按照招标方的要求进行报价，报价是否合理、合适依赖于工程清单项目的设置和项目工程量，因此建筑工程工程量清单是投标报价的依据。

(2) 它为投标人提供了公平竞争的平台　招标人发出的工程量清单提供了关于工程量计算的足够的信息，最大限度地避免了各投标单位计算工程量时出现的工程数量的差异，同时避免了招投标双方高估工程量或故意少算、编算工程量等弄虚作假、暗箱操作的行为，为所有符合条件的投标人提供了一个共同的、平等的、公正的竞争平台。

(3) 是编制工程标底的依据　标底是建筑工程造价的表现形式之一，他是招标人对招标项目在方案、质量、工期、价格、措施等方面自我预期控制的指标。《计价规范》中规定，“招标工程如设底标，标底应根据招标文件中的工程量清单和有关要求、施工现场实际情况、合理的施工方法以及按照建设行政主管部门的有关工程造价计价办法进行编制”。

(4) 是签订建筑工程承包合同的重要依据　工程量清单是招标文件的核心内容，准确的工程量是计算合同价款的重要前提和基础，是确定合同价款的重要参考数据，是合同不可分割的组成部分。工程量清单是为合同服务的，而建筑工程施工合同是发、承包人为完成商定的建筑工程，明确双方的责、权、利而共同订立的法律性文件。

(5) 为承包商组织施工、订货提供了依据　工程量清单为承包商提供了工程各组成部分的工程量，一方面为承包商确定人数、材料、机械消耗量提供了数据资料，另一方面承包商还可依据这些数据编制组织施工组织设计，有效地完成订货和储备材料的任务。

(6) 避免了社会资源的浪费　实行工程量清单计价后，发包方为控制投资成本和风险，必然会选择有实力的承包商和供应商，极大限度地调配各种社会资源，力争做到投资的高性价比；承包商为降低施工成本和获得较大利益，也必然会发挥积极能动性，合理调配自己所拥有的各种社会资源，以期产生良好的经济效益和社会效益。工程量清单作为调配各种资源的基础数据起到了关键性的作用。

(7) 是支付工程价款的依据　一般来说，根据合同约定，发包方在开工前需向承包方支付一定数量的材料预付款，其依据就是根据工程量计算出的工程造价和材料费。

(8) 是工程竣工结算的依据　工程竣工验收后，承发包双方应该按照合同的预定，处理因工程设计变更、施工条件变更、进度计划变更等引起的承发包价格的变化。一般做法是依据工程量清单约定的计算规则、竣工图样、现场签证等对实际工程进行计量，调整清单项目工程量。然后套用原单价或确定新单价，并以此计算工程结算价款，办理竣工结算。

(9) 是进行工程索赔的依据　工程施工过程中，经常发生如清单项目特征描述有异议、清单未包括图样和技术规范要求的工作内容等，承包方会向发包方提出工程索赔；同样，承包方未按清单要求履行职责，发包方也会向承包方提出反索赔要求。工程量清单则是工程索赔时的依据。

### 四、工程量清单编制的一般规定

① 工程量清单应由具体编制能力的招标人或受其委托具有相应资质的工程造价咨询人员编制。

② 如若采用工程量清单方式招标，工程量清单必须作为招标文件的组成部分，其准确性和完整性由招标人负责。

③ 工程量清单是工程量清单计价的基础，应作为编制招标控制价、投标报价、计算工程量、支付工程款、调整合同价款、办理竣工结算以及工程索赔等的依据之一。

④ 工程量清单应由分部分项工程量清单、措施项目清单、其他项目清单、规费项目清单、税金项目清单组成。

### 五、工程量清单的内容组成、编制相关规定及清单表格示范表

#### 1. 清单内容组成

工程量清单主要包括工程量清单说明和工程量清单表两部分。

(1) 工程量清单说明　工程量清单说明主要是招标人解释拟招标工程的工程量清单的编制依据以及重要作用，明确清单中的工程量是招标人估算得出的，仅仅作为投标报价的基础，结算时的工程量应以招标人或由其授权委托的监理工程师核准的实际完成量为依据，提示投标申请人重视清单以及如何使用清单。

(2) 工程量清单表　工程量清单表作为清单项目和工程数量的载体，是工程量清单的重要组成部分。

#### 2. 清单编制规定及清单表格或范表

(1) 封面　封面应按规范封-1 的内容填写、签字、盖章，封面的格式见表 1-1。

**表 1-1　封面**

| |
|---|
| ××小区住宅楼　工程<br><br>**招标工程量清单**<br><br>招标人：××城市建设开发公司公章<br>（单位盖章）<br><br>造　价<br>咨询人：××工程造价咨询企业资质专用章<br>（单位资质专用章）<br><br>年　月　日 |

注：1. 工程量清单由招标人编制时，封面的左面由招标人按规定内容填写，右面只填写复核人。

2. 工程量清单由招标人委托工程造价咨询单位编制时，封面的全部内容均由受委托的咨询单位填写。

(2) 工程量清单说明　工程量清单说明一般应包括下列内容。

① 工程概况。包括工程规模、工程特征、计划工期等。

② 地质、水文、气象、交通、周边环境等。

③ 工程招标和分包范围。

④ 工程量清单编制依据。

⑤ 工程质量、材料、施工等的特殊要求。

⑥ 招标人自行采购材料的名称、规格型号、数量及要求承包人提供的服务。

⑦ 投标报价文件提供的数量。

⑧ 其他需要说明的问题。

工程量清单说明见表1-2。

**表1-2　××说明（范表）**

工程名称：××工程　　　　　　　　　　　　　　　　　　　第1页　共1页

| |
|---|
| 1. 工程概况<br>本建设项目为××市××设施。<br>××单位工程为××房土建及安装工程，主体采用框架结构，混凝土带型基础，实心砖砌筑墙体，内外普通档次装饰，普通水电设施，建筑层数为三层，建筑面积为332m²。<br>2. 工程范围<br>本项目招标文件图纸和技术规范[含工程图纸和其他设计文件、相关技术规范、招标补退文件（第01号～第××号）]所示范围内，为建造本工程所需进行的建筑、装饰装修和常规水电安装等专业工程及相关服务，但不包括有招标人另行专业发包的景观工程。<br>对于招标范围内设计文件的“××安装”或同类表述的项目，招标人将根据工程建设情况及投标人资质和实际能力情况，确定此类项目的建设时，招标人保留在投标人不适合的情况下，另行找发包人或指定分包的权利，承包人不得以任何理由拒绝。<br>3. 工程量清单编制依据<br>(1)招标文件提供的本工程施工图；<br>(2)现行《建设工程工程量清单计价规范》。 |

(3) 分部分项工程量清单　分部分项工程量清单必须载明项目编码、项目名称、项目特征、计量单位和工程量。《计价规范》规定了构成一个分部分项工程量的五个要件——项目编码、项目名称、项目特征、计量单位和工程量，这五个要件在分部分项工程量清单的组成中缺一不可，编制时不得因情况不同而变动，缺项时，编制人可作补充。

① 工程量清单编码的表示方式。分部分项工程量清单的项目编码，应采用十二位阿拉伯数字表示。一至九位应按附录的规定设置，十至十二位应根据拟建工程的工程量清单项目名称设置，同一招标工程的项目编码不得有重码。

各位数字的含义是：一、二位为工程分类顺序码；三、四位为专业工程顺序码；五、六位为分部工程顺序码；七至九位为分项工程项目名称顺序码；十至十二位为清单项目名称顺序码。

② 项目名称的确定。分部分项工程量清单的项目名称应按附录的项目名称结合拟建工程的实际确定。

③ 工程量计算的依据与有效位置。分部分项工程量清单中所列工程应按附录中规定的工程量计算规则计算。

④ 计量单位的确定。分部分项工程量清单的计量单位应按附录中规定的计量单位确定。附录中有两个或两个以上计量单位的，应结合拟建工程项目的实际选择其中一个确定。

⑤ 项目特征的描述。分部分项工程量清单项目特征应按附录中规定的项目特征，结合拟建工程项目的实际予以描述。清单项目特征的描述，应根据计价规范附录中有关项目特征的要求，结合技术规范、标准图集、施工图纸，按照工程结构、使用材质及规格或安装位置等，予以详细而准确地表述和说明。但有些项目特征用文字往往又难以准确和全面地描述清楚。因此，为达到规范、简捷、准确、全面描述项目特征的要求，在描述工程量清单项目特征时应按以下原则进行。

a. 项目特征描述的内容应按附录中的规定，结合拟建工程的实际，能满足确定综合单价的需要。

b. 若采用标准图集或施工图纸能够全部或部分满足项目特征描述的要求，项目特征描述可直接采用详见××图集或××图号的方式。对不能满足项目特征描述要求的部分，仍应用文字描述。

⑥ 编制补充项目的规定。在编制工程量清单时，当出现《计价规范》附录中未包括的清单项目时，编制人应作补充，并报省级或行业工程造价管理机构备案，省级或行业工程造价管理机构应汇总报住房和城乡建设部标准定额研究所。补充项目的编码由附录的顺序码与B和三位阿拉伯数字组成，并应从×B001起顺序编制，同一招标工程的项目不得重码。工程量清单中需附有补充项目的名称、项目特征、计量单位、工程量计算规则、工程内容。

(4) 措施项目清单　《计价规范》中的通用措施项目一览表中列出了通用措施项目，编制措施项目清单量，应结合拟建工程实际选用。

(5) 其他项目清单　工程建设标准的高低、工程的复杂程度、工程的工期长短、工程的组成内容、发包人对工程管理要求等都直接影响其他项目清单的具体内容，《计价规范》仅提供了暂列金额、暂估价（包括材料暂估单价、专业工程暂估价）、计日工、总承包服务费4项内容作为列项参考。其不足部分，可根据工程的具体情况进行补充。

其他项目清单与计价汇总表中的项目只作列项参考。编制其他项目清单时，应结合拟建工程的实际选用，其不足部分，清单编制人可作补充，补充项目应列在该清单项目最后，并以“补”字在“序号”栏中示之。其他项目清单以“项”为计量单位，相应数量为“1”。

① 暂列金额。暂列金额是招标人暂定并包括在合同价款中的一笔款项。不管采用何种合同形式，一份合同的价格就是其最终的竣工结算价格，或者至少两者应尽可能接近。但工程建设自身的特性决定了工程的设计需要根据工程进展不断地进行优化和调整，业主需求可能会随工程建设进展出现变化，工程建设过程还会存在一些不能预见、不能确定的因素，消化这些因素必然会影响合同价格的调整，暂列金额正是为这类不可避免的价格调整而设立，以便达到合理确定和有效控制工程造价的目标。

② 暂估价。暂估价在招标阶段预见肯定要发生，只是因为标准不明确或者需要由专业承包人完成，暂时无法确定价格。暂估价数量和拟用项目应当结合工程量清单中的“暂估价表”予以补充说明。为方便合同管理，需要纳入分部分项工程量清单项目综合单价中的暂估价应只是材料费，以方便投标人组价。专业工程的暂估价一般应是综合暂估价，应当包括除规费和税金以外的管理费、利润等取费。

③ 计日工。计日工是为了解决现场发生的零星工作的计价而设立的。计日工对完成零星工作所消耗的人工工时、材料数量、施工机械台班进行计量，并按照计日工表中填报的适用项目的单价进行计价支付。计日工适用的所谓零星工作一般是指合同约定之外的或者因变更而产生的、工程量清单中没有相应项目的额外工作，尤其是那些时间不允许事先商定价格的额外工作。

④ 总承包服务费是为了解决招标人在法律、法规允许的条件下进行专业工程发包，以及自行供应材料、设备，并需要总承包人对发包的专业工程提供协调和配合服务，对供应的材料、设备提供收、发和保管服务以及进行施工现场管理时发生，并向总承包人支付的费用。招标人应预计该项费用并按投标人的投标报价向投标人支付该项费用。

⑤ 其他项目清单的补充。出现上述计价规范其他项目的内容中未列的项目，可根据工程实际情况补充。

其他项目清单范表见表1-3～表1-8。

**表 1-3　其他项目清单与计价汇总表**

工程名称：××改造工程　　标段：×××　　第 1 页　共 1 页

| 序号 | 项目名称 | 金额/元 | 结算金额/元 | 备　注 |
|---|---|---|---|---|
| 1 | 暂估金额 | | | |
| 2 | 暂估价 | | 380000.00 | |
| 2.1 | 材料暂估价 | — | — | |
| 2.2 | 专业工程暂估价 | | 38000.00 | |
| 3 | 计日工 | | | |
| 4 | 总承包服务费 | | | |
| 5 | 索赔与现场签证 | | | |
| 合计 | | | | |

注：材料暂估单价进入清单项目综合单价，此处不汇总。

**表 1-4　暂列金额明细表**

工程名称：××商业住宅楼工程　　标段：　　第 1 页　共 1 页

| 序号 | 项目名称 | 计量单位 | 暂定金额/元 | 备注 |
|---|---|---|---|---|
| 1 | 工程量清单中工程量偏差和设计变更 | 项 | | |
| 2 | 政策性调整和材料价格风险 | 项 | | |
| 3 | 其他 | 项 | | |
| 4 | | | | |
| 5 | | | | |
| 合计 | | | | |

注：此表由招标人填写，如不能详列，也可只列暂定金额总额，投标人应将上述暂列金额计入总价中。

**表 1-5　材料（工程设备）暂估单价及调整表**

工程名称：××改造工程　　标段：×××　　第 1 页　共 1 页

| 序号 | 材料名称、规格、型号 | 计量单位 | 数量 | 单价/元 | 备注 |
|---|---|---|---|---|---|
| 1 | 地砖 | $m^2$ | | | |
| 2 | 地面砖 | $m^2$ | | | |
| 3 | 地毯 | $m^2$ | | | |
| | | | | | |
| | | | | | |

注：1. 此表由招标人填写，并在备注栏说明暂估价的材料拟用在哪些清单项目上，投标人应将上述材料暂估单价计入工程量清单综合单价报价中。

2. 上述材料、工程设备暂估单价计入工程量清单综合单价报价中。

**表 1-6　专业工程暂估及结算价表**

工程名称：××改造工程　　标段：　　第 1 页　共 1 页

| 序号 | 工程名称 | 计量单位 | 单价/元 | 备注 |
|---|---|---|---|---|
| 1 | 入户防盗门 | 1. 手绘壁纸画<br>2. 基层处理<br>3. 包含完成该手绘画所需的所有工作 | 20000.00 | |
| 2 | 玻璃幕墙 | 幕墙设计、制作、安装及运输，包含五金件等 | 150000.0 | |
| | | | | |
| | | 合计 | 380000.00 | |

注：此表由招标人填写，投标人应将上述专业工程暂估价计入投标总价中。

**表 1-7 计日工表**

工程名称：××改造工程　　标段：　　第 1 页 共 1 页

| 序号 | 工程名称 | 单位 | 暂定数量 | 实际数量 | 综合单价 | 合价 |
|---|---|---|---|---|---|---|
| 一 | 人工 | | | | | |
| 1 | 建筑、装饰工程普工 | 工日 | 1 | | | |
| 2 | 木工(模板工) | 工日 | 1 | | | |
| 3 | 架子工 | 工日 | 1 | | | |
| 4 | 砌筑工(砖瓦工) | 工日 | 1 | | | |
| 5 | 防水工 | 工日 | 1 | | | |
| 6 | 金属制口工安装工 | 工日 | 1 | | | |
| 7 | 抹灰工(一般抹灰) | 工日 | 1 | | | |
| 8 | 抹灰、镶贴工 | 工日 | 1 | | | |
| 9 | 装饰木工 | 工日 | 1 | | | |
| 10 | 油漆工 | 工日 | 1 | | | |
| 11 | 玻璃工 | 工日 | 1 | | | |
| 12 | 电工 | 工日 | 1 | | | |
| | | | | | | |
| | | | | | | |
| 人工合计 | | | | | | |
| 二 | 材料 | | | | | |
| 1 | | | | | | |
| 2 | | | | | | |

注：此表项目名称、数量由招标人填写，编制招标控制价时，单价由招标人按照有关计价规定确定；投标时单价由投标人自主报价，计入投标总价中。

**表 1-8 总承包服务费计价表**

工程名称：××改造工程　　第 1 页 共 1 页

| 序号 | 工程名称 | 项目价值/元 | 服务内容 | 计算基础 | 费率/% | 金额/元 |
|---|---|---|---|---|---|---|
| 1 | 发包人发包专业工程 | | | | | |
| 2 | 发包人供应材料 | | | | | |
| | | | | | | |
| | | | | | | |
| 合计 | | | | | | |

(6) 规费税金项目清单

① 规费项目清单。根据原建设部、财政部“关于印发《建筑安装工程费用项目组成》的通知”（建标［2003］206 号）及有关文件的规定，规费项目清单应按照下列内容列项。

a. 安全文明施工费，包括环境保护费、文明施工费、安全施工费、临时设施费。

b. 工程排污费。

c. 社会保障费，包括养老保险费、失业保险费、医疗保险费、工伤保险费、生育保险费。

d. 住房公积金。

e. 危险作业意外伤害保险。

② 规费项目清单的补充。编制人对《建筑安装工程费用项目组成》未包括的规费项目，在编制规费项目清单时应根据省级政府或省级有关权力部门的规定列项。

(7) 税金项目清单　根据原建设部、财政部“关于印发《建筑安装工程费用项目组成》的通知”（建标［2003］206 号）的规定，目前我国税法规定应计入建筑安装工程造价的税种包括营业税、城市建设维护税及教育费附加。如国家税法发生变化，税务部门依据职权增加了税种，应对税金项目清单进行补充。

规费、税金项目清单计价表格式见表1-9。

**表1-9　规费、税金项目清单与计价表**

工程名称：××改造工程　　　　第1页　共1页

| 序号 | 工程名称 | 计算基础 | 计算基数 | 费率/% | 金额/元 |
|---|---|---|---|---|---|
| 1 | 规费 | | | | |
| 1.1 | 社会保障费 | | | | |
| (1) | 养老保险费 | | | | |
| (2) | 失业保险费 | | | | |
| (3) | 医疗保险费 | | | | |
| (4) | 工伤保险费 | | | | |
| (5) | 生育保险费 | | | | |
| 1.2 | 住房公积金 | | | | |
| 1.3 | 工程排污费 | 按工程所在环保部门计 | | | |
| 2 | 税金 | 分部分项工程费＋措施项目费＋其他项目费＋规费－按规定不计税的工程设备金额 | | | |
| 合计 | | | | | |

编制人（造价人员）：　　　　复核人（造价工程师）：

# 第四节　工程量清单计价

## 一、工程量清单计价的概念

工程量清单计价，是指投标人完成由招标人提供的工程量清单所需的全部费用。工程量清单计价方法，是在建设工程招标中，招标人或委托具有资质的中介机构编制反映工程实体消耗和措施性消耗的工程量清单，并作为招标文件的一部分提供给投标人，由投标人依据工程量清单自主报价的计价方式。在工程招标投标中采用工程量清单计价是国际上较为通行的做法。

工程量清单计价的主旨就是在全国范围内，统一项目编码、统一项目名称、统一计量单位、统一工程量计算规则。在此前提下，由国家主管职能部门统一编制《建设工程工程量清单计价规范》，作为强制性标准，在全国统一实施。

## 二、工程量清单计价的费用构成

工程量清单所需的费用包括分部分项工程费、措施项目费、其他项目费、规费和税金，费用构成如图1-1所示。

## 三、工程量清单计价的特点

(1) 有统一的计价规则作依据　这种计价方法通过制定统一的建设工程量清单计价办法、统一的工程量计量规则、统一的工程量清单项目设置规则，达到规范计价行为的目的。这些规则和办法是强制性的，建设各方面都应该遵守，这是工程造价管理部门首次在文件中明确政府应管什么，不应管什么。实行工程量清单计价，工程量清单造价文件有统一的工程量清单的项目划分、计量规则、计量单位以及清单项目编码四个统一，达到清单项目工程量统一的目的。

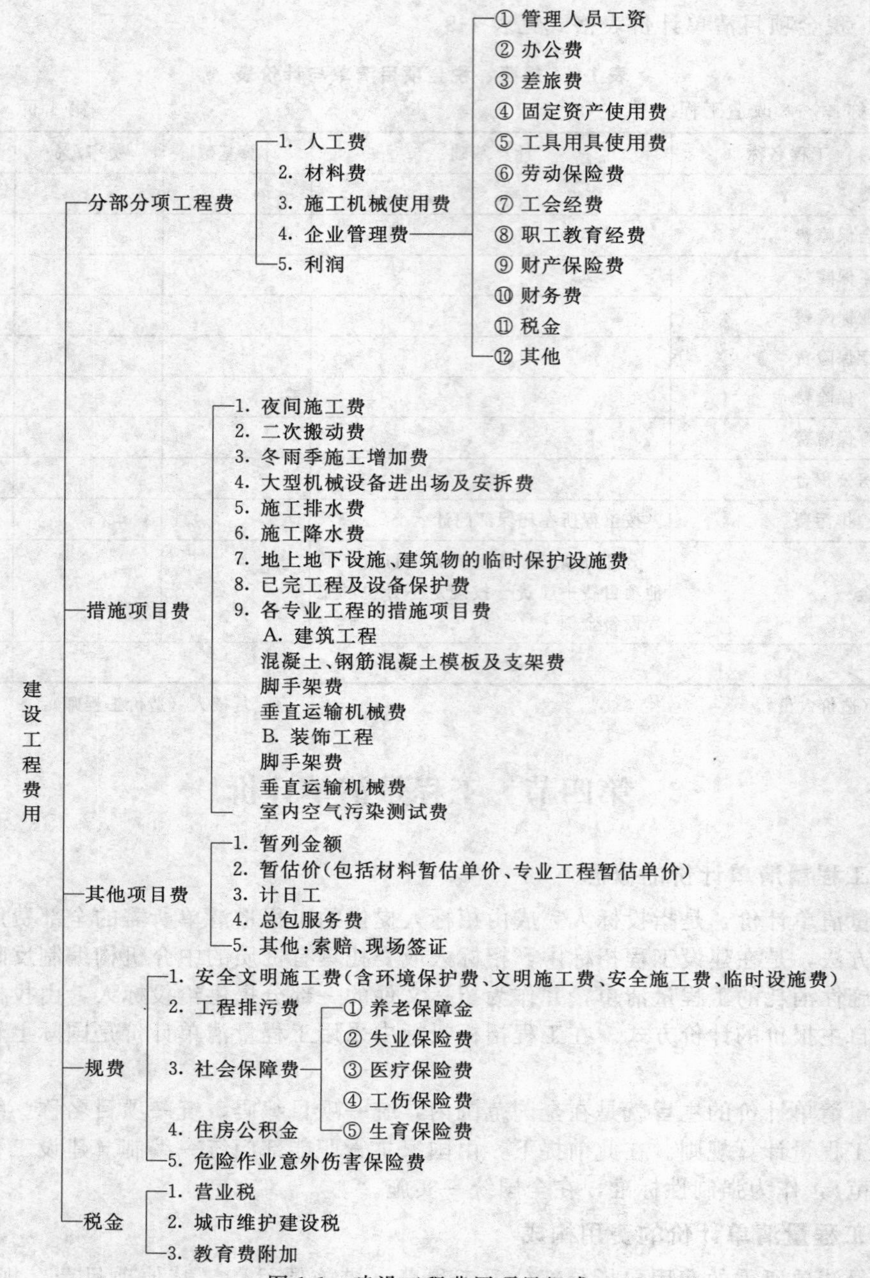


图 1-1 建设工程费用项目组成

(2) 可以有效控制消耗量 这种计价方法是通过由政府发布统一的社会平均消耗量指导标准，为企业提供一个社会平均尺度，避免企业盲目或随意大幅度减少或扩大消耗量，从而起到保证工程质量的目的。

(3) 彻底放开了价格 清单计价将工程消耗量定额中的人工、材料、机械价格和利润、管理费全面放开，由市场的供求关系自行确定价格。

(4) 企业可以自主报价 投标企业根据自身的技术专长、材料采购渠道和管理水平等，制定企业自己的报价定额，自主报价。企业尚无报价定额的，可参考使用造价管理部门发布的《建设工程消耗量定额》。

（5）使市场有序竞争形成价格　清单计价通过建立与国际惯例接轨的工程量清单计价模式，引入充分竞争形成价格的机制，制定衡量投标报价合理性的基础标准，在投标过程中，有效引入竞争机制，淡化标底的作用，在保证质量、工期的前提下，按国家《招标投标法》及有关条款规定，最终以“不低于成本”的合理低价者中标。

## 四、工程量清单计价相关费用解释

### 1. 一般规定

① 分部分项工程量清单应采用综合单价计价。

② 招标文件中的工程量清单标明的工程量是投标人投标报价的共同基础，竣工结算的工程量按发、承包双方在合同中约定应予计量且实际完成的工程量确定。

③ 措施项目清单计价根据拟建工程的施工组织设计，可以计算工程量的措施项目，应按分部分项工程量清单的方式采用综合单价计价；其余的措施项目可以“项”为单位的方式计价，应包括除规费、税金的全部费用。

④ 措施项目清单中的安全文明施工费应按照国家或省级、行业建设主管部门的规定计价，不得作为竞争性费用。

⑤ 其他项目清单应根据工程特点和《计价规范》的规定计价。招标人在工程量清单中提供了暂估价的材料和专业工程属于依法必须招标的，由承包人和招标人共同通过招标确定材料单价与专业工程分包价。

⑥ 规费和税金应按国家或省级、行业建设主管部门的规定计算，不得作为竞争性费用。

### 2. 工程量清单招标控制价规定

① 招标控制价超过批准的概算时，招标人应将其报原概算审批部门审核。投标人的投标报价高于招标控制价的，其投标应予拒绝。

② 招标控制价应由具有编制能力的招标人，或受其委托具有相应资质的工程造价咨询人编制。

③ 招标控制价应根据下列依据编制：

a. 现行《建设工程工程量清单计价规范》。

b. 国家或省级、行业建设主管部门颁发的计价定额和计价办法。

c. 建设工程设计文件及相关资料。

d. 招标文件中的工程量清单及有关要求。

e. 与建设项目相关的标准、规范、技术资料。

f. 工程造价管理机构发布的工程造价信息，工程造价信息没有发布的参照市场价。

g. 其他的相关资料。

④ 分部分项工程费用应根据招标文件中的分部分项工程量清单项目的特征描述及有关要求，按《计价规范》的规定确定综合单价计算。综合单价中应包括招标文件中要求投标人承担的风险费用。招标文件提供了暂估单价的材料，按暂估的单价计入综合单价。

⑤ 措施项目费应根据招标文件中的措施项目清单按《计价规范》的规定计价。

⑥ 其他项目费应按下列规定计价：

a. 暂列金额应根据工程特点，按有关计价规定估算。

b. 暂估价中的材料单价应根据工程造价信息或参照市场价格估算，暂估价中的专业工程金额应分不同专业，按有关计价规定估算。

c. 计日工应根据工程特点和有关计价依据计算。

d. 总承包服务费应根据招标文件列出的内容和要求估算。

⑦ 规定和税金应按《计价规范》的规定计算。

招标控制价应在招标时公布，不应上调或下浮，招标人应将招标控制价及有关资料报送工程所在地工程造价管理机构备查。投标人经复核认为招标人公布的招标控制价未按照《计价规范》的规定进行编制的，应在开标前5天向招标监督机构或（和）工程造价管理机构投诉。

**3. 投标控制价规定**

① 投标人应按招标人提供的工程量清单填报价格。填写的项目编码、项目名称、项目特征、计量单位、工程量必须与招标人提供的一致。

② 投标报价应根据下列依据编制：

a. 现行《建设工程工程量清单计价规范》。

b. 国家或省级、行业建设主管部门颁发的计价办法。

c. 企业定额，国家或省级、行业建设主管部门颁发的计价定额。

d. 拟定招标文件、工程量清单及其补充通知，答疑纪要。

e. 建设工程设计文件及相关资料。

f. 施工现场情况、工程特点及拟定的投标施工组织设计或施工方案。

g. 与建设项目相关的标准、规范等技术资料。

h. 市场价格信息或工程造价管理机构发布的工程造价信息。

i. 其他的相关资料。

③ 分部分项工程费应依据《计价规范》综合单价的组成内容，按招标文件中分部分项工程量清单项目的特征描述确定综合单价计算。

④ 综合单价中应考虑招标文件中要求投标人承担的风险费用。招标文件中提供了暂估单价的材料，按暂估的单价计入综合单价。投标人可根据工程实际情况结合施工组织设计，对招标人所列的措施项目进行增补。措施项目费应根据招标文件中的措施项目清单及投标时拟定的施工组织设计或施工方案按《计价规范》第4.1.4条的规定自主确定，其中安全文明施工费应按《计价规范》第4.1.5条的规定确定。

⑤ 其他项目费应按下列规定报价：

a. 暂列金额。应按招标人在其他项目清单中列出的金额填写。

b. 材料暂估价。应按招标人在其他项目清单中列出的单价计入综合单价；专业工程暂估价应按招标人在其他项目清单中列出的金额填写。

c. 计日工。按招标人在其他项目清单中列出的项目和数量，自主确定综合单价并计算计日工费用。

d. 总承包服务费。根据招标文件中列出的内容和提出的要求自主确定。

⑥ 规费和税金应按《计价规范》规定确定。

⑦ 投标总价应当与分部分项工程费、措施项目费、其他项目费和规费、税金的合合计金额一致。

## 第五节 建筑工程消耗定额内容及项目划分

### 一、消耗量定额简介

**1. 建筑工程消耗量定额**

建筑工程消耗量定额是指各地区（或企业）编制确定的完成每一建筑分项工程（即每一土建分项工程）所需人工、材料和机械台班消耗量标准的定额。它是业主或建筑施工企业（承包商）计算建筑工程造价的主要参考依据。

**2. 装饰工程消耗量定额**

装饰工程消耗量定额是指各地区（或企业）编制确定的完成每一装饰分项工程所需人工、材料和机械台班消耗量标准的定额。它是业主或装饰施工企业（承包商）计算装饰工程造价的主要参考依据。

**3. 安装工程消耗量定额**

安装工程消耗量定额是指各地区（或企业）编制确定的完成每一安装分项工程所需人工、材料和机械台班消耗量标准的定额。它是业主或安装施工企业（承包商）计算安装工程造价的主要参考依据。

**4. 园林绿化工程消耗量定额**

园林绿化工程消耗量定额，是指各地区（或企业）编制确定的完成每一园林绿化分项工程所需人工、材料和机械台班消耗量标准的定额。它是业主或园林绿化施工企业（承包商）计算园林绿化工程造价的主要参考依据。

**5. 市政工程消耗量定额**

市政工程消耗量定额是指各地区（或企业）编制确定的完成每一市政分项工程所需人工、材料和机械台班消耗量标准的定额。它是业主或市政施工企业（承包商）计算市政工程造价的主要参考依据。

## 二、消耗定额的项目划分

① 消耗量定额手册的项目是根据建筑结构、工程内容、施工顺序、使用材料等，按章（分部）、节（分项）、项（子目）排列的。

② 分部工程（章）是将单位工程中某些性质相近、材料大致相同的施工对象归在一起。

③ 分部工程以下，又按工程性质、工程内容、施工方法、使用材料等，分成许多分项（节）。分项以下，再按技术特征、规格、材料的类别等分成若干子项（子目）。

④ 为了使计价项目和定额项目一致，便于查对，章、节、项都应有固定的编号，称之为定额编号。采用三符号编码，如“3-5-1”表示第三章第五节第一项。

## 三、消耗量定额的使用方法

要正确理解设计要求和施工做法，看其是否与定额内容相符。只有对消耗量定额和施工图有了确切的了解，才能正确套用定额，防止错套、重套和漏套，正确使用定额。消耗量定额的使用一般有下列几种情况。

（1）消耗量定额的直接套用　工程项目要求与定额内容、作法说明以及设计要求、技术特征和施工方法等完全相符，且工程量的计量单位与定额计量单位相一致，可以直接套用定额，如果部分特征不相符必须进行仔细核对，进一步理解定额，这是正确使用定额的关键。

（2）消耗量定额的调整换算　工程项目要求与定额内容不完全相符合，不能直接套用定额，应根据不同情况分别加以换算，但必须符合定额中有关规定，在允许范围内进行。

消耗量定额的换算可以分为：强度等级换算；用量调整；系数调整；运距调整；其他调整。

（3）消耗量定额的补充　当设计图纸中的项目在定额中没有的，可作临时性的补充。补充方法一般有两种：

① 定额代用法。

② 补充定额法。

# 第二章　建筑面积计算规范及示例

## 第一节　计算建筑面积

### 一、单层建筑物面积计算

**1. 规则**

单层建筑物的建筑面积，应按其外墙勒脚以上结构外围水平面积计算，并应符合下列规定。

① 单层建筑物高度在 2.20m 及以上者应计算全面积；高度不足 2.20m 者应计算 1/2 面积。2.20m 是取标准层高 3.30m 的 2/3 高度。

a. 规则所指单层建筑物可以是民用建筑、公共建筑，也可以是工业厂房。“应按其外墙勒脚以上结构外围水平面积计算”的规定，主要强调勒脚是墙根部很矮的一部分墙体加厚，不能代表整个外墙结构，因此要扣除勒脚墙体加厚部分。另外还强调，建筑面积只包括外墙的结构面积，不包括外墙抹灰厚度、装饰材料厚度所占的面积。

b. 单层建筑物应按不同的高度确定面积的计算。其高度指室内地面标高至屋面板板面结构标高之间的垂直距离。遇有以屋面板找坡的平屋顶单层建筑物，其高度指室内地面标高至屋面板最低处板面结构标高之间的垂直距离。

② 利用坡屋顶内空间时净高超过 2.10m 的部位应计算全面积；净高在 1.20～2.10m 的部位应计算 1/2 面积；净高不足 1.20m 的部位不应计算面积，如图 2-1 所示。

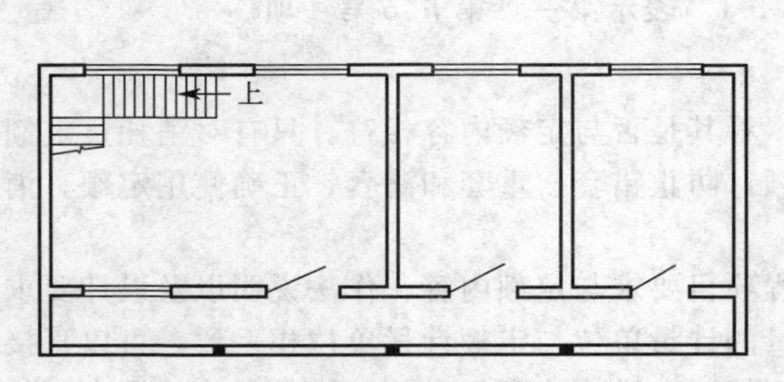


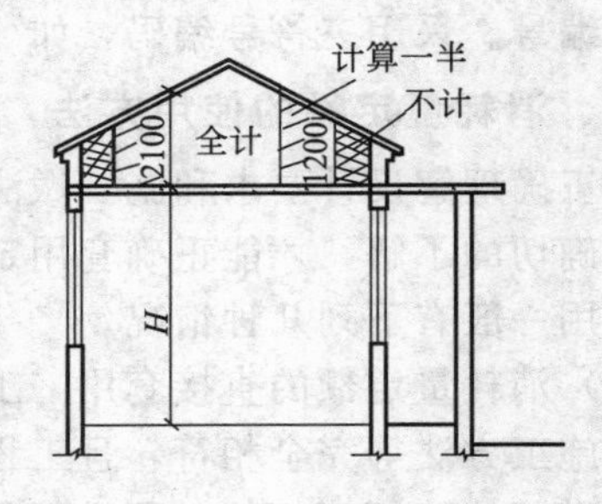


图 2-1　利用坡屋顶内空间示意图

③ 单层建筑物内设有局部楼层者，局部楼层的二层及以上楼层，有围护结构的应按其围护结构外围水平面积计算；无围护结构的应按其结构底板水平面积计算。层高在 2.20m 及以上者应计算全面积；层高不足 2.20m 者应计算 1/2 面积。

局部楼层的墙厚部分应包括在局部楼层面积内。本条款没提出不计算面积的规定，可以理解为局部楼层的层高一般不会低于 1.20m。

**2. 示例**

单层建筑物面积计算示例：如图 2-2 所示，试计算该单层建筑物建筑面积。

**解：** 因为此建筑物高度大于 2.20m，依据规则：单层建筑物的建筑面积按其外墙勒脚以上结构外围水平面积计算。单层建筑物内设有局部楼层者，局部楼层的二层及以上楼层，有围护结构的按围护结构外围水平面积计算，层高在 2.20m 及以上者应计算全面积。

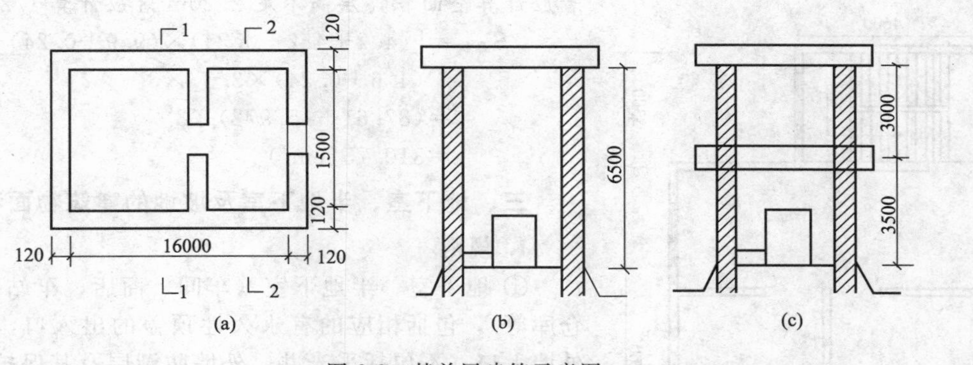


图 2-2 某单层建筑示意图

(a) 平面图；(b) 1—1 剖面图；(c) 2—2 剖面图

计算方法为：

建筑面积＝(16＋6＋0.24)×(15＋0.24)＋(6＋0.24)×(15＋0.24)

＝434.04 ($m^2$)

## 二、多层建筑物面积计算

### 1. 规则

① 多层建筑物首层应按其外墙勒脚以上结构外围水平面积计算；二层及以上楼层应按其外墙结构外围水平面积计算。层高在 2.20m 及以上者应计算全面积；层高不足 2.20m 者应计算 1/2 面积，如图 2-3 所示。

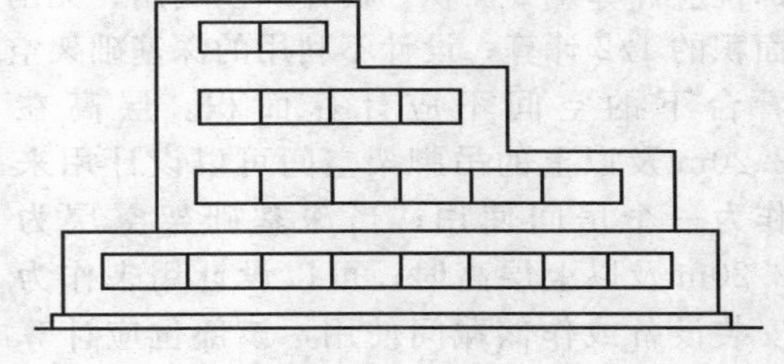

图 2-3 多层建筑物示意图

该条款明确了外墙上的抹灰厚度或装饰材料厚度不能计入建筑面积。“二层及以上楼层”是指，不仅底层有时不同于标准层，有可能二层及以上楼层的平面布置、面积也不相同，因此要按其外墙结构外围水平面积分层计算。

多层建筑物的建筑面积应按不同的层高分别计算。层高是指上下两层楼面结构标高之间的垂直距离。建筑物最底层的层高是指，当有基础底板时，按基础底板上表面结构标高至上层楼面的结构标高之间的垂直距离确定；当没有基础底板时，按地面标高至上层楼面结构标高之间的垂直距离确定。最上一层的层高是指楼面结构标高至屋面板板面结构标高之间的垂直距离；若遇到以屋面板找坡的屋面，层高指楼面结构标高至屋面板最低处板面结构标高之间的垂直距离。

本条款没有提出不计算面积的规定，可以按楼层的层高一般不会低于 1.20m 考虑。

② 多层建筑坡屋顶内和场馆看台下，当设计加以利用时净高超过 2.10m 的部位应计算全面积；净高在 1.20～2.10m 的部位应计算 1/2 面积；当设计不利用或室内净高不足 1.20m 时不应计算面积。

多层建筑坡屋顶内和场馆看台下的空间应视为坡屋顶内的空间，设计加以利用时，应按其净高确定其面积的计算；设计不利用的空间，不应计算建筑面积。

### 2. 示例

多层建筑物面积计算示例：如图 2-4 所示，已知三层层高分别为 $H_1=H_2=H_3=$ 3.40m，试计算此三层房的建筑面积。

**解**：依据《建筑工程建筑面积计算规范》(GB/T 50353—2005)，层高在 2.20m 及以上

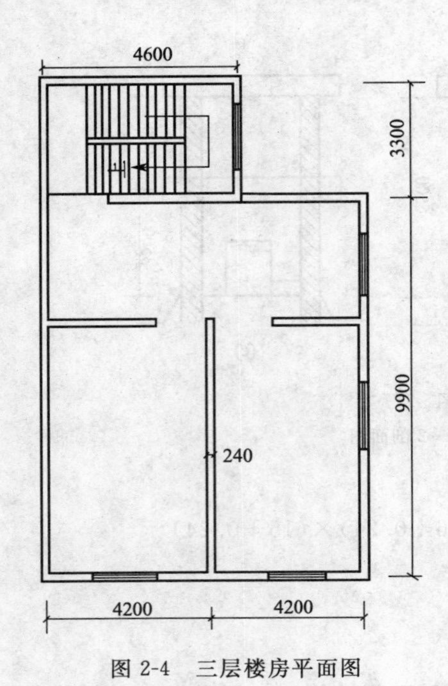

图 2-4 三层楼房平面图

者应计算全面积，层高不足 2.20m 者应计算 1/2 面积。

$$S_{面积}=[(4.2+4.2+0.24)\times(9.9+0.24)+(4.6+0.24)\times3.3]\times3$$
$$=(87.61+15.972)\times3$$
$$=310.75\ (m^2)$$

## 三、地下室、半地下室及坡地的建筑物面积计算

### 1. 规则

① 地下室、半地下室（车间、商店、车站、车库、仓库等），包括相应的有永久性顶盖的出入口，应按其外墙上口（不包括采光井、外墙防潮层及其保护墙）外边线所围水平面积计算。层高在 2.20m 及以上者应计算全面积；层高不足 2.20m 者应计算 1/2 面积。

地下室、半地下室应按其外墙上口外边线所围水平面积计算，旧的规则规定按地下室、半地下室上口外墙外围水平面积计算，文字上不甚严密，“上口外墙”容易被理解成为地下室、半地下室的上一层建筑的外墙。一般情况下，地下室外墙比上一层建筑外墙宽。

② 坡地的建筑物吊脚架空层、深基础架空层，设计加以利用并有围护结构的，层高在 2.20m 及以上的部位应计算全面积；层高不足 2.20m 的部位应计算 1/2 面积。设计加以利用、无围护结构的建筑吊脚架空层，应按其利用部位水平面积的 1/2 计算；设计不利用的深基础架空层、坡地吊脚架空层、多层建筑坡屋顶内、场馆看台下的空间不应计算面积。层高在 2.20m 及以上的吊脚架空间可以设计用来作为一个房间使用；当深基础架空层为 2.20m 及以上层高时，可以设计用来作为安装设备或作储藏间使用，该部位应计算全面积。

### 2. 示例

地下室、半地下室坡地的建筑物面积计算示例：如图 2-5 所示，试计算此地下室建筑面积。

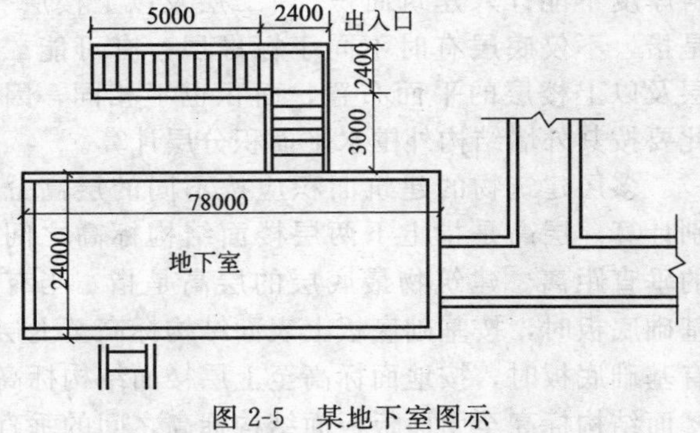

图 2-5 某地下室图示

**解**：依据《建筑工程建筑面积计算规范》(GB/T 50353—2005)，此地下室的面积为：

$$S_{面积}=78\times24+(5\times2.4+2.4\times2.4)\times2$$
$$=1907.52\ (m^2)$$

## 四、门厅、大厅、架空走廊、库房等面积计算

### 1. 计算规则

① 建筑物的门厅、大厅按一层计算建筑面积。门厅、大厅内设有回廊时，应按其结构底板水平面积计算。层高在 2.20m 及以上者应计算全面积；层高不足 2.20m 者应计算 1/2 面积。

“门厅、大厅内设有回廊”是指，建筑物大厅、门厅的上部（一般该大厅、门厅占两个或两个以上建筑物层高）四周向大厅、门厅中间挑出的走廊称为回廊。“层高不足 2.20m 者应计算 1/2 面积”应该指回廊层高可能出现的情况。

宾馆、大会堂、教学楼等大楼内的门厅或大厅，往往要占建筑物的二层或二层以上的层高，这时也只能计算一层面积。

② 建筑物间有围护结构的架空走廊，应按其围护结构外围水平面积计算。层高在 2.20m 及以上者应计算全面积；层高不足 2.20m 者应计算 1/2 面积。有永久性顶盖无围护结构的应按其结构底板水平面积的 1/2 计算。

③ 立体书库、立体仓库、立体车库，无结构层的应按一层计算，有结构层的应按其结构层面积分别计算。层高在 2.20m 及以上者应计算全面积；层高不足 2.20m 者应计算 1/2 面积，如图 2-6 所示。

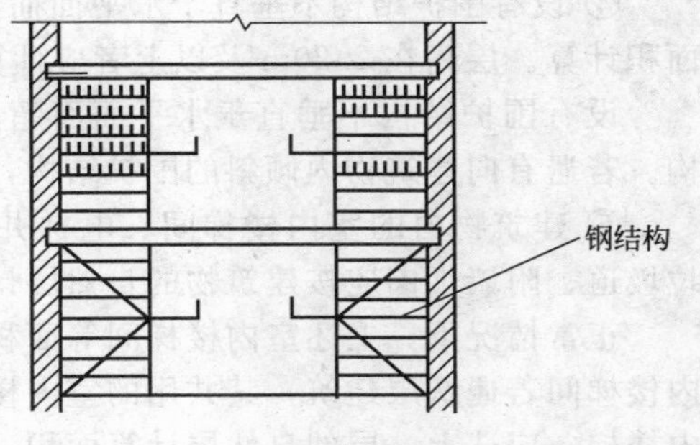


图 2-6 立体书库图示

由于城市内立体车库不断增多，计算规范增加了立体车库的面积计算。立体车库、立体仓库、立体书库不规定是否有围护结构，均按是否有结构层，应区分不同的层高，确定建筑面积计算的范围，改变了以前按书架层和货架层计算面积的规定。

④ 有围护结构的舞台灯光控制室，应按其围护结构外围水平面积计算。层高在 2.20m 及以上者应计算全面积；层高不足 2.20m 者应计算 1/2 面积。如果舞台灯光控制室有围护结构且只有一层，那么就不能另外计算面积，因为整个舞台的面积计算已经包含了该灯光控制室的面积。计算舞台灯光控制室面积时，应包括墙体部分面积。

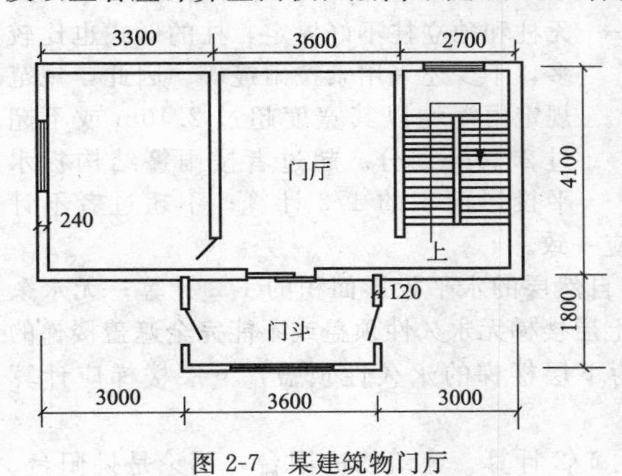


图 2-7 某建筑物门厅

**2. 示例**

门厅、大厅、架空走廊、库房等面积计算示例：如图 2-7 所示为某建筑物门厅图示，试计算某面积。

**解：**依据《建筑工程建筑面积计算规范》(GB/T 50353—2005)，此门厅建筑面积为：

$$S_{面积}=(3.6+0.24)\times(4.1+0.24)$$
$$=16.67\ (m^2)$$

## 五、走廊、楼梯间、雨篷、阳台等建筑物的面积计算

**1. 计算规则**

① 建筑物外有围护结构的落地橱窗、门斗、挑廊、走廊、檐廊，应按其围护结构外围水平面积计算。层高在 2.20m 及以上者应计算全面积；层高不足 2.2 0m 者应计算 1/2 面积。有永久性顶盖无围护结构的应按其结构底板水平面积的 1/2 计算。

② 有永久性顶盖无围护结构的场馆看台应按其顶盖水平投影面积的 1/2 计算。这里的场馆主要是指体育场等“场”所，如体育场主席台部分的看台，一般是有永久性顶盖而无围护结构，按其顶盖水平投影面积的 1/2 计算。“馆”是有永久性顶盖和围护结构的，应按单层或多层建筑面积计算规定计算。

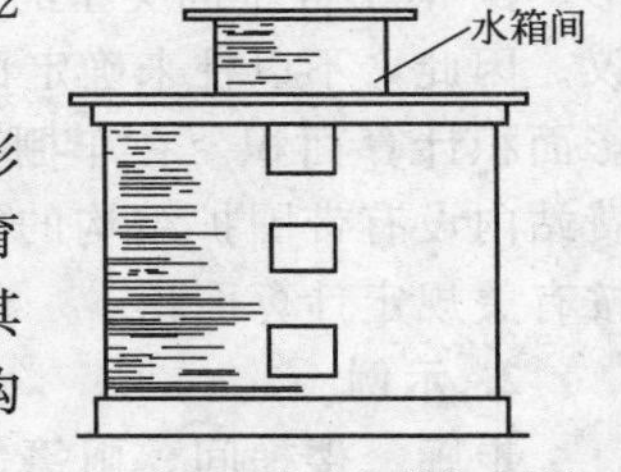


图 2-8 屋顶水箱间图示

③ 建筑物顶部有围护结构的楼梯间、水箱间、电梯机房等，层高在 2.20m 及以上者应计算全面积；层高不足 2.20m 者应计算 1/2 面积，如图 2-8 所示。

如遇建筑物屋顶的楼梯间是坡屋顶时，应按坡屋顶的相关规定计算面积。单独放在建筑

物屋顶上没有围护结构的混凝土水箱或钢板水箱，不计算面积。

④ 设有围护结构不垂直于水平面而超出底板外沿的建筑物，应按其底板面的外围水平面积计算。层高在 2.20m 及以上者应计算全面积；层高不足 2.20m 者应计算 1/2 面积。

设有围护结构不垂直于水平面而超出地板外沿的建筑物是指向建筑物外倾斜的围护结构。若遇有向建筑物内倾斜的围护结构，应视为坡屋面，应按坡屋顶的有关规定计算面积。

⑤ 建筑物内的室内楼梯间、电梯井、观光电梯井、提物井、管道井、通风排气竖井、垃圾道、附墙烟囱应按建筑物的自然层计算面积。

正常情况下，上述室内楼梯间等面积包括在各建筑物的自然层数内，不需单独计算。室内楼梯间若遇跃层建筑，其共用的室内楼梯应按自然层计算面积；上下两错层户室共用的室内楼梯，应选上一层的自然层计算面积。

电梯井是指安装电梯用的垂直通道；提物井是指图书馆提升书籍、酒店提升食物的垂直通道；垃圾道是指写字楼等大楼内每层设垃圾倾倒口的垂直通道；管道井是指宾馆或写字楼内集中安装给排水、采暖、消防、电线管道用的垂直通道。

⑥ 雨篷结构的外边线至外墙结构外边线的宽度超过 2.10m 者，应按雨篷结构板的水平投影面积的 1/2 计算，如图 2-9 所示。

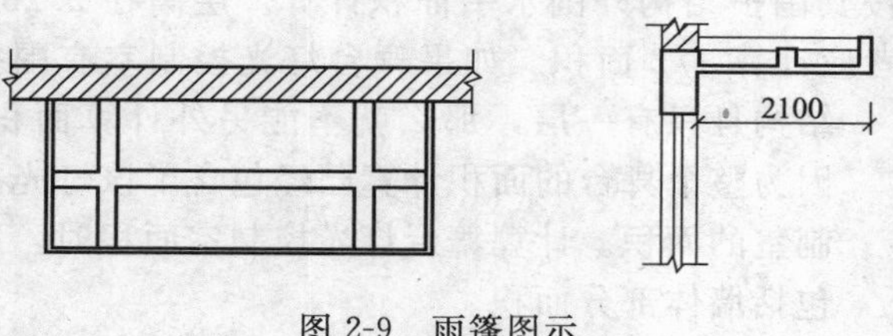

图 2-9　雨篷图示

由于雨篷结构形式比较复杂，有柱、无柱和独立柱不好界定，柱的形式也比较多，不少还采用索拉雨篷等。因此，规范规定雨篷均以其宽度超过 2.10m 或不超过 2.10m 划分。超过者按雨篷结构板水平投影面积的 1/2 计算；不超过者不计算。上述规定不管雨篷是否有柱或无柱，计算应一致。

⑦ 有永久性顶盖的室外楼梯，应按建筑物自然层的水平投影面积的 1/2 计算；无永久性顶盖的室外楼梯不计算面积。室外楼梯，最上层楼梯无永久性顶盖或不能完全遮盖楼梯的雨篷，上层楼梯不计算面积；上层楼梯可视为下层楼梯的永久性顶盖，下层楼梯应计算面积。

⑧ 建筑物的阳台均应按其水平投影面积的 1/2 计算。建筑物的阳台，不论是挑阳台、凹阳台、半凸半凹阳台、封闭阳台、敞开阳台均按其水平投影面积的 1/2 计算建筑面积。

⑨ 有永久性顶盖无围护结构的车棚、货棚、站台、加油站、收费站等，应按其顶盖水平投影面积的 1/2 计算。车棚、货棚、站台、加油站、收费站等的面积计算，由于建筑技术的发展，出现许多新型结构，如柱不再是单纯的直立柱，而出现正 V 形、倒 V 形等不同类型的柱，给面积计算带来许多争议。因此，不以柱来确定面积，而依据顶盖的水平投影面积计算面积。在车棚、货棚、站台、加油站、收费站内设有带围护结构的管理房间、休息室等，应另按有关规定计算面积。

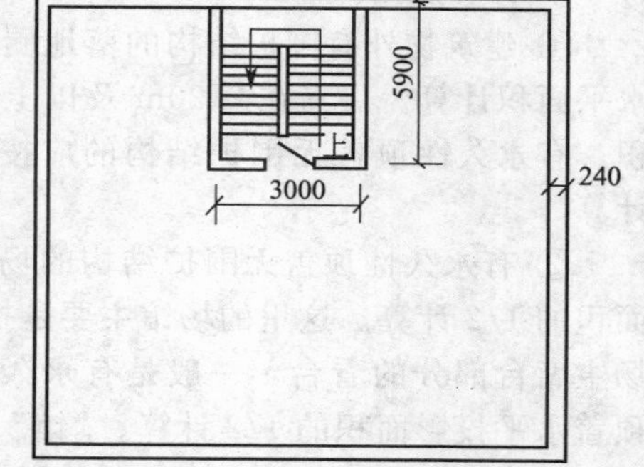

图 2-10　屋顶楼梯间图示

**2. 示例**

走廊、楼梯间、雨篷、阳台等计算面积示例：如图 2-10 所示，试计算楼梯间的建筑面积。

**解**：依据《建筑工程建筑面积计算规范》（GB/T 50353—2005），此楼梯间的面积为：

(1) 当楼梯间层高小于 2.20m 时

$$S_{面积}=(3.0+0.24)\times(5.9+0.24)\times\frac{1}{2}$$
$$=3.24\times6.14\times\frac{1}{2}$$
$$=9.95\ (m^2)$$

（2）当楼梯间层高大于等于 2.20m

$$S_{面积}=(3.0+0.24)\times(5.9+0.24)$$
$$=3.24\times6.14$$
$$=19.90\ (m^2)$$

### 六、建筑物其他建筑面积计算

① 高低联跨的建筑物，应以高跨结构外边线为界分别计算建筑面积；当高低跨内部连通时，其应计算在低跨面积内。

② 以幕墙作为围护结构的建筑物，应按幕墙外边线计算建筑面积。

③ 建筑物外墙外侧有保温隔热层的，应按保温隔热层外边线计算建筑面积。

④ 建筑物内的变形缝，应按其自然层合并在建筑物面积内计算。

建筑物内的变形缝是指与建筑物连通的变形缝，即暴露在建筑物内、可以看得见的变形缝。

## 第二节 不计算建筑面积

规范规定以下部分不计算建筑面积。

### 一、建筑物通道、设备管道夹层

① 建筑物通道（骑楼、过街楼的底层）如图 2-11 所示。

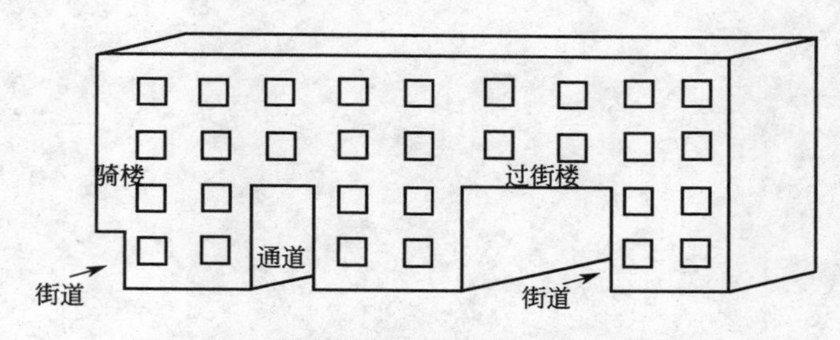


图 2-11 建筑物通道、骑楼、过街楼图示

② 建筑物内的设备管道夹层。高层建筑的宾馆、写字楼等，通常在建筑物高度的中间部分设置设备及管道的夹层，主要用于集中放置水、暖、电、通风管道及设备。这一设备管道层不应计算建筑面积。

### 二、屋顶水箱、操作平台等

① 建筑物内分隔的单层房间，舞台及后台悬挂幕布、布景的天桥、挑台等。

② 屋顶水箱、花架、凉棚、露台、露天游泳池。

③ 建筑物内的操作平台、上料平台、安装箱和罐体的平台。

④ 勒脚、附墙柱、垛、台阶、墙面抹灰、装饰面、镶贴块料面层、装饰性幕墙、空调机外机搁板（箱）、飘窗、构件、配件、宽度在 2.10m 及以内的雨篷以及与建筑物内不相连通的装饰性阳台、挑廊，如图 2-12 所示。

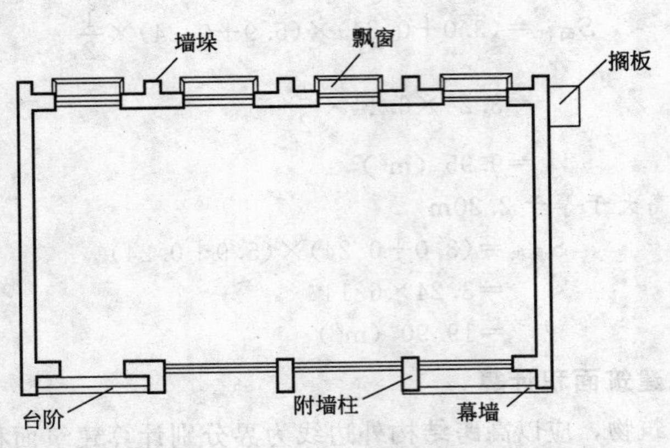

图 2-12 附墙柱、墙垛、台阶、幕墙、搁板、飘窗图示

⑤ 无永久性顶盖的架空走廊、室外楼梯和用于检修、消防等的室外钢楼梯、爬梯。

**三、自动扶梯、构筑物**

① 自动扶梯、自动人行道。自动扶梯（斜步道滚梯），除两端固定在楼层板或梁上面之外，扶梯本身属于设备，为此，各层扶梯部分不应计算建筑面积，但自动扶梯间的屋盖应计算一层面积。自动人行道（水平步道滚梯）属于安装在楼板上的设备，不应单独计算建筑面积。

② 构筑物。独立烟囱、烟道、地沟、油（水）罐、气柜、水塔、贮油（水）池、贮仓、栈桥、地下人防通道、地铁隧道等构筑物不计算建筑面积。

# 第三章 土（石）方工程

## 第一节 工程量清单项目设置规则及工程量计算主要技术资料

### 一、土（石）方工程量清单项目设置规则及其说明

#### 1. 土方工程

土方工程项目包括平整场地、挖土方、挖基础土方、冻土开挖、挖淤泥流砂、管沟土方，见表3-1。

表3-1 土方工程（编号：010101）

| 项目编码 | 项目名称 | 项目特征 | 计量单位 | 工程量计算规则 | 工作内容 |
|---|---|---|---|---|---|
| 010101001 | 平整场地 | 1. 土壤类别<br>2. 弃土运距<br>3. 取土运距 | $m^2$ | 按设计图示尺寸以建筑物首层建筑面积计算 | 1. 土方挖填<br>2. 场地找平<br>3. 运输 |
| 010101002 | 挖一般土方 | 1. 土壤类别<br>2. 挖土深度<br>3. 弃土运距 | $m^3$ | 按设计图示尺寸以体积计算 | 1. 排地表水<br>2. 土方开挖<br>3. 围护（挡土板）及拆除<br>4. 基底钎探<br>5. 运输 |
| 010101003 | 挖沟槽土方 | | | 按设计图示尺寸以基础垫层底面积乘以挖土深度计算 | |
| 010101004 | 挖基坑土方 | | | | |
| 010101005 | 冻土开挖 | 1. 冻土厚度<br>2. 弃土运距 | | 按设计图示尺寸开挖面积乘厚度以体积计算 | 1. 爆破<br>2. 开挖<br>3. 清理<br>4. 运输 |
| 010101006 | 挖淤泥、流砂 | 1. 挖掘深度<br>2. 弃淤泥、流砂距离 | | 按设计图示位置、界限以体积计算 | 1. 开挖<br>2. 运输 |
| 010101007 | 管沟土方 | 1. 土壤类别<br>2. 管外径<br>3. 挖沟深度<br>4. 回填要求 | 1. m<br>2. $m^3$ | 1. 以米计量，按设计图示以管道中心线长度计算<br>2. 以立方米计量，按设计图示管底垫层面积乘以挖土深度计算；无管底垫层按管外径的水平投影面积乘以挖土深度计算。不扣除各类井的长度，井的土方并入 | 1. 排地表水<br>2. 土方开挖<br>3. 围护（挡土板）、支撑<br>4. 运输<br>5. 回填 |

注：1. 挖土方平均厚度应按自然地面测量标高至设计地坪标高间的平均厚度确定。基础土方开挖深度应按基础垫层底表面标高至交付施工场地标高确定，无交付施工场地标高时，应按自然地面标高确定。

2. 建筑物场地厚度≤±300mm 的挖、填、运、找平，应按本表中平整场地项目编码列项。厚度＞±300mm 的竖向布置挖土或山坡切土应按本表中挖一般土方项目编码列项。

3. 沟槽、基坑、一般土方的划分为：底宽≤7m 且底长＞3 倍底宽为沟槽；底长≤3 倍底宽且底面积≤150$m^2$ 为基坑；超出上述范围则为一般土方。

4. 挖土方如需截桩头时，应按桩基工程相关项目列项。

5. 桩间挖土不扣除桩的体积，并在项目特征中加以描述。

6. 弃、取土运距可以不描述，但应注明由投标人根据施工现场实际情况自行考虑，决定报价。

7. 土壤的分类应按表 3-2 确定，如土壤类别不能准确划分时，招标人可注明为综合，由投标人根据地勘报告决定报价。

8. 土方体积应按挖掘前的天然密实体积计算。非天然密实土方应按表 3-3 折算。

9. 挖沟槽、基坑、一般土方因工作面和放坡增加的工程量（管沟工作面增加的工程量）是否并入各土方工程量中，应按各省、自治区、直辖市或行业建设主管部门的规定实施，如并入各土方工程量中，办理工程结算时，按经发包人认可的施工组织设计规定计算，编制工程量清单时，可按表 3-4～表 3-6 规定计算。

10. 挖方出现流砂、淤泥时，如设计未明确，在编制工程量清单时，其工程数量可为暂估量，结算时应根据实际情况由发包人与承包人双方现场签证确认工程量。

11. 管沟土方项目适用于管道（给排水、工业、电力、通信）、光（电）缆沟［包括人（手）孔、接口坑］及连接井（检查井）等。

表 3-2　土壤分类表

| 土壤分类 | 土壤名称 | 开挖方法 |
| --- | --- | --- |
| 一、二类土 | 粉土、砂土(粉砂、细砂、中砂、粗砂、砾砂)、粉质黏土、弱化盐渍土、软土(淤泥质土、泥炭、泥炭质土)、软塑红黏土、冲填土 | 用锹、少许用镐、条锄开挖。机械能全部直接铲挖满载者 |
| 三类土 | 黏土、碎石土(圆砾、角砾)混合土、可塑红黏土、硬塑红黏土、强盐渍土、素填土、压实填土 | 主要用镐、条锄、少许用锹开挖。机械需部分刨松方能铲挖满载者或可直接铲挖但不能满载者 |
| 四类土 | 碎石土(卵石、碎石、漂石、块石)、坚硬红黏土、超盐渍土、杂填土 | 全部用镐、条锄挖掘、少许用撬棍挖掘。机械须普遍刨松方能铲挖满载者 |

注：本表土的名称及其含义按国家标准《岩土工程勘察规范》(GB 50021—2001)(2009 年版)定义。

表 3-3　土方体积折算系数表

| 天然密实度体积 | 虚方体积 | 夯实后体积 | 松填体积 |
| --- | --- | --- | --- |
| 0.77 | 1.00 | 0.67 | 0.83 |
| 1.00 | 1.30 | 0.87 | 1.08 |
| 1.15 | 1.50 | 1.00 | 1.25 |
| 0.92 | 1.20 | 0.80 | 1.00 |

注：1. 虚方指未经碾压、堆积时间≤1 年的土壤。

2. 本表按《全国统一建筑工程预算工程量计算规则》(GJDGZ—101—95)整理。

3. 设计密实度超过规定的，填方体积按工程设计要求执行；无设计要求按各省、自治区、直辖市或行业建设行政主管部门规定的系数执行。

表 3-4　放坡系数表

| 土类别 | 放坡起点/m | 人工挖土 | 机械挖土 | | |
| --- | --- | --- | --- | --- | --- |
| | | | 在坑内作业 | 在坑上作业 | 顺沟槽在坑上作业 |
| 一、二类土 | 1.20 | 1∶0.5 | 1∶0.33 | 1∶0.75 | 1∶0.5 |
| 三类土 | 1.50 | 1∶0.33 | 1∶0.25 | 1∶0.67 | 1∶0.33 |
| 四类土 | 2.00 | 1∶0.25 | 1∶0.10 | 1∶0.33 | 1∶0.25 |

注：1. 沟槽、基坑中土类别不同时，分别按其放坡起点、放坡系数，依不同土类别厚度加权平均计算。

2. 计算放坡时，在交接处的重复工程量不予扣除，原槽、坑作基础垫层时，放坡自垫层上表面开始计算。

表 3-5　基础施工所需工作面宽度计算表

| 基础材料 | 每边各增加工作面宽度(mm) |
| --- | --- |
| 砖基础 | 200 |
| 浆砌毛石、条石基础 | 150 |
| 混凝土基础垫层支模板 | 300 |
| 混凝土基础支模板 | 300 |
| 基础垂直面做防水层 | 1000(防水层面) |

注：本表按《全国统一建筑工程预算工程量计算规则》(GJDGZ—101—95)整理。

表 3-6　管沟施工每侧所需工作面宽度计算表

| 管道结构宽/mm<br>管沟材料 | ≤500 | ≤1000 | ≤2500 | >2500 |
| --- | --- | --- | --- | --- |
| 混凝土及钢筋混凝土管道/mm | 400 | 500 | 600 | 700 |
| 其他材质管道/mm | 300 | 400 | 500 | 600 |

注：1. 本表按《全国统一建筑工程预算工程量计算规则》(GJDGZ—101—95)整理。

2. 管道结构宽：有管座的按基础外缘，无管座的按管道外径。

## 2. 石方工程

石方工程工程量清单项目计算规则见表 3-7。

**表 3-7 石方工程（编号：010102）**

| 项目编码 | 项目名称 | 项目特征 | 计量单位 | 工程量计算规则 | 工作内容 |
|---|---|---|---|---|---|
| 010102001 | 挖一般石方 | 1. 岩石类别<br>2. 开凿深度<br>3. 弃碴运距 | $m^3$ | 按设计图示尺寸以体积计算 | 1. 排地表水<br>2. 凿石<br>3. 运输 |
| 010102002 | 挖沟槽石方 | | | 按设计图示尺寸沟槽底面积乘以挖石深度以体积计算 | |
| 010102003 | 挖基坑石方 | | | 按设计图示尺寸基坑底面积乘以挖石深度以体积计算 | |
| 010102004 | 挖管沟石方 | 1. 岩石类别<br>2. 管外径<br>3. 挖沟深度 | 1. m<br>2. $m^3$ | 1. 以米计量，按设计图示以管道中心线长度计算<br>2. 以立方米计量，按设计图示截面积乘以长度计算 | 1. 排地表水<br>2. 凿石<br>3. 回填<br>4. 运输 |

注：1. 挖石应按自然地面测量标高至设计地坪标高的平均厚度确定。基础石方开挖深度应按基础垫层底表面标高至交付施工现场场地标高确定，无交付施工场地标高时，应按自然地面标高确定。

2. 厚度>±300mm 的竖向布置挖石或山坡凿石应按本表中挖一般石方项目编码列项。

3. 沟槽、基坑、一般石方的划分为：底宽≤7m 且底长>3 倍底宽为沟槽；底长≤3 倍底宽且底面积≤150m² 为基坑；超出上述范围则为一般石方。

4. 弃碴运距可以不描述，但应注明由投标人根据施工现场实际情况自行考虑，决定报价。

5. 岩石的分类应按表 3-8 确定。

6. 石方体积应按挖掘前的天然密实体积计算。非天然密实石方应按表 3-9 折算。

7. 管沟石方项目适用于管道（给排水、工业、电力、通信）、光（电）缆沟［包括：人（手）孔、接口坑］及连接井（检查井）等。

**表 3-8 岩石分类表**

| 岩石分类 | | 代表性岩石 | 开挖方法 |
|---|---|---|---|
| 极软岩 | | 1. 全风化的各种岩石<br>2. 各种半成岩 | 部分用手凿工具、部分用爆破法开挖 |
| 软质岩 | 软岩 | 1. 强风化的坚硬岩或较硬岩<br>2. 中等风化-强风化的较软岩<br>3. 未风化-微风化的页岩、泥岩、泥质砂岩等 | 用风镐和爆破法开挖 |
| | 较软岩 | 1. 中等风化-强风化的坚硬岩或较硬岩<br>2. 未风化-微风化的凝灰岩、千枚岩、泥灰岩、砂质泥岩等 | 用爆破法开挖 |
| 硬质岩 | 较硬岩 | 1. 微风化的坚硬岩<br>2. 未风化-微风化的大理岩、板岩、石灰岩、白云岩、钙质砂岩等 | 用爆破法开挖 |
| | 坚硬岩 | 未风化-微风化的花岗岩、闪长岩、辉绿岩、玄武岩、安山岩、片麻岩、石英岩、石英砂岩、硅质砾岩、硅质石灰岩等 | 用爆破法开挖 |

注：本表依据国家标准《工程岩体分级标准》（GB 50218—94）和《岩土工程勘察规范》（GB 50021—2001）（2009 年版）整理。

**表 3-9 石方体积折算系数表**

| 石方类别 | 天然密实度体积 | 虚方体积 | 松填体积 | 码方 |
|---|---|---|---|---|
| 石方 | 1.0 | 1.54 | 1.31 | |
| 块石 | 1.0 | 1.75 | 1.43 | 1.67 |
| 砂夹石 | 1.0 | 1.07 | 0.94 | |

注：本表按建设部颁发《爆破工程消耗量定额》（GYD—102—2008）整理。

### 3. 土石方回填

土石方回填工程工程量清单项目计算规则见表3-10。

**表3-10 回填（编号：010103）**

| 项目编码 | 项目名称 | 项目特征 | 计量单位 | 工程量计算规则 | 工作内容 |
|---|---|---|---|---|---|
| 010103001 | 回填方 | 1. 密实度要求<br>2. 填方材料品种<br>3. 填方粒径要求<br>4. 填方来源、运距 | $m^3$ | 按设计图示尺寸以体积计算<br>1. 场地回填：回填面积乘以平均回填厚度<br>2. 室内回填：主墙间面积乘以回填厚度，不扣除间隔墙<br>3. 基础回填：按挖方清单项目工程量减少，自然地坪以下埋设的基础体积（包括基础垫层及其他构筑物） | 1. 运输<br>2. 回填<br>3. 压实 |
| 010103002 | 余方弃置 | 1. 废弃料品种<br>2. 运距 | | 按挖方清单项目工程量减少利用回填方体积（正数）计算 | 余方点装料运输至弃置点 |

注：1. 填方密实度要求，在无特殊要求情况下，项目特征可描述为满足设计和规范的要求。

2. 填方材料品种可以不描述，但应注明由投标人根据设计要求验方后方可填入，并符合相关工程的质量规范要求。

3. 填方粒径要求，在无特殊要求情况下，项目特征可以不描述。

4. 如需买土回填应在项目特征填方来源中描述，并注明买土方数量。

## 二、土（石）方工程工程量计算方法

### 1. 大型土石方工程量计算方法

大型土石工程工程量计算常用方法有方框网点计算法、横截面法、分块法。

（1）横截面法　横截面法是指根据地形图以及总图或横截面图，将场地划分成若干个互相平行的横截面图，按横截面以及与其相邻横截面的距离计算出挖、填土石方量的方法。横截面法适用于地形起伏变化较大或形状狭长的地带。

① 计算前的准备。

a. 根据地形图及总平面图，将要计算的场地划分成若干个横截面，相邻两个横截面距离视地形变化而定。在起伏变化大的地段，布置密一些（即距离短一些），反之则可适当长一些。如线路横断面在平坦地区，可取50m一个，山坡地区可取20m一个，遇到变化大的地段再加测断面。

b. 实测每个横截面特征点的标高，量出各点之间距离（如果测区已有比较精确的大比例尺地形图，也可在图上设置横截面，用比例尺直接量取距离，按等高线求算高程，方法简捷，就其精度来说，没有实测的高），按比例尺把每个横截面绘制到厘米方格纸上，并套上相应的设计断面，则自然地面和设计地面两轮廓线之间的部分，即是需要计算的施工部分。

② 具体计算步骤

a. 划分横截面。根据地形图（或直接测量）及竖向布置图，将要计算的场地划分横截面，划分原则为垂直于等高线或垂直于主要建筑物边长，横截面之间的间距可不等，地形变化复杂的间距宜小，反之宜大一些，但最大不宜大于100m。

b. 画截面图形。按比例绘制每个横截面的自然地面和设计地面的轮廓线。设计地面轮廓线之间的部分，即为填方和挖方的截面。

c. 计算横截面面积。按表3-11的面积计算公式，计算每个截面的填方或挖方截面积。

**表 3-11 常用横截面计算公式**

| 图 示 | 面积计算公式 |
| --- | --- |
| 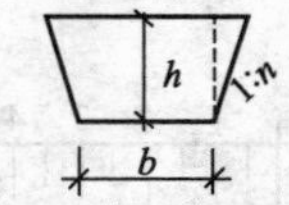  | $F=h(b+nh)$ |
| 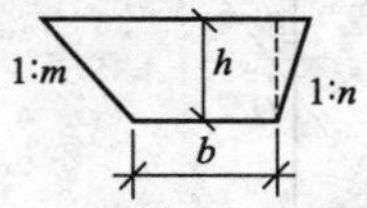  | $F=h\left[b+\frac{h(m+n)}{2}\right]$ |
| 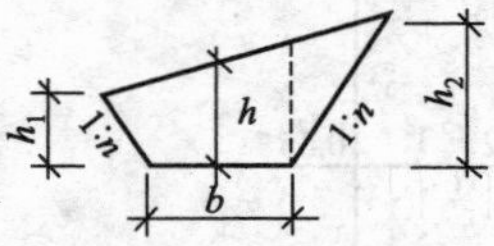  | $F=b\frac{h_1+h_2}{2}+nh_1h_2$ |
| 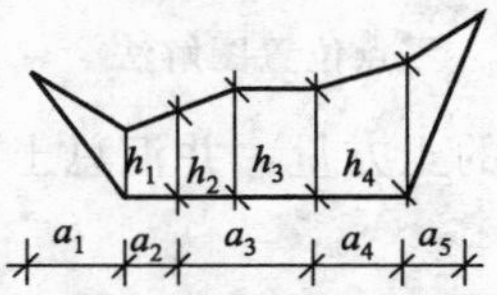  | $F=h_1\frac{a_1+a_2}{2}+h_2\frac{a_2+a_3}{2}+h_3\frac{a_3+a_4}{2}+h_4\frac{a_4+a_5}{2}$ |
| 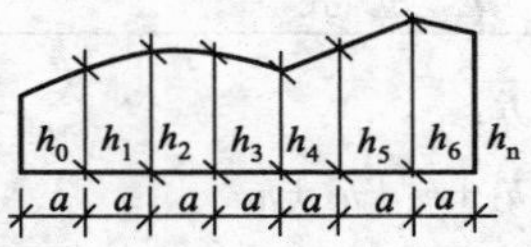  | $F=\frac{1}{2}a(h_0+2h+h_n)$<br>$h=h_1+h_2+h_3+\cdots+h_n$ |

d. 计算土方量。根据截面面积计算土方量，相邻两截面间的土方量计算公式为：

$$V=\frac{1}{2}(F_1+F_2)\times L$$

式中 $V$——表示相邻两截面间的土方量，$m^3$；

$F_1$，$F_2$——表示相邻两截面的挖（填）方截面积，$m^2$；

$L$——表示相邻截面间的间距，m。

（2）方格网法　方格网法是指根据地形图以及总图或横截面图，将场地划分成方格网，并在方格网上注明标高，据此计算并加以汇总土石方量的计算方法。方格网法对于地势较平缓的地区，计算精度较高。

方格网法的计算步骤如下。

① 根据需要平整区域的地形图（或直接测量地形）划分方格网。方格网大小视地形变化的复杂程度及计算要求的精度不同而不同，一般方格网大小为 20m×20m（也可 10m×10m），然后按设计总图或竖向布置图在方格网上划出方格角点的设计标高（即施工后需达到的高度）和自然标高（原地形高度），设计标高与自然标高之差即为施工高度，“－”表示挖方，“＋”表示填方。

② 确定零点与零线位置。在一个方格内同时有挖方和填方时，要先求出方格边线上的零点位置，将相邻零点连接起来为零线，即挖方区与填方区分界线，如图 3-1 所示。

图 3-1 中零点可按下式计算：

$$x_1=\frac{ah_1}{h_1+h_2} \qquad x_2=\frac{ah_2}{h_1+h_2}$$

式中 $x_1$，$x_2$——角点至零点的距离，m；

$h_1$，$h_2$——相邻两角点的施工高度，m，用绝对值代入；

$a$——方格网边长，m。

在实际工程中，常采用图解法直接绘出零点位置，如图 3-2 所示，既简便又迅速，且不易出错，其方法是：用比例尺在角点相反方向标出挖、填高度，再用尺连接两点与方格边相交处即为零点，也可用尺量出计算边长（$x_1$、$x_2$）。

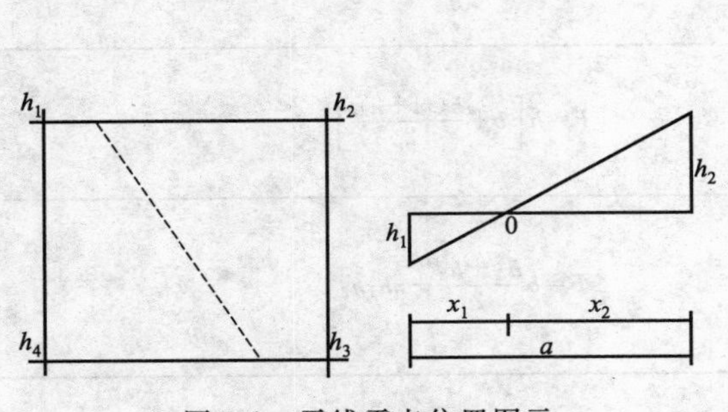

图 3-1 零线零点位置图示

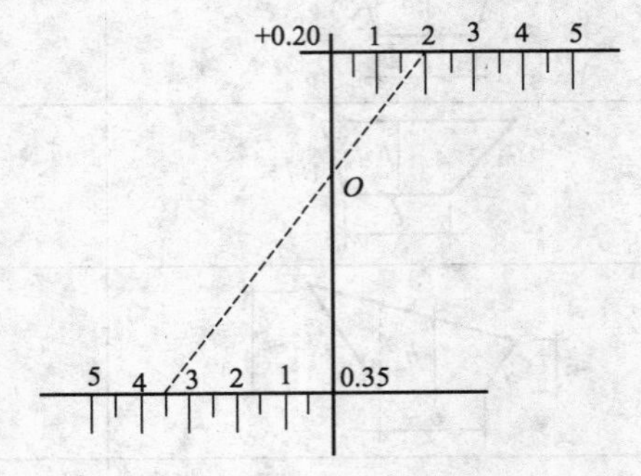


图 3-2 零点位置图解法

③ 各方格的土方量计算。按表 3-12 中计算公式计算各方格的土方量，并汇总土方量。

**表 3-12 方格网点计算方法**

| 序号 | 图 示 | 计 算 方 式 |
|---|---|---|
| 1 | 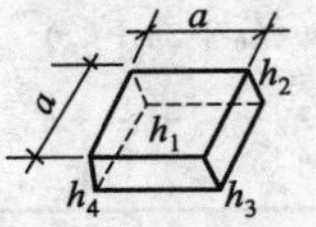 | 方格内四角全为挖方或填方：<br>$V=\frac{a^2}{4}(h_1+h_2+h_3+h_4)$ |
| 2 | 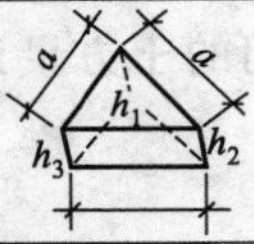 | 三角锥体，当三角锥体全为挖方或填方：<br>$F=\frac{a^2}{2};V=\frac{a^2}{6}(h_1+h_2+h_3)$ |
| 3 | 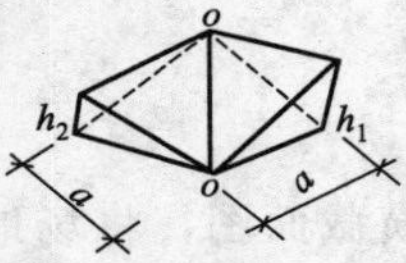 | 方格网内，一对角线为零线，另两角点一个为挖方一个为填方：<br>$F_{挖}=F_{填}=\frac{a^2}{2}$<br>$V_{挖}=\frac{a^2}{6}h_1;V_{填}=\frac{a^2}{6}h_2$ |
| 4 | 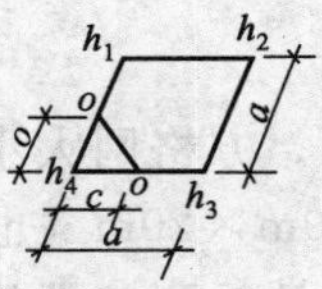 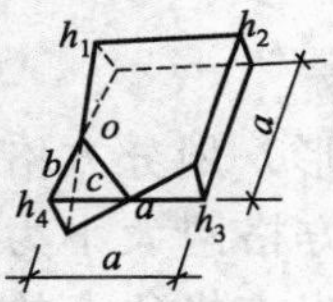 | 方格网内，三角为挖（填）方，一角为填（挖）方：<br>$b=\frac{ah_4}{h_1+h_4};c=\frac{ah_4}{h_3+h_4}$<br>$F_{填}=\frac{1}{2}bc;F_{挖}=a^2-\frac{1}{2}bc$<br>$V_{填}=\frac{h_4}{6}bc=\frac{a^2h_4^3}{6(h_1+h_4)(h_3+h_4)}$<br>$V_{挖}=\frac{a^2}{6}(2h_1+h_2+2h_3-h_4)+V_{填}$ |
| 5 | 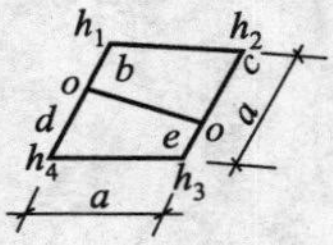 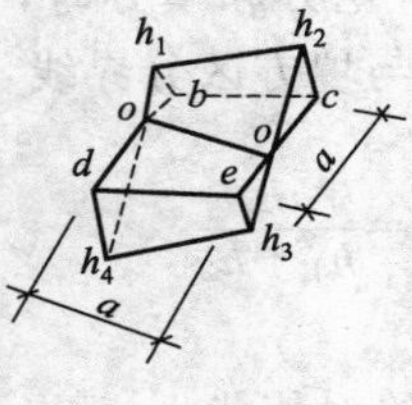 | 方程网内，两角为挖方，两角为填方：<br>$b=\frac{ah_1}{h_1+h_4};c=\frac{ah_2}{h_2+h_3}$<br>$d=a-b;c=a-c$<br>$F_{挖}=\frac{1}{2}(b+c)a$<br>$F_{填}=\frac{1}{2}(d+e)a$<br>$V_{挖}=\frac{a}{4}(h_1+h_2)\frac{b+c}{2}=\frac{a}{8}(b+c)(h_1+h_2)$<br>$V_{填}=\frac{a}{4}(h_3+h_4)\frac{d+e}{2}=\frac{a}{8}(d+e)(h_3+h_4)$ |

**2. 沟槽土方量计算方法**

（1）不同截面沟槽土方量计算　在实际工作中，常遇到沟槽的截面不同，如图 3-3 所示的情况，这时土方量可以沿长度方向分段后，再用下列公式进行计算

$$V_1=\frac{L_1}{6}(A_1+4A_0+A_2)$$

式中　$V_1$——第一段的土方量，$m^3$；

$L_1$——第一段的长度，m。

各段土方量的和即为总土方量：

$$V=V_1+V_2+\cdots+V_n$$

（2）综合放坡系数的计算　在实际工作中，常遇到沟槽上下土质不同、放坡系数不同，为了简化计算，常采用加权平均的方法计算综合放坡系数，如图 3-4 所示。

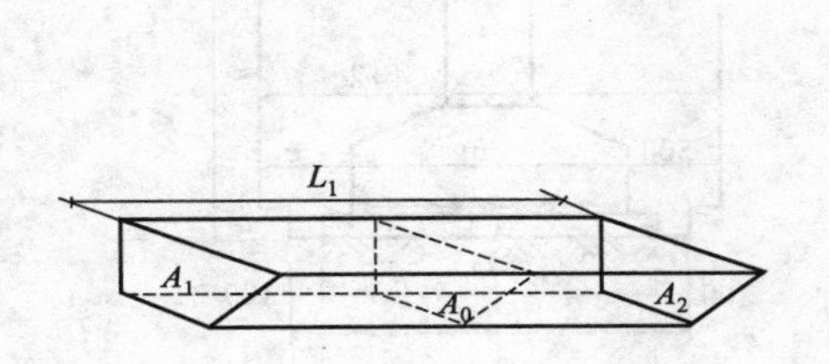


图 3-3　截面法沟槽土方量计算

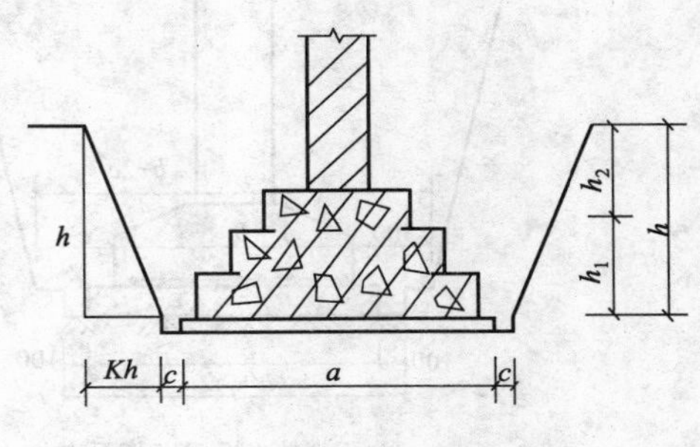


图 3-4　综合放坡图示

综合放坡系数计算公式为：

$$K=(K_1h_1+K_2h_2)\div h$$

式中　$K$——综合放坡系数；

$K_1$，$K_2$——不同土类放坡系数；

$h_1$，$h_2$——不同土类的厚度，m；

$h$——放坡总深度，m。

（3）相同截面沟槽土方量计算　相同截面的沟槽比较常见，下面是几种沟槽工程量计算公式：

① 无垫层，不放坡，不带挡土板，无工作面。

$$V=bhL$$

② 如图 3-5(a) 所示，无垫层，放坡，不带挡土板，有工作面。

$$V=(b+2c+Kh)hL$$

③ 如图 3-5(b) 所示，无垫层，不放坡，不带挡土板，有工作面。

$$V=(b+2c)hL$$

④ 如图 3-6(a) 所示，有混凝土垫层，不带挡土板，有工作面，在垫层上面放坡。

$$V=[(b+2c+Kh)h+(b'+2\times0.1)h']L$$

⑤ 如图 3-6(b) 所示，有混凝土垫层，不带挡土板，有工作面，不放坡。

$$V=[(b+2c)h+(b'+2\times0.1)h']L$$

⑥ 如图 3-7(a) 所示，无垫层，有工作面，双面支挡土板。

$$V=(b+2c+0.2)hL$$

⑦ 如图 3-7(b) 所示，无垫层，有工作面，一面支挡土板、一面放坡。

$$V=(b+2c+0.1+Kh\div2)hL$$

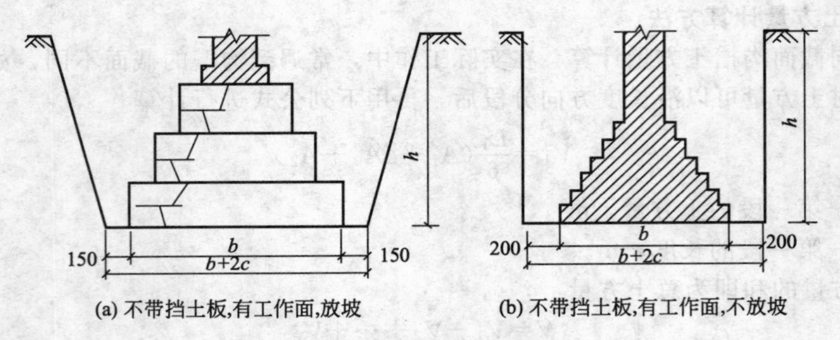


图 3-5 无垫层沟槽工程量计算示意图

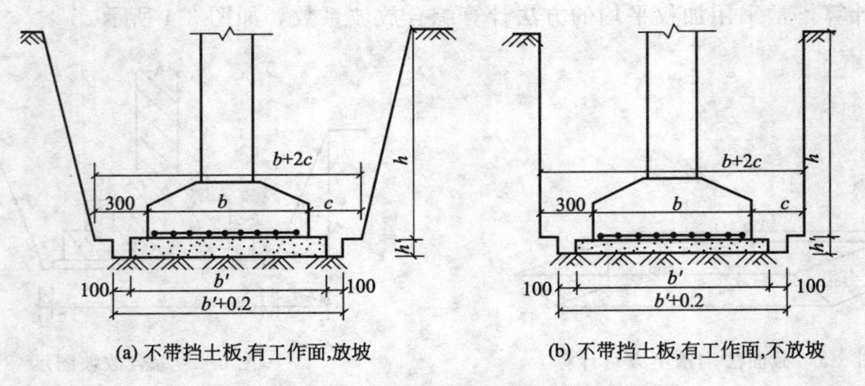


图 3-6 有混凝土垫层沟槽工程量计算图示

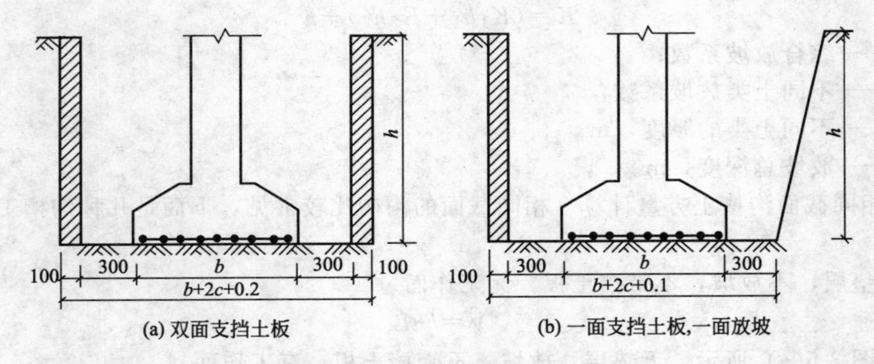


图 3-7 无垫层，有工作面，单双面支挡土板

⑧ 如图 3-8(a) 所示，有混凝土垫层，有工作面，双面支挡土板。

$$V=[(b+2c+0.2)h+(b'+2\times0.1)h']L$$

⑨ 如图 3-8(b) 所示，有混凝土垫层，有工作面，一面支挡土板、一面放坡。

$$V=[(b+2c+0.1+Kh\div2)h+(b'+2\times0.1)h']L$$

⑩ 如图 3-9(a) 所示，有灰土垫层，有工作面，双面放坡。

$$V=[(b+2c+Kh)+b'h']L$$

⑪ 如图 3-9(b) 所示，有灰土垫层，有工作面，不放坡。

$$V=[(b+2c)h+b'h']L$$

式中 $V$——挖土工程量，$m^3$；

$b$——基础宽，m；

$c$——基础工作面，m；

$K$——综合放坡系数；

$h'$——垫层上表面至室外地坪的高度，m；

$b'$——沟槽内垫层的宽度，m；

$h$——挖土深度，m；

$L$——外墙为中心线长度，内墙为基础（垫层）底面之间的净长度，m。

当（$a+2c$）小于$b'$时，宽度按$b'$计算。

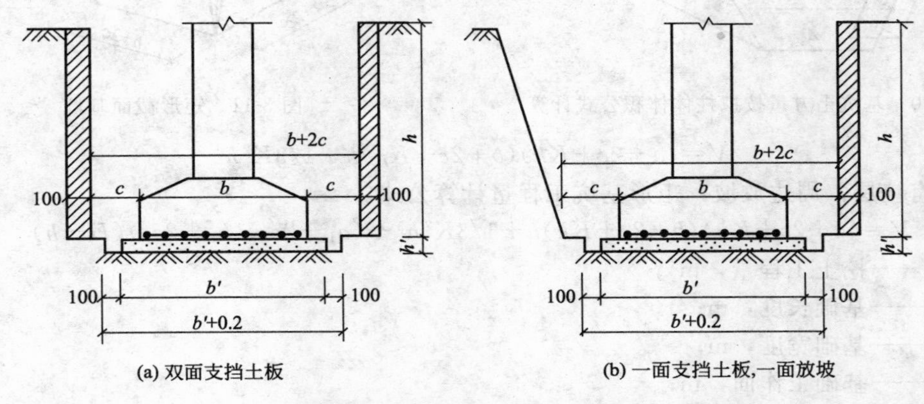


(a) 双面支挡土板　(b) 一面支挡土板,一面放坡

图 3-8　有混凝土垫层，有工作面，单双面支挡土板

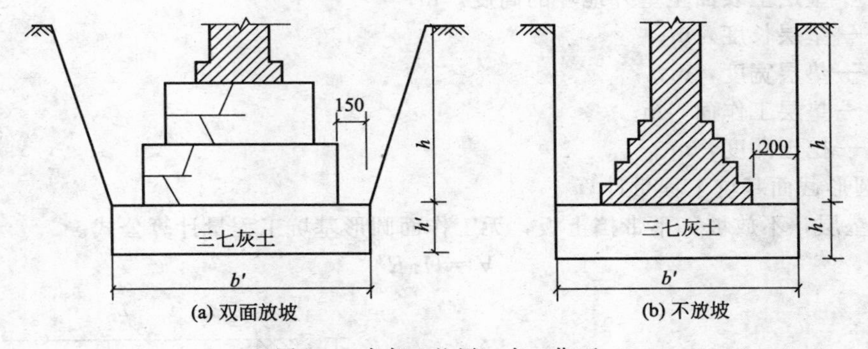


(a) 双面放坡　(b) 不放坡

图 3-9　有灰土垫层、有工作面

**3. 基坑土方量计算方法**

（1）基坑土方量近似计算法　基坑土方量，可近似地按拟柱体体积公式计算，如图3-10所示。

$$V=\frac{H}{6}(A_1+4A_0+A_2)$$

式中　$V$——土方工程量，$m^3$；

$H$——基坑深度，m；

$A_1$，$A_2$——基坑上、下底面积，$m^2$；

$A_0$——基坑中截面的面积，$m^2$。

（2）矩形截面基坑工程量计算

① 无垫层，不放坡，不带挡土板，无工作面矩形基坑工程量计算公式。

$$V=Hab$$

② 如图 3-11 所示，无垫层，周边放坡，矩形基坑工程量计算公式。

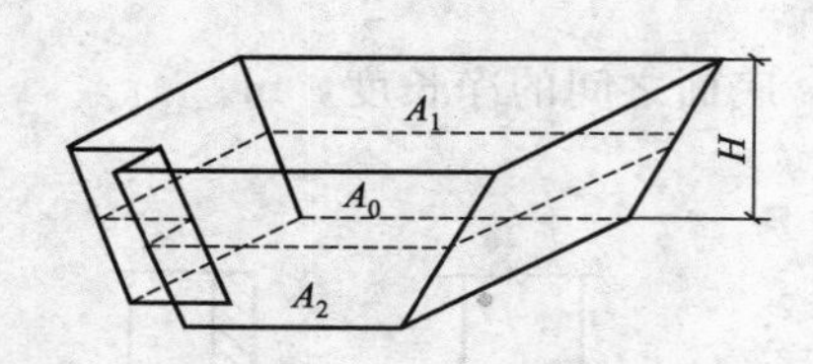

图 3-10 基坑土方量按拟柱体体积公式计算

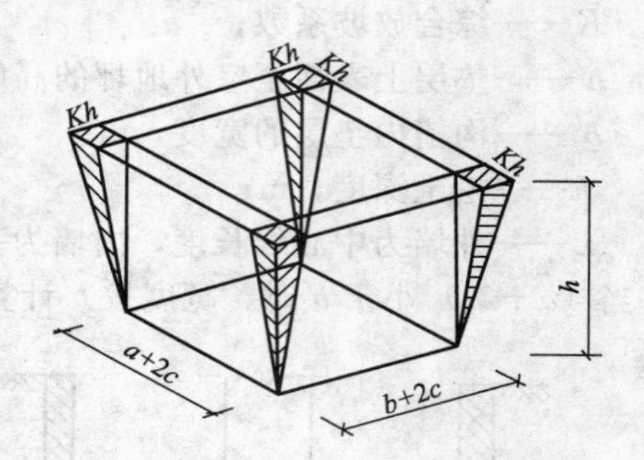

图 3-11 矩形截面基坑

$$V=(a+2c+Kh)(b+2c+Kh)h+1/3K^2h^3$$

③ 有垫层，周边放坡，矩形基坑工程量计算公式。

$$V=(a+2c+Kh)(b+2c+Kh)h+1/3K^2h^3+(a_1+2c_1)(b_1+2c_1)(H-h)$$

式中 $V$——挖土工程量，$m^3$；

$a$——基础长度，m；

$b$——基础宽度，m；

$c$——基础工作面，m；

$K$——综合放坡系数；

$h$——垫层上表面至室外地坪的高度，m；

$a_1$——垫层长度，m；

$b_1$——垫层宽度，m；

$c_1$——垫层工作面，m；

$H$——挖土深度，m。

(3) 圆形截面基坑工程量计算

① 无垫层，不放坡，不带挡土板，无工作面圆形基坑工程量计算公式。

$$V=H\pi R^2$$

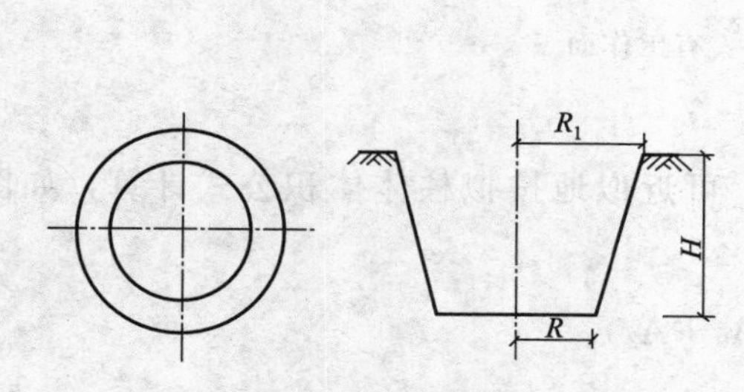

图 3-12 圆形截面基坑

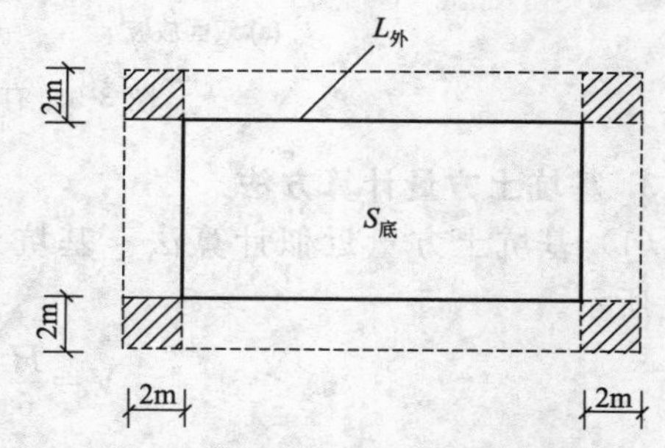

图 3-13 场地平整计算公式图示

② 如图 3-12 所示，无垫层，不带挡土板，无工作面圆形基坑工程量计算公式。

$$V=1/3\pi H(R^2+R_1^2+RR_1)$$

$$R_1=R+KH$$

式中 $V$——挖土工程量，$m^3$；

$K$——综合放坡系数；

$H$——挖土深度，m；

$R$——圆形坑底半径，m；

$R_1$——圆形坑顶半径，m。

**4. 回填土方量计算方法**

（1）场地平整工程量计算公式　定额规定，场地平整工程量为建筑物外围每边加 2m，如图 3-13 所示。

$$场地平整工程量\ (m^2) = S_{底} + L_{外} \times 2 + 16$$

式中　$S_{底}$——底层建筑面积，$m^2$；

$L_{外}$——外墙外边线长度，m。

（2）回填土工程量计算公式

槽坑回填土体积＝挖土体积－设计室外地坪以下埋设的垫层、基础体积

管道沟槽回填体积＝挖土体积－管道所占体积

房心回填体积＝房心面积×回填土设计厚度

（3）运土工程量计算公式

运土体积＝挖土总体积－回填土(天然密实)总体积

式中的计算结果为正值时，为余土外运；为负值时取土内运。

（4）竣工清理工程量计算公式

竣工清理工程量＝勒脚以上外墙外围水平面积×室内地坪到檐口(山尖 1/2)的高度

**三、土（石）方工程主要技术资料**

**1. 土壤及岩石的性质**

土壤是指地球表面的一层疏松物质，由各种颗粒状矿物质、有机物质、水分、空气、微生物等组成，能生长植物。岩石是指构成地壳矿物质的集合体。

土方工程施工的难易程度与所开挖的土壤种类和性质有很大的关系，如土壤的坚硬度、密实度、含水率等，这些因素直接影响到土壤开挖的施工方法、功效及施工费用，所以必须正确掌握土方类别的划分方法，准确计算土方费用。

（1）土的物理性质　随着土的固体颗粒、空气、水三者的比例变化，其物理性质各异。表示土的物理性质的指标如下。

① 土的天然密度和干密度

a. 天然密度。土的天然密度是指在天然状态下单位体积土的质量，它与土的密实程度和含水量有关。

b. 干密度。干密度是指土的固体颗粒质量与总体积的比值。在一定程度上，土的干密度反映了土的颗粒排列紧密程度。土的干密度愈大，表示土愈密实。土的密实程度主要通过检验填方土的干密度和含水量来控制。

② 土的含水率和土的渗透性

a. 含水率。含水率为土中水的质量与固体颗粒质量之比的百分率。土的含水率随气候条件、雨雪和地下水的影响而变化，对土方边坡的稳定性及填方密实程度有直接的影响。土的最佳含水率是指使填土压实获得最大密实度时的土的含水量。

一般将含水率 5%以下的称干土；含水率 30%以下的称湿土；含水率 30%以上的称潮湿土，在地下水位以下的土称为饱和土。土壤的含水率不同，其挖掘的难易程度也不同，直接影响挖掘工效。一般定额是按干土计算的，并规定开挖湿土时，应按系数调整人工用量。开挖湿土需要采取排水措施的，还应另行计算排水费用。定额中的干土是指地下常水位以上的土，湿土是指地下常水位以下的土。地下常水位标高可按地质勘测资料确定，如无勘测资料或虽有勘测资料，但没有注明水位标高者，可以当地历年资料确定地下常水位。

b. 渗透性。土的渗透性是指土体被水透过的性质。土的渗透性用渗透系数表示，渗透系数表示单位时间内水穿透土层的能力，以“m/d”表示，它同土的颗粒级配、密实程度等有关，是人工降低地下水位及选择各类井点的主要参数。

③ 土的孔隙比和土的饱和度

a. 孔隙比。土的孔隙比是指土中孔隙体积与固体颗粒体积之比值。土的孔隙比是说明土的密实程度的一个物理指标，也是回填土夯实时的指标。

b. 饱和度。土的饱和度是指土中水的体积与孔隙体积的比值。饱和度是说明砂土潮湿程度的一个指标，如孔隙完全被水充满，这种土叫做饱和土，在这种情况下，回填土就不可能夯实。

（2）土的工程性质

① 土的可松性。土的可松性是指天然密实土，经挖掘松动，组织破坏，体积增加，回填虽经压实仍不能恢复原体积的性能。土的可松性程度以增加体积占原天然密实体积的百分比或可松性系数表示。在土方施工中，按天然密实土计算，不考虑可松性的影响，称“天然密实土”，“实方”、“自然方”等。反之，考虑挖掘松动增加的体积，称“松方”、“虚方”等。

② 土的稳定性。在土方开挖超过一定深度时，土方下滑坍塌，这种现象使土方失去稳定性。为合理组织施工，保证施工安全，定额根据施工规范要求规定了控制土方稳定的开挖深度。实际开挖深度超过规定深度，应采取临时放坡或支挡土板的方法，以防土壁塌落。

a. 临时放坡。开挖土方时，为使边壁稳定，作出边坡，叫做放坡。放坡的坡度要根据设计挖土深度和土质，按照施工组织设计的规定确定。常见的土方放坡形式如图 3-14 所示。

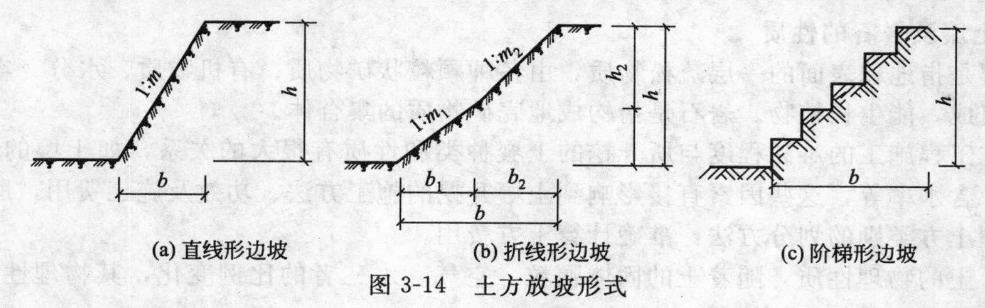


图 3-14 土方放坡形式

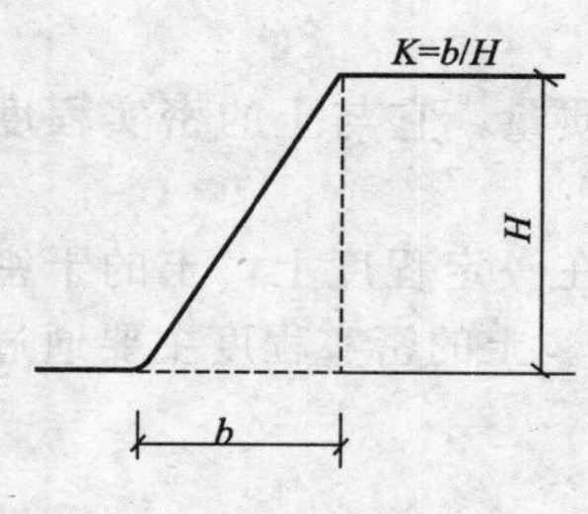


图 3-15 土方开挖的放坡系数

b. 放坡系数。建筑工程中坡度通常用 1∶$K$ 表示，$K$ 称为放坡系数，如图 3-15 所示。

放坡系数公式： $K=b/H$

**2. 土石方机械化施工**

（1）推土机推土 推土机是土方机械施工中的主要机械之一，在建筑工程中，推土机主要用来做切土、推土、堆积、平整、压实等工作。

① 推土机的特点。推土机操作灵活、运转方便，所需工作面小，既可挖土，又可在较短的距离内运送土方，行驶速度较快、易于转移，能爬 30°左右的缓坡。因此，在土方工程中，运距在 100m 以内的推土，宜采用推土机。

② 推土机的适用范围。适用于场地的清理和平整，开挖深度不大于 1.5m 的基坑、沟槽的回填土；还可与其他土方机械（如铲运机、挖土机）配合，进行硬土和冻土的破动与松动，与羊足碾配合还可以进行土方压实工作。

Ⅰ～Ⅳ类土方，推运距离 100m 以内，以 40～60m 效率最高。提高推土机工作效率的方法有：a. 下坡推土；b. 并列推土；c. 分批集中一次推送；d. 槽形推土；e. 铲刀加侧板。

（2）铲运机铲运土　铲运机是一种能综合完成铲土、运土、卸土、铺平、平整等工作的土方机械，按行走方式分为拖式铲运机和自行式铲运机两种，按铲头的操作方式分为机械操纵（即钢丝绳操纵）和液压操纵两种。

拖式铲运机由履带拖拉机牵引，并使用装在拖拉机上的动力绞盘或液压系统对铲运机进行操纵。自行式铲运机由牵引车和铲运斗两部分组成，目前铲运机使用的斗容量一般有 $6m^3$ 和 $9m^3$ 两种。

铲运机是平整场地中使用较广泛的一种土方机械，其特点是操作简单灵活，运转方便，不受地形限制，不需特设道路，能自行作业，不需其他机械配合，能完成铲、运、卸、填、压实土方等多道工序，行驶速度较快，易于控制运行路线，易于转移，生产效率高。

铲运机适用于地形起伏不大、坡度在15°以内的大面积场地平整，大型基坑开挖和路基填筑，最适宜于开挖含水量（$W$）不大于27%的松土和普通土。

Ⅰ～Ⅳ类土方，拖式铲运机适用运距为100～1000m以内，以100～300m效率最高。

（3）挖掘机挖土

① 挖掘机技术性能。在建筑工程中，使用的挖掘机种类很多，除按机械的工作装置划分外，按其使用的斗容量分为轻型、中型和重型三种；按使用的动力设备分为内燃发动机作动力和电动机作动力两种；按自转台的回转角度分为全回转和非全回转式两种；按行走的构造不同分为履带式、轮胎式、步履式和铁路式四种。挖掘机根据铲斗数量，又分为多斗挖掘机和单斗挖掘机，除特殊情况使用多斗挖掘机外，一般采用单斗挖掘机，铲斗容量有 $0.5m^3$、$0.75m^3$、$1m^3$ 三种型号。

② 挖掘机特点。挖掘机是土方开挖中常用的一种机械，根据机械的工作装置不同，可以分为正铲、反铲、拉铲、抓铲四种。

a. 正铲挖掘机。适用于开挖停机面以上的Ⅰ～Ⅳ类土方，挖掘力大，装车轻便灵活，回转速度快，移位方便，生产效率高，但开挖土方时要设置下坡道，要有汽车和它配合共同完成挖运土工作。最适宜于没有地下水的大型干燥基坑和土丘等，对含水量大于27%的土方，不宜用正铲挖土。作业方式有正向挖土侧向卸土、正向挖土背后卸土。

b. 反铲挖掘机。反铲挖掘机适用于开挖停机面以下的Ⅰ～Ⅲ类土方。挖掘能力小于正铲，挖土时后退向下挖，多用于开挖深度不大于4m的基坑，也适用于含水量较大的泥泞地或水位以下的土壤挖掘，如开挖基槽、基坑和管沟以及有地下水或泥泞的土壤。挖土时，可以有汽车配合运土，也可以将土弃于沟槽附近。作业方式有沟端开挖、沟测开挖、并列开挖。

c. 拉铲挖掘机。适用于开挖停机面以下的大型基坑及水下挖土的土方，挖土方式基本上与反铲挖土机类似，挖掘半径比较大，但不如反铲挖掘机灵活准确，不受含水量大小的限制，水上水下均可挖掘，多用于开挖面积大而深的水下挖土，但不适宜挖硬土。

d. 抓铲挖掘机。抓铲挖掘机挖掘力小，生产效率低，主要用于开挖土质比较松软、施工面狭窄而深的基坑、地槽、水井、淤泥等土方工程，最适宜水下挖土。

（4）场地机械平整　场地机械平整主要采用平地机进行，由拖式铲运机和推土机等机械配合作业。平地机是土方工程中的重要施工机械之一，分自行式和拖式两种。自行式平地机工作时，依靠自身的动力设备；拖式平地机工作时，要求履带式拖拉机牵引。

（5）土方的填筑和压实

① 填筑方法。填土应该分层进行，并尽量采用同类土，如果由于条件限制采用不同类土时，不能混填，要将透水性较大的土层置于透水性较小的土层下面。

② 填土压实方法

a. 碾压法。碾压法是利用机械滚轮的压力压实土，碾压机械有平碾、羊足碾、振动碾等。碾压法主要适用于场地平整和大型基坑回填土等工程。

b. 夯实法。夯实法是利用夯锤自由下落的冲击力来夯实土。夯实机械主要有蛙式打夯机、夯锤和内燃夯土机等。这种方法主要适用于小面积的回填土。

c. 振动压实法。它是将振动压实机放在土层表面，借助振动设备使土颗粒发生相对位移而达到密实。这种方法主要用于振实非黏性土。

d. 利用运土工具压实法。利用运土机械的自重反复碾压土层，使其密实。

## 第二节　土（石）方工程定额工程量套用规定

### 一、定额说明

**1. 定额项目内容**

石方工程包括单独土石方、人工土石方、机械土石方、平整、清理及回填等内容，共159个子目。

**2. 定额调整说明**

① 单独土石方定额项目，适用于自然地坪与设计室外地坪之间挖方或填方工程量大于5000m³ 的土石方工程（也适用于市政、安装、修缮工程中的单独土石方工程）。土石方工程其他定额项目，适用于设计室外地坪以下的土石方（基础土石方）工程，以及自然地坪与设计室外地坪之间小于5000m³ 的土石方工程。单独土石方定额项目不能满足需要时，可以借用其他土石方定额项目，但应乘以系数0.9。单独土石方工程的挖、填、运（含借用基础土石方）等项目，应单独编制预、结算，单独取费。

② 土石方工程中的土壤及岩石按普通土、坚土、松石、坚石分类，与规范的分类不同。具体分类参见《山东省建筑工程消耗量定额》的《土壤及岩石（普氏）分类表》，其对应关系是普通土（Ⅰ、Ⅱ类土）、坚土（Ⅲ类土和Ⅳ类土）、松石（Ⅴ类土和Ⅵ类土）、坚石（Ⅶ类土～ⅩⅥ类土）。

③ 人工土方定额是按干土（天然含水率）编制的。干湿土的划分，以地质勘测资料的地下常水位为界，以上为干土，以下为湿土。采取降水措施后，地下常水位以下的挖土套用挖干土相应定额，人工乘以系数1.10。

④ 挡土板下挖槽坑土时，相应定额人工乘以系数1.43。

⑤ 桩间挖土，是指桩顶设计标高以下的挖土及设计标高以上0.5m范围内的挖土。挖土时不扣除桩体体积，相应定额项目人工、机械乘以系数1.3。

⑥ 人工修整基底与边坡，系指岩石爆破后人工对底面和边坡（厚度在0.30m以内）的清检和修整，并清出石渣。人工凿石开挖石方不适用本项目。人工装车定额适用于已经开挖出的土石方的装车。

⑦ 机械土方定额项目是按土壤天然含水率编制的。开挖地下常水位以下的土方时，定额人工、机械乘以系数1.15（采取降水措施后的挖土不再乘该系数）。

⑧ 机械挖土方，应满足设计砌筑基础的要求，其挖土总量的95％执行机械土方相应定额，其余按人工挖土。人工挖土套用相应定额时乘以系数2。如果建设单位单独发包机械挖土方，挖方企业只能计算挖方总量的95％，其余部分由总包单位结算。

⑨ 人力车、汽车的重车上坡降效因素，已综合在相应的运输定额中，不另行计算。挖掘机在垫板上作业时，相应定额的人工、机械乘以系数1.25。挖掘机下的垫板、汽车运输道路上需要铺设的材料，发生时，其人工和材料均按实另行计算。

⑩ 石方爆破定额项目按下列因素考虑，设计或实际施工与定额不同时，可按下列办法

调整。

a. 定额按炮眼法松动爆破（不分明炮、闷炮）编制，并已综合了开挖深度、改炮等因素：如设计要求爆破粒径时，其人工、材料、机械按实另行计算。

b. 定额按电雷管导电起爆编制。如采用火雷管点火起爆，雷管可以换算，数量不变；换算时扣除定额中的全部胶质导线，增加导火索。导火索的长度按每个雷管 2.12m 计算。

c. 定额按炮孔中无地下渗水编制。如炮孔中出现地下渗水，处理渗水的人工、材料、机械按实另行计算。

d. 定额按无覆盖爆破（控制爆破岩石除外）编制。如爆破时需要覆盖炮被、草袋及架设安全屏障等，其人工、材料按实另行计算。

⑪ 场地平整，系指建筑物所在现场厚度在 0.3m 以内的就地挖、填及平整。局部挖填厚度超过 0.3m，挖填工程量按相应规定计算，该部位仍计算平整场地。

⑫ 槽坑回填灰土执行相应回填土定额，每定额单位增加人工 3.12 工日，3∶7 灰土 $10.1m^3$。灰土配合比不同，可以换算，其他不变。

⑬ 土石方工程中未包括地下常水位以下的施工降水、排水和防护，实际发生时，另按相应措施项目中的规定计算。

## 二、定额土（石）方工程工程量计算规则

① 土石方的开挖、运输，均按开挖前的天然密实体积，以立方米计算。土方回填，按回填后的竣工体积，以立方米计算。

② 自然地坪与设计室外地坪之间的土石方，依据设计土方平衡竖向布置图，以立方米计算。

### 1. 基础土石方、沟槽、地坑的划分

（1）沟槽　槽底宽度（设计图示的基础或垫层的宽度，下同）3m 以内，且槽长大于 3 倍槽宽的为沟槽，如宽 1m、长 4m 为槽。

（2）地坑　底面积 $20m^2$ 以内，且底长边小于 3 倍短边的为地坑，如宽 2m、长 6m 为坑。

（3）土石方　不属沟槽、地坑或场地平整的为土石方，如宽 3m、长 8m 为土方。

### 2. 基础土石方开挖深度计算规定

基础土石方开挖深度，自设计室外地坪计算至基础底面，有垫层时计算至垫层底面（如遇爆破岩石，其深度应包括岩石的允许超挖深度），如图 3-16 所示。当施工现场标高达不到设计要求时，应按交付施工时的场地标高计算。

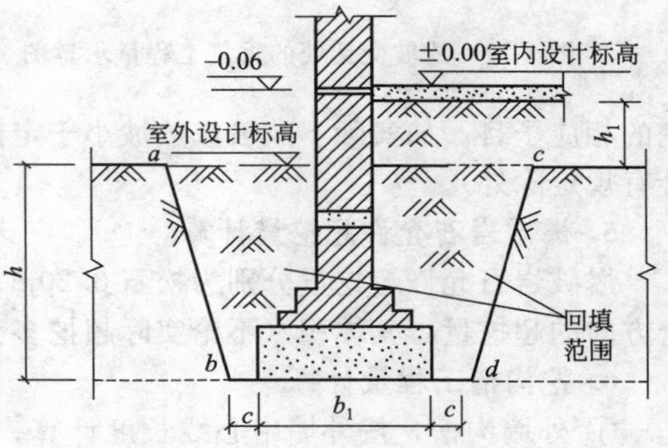

图 3-16　基础土石方开挖深度（$h$）

### 3. 基础工作面计算规定

① 基础土方开挖需要放坡时，单边的工作面宽度是指该部分基础底坪外边线至放坡后同标高的土方边坡之间的水平宽度，如图 3-17 所示。

② 基础由几种不同的材料组成时，其工作面宽度是指按各自要求的工作面宽度的最大值。如图 3-18 所示，混凝土基础要求工作面大于防潮层和垫层的工作面，应先满足混凝土垫层宽度要求，再满足混凝土基础工作面要求；如果垫层工作面宽度超出了上部基础要求工作面外边线，则以垫层顶面其工作面的外边线开始放坡。

③ 槽坑开挖需要支挡土板时，单边的开挖增加宽度，应为按基础材料确定的工作面宽度与支挡土板的工作面宽度之和。

④ 混凝土垫层厚度大于 200mm 时，其工作面宽度按混凝土基础的工作面计算。

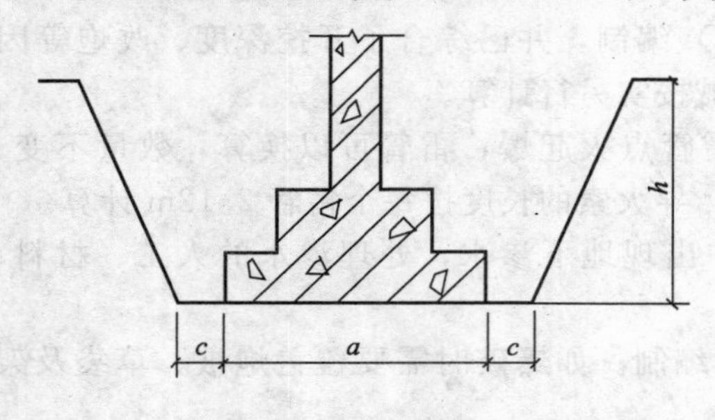


图 3-17 工作面宽度

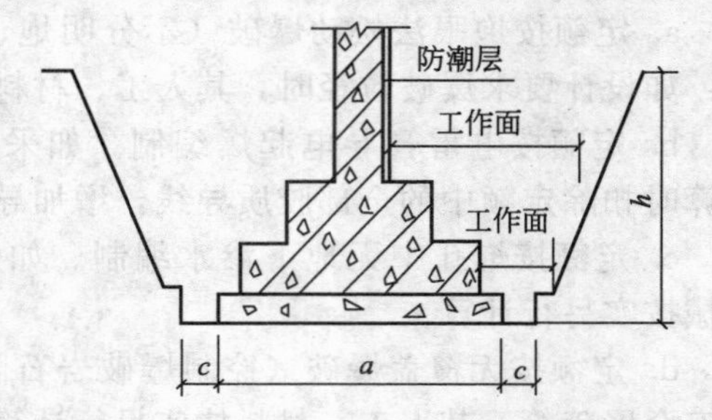


图 3-18 几种不同材料的基础工作面宽度

**4. 土方开挖放坡计算规定**

① 土类为单一土质时，普通土开挖（放坡）深度大于 1.2m、坚土开挖（放坡）深度大于 1.7m，允许放坡。

② 土类为混合土质时，开挖（放坡）深度大于 1.5m，允许放坡。放坡坡度按不同土类厚度加权平均计算综合放坡系数。

③ 计算土方放坡深度时，垫层厚度小于 200mm，不计算基础垫层的厚度，即从垫层上面开始放坡。垫层厚度大于 200mm 时，放坡深度应计算基础垫层的厚度，即从垫层下面开始放坡。

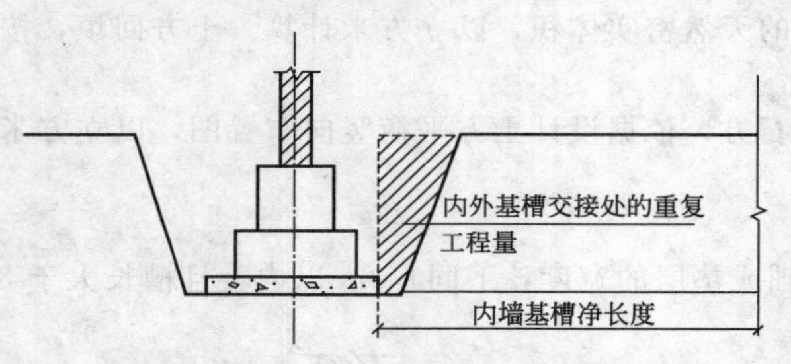


图 3-19 放坡交叉处的重复工程量示意图

④ 放坡与支挡土板。支挡土板时，不计算放坡工程量。

⑤ 计算放坡时，放坡交叉处的重复工程量不予扣除，如图 3-19 所示。若单位工程中计算的沟槽工程量超出大开挖工程量时，应按大开挖工程量，执行地槽开挖的相应子目。如实际不放坡或放坡小于定额规定时，仍按规定的放坡系数计算工程量（设计有规定除外）。

**5. 爆破岩石允许超挖量计算**

爆破岩石允许超挖量分别为松石 0.20m、坚石 0.15m。允许超挖量是指底面及四周共五个方向的超挖量，其体积（不论实际超挖多少）并入相应的定额项目工程量内。

**6. 挖沟槽工程量计算**

① 外墙沟槽，按外墙中心线长度计算；内墙沟槽，按图示基础（含垫层）底面之间的净长度计算（不考虑工作面和超挖宽度），如图 3-20 所示；外、内墙突出部分的沟槽体积，按突出部分的中心线长度并入相应部位工程量内计算。

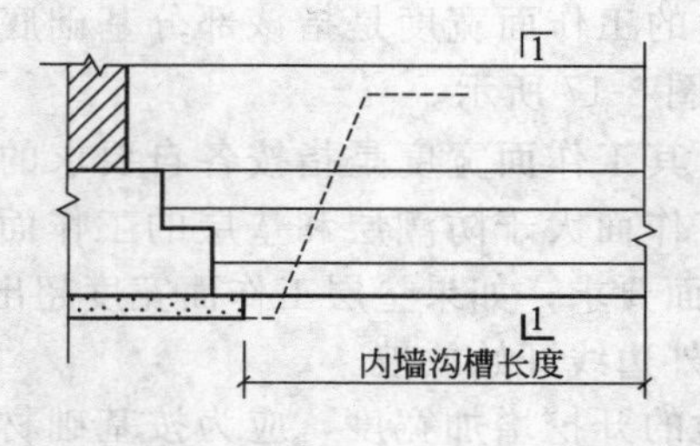


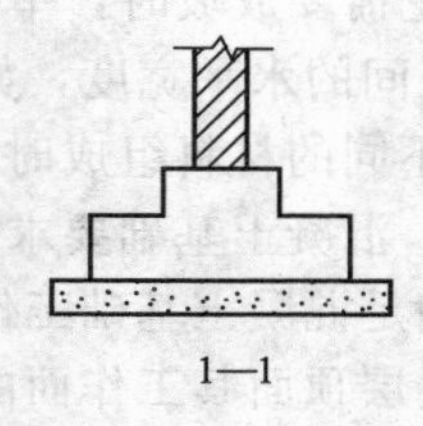


图 3-20 内墙沟槽净长度

② 管道沟槽的长度，按图示的中心线长度（不扣除井池所占长度）计算。管道宽度、深度按设计规定计算。

③ 各种检查井和排水管道接口等处，因加宽而增加的工程量均不计算（工作面底面积大于 $20m^2$ 的井池除外），但铸铁给水管道接口处的土方工程量，应按铸铁管道沟槽全部土方工程量增加2.5%计算。

**7. 人工修整基底与边坡工程量计算**

人工修整基底与边坡，按岩石爆破的有效尺寸（含工作面宽度和允许超挖量），以平方米计算。

**8. 人工挖桩孔工程量计算**

人工挖桩孔，按桩的设计断面面积（不另加工作面）乘以桩孔中心线深度，以立方米计算。

**9. 开挖冻土层工程量计算**

人工开挖冻土、爆破开挖冻土的工程量，按冻结部分的土方工程量以立方米计算。在冬期施工时，只能计算一次挖冻土工程量。

**10. 机械土石方运距计算**

机械土石方的运距，按挖土区重心至填方区（或堆放区）重心间的最短距离计算。推土机、装载机、铲运机重车上坡时，其运距按坡道斜长乘以表3-13系数计算。

**表3-13 重车上坡运距系数表**

| 坡度/% | 5～10 | 15以内 | 20以内 | 25以内 |
|---|---|---|---|---|
| 系数 | 1.75 | 2.00 | 2.25 | 2.50 |

**11. 行驶坡道土石方工程量计算**

机械行驶坡道的土石方工程量，按批准的施工组织设计，并入相应的工程量内计算。

**12. 运输钻孔桩泥浆工程量计算**

运输钻孔桩泥浆，按桩的设计断面面积乘以桩孔中心线深度，以立方米计算。

**13. 场地平整工程量计算**

场地平整按下列规定以平方米计算：

① 建筑物（构筑物）按首层结构外边线每边各加2m计算。

② 无柱檐廊、挑阳台、独立柱雨篷等，按其水平投影面积计算。

③ 封闭或半封闭的曲折型平面，其场地平整的区域不得重复计算。

④ 道路、停车场、绿化地、围墙、地下管线等不能形成封闭空间的构筑物，不得计算。

**14. 夯实与碾压工程量计算**

原土夯实与碾压按设计尺寸，以平方米计算。填土碾压按设计尺寸，以立方米计算。

**15. 回填土工程量计算**

回填按下列规定以立方米计算：

① 槽坑回填体积，按挖方体积减去设计室外地坪以下的地下建筑物（构筑物）或基础（含垫层）的体积计算。

② 管道沟槽回填体积，按挖方体积减去表3-14所含管道回填体积计算。

**表3-14 管道折合回填体积表** 单位：$m^3/m$

| 管道公称直径(以内)/mm | 500 | 600 | 800 | 1000 | 1200 | 1500 |
|---|---|---|---|---|---|---|
| Ⅰ类管道 | | 0.22 | 0.46 | 0.74 | — | — |
| Ⅱ类管道 | | 0.33 | 0.60 | 0.92 | 1.15 | 1.45 |

③ 房心回填体积，以主墙间净面积乘以回填厚度计算。

**16. 运土工程量计算**

运土工程量以立方米计算（天然密实体积）。

**17. 竣工清理工程量计算**

竣工清理包括建筑物及四周 2m 以内的建筑垃圾清理、场内运输和指定地点的集中堆放，不包括建筑物垃圾的装车和场外运输。

竣工清理按下列规定以立方米计算。

① 建筑物勒脚以上外墙外围水平面积乘以檐口高度。有山墙者以山尖二分之一高度计算。

② 地下室（包括半地下室）的建筑体积，按地下室上口外围水平面积（不包括地下室采光井及敷贴外部防潮层的保护砌体所占面积）乘以地下室地坪至建筑物第一层地坪间的高度。地下室出入口的建筑体积并入地下室建筑体积内计算。

③ 其他建筑空间的建筑体积计算规定如下。

a. 建筑物内按 1/2 计算建筑面积的建筑空间，如：设计利用的净高在 1.20～2.10m 的坡屋顶内、场馆看台下，设计利用的无围护结构的坡地吊脚架空层、深基础架空层等，应计算竣工清理。

b. 建筑物内不计算建筑面积的建筑空间，如：设计不利用的坡屋顶内、场馆看台下，坡地吊脚架空层、深基础架空层，建筑物通道等，应计算竣工清理。

c. 建筑物外可供人们正常活动的、按其水平投影面积计算场地平整的建筑空间，如：有永久性顶盖无围护结构的无柱檐廊、挑阳台、独立柱雨篷等，应计算竣工清理。

d. 建筑物外可供人们正常活动的、不计算场地平整的建筑空间，如：有永久性顶盖无围护结构的架空走廊、楼层阳台、无柱雨篷（篷下做平台或地面）等，应计算竣工清理。

e. 能够形成封闭空间的构筑物，如：独立式烟囱、水塔、贮水（油）池、贮仓、筒仓等，应按照建筑物竣工清理的计算原则，计算竣工清理。

f. 化粪池、检查井、给水阀门井以及道路、停车场、绿化地、围墙、地下管线等构筑物，不计算竣工清理。

## 第三节　土（石）方工程清单工程量计算示例

### 一、平整土地工程量计算

如图 3-21 所示，试计算此平整场地的工程量。

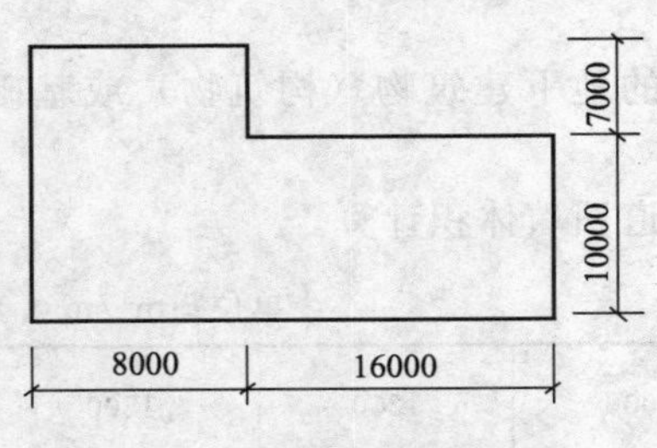


图 3-21　某建筑物底层平面图

**解：** $S_{平整}=(8+16+2\times2)\times(10+2\times2)+(8+2\times2)\times7$

$=392+84$

$=476\ (m^2)$

### 二、挖掘沟槽、基坑土方工程量计算

有一个工程沟槽长 80m，挖土深为 2m，属于三类土，毛石基础宽 0.70m，有工作面，试计算经人工挖沟槽工程量。

**解：** 已知：$a=0.70$m，三类土，毛石基础每边各增加工作面宽度为 0.15m，$H=2$m，$L=80$m，$K$ 取 0.33（三类土人工挖土放坡系数）。

$$V = L(a+2C+KH)H$$
$$=80\times(0.7+2\times0.15+0.33\times2)\times2$$
$$=265.6\ (m^3)$$

## 三、回填土土方体积计算

有一工程挖方体积为400$m^3$，基础及垫层体积为200$m^3$，试计算此工程回填土工程量。

**解：** 已知：$V_{挖}=400m^3$，$V_{基}=200m^3$。

$$V_{填}=V_{挖}-V_{基}$$
$$=400-200=200\ (m^3)$$

# 第四章　桩基、地基处理与边坡支护工程

## 第一节　工程量清单项目设置规则、说明及工程量计算主要技术资料

### 一、桩基、地基处理与边坡支护工程工程量清单项目设置规则及说明

**1. 打桩**

打桩工程量清单项目设置、项目特征描述的内容、计量单位及工程量计算规则，应按表4-1的规定执行。

表4-1　打桩（编号：010301）

| 项目编码 | 项目名称 | 项目特征 | 计量单位 | 工程量计算规则 | 工作内容 |
| --- | --- | --- | --- | --- | --- |
| 010301001 | 预制钢筋混凝土方桩 | 1. 地层情况<br>2. 送桩深度、桩长<br>3. 桩截面<br>4. 桩倾斜度<br>5. 沉桩方法<br>6. 接桩方式<br>7. 混凝土强度等级 | 1. m<br>2. $m^3$<br>3. 根 | 1. 以米计量，按设计图示尺寸以桩长（包括桩尖）计算<br>2. 以立方米计量，按设计图示截面积乘以桩长（包括桩尖）以实体积计算<br>3. 以根计量，按设计图示数量计算 | 1. 工作平台搭拆<br>2. 桩机竖拆、移位<br>3. 沉桩<br>4. 接桩<br>5. 送桩 |
| 010301002 | 预制钢筋混凝土管桩 | 1. 地层情况<br>2. 送桩深度、桩长<br>3. 桩外径、壁厚<br>4. 桩倾斜度<br>5. 沉桩方法<br>6. 桩尖类型<br>7. 混凝土强度等级<br>8. 填充材料种类<br>9. 防护材料种类 | | | 1. 工作平台搭拆<br>2. 桩机竖拆、移位<br>3. 沉桩<br>4. 接桩<br>5. 送桩<br>6. 桩尖制作安装<br>7. 填充材料、刷防护材料 |
| 010301003 | 钢管桩 | 1. 地层情况<br>2. 送桩深度、桩长<br>3. 材质<br>4. 管径、壁厚<br>5. 桩倾斜度<br>6. 沉桩方法<br>7. 填充材料种类<br>8. 防护材料种类 | 1. t<br>2. 根 | 1. 以吨计量，按设计图示尺寸以质量计算<br>2. 以根计量，按设计图示数量计算 | 1. 工作平台搭拆<br>2. 桩机竖拆、移位<br>3. 沉桩<br>4. 接桩<br>5. 送桩<br>6. 切割钢管、精割盖帽<br>7. 管内取土<br>8. 填充材料、刷防护材料 |
| 010301004 | 截（凿）桩头 | 1. 桩类型<br>2. 桩头截面、高度<br>3. 混凝土强度等级<br>4. 有无钢筋 | 1. $m^3$<br>2. 根 | 1. 以立方米计量，按设计桩截面乘以桩头长度以体积计算<br>2. 以根计量，按设计图示数量计算 | 1. 截（切割）桩头<br>2. 凿平<br>3. 废料外运 |

注：1. 地层情况按《房屋建筑与装饰工程工程量计算规范》（GB 50854—2013）表A.1-1和表A.2-1的规定，并根据岩土工程勘察报告按单位工程各地层所占比例（包括范围值）进行描述。对无法准确描述的地层情况，可注明由投标人根据岩土工程勘察报告自行决定报价。

2. 项目特征中的桩截面、混凝土强度等级、桩类型等可直接用标准图代号或设计桩型进行描述。

3. 预制钢筋混凝土方桩、预制钢筋混凝土管桩项目以成品桩编制，应包括成品桩购置费，如果用现场预制，应包括现场预制桩的所有费用。

4. 打试验桩和打斜桩应按相应项目单独列项，并应在项目特征中注明试验桩或斜桩（斜率）。

5. 截（凿）桩头项目适用于《房屋建筑与装饰工程工程量计算规范》（GB 50854—2013）附录B、附录C所列桩的桩头截（凿）。

6. 预制钢筋混凝土管桩桩顶与承台的连接构造按《房屋建筑与装饰工程工程量计算规范》（GB 50854—2013）附录E相关项目列项。

## 2. 灌注桩

灌注桩工程量清单项目设置、项目特征描述的内容、计量单位及工程量计算规则，应按表 4-2 的规定执行。

**表 4-2　灌注桩（编号：010302）**

| 项目编码 | 项目名称 | 项目特征 | 计量单位 | 工程量计算规则 | 工作内容 |
|---|---|---|---|---|---|
| 010302001 | 泥浆护壁成孔灌注桩 | 1. 地层情况<br>2. 空桩长度、桩长<br>3. 桩径<br>4. 成孔方法<br>5. 护筒类型、长度<br>6. 混凝土种类、强度等级 | 1. m<br>2. $m^3$<br>3. 根 | 1. 以米计量，按设计图示尺寸以桩长(包括桩尖)计算<br>2. 以立方米计量，按不同截面在桩上范围内以体积计算<br>3. 以根计量，按设计图示数量计算 | 1. 护筒埋设<br>2. 成孔、固壁<br>3. 混凝土制作、运输、灌注、养护<br>4. 土方、废泥浆外运<br>5. 打桩场地硬化及泥浆池、泥浆沟 |
| 010302002 | 沉管灌注桩 | 1. 地层情况<br>2. 空桩长度、桩长<br>3. 复打长度<br>4. 桩径<br>5. 沉管方法<br>6. 桩尖类型<br>7. 混凝土种类、强度等级 | | | 1. 打(沉)拔钢管<br>2. 桩尖制作、安装<br>3. 混凝土制作、运输、灌注、养护 |
| 010302003 | 干作业成孔灌注桩 | 1. 地层情况<br>2. 空桩长度、桩长<br>3. 桩径<br>4. 扩孔直径、高度<br>5. 成孔方法<br>6. 混凝土种类、强度等级 | 1. m<br>2. $m^3$<br>3. 根 | 1. 以米计量，按设计图示尺寸以桩长(包括桩尖)计算<br>2. 以立方米计量，按不同截面在桩上范围内以体积计算<br>3. 以根计量，按设计图示数量计算 | 1. 成孔、扩孔<br>2. 混凝土制作、运输、灌注、振捣、养护 |
| 010302004 | 挖孔桩土(石)方 | 1. 地层情况<br>2. 挖孔深度<br>3. 弃土(石)运距 | $m^3$ | 按设计图示尺寸(含护壁)截面积乘以挖孔深度以立方米计算 | 1. 排地表水<br>2. 挖土、凿石<br>3. 基底钎探<br>4. 运输 |
| 010302005 | 人工挖孔灌注桩 | 1. 桩芯长度<br>2. 桩芯直径、扩底直径、扩底高度<br>3. 护壁厚度、高度<br>4. 护壁混凝土种类、强度等级<br>5. 桩芯混凝土种类、强度等级 | 1. $m^3$<br>2. 根 | 1. 以立方米计量，按桩芯混凝土体积计算<br>2. 以根计量，按设计图示数量计算 | 1. 护壁制作<br>2. 混凝土制作、运输、灌注、振捣、养护 |
| 010302006 | 钻孔压浆桩 | 1. 地层情况<br>2. 空钻长度、桩长<br>3. 钻孔直径<br>4. 水泥强度等级 | 1. m<br>2. 根 | 1. 以米计量，按设计图示尺寸以桩长计算<br>2. 以根计量，按设计图示数量计算 | 钻孔、下注浆管、投放骨料、浆液制作、运输、压浆 |
| 010302007 | 灌注桩后压浆 | 1. 注浆导管材料、规格<br>2. 注浆导管长度<br>3. 单孔注浆量<br>4. 水泥强度等级 | 孔 | 按设计图示以注浆孔数计算 | 1. 注浆导管制作、安装<br>2. 浆液制作、运输、压浆 |

注：1. 地层情况按《房屋建筑与装饰工程工程量计算规范》（GB 50854—2013）表 A. 1-1 和表 A. 2-1 的规定，并根据岩土工程勘察报告按单位工程各地层所占比例（包括范围值）进行描述。对无法准确描述的地层情况，可注明由投标人根据岩土工程勘察报告自行决定报价。

2. 项目特征中的桩长应包括桩尖，空桩长度＝孔深－桩长，孔深为自然地面至设计桩底的深度。

3. 项目特征中的桩截面（桩径）、混凝土强度等级、桩类型等可直接用标准图代号或设计桩型进行描述。

4. 泥浆护壁成孔灌注桩是指在泥浆护壁条件下成孔，采用水下灌注混凝土的桩。其成孔方法包括冲击钻成孔、冲抓锥成孔、回旋钻成孔、潜水钻成孔、泥浆护壁的旋挖成孔等。

5. 沉管灌注桩的沉管方法包括锤击沉管法、振动沉管法、振动冲击沉管法、内夯沉管法等。

6. 干作业成孔灌注桩是指不用泥浆泥壁和套管护壁的情况下，用钻机成孔后，下钢筋笼，灌注混凝土的桩，适用于地下水位以上的土层使用。其成孔方法包括螺旋钻成孔、螺旋钻成孔扩底、干作业的旋挖成孔等。

7. 混凝土种类：指清水混凝土、彩色混凝土、水下混凝土等，如在同一地区既使用预拌（商品）混凝土，又允许现场搅拌混凝土时，也应注明（下同）。

8. 混凝土灌注桩的钢筋笼制作、安装，按《房屋建筑与装饰工程工程量计算规范》（GB 50854—2013）附录 E 中相关项目编码列项。

**3. 地基处理**

地基处理工程量清单项目设置、项目特征描述的内容、计量单位及工程量计算规则，应按表 4-3 的规定执行。

**表 4-3 地基处理**（编号：010201）

| 项目编码 | 项目名称 | 项目特征 | 计量单位 | 工程量计算规则 | 工作内容 |
|---|---|---|---|---|---|
| 010201001 | 换填垫层 | 1. 材料种类及配比<br>2. 压实系数<br>3. 掺加剂品种 | $m^3$ | 按设计图示尺寸以体积计算 | 1. 分层铺填<br>2. 碾压、振密或夯实<br>3. 材料运输 |
| 010201002 | 铺设土工合成材料 | 1. 部位<br>2. 品种<br>3. 规格 | $m^2$ | 按设计图示尺寸以面积计算 | 1. 挖填锚固沟<br>2. 铺设<br>3. 固定<br>4. 运输 |
| 010201003 | 预压地基 | 1. 排水竖井种类、断面尺寸、排列方式、间距、深度<br>2. 预压方法<br>3. 预压荷载、时间<br>4. 砂垫层厚度 | | 按设计图示处理范围以面积计算 | 1. 设置排水竖井、盲沟、滤水管<br>2. 铺设砂垫层、密封膜<br>3. 堆载、卸载或抽气设备安拆、抽真空<br>4. 材料运输 |
| 010201004 | 强夯地基 | 1. 夯击能量<br>2. 夯击遍数<br>3. 夯击点布置形式、间距<br>4. 地耐力要求<br>5. 夯填材料种类 | | | 1. 铺设夯填材料<br>2. 强夯<br>3. 夯填材料运输 |
| 010201005 | 振冲密实（不填料） | 1. 地层情况<br>2. 振密深度<br>3. 孔距 | | | 1. 振冲加密<br>2. 泥浆运输 |
| 010201006 | 振冲桩（填料） | 1. 地层情况<br>2. 空桩长度、桩长<br>3. 桩径<br>4. 填充材料种类 | 1. m<br>2. $m^3$ | 1. 以米计量，按设计图示尺寸以桩长计算<br>2. 以立方米计量，按设计桩截面乘以桩长以体积计算 | 1. 振冲成孔、填料、振实<br>2. 材料运输<br>3. 泥浆运输 |
| 010201007 | 砂石桩 | 1. 地层情况<br>2. 空桩长度、桩长<br>3. 桩径<br>4. 成孔方法<br>5. 材料种类、级配 | | 1. 以米计量，按设计图示尺寸以桩长(包括桩尖)计算<br>2. 以立方米计量，按设计桩截面乘以桩长(包括桩尖)以体积计算 | 1. 成孔<br>2. 填充、振实<br>3. 材料运输 |
| 010201008 | 水泥粉煤灰碎石桩 | 1. 地层情况<br>2. 空桩长度、桩长<br>3. 桩径<br>4. 成孔方法<br>5. 混合料强度等级 | m | 按设计图示尺寸以桩长(包括桩尖)计算 | 1. 成孔<br>2. 混合料制作、灌注、养护<br>3. 材料运输 |
| 010201009 | 深层搅拌桩 | 1. 地层情况<br>2. 空桩长度、桩长<br>3. 桩截面尺寸<br>4. 水泥强度等级、掺量 | | 按设计图示尺寸以桩长计算 | 1. 预搅下钻、水泥浆制作、喷浆搅拌提升成桩<br>2. 材料运输 |
| 010201010 | 粉喷桩 | 1. 地层情况<br>2. 空桩长度、桩长<br>3. 桩径<br>4. 粉体种类、掺量<br>5. 水泥强度等级、石灰粉要求 | | | 1. 预搅下钻、喷粉搅拌提升成桩<br>2. 材料运输 |
| 010201011 | 夯实水泥土桩 | 1. 地层情况<br>2. 空桩长度、桩长<br>3. 桩径<br>4. 成孔方法<br>5. 水泥强度等级<br>6. 混合料配比 | | 按设计图示尺寸以桩长(包括桩尖)计算 | 1. 成孔、夯底<br>2. 水泥土拌合、填料、夯实<br>3. 材料运输 |

续表

| 项目编码 | 项目名称 | 项目特征 | 计量单位 | 工程量计算规则 | 工作内容 |
|---|---|---|---|---|---|
| 010201012 | 高压喷射注浆桩 | 1. 地层情况<br>2. 空桩长度、桩长<br>3. 桩截面<br>4. 注浆类型、方法<br>5. 水泥强度等级 | m | 按设计图示尺寸以桩长计算 | 1. 成孔<br>2. 水泥浆制作、高压喷射注浆<br>3. 材料运输 |
| 010201013 | 石灰桩 | 1. 地层情况<br>2. 空桩长度、桩长<br>3. 桩径<br>4. 成孔方法<br>5. 掺和料种类、配合比 | | 按设计图示尺寸以桩长(包括桩尖)计算 | 1. 成孔<br>2. 混合料制作、运输、夯填 |
| 010201014 | 灰土(土)挤密桩 | 1. 地层情况<br>2. 空桩长度、桩长<br>3. 桩径<br>4. 成孔方法<br>5. 灰土级配 | | | 1. 成孔<br>2. 灰土拌和、运输、填充、夯实 |
| 010201015 | 桩锤冲扩桩 | 1. 地层情况<br>2. 空桩长度、桩长<br>3. 桩径<br>4. 成孔方法<br>5. 桩体材料种类、配合比 | | 按设计图示尺寸以桩长计算 | 1. 安、拔套管<br>2. 冲孔、填料、夯实<br>3. 桩体材料制作、运输 |
| 010201016 | 注浆地基 | 1. 地层情况<br>2. 空钻深度、注浆深度<br>3. 注浆间距<br>4. 浆液种类及配比<br>5. 注浆方法<br>6. 水泥强度等级 | 1. m<br>2. $m^3$ | 1. 以米计量,按设计图示尺寸以钻孔深度计算<br>2. 以立方米计量,按设计图示尺寸以加固体积计算 | 1. 成孔<br>2. 注浆导管制作、安装<br>3. 浆液制作、压浆<br>4. 材料运输 |
| 010201017 | 褥垫层 | 1. 厚度<br>2. 材料品种及比例 | 1. $m^2$<br>2. $m^3$ | 1. 以平方米计量,按设计图示尺寸以铺设面积计算<br>2. 以立方米计量,按设计图示尺寸以体积计算 | 材料拌合、运输、铺设、压实 |

注:1. 地层情况按 GB 50854—2013 中表 A.1-1 和表 A.2-1 的规定,并根据岩土工程勘察报告按单位工程各地层所占比例(包括范围值)进行描述。对无法准确描述的地层情况,可注明由投标人根据岩土工程勘察报告自行决定报价。

2. 项目特征中的桩长应包括桩尖,空桩长度=孔深−桩长,孔深为自然地面至设计桩底的深度。

3. 高压喷射注浆类型包括旋喷、摆喷、定喷,高压喷射注浆方法包括单管法、双重管法、三重管法。

4. 如采用泥浆护壁成孔,工作内容包括土方、废泥浆外运,如采用沉管灌注成孔,工作内容包括桩尖制作、安装。

### 4. 基坑与边坡支护

基坑与边坡支护工程量清单项目设置、项目特征描述的内容、计量单位及工程量计算规则,应按表 4-4 的规定执行。

**表 4-4 基坑与边坡支护**(编码:010202)

| 项目编码 | 项目名称 | 项目特征 | 计量单位 | 工程量计算规则 | 工作内容 |
|---|---|---|---|---|---|
| 010202001 | 地下连续墙 | 1. 地层情况<br>2. 导墙类型、截面<br>3. 墙体厚度<br>4. 成槽深度<br>5. 混凝土种类、强度等级<br>6. 接头形式 | $m^3$ | 按设计图示墙中心线长乘以厚度乘以槽深以体积计算 | 1. 导墙挖填、制作、安装、拆除<br>2. 挖土成槽、固壁、清底置换<br>3. 混凝土制作、运输、灌注、养护<br>4. 接头处理<br>5. 土方、废泥浆外运<br>6. 打桩场地硬化及泥浆池、泥浆沟 |

续表

| 项目编码 | 项目名称 | 项目特征 | 计量单位 | 工程量计算规则 | 工作内容 |
| --- | --- | --- | --- | --- | --- |
| 010202002 | 咬合灌注桩 | 1. 地层情况<br>2. 桩长<br>3. 桩径<br>4. 混凝土种类、强度等级<br>5. 部位 | 1. m<br>2. 根 | 1. 以米计量,按设计图示尺寸以桩长计算<br>2. 以根计量,按设计图示数量计算 | 1. 成孔、固壁<br>2. 混凝土制作、运输、灌注、养护<br>3. 套管压拔<br>4. 土方、废泥浆外运<br>5. 打桩场地硬化及泥浆池、泥浆沟 |
| 010202003 | 圆木桩 | 1. 地层情况<br>2. 桩长<br>3. 材质<br>4. 尾径<br>5. 桩倾斜度 | | 1. 以米计量,按设计图示尺寸以桩长(包括桩尖)计算<br>2. 以根计量,按设计图示数量计算 | 1. 工作平台搭拆<br>2. 桩机移位<br>3. 桩靴安装<br>4. 沉桩 |
| 010202004 | 预制钢筋混凝土板桩 | 1. 地层情况<br>2. 送桩深度、桩长<br>3. 桩截面<br>4. 沉桩方法<br>5. 连接方式<br>6. 混凝土强度等级 | | | 1. 工作平台搭拆<br>2. 桩机移位<br>3. 沉桩<br>4. 板桩连接 |
| 010202005 | 型钢桩 | 1. 地层情况或部位<br>2. 送桩深度、桩长<br>3. 规格型号<br>4. 桩倾斜度<br>5. 防护材料种类<br>6. 是否拔出 | 1. t<br>2. 根 | 1. 以吨计量,按设计图示尺寸以质量计算<br>2. 以根计量,按设计图示数量计算 | 1. 工作平台搭拆<br>2. 桩机移位<br>3. 打(拔)桩<br>4. 接桩<br>5. 刷防护材料 |
| 010202006 | 钢板桩 | 1. 地层情况<br>2. 桩长<br>3. 板桩厚度 | 1. t<br>2. $m^2$ | 1. 以吨计量,按设计图示尺寸以质量计算<br>2. 以平方米计量,按设计图示墙中心线长乘以桩长以面积计算 | 1. 工作平台搭拆<br>2. 桩机移位<br>3. 打拔钢板桩 |
| 010202007 | 锚杆(锚索) | 1. 地层情况<br>2. 锚杆(索)类型、部位<br>3. 钻孔深度<br>4. 钻孔直径<br>5. 杆体材料品种、规格、数量<br>6. 预应力<br>7. 浆液种类、强度等级 | 1. m<br>2. 根 | 1. 以米计量,按设计图示尺寸以钻孔深度计算<br>2. 以根计量,按设计图示数量计算 | 1. 钻孔、浆液制作、运输、压浆<br>2. 锚杆(锚索)制作、安装<br>3. 张拉锚固<br>4. 锚杆(锚索)施工平台搭设、拆除 |
| 010202008 | 土钉 | 1. 地层情况<br>2. 钻孔深度<br>3. 钻孔直径<br>4. 置入方法<br>5. 杆体材料品种、规格、数量<br>6. 浆液种类、强度等级 | | | 1. 钻孔、浆液制作、运输、压浆<br>2. 土钉制作、安装<br>3. 土钉施工平台搭设、拆除 |

续表

| 项目编码 | 项目名称 | 项目特征 | 计量单位 | 工程量计算规则 | 工作内容 |
|---|---|---|---|---|---|
| 010202009 | 喷射混凝土、水泥砂浆 | 1. 部位<br>2. 厚度<br>3. 材料种类<br>4. 混凝土（砂浆）类别、强度等级 | $m^2$ | 按设计图示尺寸以面积计算 | 1. 修整边坡<br>2. 混凝土（砂浆）制作、运输、喷射、养护<br>3. 钻排水孔、安装排水管<br>4. 喷射施工平台搭设、拆除 |
| 010202010 | 钢筋混凝土支撑 | 1. 部位<br>2. 混凝土种类<br>3. 混凝土强度等级 | $m^3$ | 按设计图示尺寸以体积计算 | 1. 模板（支架或支撑）制作、安装、拆除、堆放、运输及清理模内杂物、刷隔离剂等<br>2. 混凝土制作、运输、浇筑、振捣、养护 |
| 010202011 | 钢支撑 | 1. 部位<br>2. 钢材品种、规格<br>3. 探伤要求 | t | 按设计图示尺寸以质量计算。不扣除孔眼质量，焊条、铆钉、螺栓等不另增加质量 | 1. 支撑、铁件制作（摊销、租赁）<br>2. 支撑、铁件安装<br>3. 探伤<br>4. 刷漆<br>5. 拆除<br>6. 运输 |

注：1. 地层情况按规范 GB 50854—2013 表 A. 1-1 和表 A. 2-1 的规定，并根据岩土工程勘察报告按单位工程各地层所占比例（包括范围值）进行描述。对无法准确描述的地层情况，可注明由投标人根据岩土工程勘察报告自行决定报价。

2. 土钉置入方法包括钻孔置入、打入或射入等。

3. 混凝土种类：指清水混凝土、彩色混凝土等，如在同一地区既使用预拌（商品）混凝土，又允许现场搅拌混凝土时，也应注明（下同）。

4. 地下连续墙和喷射混凝土（砂浆）的钢筋网、咬合灌注桩的钢筋笼及钢筋混凝土支撑的钢筋制作、安装，按规范 GB 50854—2013 附录 E 中相关项目列项。本分部未列的基坑与边坡支护的排桩按规范 GB 50854—2013 附录 C 中相关项目列项。水泥土墙、坑内加固按规范 GB 50854—2013 表 B.1 中相关项目列项。砖、石挡土墙、护坡按规范 GB 50854—2013 附录 D 中相关项目列项。混凝土挡土墙按本规范附录 E 中相关项目列项。

## 二、桩基、地基处理与边坡支护工程工程量计算方法

### 1. 钢筋混凝土桩工程量计算

① 预制钢筋混凝土桩工程量计算公式：

预制钢筋混凝土桩工程量＝设计桩总长度×桩断面面积

② 灌注桩混凝土工程量计算公式：

$$\text{灌注桩混凝土工程量}=(L+0.5)\times\pi D^2/4$$

或

$$\text{灌注桩混凝土工程量}=D^2\times0.7854\times(L+\text{增加桩长})$$

式中　$L$——桩长（含桩尖）；

$D$——桩外直径。

③ 夯扩成孔灌注桩工程量计算公式：

$$\text{夯扩成孔灌注桩工程量}=(L+0.3)\times\pi D^2/4+\text{夯扩混凝土体积}$$

④ 混凝土爆扩桩。混凝土爆扩桩由桩柱和扩大头两部分组成，常用的形式如图 4-1 所示。

混凝土爆扩桩工程量计算公式

$$V=0.7854d^2(L-D)+\frac{1}{6}\pi D^3$$

⑤ 混凝土桩壁、桩芯工程量计算。预制混凝土桩壁及现浇混凝土桩芯，如图 4-2 所示。

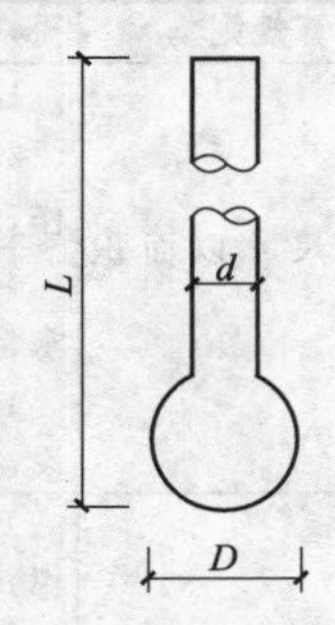


图 4-1 混凝土爆扩桩图示

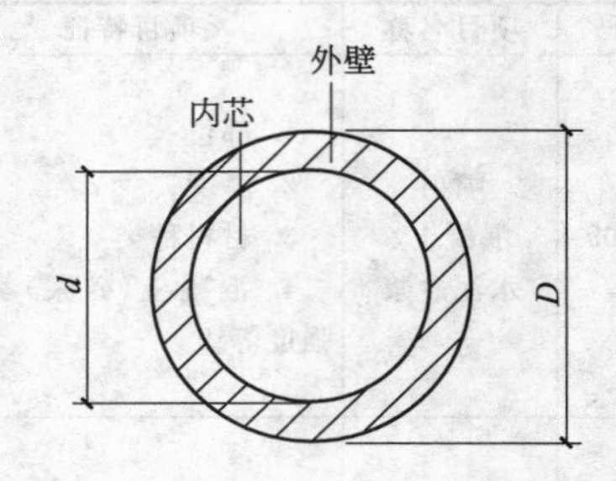


图 4-2 混凝土桩壁、桩芯工程量计算

a. 混凝土桩壁工程量计算公式：

$$混凝土桩壁工程量=H_{桩壁}\times\pi D^2/4-H_{桩芯}\times\pi d^2/4$$

b. 混凝土桩芯工程量计算公式：

$$混凝土桩芯工程量=H_{桩芯}\times\pi d^2/4$$

⑥ 钢板桩工程量计算公式：

钢板桩工程量＝钢板桩长×单位重量

**2. 地基强夯工程量计算公式**

① 夯点密度计算公式

夯点密度(夯点/100m²)＝设计夯击范围内的夯点个数/夯击范围(m²)×100

② 强夯工程量计算公式

地基强夯工程量＝设计图示面积

或 $$地基强夯工程量(m^2)=S_{轴包}+L_{外轴}\times4+4\times16=S_{轴包}+L_{外轴}\times4+64$$

低锤满拍工程量＝设计夯击范围

1 台日＝1 台抽水机×24h

## 三、桩基、地基处理与边坡支护工程工程量计算主要技术资料

**1. 地基与基础**

(1) 地基与基础的分类　地基可分为天然地基和人工地基两大类。天然地基是指不需处理而直接利用的地基，岩石、碎石、砂石、黏性土等，一般均可作为天然地基。人工地基是指经过人工处理才能达到使用要求的地基，如采用换土垫层、机械强力夯实、挤密桩等方法处理的地基。人工地基较天然地基费料，造价较高，只有在天然土层承载力差、建筑总荷载大的情况下方可采用。基础的形式很多，按埋置深度可分为浅基础和深基础。一般埋深在 5m 左右且能用一般方法施工的基础属于浅基础，如砖基础、毛石基础等。需要埋置在较深的土层并采用特殊方法施工的基础则属于深基础，如桩基础、箱式基础等。

(2) 对地基与基础的要求　由于地基基础施工属于地下隐蔽工程，出现缺陷后补救非常困难。因此，对地基及基础提出严格要求。

① 对地基的要求

a. 地基必须具有足够的强度，即地基的承载力必须足以承受作用在其上面的全部荷载。

b. 地基不应产生过大的沉降和不均匀沉降，其沉降量和沉降差均在允许范围内，保证建筑物及相邻建筑物的正常工作。

② 对基础的要求

a. 基础结构本身应具有足够的强度和刚度，承受建筑物的全部荷载并均匀地传到地基上，具有改善沉降和不均匀沉降的能力。

b. 具有较好的防潮、防冻和耐腐蚀能力。

c. 有足够的稳定性，不滑动，变形不至于影响房屋上部结构的正常使用。

d. 基础工程应注意经济问题。基础工程占建筑总造价的10%～40%，降低基础工程的投资是降低工程总投资的重要一环。

(3) 土的静力触探与动力触探　触探是通过探杆用静力或动力将探头贯入土层，并量测各层土对触探头的贯入阻力大小的指标，从而间接地判断土层及其性质的一种勘探方法和原位测试技术。

① 静力触探。是将单桥电阻应变式探头或双桥电阻应变式探头以静力贯入所要测试的土层中，用电阻应变仪或电位差计量测土的比贯入阻力或分别量测锥头阻力和侧壁摩擦力，从而判定土的力学性质。与常规的勘探方法比较，它能快速、连续地探测土层及其性质的变化，还能确定桩的持力层以及预估单桩承载力，为桩基设计（桩长、桩径、数量）提供依据，但不适用于难以贯入的坚硬地层。

② 动力触探。系利用一定重量的落锤，以一定的落距将触探头打入土中，根据打入的难易程度（贯入度）得到每贯入一定深度的锤击次数作为表示地基强度的指标值。其设备主要由触探头、触探杆和穿心锤三部分组成。

土壤级别按表 4-5 确定。

**表 4-5　土壤级别**

| 内容 | | 土壤级别 | |
|---|---|---|---|
| | | 一级土 | 二级土 |
| 砂夹层 | 砂层连续厚度 | <1m | >1m |
| | 砂层中卵石含量 | — | <15% |
| 物理性能 | 压缩系数 | >0.02 | <0.02 |
| | 孔隙比 | >0.7 | <0.7 |
| 力学性能 | 静力触探值 | <50 | >50 |
| | 动力触探系数 | <12 | >12 |
| 每米纯沉桩时间平均值 | | <2min | >2min |
| 说明 | | 桩经外力作用较易沉入的土，土壤中夹有较薄的砂层 | 桩经外力作用较难沉入的土，土壤中夹有连续厚度不超过 3m 的砂层 |

钎探点的布置依据设计要求，当设计必要时，按下列规定执行：槽宽小于 800mm，中心布一排，间距 1.5m，深度 1.5m；槽宽 800～2000mm，两边错开，间距 1.5m，深度 1.5m；槽宽大于 2000mm，梅花型，间距 1.5m，深度 2.1m；柱基，梅花型，间距 1.5～2m，深度 1.5m，并不浅于短边。

(4) 试验桩　在没有打桩的地方打试验桩是非常有必要的。可以通过打试验桩来校核设计的桩而改进设计方案，以保证打桩的质量要求和技术要求。通过打试验桩可以了解桩的贯入深度、持力层的强度、桩的承载力和施工过程中可能遇到的问题和反常情况，了解土层的构造。在打试验桩时，要选择能代表工程场地地质条件的桩位，试验桩与工程桩的各方面条件要力求一致，具有代表性。打试验桩的目的还为了做桩的静荷载试验，桩的静荷载试验是模拟实际荷载情况，摸清楚荷载与沉降的关系，确定桩的允许承载力。荷载试验有多种，通常采用的是单桩静荷载试验和抗拔荷载试验。打试验桩时要做好施工详细试验记录，测出各土层的深度、打入各土层的锤击次数和振动时间，最后还要精确地测量贯入度等。

其中预制桩在砂土中入土 $7d$ 以上（黏性土不少于 $15d$，饱和软黏土不少于 $25d$）才能进行试桩，就地灌注桩和爆扩桩应在桩身混凝土强度达到设计等级之后，才能进行试桩。在同一条件下，试桩数不宜少于总桩数的1%，并不应少于2根。

单桩垂直静荷载试验方法有重物千斤顶加荷法和锚桩千斤顶加荷法两种，而以锚桩加荷法使用较多。锚桩加荷法又分单列锚桩加荷（只设2根锚桩）和双列锚桩加荷（设4根锚桩）。为了避免加荷过程中的相互影响，锚桩、木桩离试验桩要有足够远的距离，一般锚桩离试验桩的距离要不小于3倍试验桩直径（常为2～2.5m），木桩离试桩要不小于4倍试验桩直径。桩静荷载试验的最大设计荷载，不应小于由静力计算得出的单桩设计承载力的2倍。终止试验加荷的条件是：当桩身折断或水平位移超过30～40mm（软土取40mm）时，或桩侧地表面出现明显裂缝或隆起。

桩的动测法是检测桩基承载力及质量具有发展前途的一种新方法，用以代替费时、昂贵的静载荷试验，但本法需做大量的测试，尤其需要静载的试验资料来充实和完善。目前有锤击贯入试桩法和水电效应法。

试验桩只是用于检验作用而不同于实际工作桩的功能的桩，最后还要拔出废掉。

**2. 桩基础工程**

（1）桩基础工程基础知识　桩基础是由许多个单桩（沉入土中）组成的一种深基础，如图4-3所示。

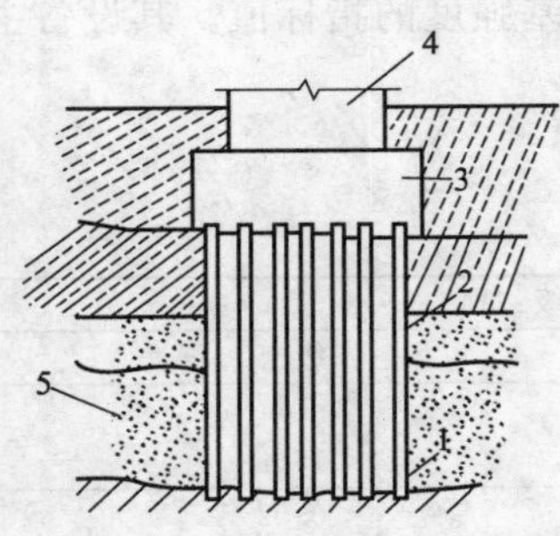


图4-3　桩基础图示

1—持力层；2—桩；3—桩承台；4—上部建筑物；5—软弱力层

（2）桩的分类

① 按受力性质分为摩擦桩、端承桩。

② 按施工方法分为预制桩、灌注桩。

③ 按成桩方法分为非挤土桩、部分挤土桩、挤土桩。

④ 按桩身所用材料不同分为混凝土桩、钢桩、组合材料桩。

⑤ 按使用功能不同分为竖向抗压桩、竖向抗拔桩、水平荷载桩、复合受力桩。

⑥ 按桩径大小分为小桩（$d \leqslant 250$mm）、中等直径桩（$d=250 \sim 800$mm）、大直径桩（$d \geqslant 800$mm）。

（3）混凝土预制桩施工　混凝土预制桩有管桩和实心桩两种。管桩都是空心桩，是在预制厂用离心法生产的，强度高（可达C30～C40）；实心桩大多在现场预制，这样可以节约运输费用。多做成正方形截面，截面尺寸从200mm×200mm至550mm×550mm。单根桩的最大长度取决于桩架高度，一般不超过27m，必要时也可以达到30m，当桩长超过30m时应分段预制，打桩时再接长。

混凝土预制桩施工包括预制、起吊、运输、堆放、接桩、截桩等过程。

（4）混凝土灌注桩施工　混凝土灌注桩是直接在现场桩位上成孔，在孔内安装钢筋笼，然后灌注混凝土而成。与预制桩相比可以节约钢材和劳动力，并节约资金约50%。

混凝土灌注桩包括泥浆护壁成孔灌注桩、干作业成孔灌注桩、套管成孔灌注桩（又称沉管灌注桩）、爆扩成孔灌注桩、人工挖孔灌注桩。

（5）灰土挤密桩　适用于处理湿陷性黄土、素填土以及杂填土地基，处理后地基承载力可以提高一倍以上，同时具有节省大量土方、降低造价、施工简便等优点。

灰土挤密桩施工前应在现场进行成孔、夯填工艺和挤密效果试验，以确定分层填料厚度、夯击次数和夯实后干密度等要求。桩施工一般先将基坑挖好，预留20～30cm土层，然后在坑内施工灰土桩，基础施工前再将已搅动的土层挖去。

（6）旋喷桩　旋喷桩是利用钻机将旋喷注浆管及喷头钻置于桩底设计高程，将预先配制好的浆液通过高压发生装置使液流获得巨大能量后，从注浆管边的喷嘴中高速喷射出来，形成一股能量高度集中的液流，直接破坏土体，喷射过程中，钻杆边旋转边提升，使浆液与土体充分搅拌混合，在土中形成一定直径的柱状固结体，从而使地基达到加固。

旋喷桩施工占地少、振动小、噪声较低，但容易污染环境，成本较高，对于特殊的不能使喷出浆液凝固的土质不宜采用。

① 高压喷射注浆法适用于处理淤泥、淤泥质土、流塑（软塑或可塑）黏性土、粉土、砂土、黄土、素填土和碎石土等地基。

② 当土中含有较多的大粒径块石、坚硬黏性土、含大量植物根茎或有过多的有机质时，对淤泥和泥炭土以及已有建筑物的湿陷性黄土地基的加固，应根据现场试验结果确定其适用程度。应通过高压喷射注浆试验确定其适用性和技术参数。

③ 高压喷射注浆法，对基岩和碎石土中的卵石、块石、漂石呈骨架结构的地层，地下水流速过大和已涌水的地基工程，由于地下水具有侵蚀性，应慎重使用此方法。

④ 高压喷射注浆法可用于既有建筑和新建建筑的地基加固处理、深基坑止水帷幕、边坡挡土或挡水、基坑底部加固、防止管涌与隆起、地下大口径管道围封与加固、地铁工程的土层加固或防水、水库大坝、海堤、江河堤防、坝体坝基防渗加固、构筑地下水库截渗坝等工程。

(7) 喷粉桩　喷粉桩属于深层搅拌法加固地基方法的一种形式，也叫加固土桩。深层搅拌法是加固饱和软黏土地基的一种新颖方法，它是利用水泥、石灰等材料作为固化剂的主剂，通过特制的搅拌机械就地将软土和固化剂（浆液状和粉体状）强制搅拌，利用固化剂和软土之间所产生的一系列物理-化学反应，使软土硬结成具有整体性、水稳性和一定强度的优质地基。

喷粉桩是在高压喷射注浆桩的基础上创新发展的新桩型，这种桩的优点：可加固改良地基，提高地基承载力（2～3 倍）和水稳性，对环境无污染，无噪声，对相邻建筑物无影响，机具设备简单，液压操纵，技术易于掌握，成桩效率高（8m 长桩，每台桩机每天可完成 100 根），加固所需费用较低，造价比灌注桩低 40%。喷粉桩适用于 7 层以下的民用建筑以及在有地下水或土的含水量大于 25% 的黏性土、砂土、软土、淤泥质土地基中进行的浅层（深 14m）加固，但是这种桩不适用于杂填土（垃圾土）地基（会使承载力不均匀），同时要求土的含水率不低于 23%，否则会造成桩体疏松。

**3. 地基处理与边坡支护**

(1) 地下连续墙　地下连续墙应根据工程要求和施工条件划分单元槽段，应尽量减少槽段数量，墙体幅间接缝应避开拐角部位。

地下连续墙用作结构主体墙体时应符合下列规定。

① 不宜用作防水等级为一级的地下工程墙体。

② 墙的厚度宜大于 600mm。

③ 选择合适的泥浆配合比或降低地下水位等措施，以防止塌方；挖槽期间，泥浆面必须高于地下水位 500mm 以上，遇有地下水含盐或受污染时应采取措施不得影响泥浆性能指标。

④ 墙面垂直度的允许偏差应小于墙深的 1/250；墙面局部突出不应大于 100mm。

⑤ 浇筑混凝土前必须清槽、置换泥浆和清除沉碴，厚度不应大于 100mm，并将接缝面的泥土、杂物用专用刷壁器清刷干净。

⑥ 钢筋笼浸泡泥浆时间不应超过 10h，钢筋保护层厚度不应小于 70mm。

⑦ 幅间接缝方式应优先选用工字钢或十字钢板接头，并应符合设计要求；使用的锁口管应能承受混凝土灌注时的侧压力，灌注混凝土时不得位移和发生混凝土绕管现象。

⑧ 混凝土用的水泥强度等级不应低于32.5MPa，水泥用量不应少于370kg/m³，采用碎石时不应小于400kg/m³，水灰比应小于0.6，坍落度应为（200±20）mm，石子粒径不宜大于导管直径的1/8；浇筑导管埋入混凝土深度宜为1.56m，在槽段端部的浇筑导管与端部的距离宜为1～1.5m，混凝土浇筑必须连续进行；冬期施工时应采取保温措施，墙顶混凝土未达到设计强度50%时，不得受冻。

（2）强夯　强夯法是用起重机械将大吨位夯锤（一般不小于8t）起吊到很高处（一般不小于6m）自由落下以对土体进行强力夯击，以提高地基强度，降低地基压缩性。强夯法是在垂锤法的基础上发展起来的。强夯法是用很大的冲击波和应力迫使土中孔隙压缩，土体局部液化，强夯点周围产生裂隙形成良好的排水通道，土体迅速固结。适用于黏性土和湿陷性黄土及人工填土地基的深层加固。

夯击能由夯锤和落距决定，设夯锤重量为$G$，落距为$H$，则每一击的夯击能为$G\times H$，一般为500～8000kN・m。夯击遍数一般为2～5遍，对于细颗粒较多的透水性土层以及加固要求高的工程，夯击遍数可适当增加。

强夯法加固地基要根据现场的地质情况、工程的具体要求和施工条件，根据经验或通过试验选定有关技术参数，包括锤重、落距、夯击点布置及间距、夯击击数、夯击遍数、两遍之间的间歇时间、平均夯击能、加固范围及深度等。

锤重（$G$）和落距（$H$）是影响加固效果的一个重要因素，它直接决定每一击的夯击能（$G\times H$），锤重一般不宜小于8t，落距不宜小于6m，常用的落距为8m、11m、13m、15m、17m、18m、25m。

夯击点的布置及间距根据基础的形式和加固要求而定。对于大面积地基可采用梅花形或正方形网格排列；对条形基础夯点可成行布置；对于独立基础夯点宜单点布置或成组布置，在基础下面必须布置有夯点。夯点间距一般根据基础布置、依加固土层的厚度和土质情况而定。加固土层厚、土质差、透水性弱、含水量高，夯点间距宜大，可为7～15m；加固土层薄、透水性强、含水量低、砂质土，间距可为5～10m。一般第一遍夯点的间距要取大些，以便夯击能向深部传递。

按以上所选形式和间距布置的夯击点，依次夯击完成第一遍，第二次选用已夯点间隙，依次补点，夯击为第二遍，以下各遍均在中间补点，最后一遍为低能满夯，使夯印彼此搭接，所用能量为前几遍的1/5～1/4，以加固前几遍夯点之间的松土和被振动的表土层。夯击击数和夯击遍数是按土体竖向压缩最大、两侧向移动最小的原则，通过单点试夯，观测夯击坑周围土体的变形情况来确定。当夯击到每夯一击所产生的瞬时沉降量很小时，即认为土体已被压密，不能再继续夯实，此时的夯击数即为最佳夯击数，一般软土的控制瞬时沉降量为5～8 cm，废渣填石地基控制的最后两击下沉量之差为2～4cm，每夯击点的夯击数一般为3～10击。夯击遍数一般为2～5遍，对于细颗粒多、透水性弱、含水量高的土层，采用减少每遍的夯击次数，增加夯击遍数，而且对颗粒粗、透水性强、含水量低的土层，宜采用多加每遍的夯击击数，减少夯击遍数。

两遍之间的间歇时间取决于强夯产生的孔隙水压力的消散，一般是土质颗粒细、含水量高、黏土层厚的，间歇时间宜加长，间歇时间一般为2～4周，对于黏土和冲积土为3周左右，对于地下水位较低、含水量较少的碎石类填土和透水性强的砂性土，可采用连续夯击而不需要间歇，前一遍夯完后，将土推平，即可接着进行下一遍。

平均夯击能为击能的总和（由锤重、落距、夯击点数和每一夯击点的夯击次数算得）除以施工面积，夯击能过小，加固效果不好；对于饱和黏土，夯击能过大，会破坏土体，造成橡皮土，降低强度。

强夯加固范围一般取地基长度（$L$）和宽度（$B$）各加上一个加固厚度（$H$），即（$L+H$）×（$B+H$）。

强夯加固影响深度与土质情况和强夯工艺有密切关系，一般按法梅那氏公式估算：

$$H=k\sqrt{G\times h}$$

式中　$H$——加固影响深度，m；

$G$——夯锤质量，t；

$h$——落距，m；

$k$——系数，一般为0.4～0.7。

（3）锚杆支护

① 锚杆支护的分类及方式。锚杆作为深入地层的受拉构件，它一端与工程构筑物连接，另一端深入地层中，整根锚杆分为自由段和锚固段，自由段是指将锚杆头处的拉力传至锚固体区域，其功能是对锚杆施加预应力；锚固段是指水泥浆体将预应力筋与土层黏结的区域，其功能是将锚固体与土层的黏结摩擦作用增大，增加锚固体的承压作用，将自由段的拉力传至土体深处。

锚杆根据其使用的材料可以分为木锚杆、钢锚杆、玻璃钢锚杆等；按锚固方式分为端锚固、加长锚固和全长锚固。

② 锚杆及土钉墙支护施工

a. 锚杆及土钉墙支护工程施工前应熟悉地质资料、设计图纸及周围环境，降水系统应确保正常工作，必需的施工设备如挖掘机、钻机、压浆泵、搅拌机等应能正常运转。

b. 一般情况下，应遵循分段开挖、分段支护的原则，不宜按一次挖就再行支护的方式施工。

c. 施工中应对锚杆或土钉位置，钻孔直径、深度及角度，锚杆或土钉插入长度，注浆配比、压力及注浆量，喷锚墙面厚度及强度、锚杆或土钉应力等进行检查。

d. 每段支护体施工完后，应检查坡顶或坡面位移，坡顶沉降及周围环境变化，如有异常情况应采取措施，恢复正常后方可继续施工。

e. 土钉墙一般适用于开挖深度不超过5m的基坑，如措施得当也可再加深，但设计与施工均应有足够的经验。

f. 尽管有了分段开挖、分段支护，仍要考虑土钉与锚杆均有一段养护时间，不能为抢进度而不顾及养护期。

## 第二节　桩基、地基处理与边坡支护工程定额工程量套用规定

### 一、定额说明

**1. 配套定额的一般规定**

① 单位工程的桩基础工程量在表4-6数量以内时，相应定额人工、机械乘以小型工程系数1.05。

**表4-6　小型工程系数表**

| 项　目 | 单位工程的工程量 |
| --- | --- |
| 预制钢筋混凝土桩 | $100m^3$ |
| 灌注桩 | $60m^3$ |
| 钢工具桩 | 50t |

② 打桩工程按陆地打垂直桩编制。设计要求打斜桩时，若斜度小于 1∶6，相应定额人工、机械乘以系数 1.25；若斜度大于 1∶6，相应定额人工、机械乘以系数 1.43。斜度是指在竖直方向上，每单位长度所偏离竖直方向的水平距离。预制混凝土桩，在桩位半径 15m 范围内的移动、起吊和就位，已包括在打桩子目内，超过 15m 时的场内运输，按定额构件运输 1km 以内子目的相应规定计算。

③ 桩间补桩或在强夯后的地基上打桩时，相应定额人工、机械乘以系数 1.15。

④ 打试验桩时，相应定额人工、机械乘以系数 2.0。定额不包括静测、动测的测桩项目，测桩只能计列一次，实际发生时，按合同约定价格列入。

⑤ 打送桩时，相应定额人工、机械乘以表 4-7 系数。

**表 4-7　送桩深度系数表**

| 送桩深度 | 系　数 |
| --- | --- |
| 2m 以内 | 1.12 |
| 4m 以内 | 1.25 |
| 4m 以外 | 1.50 |

预制混凝土桩的送桩深度，按设计送桩深度另加 0.50m 计算。

**2. 截桩定额说明**

截桩按所截桩的根数计算，套用定额。截桩、凿桩头、钢筋整理应分项计算。截桩子目，不包括凿桩头和桩头钢筋整理；凿桩头子目，不包括桩头钢筋整理。凿桩头按桩体高 $40d$（$d$ 为桩主筋直径，主筋直径不同时取大者）乘以桩断面以立方米计算，钢筋整理按所整理的桩的根数计算。截桩长度不大于 1m 时，不扣减打桩工程量；长度大于 1m 时，其超过 1m 部分按实扣减打桩工程量，但不应扣减桩体及其场内运输工程量。成品桩体费用按双方认可的价格列入。

**3. 灌注桩定额说明**

① 灌注桩已考虑了桩体充盈部分的消耗量，其中灌注砂、石桩还包括级配密实的消耗量，不包括混凝土搅拌、钢筋制作、钻孔桩和挖孔桩的土或回旋钻机泥浆的运输、预制桩尖、凿桩头及钢筋整理等项目，但活瓣桩尖和截桩不另计算。灌注混凝土桩凿桩头，按实际凿桩头体积计算。

② 充盈部分的消耗量是指在灌注混凝土时实际混凝土体积比按设计桩身直径计算体积大的盈余部分的体积。

**4. 深层搅拌水泥桩定额说明**

深层搅拌水泥桩定额按 1 喷 2 搅施工编制，实际施工为 2 喷 4 搅时，定额人工、机械乘以系数 1.43。2 喷 2 搅、4 喷 4 搅分别按 1 喷 2 搅、2 喷 4 搅计算。高压旋喷（摆喷）水泥桩的水泥设计用量与定额不同时，可以调整。

**5. 强夯与防护工程定额说明**

① 强夯定额中每百平方米夯点数，指设计文件规定单位面积内的夯点数量。

② 防护工程的钢筋锚杆制作安装，均按相应有关规定执行。

## 二、定额工程量计算规则

**1. 钢筋混凝土桩**

① 预制钢筋混凝土桩按设计桩长（包括桩尖）乘以桩断面面积，以立方米计算。管桩的空心体积应扣除，按设计要求需加注填充材料时，填充部分另按相应规定计算。

② 打孔灌注混凝土桩、钻孔灌注混凝土桩，按设计桩长（包括桩尖，设计要求入岩时，

包括入岩深度）另加 0.5m 乘以设计桩外径（钢管箍外径）截面积，以立方米计算。

③ 夯扩成孔灌注混凝土桩，按设计桩长增加 0.3m，乘以设计桩外径截面积，另加设计夯扩混凝土体积，以立方米计算。

④ 人工挖孔灌注混凝土桩的桩壁和桩芯，分别按设计尺寸以立方米计算。

**2. 电焊接桩**

电焊接桩按设计要求接桩的根数计算。硫磺胶泥接桩按桩断面面积，以平方米计算。桩头钢筋整理按所整理的桩的根数计算。

**3. 灰土桩、砂石桩、水泥桩**

灰土桩、砂石桩、水泥桩均按设计桩长（包括桩尖）乘以设计桩外径截面积，以立方米计算。

**4. 地基强夯**

地基强夯区别不同夯击能量和夯点密度，按设计图示夯击范围，以平方米计算。设计无规定时，按建筑物基础外围轴线每边各加 4m 以平方米计算。

夯击击数是指强夯机械就位后，夯锤在同一夯点上下夯击的次数（落锤高度应满足设计夯击能量的要求，否则按低锤满拍计算）。

**5. 砂浆土钉防护、锚杆机钻孔防护**

砂浆土钉防护、锚杆机钻孔防护（不包括锚杆），按施工组织设计规定的钻孔入土（岩）深度，以米计算。喷射混凝土护坡区分土层与岩层，按施工组织设计规定的防护范围，以平方米计算。

## 第三节　桩基、地基处理与边坡支护工程清单工程量计算示例

### 一、预制混凝土方桩工程量计算

某工程共打预制钢筋混凝土基础方桩 300 根，桩长 12.5m，其中桩中为 0.5m，桩截面为 300mm×300mm，试计算此工程打预制钢筋混凝土方桩工程量。

**解：** 依据公式：单桩体积＝桩截面面积×桩全长，得

$$V=0.3\times0.3\times12.5\times300=337.5\ (\mathrm{m}^3)$$

### 二、接桩工程量计算

有一工程，打预制钢筋混凝土方桩并接桩 150 个，接桩材料为硫磺胶泥，桩截面为 400mm×400mm，试计算此打桩工程量。

**解：** 打桩的工程量为：

按设计图示规定以接头数量计算，此工程的打桩工程数量为 150 个。

### 三、灌注桩工程量计算

有一项复打两次的扩大桩基工程，钢桩的外径为 450mm，桩深 8m，有 70 根桩，现场灌注混凝土，试计算此工程灌注桩体积。

**解：** 此工程灌注桩体积为：

$$\begin{aligned}V&=\text{单桩体积}\times(\text{复打次数}+1)\times\text{根数}\\&=\pi\times\frac{1}{4}\times0.45^2\times8\times(2+1)\times70\\&=267.06\ (\mathrm{m}^3)\end{aligned}$$

## 四、地基处理与边坡支护处理工程量计算

如图 4-4 所示，有一地基加固工程，采用强夯处理地基，夯击能力为 400t·m，每坑击数为 4 击，设计要求第一遍和第二遍为隔点夯击，第三遍为低锤满夯，试计算此工程清单工程量。

**解**：依据题意，此工程清单工程量为：

$$S_{面积}=(2.0\times12+2.5)\times(2.0\times1\ 2+2.5)$$
$$=26.5+26.5$$
$$=702.25\ (m^2)$$

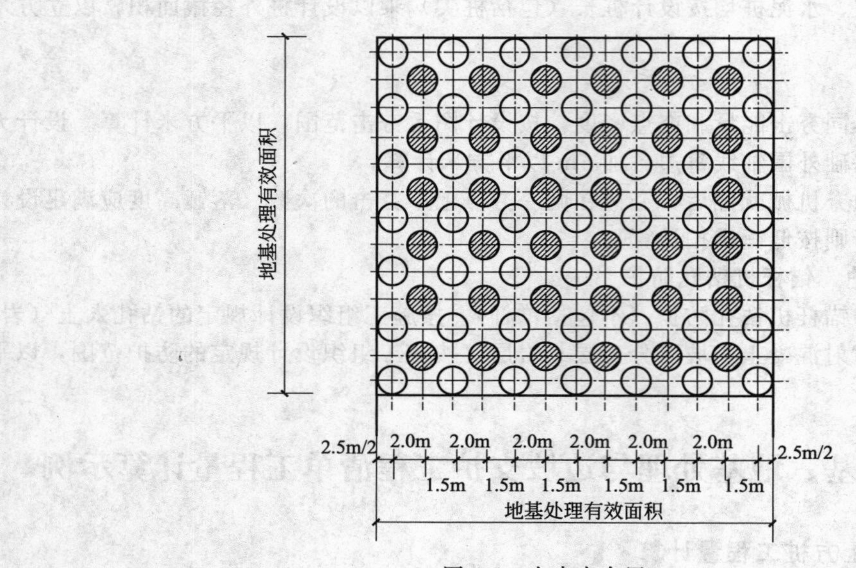


图 4-4　夯击点布置

# 第五章 砌筑工程

## 第一节 工程量清单项目设置规则及工程量计算主要技术资料

### 一、砌筑工程工程量清单项目设置规则及说明

**1. 砖砌体**

《建设工程工程量清单计价规范》附录表 A.3.2 砖砌体项目包括实心砖墙、空斗墙、空花墙、填充墙、实心砖柱、零星砌砖六个项目，见表 5-1。

**表 5-1 砖砌体**（编号：010401）

| 项目编码 | 项目名称 | 项目特征 | 计量单位 | 工程量计算规则 | 工作内容 |
| --- | --- | --- | --- | --- | --- |
| 010401001 | 砖基础 | 1. 砖品种、规格、强度等级<br>2. 基础类型<br>3. 砂浆强度等级<br>4. 防潮层材料种类 | | 按设计图示尺寸以体积计算<br>包括附墙垛基础宽出部分体积，扣除地梁（圈梁）、构造柱所占体积，不扣除基础大放脚 T 形接头处的重叠部分及嵌入基础内的钢筋、铁件、管道、基础砂浆防潮层和单个面积≤$0.3m^2$ 的孔洞所占体积，靠墙暖气沟的挑檐不增加<br>基础长度：外墙按外墙中心线，内墙按内墙净长线计算 | 1. 砂浆制作、运输<br>2. 砌砖<br>3. 防潮层铺设<br>4. 材料运输 |
| 010401002 | 砖砌挖孔桩护壁 | 1. 砖品种、规格、强度等级<br>2. 砂浆强度等级 | | 按设计图示尺寸以立方米计算 | 1. 砂浆制作、运输<br>2. 砌砖<br>3. 材料运输 |
| 010401003 | 实心砖墙 | 1. 砖品种、规格、强度等级<br>2. 墙体类型<br>3. 砂浆强度等级、配合比 | $m^3$ | 按设计图示尺寸以体积计算<br>扣除门窗、洞口、嵌入墙内的钢筋混凝土柱、梁、圈梁、挑梁、过梁及凹进墙内的壁龛、管槽、暖气槽、消火栓箱所占体积，不扣除梁头、板头、檩头、垫木、木楞头、沿缘木、木砖、门窗走头、砖墙内加固钢筋、木筋、铁件、钢管及单个面积≤$0.3m^2$ 的孔洞所占的体积。凸出墙面的腰线、挑檐、压顶、窗台线、虎头砖、门窗套的体积亦不增加。凸出墙面的砖垛并入墙体体积内计算<br>1. 墙长度：外墙按中心线、内墙按净长计算<br>2. 墙高度：<br>(1)外墙：斜（坡）屋面无檐口天棚者算至屋面板底；有屋架且室内外均有天棚者算至屋架下弦底另加 200mm；无天棚者算至屋架下弦底另加 300mm，出檐宽度超过 | 1. 砂浆制作、运输<br>2. 砌砖<br>3. 刮缝<br>4. 砖压顶砌筑<br>5. 材料运输 |
| 010401004 | 多孔砖墙 | | | | |

续表

| 项目编码 | 项目名称 | 项目特征 | 计量单位 | 工程量计算规则 | 工作内容 |
| --- | --- | --- | --- | --- | --- |
| 010401005 | 空心砖墙 | 1. 砖品种、规格、强度等级<br>2. 墙体类型<br>3. 砂浆强度等级、配合比 | $m^3$ | 600mm时按实砌高度计算；与钢筋混凝土楼板隔层者算至板顶。平屋顶算至钢筋混凝土板底<br>(2)内墙：位于屋架下弦者，算至屋架下弦底；无屋架者算至天棚底另加100mm；有钢筋混凝土楼板隔层者算至楼板顶；有框架梁时算至梁底<br>(3)女儿墙：从屋面板上表面算至女儿墙顶面(如有混凝土压顶时算至压顶下表面)<br>(4)内、外山墙：按其平均高度计算<br>3. 框架间墙：不分内外墙按墙体净尺寸以体积计算<br>4. 围墙：高度算至压顶上表面(如有混凝土压顶时算至压顶下表面)，围墙柱并入围墙体积内 | 1. 砂浆制作、运输<br>2. 砌砖<br>3. 刮缝<br>4. 砖压顶砌筑<br>5. 材料运输 |
| 010401006 | 空斗墙 | 1. 砖品种、规格、强度等级<br>2. 墙体类型<br>3. 砂浆强度等级、配合比 | | 按设计图示尺寸以空斗墙外形体积计算。墙角、内外墙交接处、门窗洞口立边、窗台砖、屋檐处的实砌部分体积并入空斗墙体积内 | 1. 砂浆制作、运输<br>2. 砌砖<br>3. 装填充料<br>4. 刮缝<br>5. 材料运输 |
| 010401007 | 空花墙 | | | 按设计图示尺寸以空花部分外形体积计算，不扣除空洞部分体积 | |
| 010401008 | 填充墙 | 1. 砖品种、规格、强度等级<br>2. 墙体类型<br>3. 填充材料种类及厚度<br>4. 砂浆强度等级、配合比 | $m^3$ | 按设计图示尺寸以填充墙外形体积计算 | |
| 010401009 | 实心砖柱 | 1. 砖品种、规格、强度等级<br>2. 柱类型<br>3. 砂浆强度等级、配合比 | | 按设计图示尺寸以体积计算。扣除混凝土及钢筋混凝土梁垫、梁头、板头所占体积 | 1. 砂浆制作、运输<br>2. 砌砖<br>3. 刮缝<br>4. 材料运输 |
| 010401010 | 多孔砖柱 | | | | |
| 010401011 | 砖检查井 | 1. 井截面、深度<br>2. 砖品种、规格、强度等级<br>3. 垫层材料种类、厚度<br>4. 底板厚度<br>5. 井盖安装<br>6. 混凝土强度等级<br>7. 砂浆强度等级<br>8. 防潮层材料种类 | 座 | 按设计图示数量计算 | 1. 砂浆制作、运输<br>2. 铺设垫层<br>3. 底板混凝土制作、运输、浇筑、振捣、养护<br>4. 砌砖<br>5. 刮缝<br>6. 井池底、壁抹灰<br>7. 抹防潮层<br>8. 材料运输 |

续表

| 项目编码 | 项目名称 | 项目特征 | 计量单位 | 工程量计算规则 | 工作内容 |
|---|---|---|---|---|---|
| 010401012 | 零星砌砖 | 1. 零星砌砖名称、部位<br>2. 砖品种、规格、强度等级<br>3. 砂浆强度等级，配合比 | 1. $m^3$<br>2. $m^2$<br>3. m<br>4. 个 | 1. 以立方米计量，按设计图示尺寸截面积乘以长度计算<br>2. 以平方米计量，按设计图示尺寸水平投影面积计算<br>3. 以米计量，按设计图示尺寸长度计算<br>4. 以个计量，按设计图示数量计算 | 1. 砂浆制作、运输<br>2. 砌砖<br>3. 刮缝<br>4. 材料运输 |
| 010401013 | 砖散水、地坪 | 1. 砖品种、规格、强度等级<br>2. 垫层材料种类、厚度<br>3. 散水、地坪厚度<br>4. 面层种类、厚度<br>5. 砂浆强度等级 | $m^2$ | 按设计图示尺寸以面积计算 | 1. 土方挖、运、填<br>2. 地基找平、夯实<br>3. 铺设垫层<br>4. 砌砖散水、地坪<br>5. 抹砂浆面层 |
| 010401014 | 砖地沟、明沟 | 1. 砖品种、规格、强度等级<br>2. 沟截面尺寸<br>3. 垫层材料种类、厚度<br>4. 混凝土强度等级<br>5. 砂浆强度等级 | m | 以米计量，按设计图示以中心线长度计算 | 1. 土方挖、运、填<br>2. 铺设垫层<br>3. 底板混凝土制作、运输、浇筑、振捣、养护<br>4. 砌砖<br>5. 刮缝、抹灰<br>6. 材料运输 |

注：1. “砖基础”项目适用于各种类型砖基础：柱基础、墙基础、管道基础等。

2. 基础与墙（柱）身使用同一种材料时，以设计室内地面为界（有地下室者，以地下室室内设计地面为界），以下为基础，以上为墙（柱）身。基础与墙身使用不同材料时，位于设计室内地面高度≤±300mm 时，以不同材料为分界线，高度＞±300mm 时，以设计室内地面为分界线。

3. 砖围墙以设计室外地坪为界，以下为基础，以上为墙身。

4. 框架外表面的镶贴砖部分，按零星项目编码列项。

5. 附墙烟囱、通风道、垃圾道应按设计图示尺寸以体积（扣除孔洞所占体积）计算并入所依附的墙体体积内。当设计规定孔洞内需抹灰时，应按规范 GB 50854—2013 附录 M 中零星抹灰项目编码列项。

6. 空斗墙的窗间墙、窗台下、楼板下、梁头下等的实砌部分，按零星砌砖项目编码列项。

7.“空花墙”项目适用于各种类型的空花墙，使用混凝土花格砌筑的空花墙，实砌墙体与混凝土花格应分别计算，混凝土花格按混凝土及钢筋混凝土中预制构件相关项目编码列项。

8. 台阶、台阶挡墙、梯带、锅台、炉灶、蹲台、池槽、池槽腿、砖胎模、花台、花池、楼梯栏板、阳台栏板、地垄墙、≤$0.3m^2$ 的孔洞填塞等，应按零星砌砖项目编码列项。砖砌锅台与炉灶可按外形尺寸以个计算，砖砌台阶可按水平投影面积以平方米计算，小便槽、地垄墙可按长度计算、其他工程以立方米计算。

9. 砖砌体内钢筋加固，应按规范 GB 50854—2013 附录 E 中相关项目编码列项。

10. 砖砌体勾缝按规范 GB 50854—2013 附录 M 中相关项目编码列项。

11. 检查井内的爬梯按规范 50854—2013 附录 E 中相关项目编码列项，井内的混凝土构件按规范 50854—2013 附录 E 中混凝土及钢筋混凝土预制构件编码列项。

12. 如施工图设计标注做法见标准图集时，应在项目特征描述中注明标注图集的编码、页号及节点大样。

**2. 砌块砌体**

砌块砌体项目包括空心砖墙、砌块墙，空心砖柱、砌块柱等项目，见表5-2。

**表5-2 砌块砌体**（编号：010402）

| 项目编码 | 项目名称 | 项目特征 | 计量单位 | 工程量计算规则 | 工作内容 |
|---|---|---|---|---|---|
| 010402001 | 砌块墙 | 1. 砌块品种、规格、强度等级<br>2. 墙体类型<br>3. 砂浆强度等级 | $m^3$ | 按设计图示尺寸以体积计算<br>扣除门窗、洞口、嵌入墙内的钢筋混凝土柱、梁、圈梁、挑梁、过梁及凹进墙内的壁龛、管槽、暖气槽、消火栓箱所占体积，不扣除梁头、板头、檩头、垫木、木楞头、沿缘木、木砖、门窗走头、砌块墙内加固钢筋、木筋、铁件、钢管及单个面积≤0.3m² 的孔洞所占的体积。凸出墙面的腰线、挑檐、压顶、窗台线、虎头砖、门窗套的体积亦不增加。凸出墙面的砖垛并入墙体体积内计算<br>1. 墙长度：外墙按中心线、内墙按净长计算<br>2. 墙高度<br>(1)外墙：斜(坡)屋面无檐口天棚者算至屋面板底；有屋架且室内外均有天棚者算至屋架下弦底另加200mm；无天棚者算至屋架下弦底另加300mm，出檐宽度超过600mm时按实砌高度计算；与钢筋混凝土楼板隔层者算至板顶；平屋面算至钢筋混凝土板底<br>(2)内墙：位于屋架下弦者，算至屋架下弦底；无屋架者算至天棚底另加100mm；有钢筋混凝土楼板隔层者算至楼板顶；有框架梁时算至梁底<br>(3)女儿墙：从属面板上表面至女儿墙顶面(如有混凝土压顶时算至压顶下表面)<br>(4)内、外山墙：按其平均高度计算<br>3. 框架间墙：不分内外墙按墙体净尺寸以体积计算<br>4. 围墙：高度算至压顶上表面(如有混凝土压顶时算至压顶下表面)，围墙柱并入围墙体积内 | 1. 砂浆制作、运输<br>2. 砌砖、砌块<br>3. 勾缝<br>4. 材料运输 |
| 010402002 | 砌块柱 | | | 按设计图示尺寸以体积计算<br>扣除混凝土及钢筋混凝土梁垫、梁头、板头所占体积 | |

注：1. 砌体内加筋、墙体拉结的制作、安装，应按规范《房屋建筑与装饰工程工程量清单》(GB 50854—2013) 附录E中相关项目编码列项。

2. 砌块排列应上、下错缝搭砌，如果搭错缝长度满足不了规定的压搭要求，应采取压砌钢筋网片的措施，具体构造要求按设计规定。若设计无规定时，应注明由投标人根据工程实际情况自行考虑；钢筋网片按《房屋建筑与装饰工程工程量清单》(GB 50854—2013) 附录F中相应编码列项。

3. 砌体垂直灰缝宽＞30mm时，采用C20细石混凝土灌实。灌注的混凝土应按规范GB 50854—2013附录E相关项目编码列项。

**3. 石砌体**

石砌体工程量清单项目设置、项目特征描述的内容、计量单位及工程量计算规则，应按表5-3的规定执行。

**表 5-3　石砌体**（编号：010403）

| 项目编码 | 项目名称 | 项目特征 | 计量单位 | 工程量计算规则 | 工作内容 |
| --- | --- | --- | --- | --- | --- |
| 010403001 | 石基础 | 1. 石料种类、规格<br>2. 基础类型<br>3. 砂浆强度等级 | $m^2$ | 按设计图示尺寸以体积计算<br>包括附墙垛基础宽出部分体积，不扣除基础砂浆防潮层及单个面积≤0.3$m^2$ 的孔洞所占体积，靠墙暖气沟的挑檐不增加体积。基础长度：外墙按中心线，内墙按净长计算 | 1. 砂浆制作、运输<br>2. 吊装<br>3. 砌石<br>4. 防潮层铺设<br>5. 材料运输 |
| 010403002 | 石勒脚 |  |  | 按设计图示尺寸以体积计算，扣除单个面积＞0.3$m^2$ 的孔洞所占的体积 |  |
| 010403003 | 石墙 | 1. 石料种类、规格<br>2. 石表面加工要求<br>3. 勾缝要求<br>4. 砂浆强度等级、配合比 | $m^3$ | 按设计图示尺寸以体积计算<br>扣除门窗、洞口、嵌入墙内的钢筋混凝土柱、梁、圈梁、挑梁、过梁及凹进墙内的壁龛、管槽、暖气槽、消火栓箱所占体积，不扣除梁头、板头、檩头、垫木、木楞头、沿缘木、木砖、门窗走头、石墙内加固钢筋、木筋、铁件、钢管及单个面积≤0.3$m^2$ 的孔洞所占的体积。凸出墙面的腰线、挑檐、压顶、窗台线、虎头砖、门窗套的体积亦不增加。凸出墙面的砖垛并入墙体体积内计算<br>1. 墙长度：外墙按中心线、内墙按净长计算<br>2. 墙高度<br>(1)外墙：斜（坡）屋面无檐口天棚者算至屋面板底；有屋架且室内外均有天棚者算至屋架下弦底另加 200mm；无天棚者算至屋架下弦底另加 300mm，出檐宽度超过 600mm 时按实砌高度计算；有钢筋混凝土楼板隔层者算至板顶；平屋顶算至钢筋混凝土板底<br>(2)内墙：位于屋架下弦者，算至屋架下弦底；无屋架者算至天棚底另加 100mm；有钢筋混凝土楼板隔层者算至楼板顶；有框架梁时算至梁底<br>(3)女儿墙：从屋面板上表面算至女儿墙顶面（如有混凝土压顶时算至压顶下表面）<br>(4)内、外山墙：按其平均高度计算<br>3. 围墙：高度算至压顶上表面（如有混凝土压顶时算至压顶下表面），围墙柱并入围墙体积内 | 1. 砂浆制作、运输<br>2. 吊装<br>3. 砌石<br>4. 石表面加工<br>5. 勾缝<br>6. 材料运输 |

续表

| 项目编码 | 项目名称 | 项目特征 | 计量单位 | 工程量计算规则 | 工作内容 |
|---|---|---|---|---|---|
| 010403004 | 石挡土墙 | 1. 石料种类、规格<br>2. 石表面加工要求<br>3. 勾缝要求<br>4. 砂浆强度等级、配合比 | $m^3$ | 按设计图示尺寸以体积计算 | 1. 砂浆制作、运输<br>2. 吊装<br>3. 砌石<br>4. 变形缝、泄水孔、压顶抹灰<br>5. 滤水层<br>6. 勾缝<br>7. 材料运输 |
| 010403005 | 石柱 | | | | 1. 砂浆制作、运输<br>2. 吊装<br>3. 砌石<br>4. 石表面加工<br>5. 勾缝<br>6. 材料运输 |
| 010403006 | 石栏杆 | | m | 按设计图示以长度计算 | |
| 010403007 | 石护坡 | 1. 垫层材料种类、厚度<br>2. 石料种类、规格<br>3. 护坡厚度、高度<br>4. 石表面加工要求<br>5. 勾缝要求<br>6. 砂浆强度等级、配合比 | $m^3$ | 按设计图示尺寸以体积计算 | |
| 010403008 | 石台阶 | | | | 1. 铺设垫层<br>2. 石料加工<br>3. 砂浆制作、运输<br>4. 砌石<br>5. 石表面加工<br>6. 勾缝<br>7. 材料运输 |
| 010403009 | 石坡道 | | $m^2$ | 按设计图示以水平投影面积计算 | |
| 010403010 | 石地沟、明沟 | 1. 沟截面尺寸<br>3. 土壤类别、运距<br>4. 垫层材料种类、厚度<br>5. 石料种类、规格<br>6. 石表面加工要求<br>7. 勾缝要求<br>8. 砂浆强度等级、配合比 | m | 按设计图示以中心线长度计算 | 1. 土方挖、运<br>2. 砂浆制作、运输<br>3. 铺设垫层<br>4. 砌石<br>5. 石表面加工<br>6. 勾缝<br>7. 回填<br>8. 材料运输 |

注：1. 石基础、石勒脚、石墙的划分：基础与勒脚应以设计室外地坪为界。勒脚与墙身应以设计室内地面为界。石围墙内外地坪标高不同时，应以较低地坪标高为界，以下为基础；内外标高之差为挡土墙时，挡土墙以上为墙身。

2."石基础"项目适用于各种规格（粗料石、细料石等）、各种材质（砂石、青石等）和各种类型（柱基、墙基、直形、弧形等）基础。

3."石勒脚""石墙"项目适用于各种规格（粗料石、细料石等）、各种材质（砂石、青石、大理石、花岗石等）和各种类型（直形、弧形等）勒脚和墙体。

4."石挡土墙"项目适用于各种规格（粗料石、细料石、块石、毛石、卵石等）、各种材质（砂石、青石、石灰石等）和各种类型（直形、弧形、台阶形等）挡土墙。

5."石柱"项目适用于各种规格、各种石质、各种类型的石柱。

6."石栏杆"项目适用于无雕饰的一般石栏杆。

7."石护坡"项目适用于各种石质和各种石料（粗料石、细料石、片石、块石、毛石、卵石等）。

8."石台阶"项目包括石梯带（垂带），不包括石梯膀，石梯膀应按规范 GB 50854—2013 附录 C 石挡土墙项目编码列项。

9. 如施工图设计标注做法见标准图集时，应在项目特征描述中注明标注图集的编码、页号及节点大样。

**4. 基础垫层**

垫层工程量清单项目设置、项目特征描述的内容、计量单位及工程量计算规则，应按表 5-4 的规定执行。

**表 5-4　垫层（编号：010404）**

| 项目编码 | 项目名称 | 项目特征 | 计量单位 | 工程量计算规则 | 工作内容 |
|---|---|---|---|---|---|
| 010404001 | 垫层 | 垫层材料种类、配合比、厚度 | $m^3$ | 按设计图示尺寸以立方米计算 | 1. 垫层材料的拌制<br>2. 垫层铺设<br>3. 材料运输 |

注：除混凝土垫层应按规范 GB 50854—2013 附录 E 中相关项目编码列项外，没有包括垫层要求的清单项目应按本表垫层项目编码列项。

## 二、砌筑工程工程量计算方法

### 1. 基础

（1）砖条形基础　砖条形基础工程量计算公式

$$条形基础工程量=L\times基础断面积-嵌入基础的构件体积$$

式中　$L$——外墙为中心线长度（$L_中$），内墙为内墙净长度（$L_内$）。

① 标准砖等高式大放脚砖基础断面积，按大放脚增加断面积计算，如图 5-1 所示。

$$砖基础断面积=基础墙厚\times基础高度+大放脚增加断面积=bh+\Delta s$$

式中　$b$——基础墙厚；

$h$——基础高度；

$\Delta s$——全部大放脚增加断面积，为 $0.007875n(n+1)$；

$n$——大放脚层数。

② 标准砖等高式大放脚砖基础断面积，按大放脚折加高度计算，如图 5-2 所示。

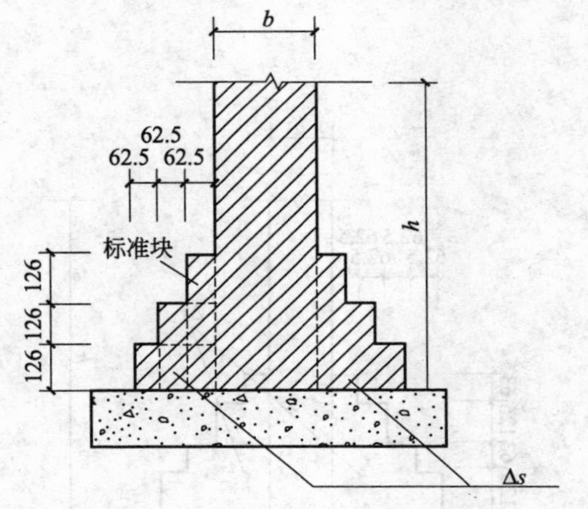


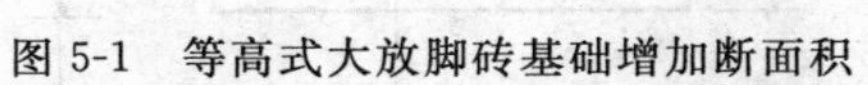

图 5-1　等高式大放脚砖基础增加断面积

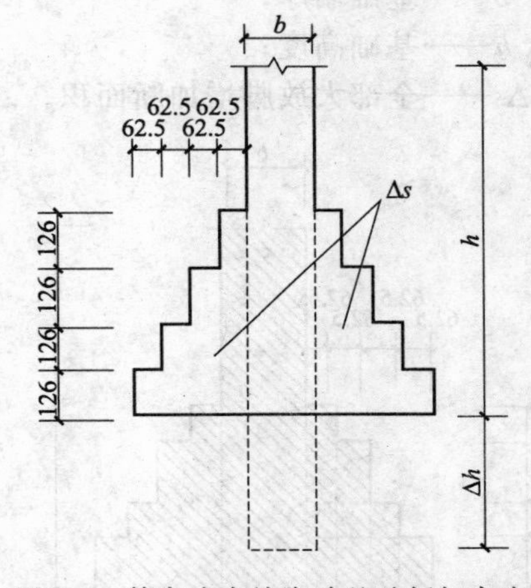


图 5-2　等高式大放脚砖基础折加高度

$$砖基础断面积=(基础高度+大放脚折加高度)\times基础墙厚$$
$$=(h+\Delta h)b$$

$$大放脚折加高度=大放脚增加断面积/基础墙厚$$
$$=\Delta s/b$$

式中　$b$——基础墙厚；

$h$——基础高度；

$\Delta s$——全部大放脚增加断面积，为 $0.007875n(n+1)$；

$n$——大放脚层数；

$\Delta h$——大放脚折加高度。

③ 标准砖等高式砖基础大放脚折加高度与增加断面积见表 5-5。

**表 5-5　标准砖等高式砖基础大放脚折加高度与增加断面积**

| 放脚层数 | 折加高度/m | | | | | | 增加断面积/m² |
|---|---|---|---|---|---|---|---|
| | $\frac{1}{2}$砖(0.115) | 1砖(0.24) | $1\frac{1}{2}$砖(0.365) | 2砖(0.49) | $2\frac{1}{2}$砖(0.615) | 3砖(0.74) | |
| 一 | 0.137 | 0.066 | 0.043 | 0.032 | 0.026 | 0.021 | 0.01575 |
| 二 | 0.411 | 0.197 | 0.129 | 0.096 | 0.077 | 0.064 | 0.04725 |
| 三 | 0.822 | 0.394 | 0.259 | 0.193 | 0.154 | 0.128 | 0.0945 |
| 四 | 1.369 | 0.656 | 0.432 | 0.321 | 0.259 | 0.213 | 0.1575 |
| 五 | 2.054 | 0.984 | 0.647 | 0.482 | 0.384 | 0.319 | 0.2363 |
| 六 | 2.876 | 1.378 | 0.906 | 0.675 | 0.538 | 0.447 | 0.3308 |
| 七 | | 1.838 | 1.208 | 0.900 | 0.717 | 0.596 | 0.4410 |
| 八 | | 2.363 | 1.553 | 1.157 | 0.922 | 0.766 | 0.5670 |
| 九 | | 2.953 | 1.942 | 1.447 | 1.153 | 0.958 | 0.7088 |
| 十 | | 3.609 | 2.373 | 1.768 | 1.409 | 1.171 | 0.8663 |

注：1. 本表按标准砖双面放脚，每层等高 12.6cm（二皮砖，二灰缝），砌出 6.25cm 计算。

2. 本表折加墙基高度的计算，以 240mm×115mm×53mm 标准砖，1cm 灰缝及双面大放脚为准。

3. 折加高度（m）$=\frac{放脚断面积(m^2)}{墙厚(m)}$。

4. 采用折加高度数字时，取两位小数，第三位以后四舍五入。采用增加断面数字时，取三位小数，第四位以后四舍五入。

④ 标准砖不等高式大放脚砖基础断面积，按大放脚增加断面积计算，如图 5-3 所示。

$$砖基础断面积=基础墙厚\times基础高度+大放脚增加断面积$$
$$=bh+\Delta s$$

式中　$b$——基础墙厚；

$h$——基础高度；

$\Delta s$——全部大放脚增加断面积。

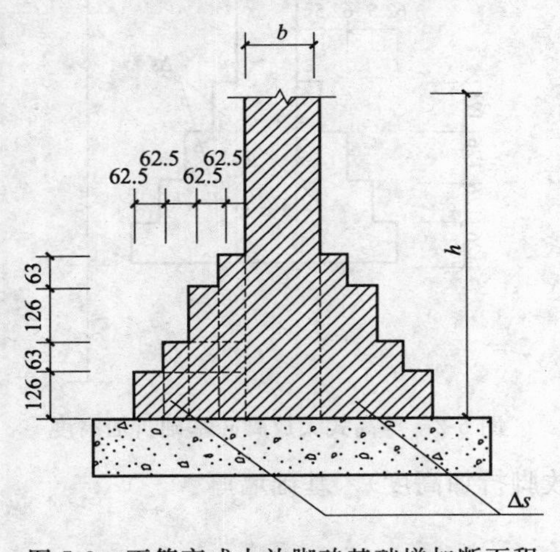

图 5-3　不等高式大放脚砖基础增加断面积

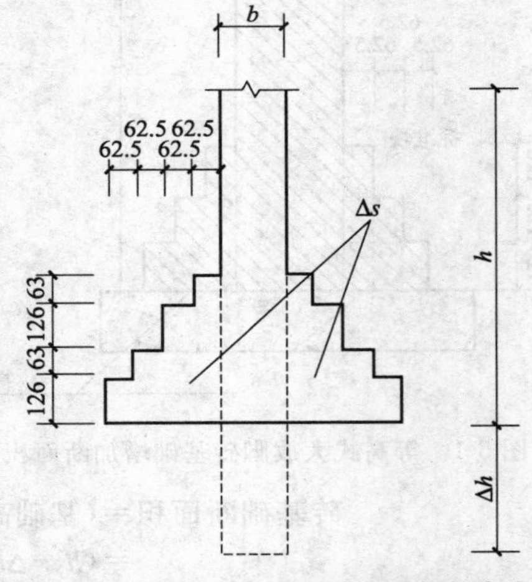

图 5-4　不等高式大放脚砖基础折加高度

⑤ 标准砖不等高式大放脚砖基础断面积，按大放脚折加高度计算，如图 5-4 所示。

$$砖基础断面积=(基础高度+大放脚折加高度)\times基础墙厚$$
$$=(h+\Delta h)b$$
$$大放脚折加高度=大放脚增加断面积/基础墙厚$$
$$=\Delta s/b$$

式中　$b$——基础墙厚；

$h$——基础高度；

$\Delta s$——全部大放脚增加断面积；

$\Delta h$——大放脚折加高度。

⑥ 标准砖不等高式砖基础大放脚折加高度与增加断面积见表 5-6。

**表 5-6　标准砖不等高式砖基础大放脚折加高度与增加断面积**

| 放脚层数 | 折加高度/m | | | | | | 增加断面积/m² |
|---|---|---|---|---|---|---|---|
| | $\frac{1}{2}$砖(0.115) | 1 砖(0.24) | $1\frac{1}{2}$砖(0.365) | 2 砖(0.49) | $2\frac{1}{2}$砖(0.615) | 3 砖(0.74) | |
| 一 | 0.137 | 0.066 | 0.043 | 0.032 | 0.026 | 0.021 | 0.0158 |
| 二 | 0.343 | 0.164 | 0.108 | 0.080 | 0.064 | 0.053 | 0.0394 |
| 三 | 0.685 | 0.320 | 0.216 | 0.161 | 0.128 | 0.106 | 0.0788 |
| 四 | 1.096 | 0.525 | 0.345 | 0.257 | 0.205 | 0.170 | 0.1260 |
| 五 | 1.643 | 0.788 | 0.518 | 0.386 | 0.307 | 0.255 | 0.1890 |
| 六 | 2.260 | 1.083 | 0.712 | 0.530 | 0.423 | 0.331 | 0.2597 |
| 七 | | 1.444 | 0.949 | 0.707 | 0.563 | 0.468 | 0.3465 |
| 八 | | | 1.208 | 0.900 | 0.717 | 0.596 | 0.4410 |
| 九 | | | | 1.125 | 0.896 | 0.745 | 0.5513 |
| 十 | | | | | 1.088 | 0.905 | 0.6694 |

注：1. 本表适用于间隔式砖墙基大放脚（即底层为二皮开始高 12.6cm，上层为一皮砖高 6.3cm，每边每层砌出 6.25cm）。

2. 本表折加墙基高度的计算，以 240mm×115mm×53mm 标准砖，1cm 灰缝及双面大放脚为准。

3. 本表砖墙基础体积计算公式与等高式砖墙基同。

（2）砖垛基础

① 砖垛基础增加体积（图 5-5）计算公式：

垛基体积＝垛基正身体积＋大放脚部分体积＝垛厚×基础断面积

② 砖垛基础体积见表 5-7。

**表 5-7　砖垛基础体积**　　单位：m³/每个砖垛

| 项目 | | 突出墙面宽 | 1/2 砖(12.5cm) | | 1 砖(25cm) | | | $1\frac{1}{2}$砖(37.8cm) | | | 2 砖(50cm) | | |
|---|---|---|---|---|---|---|---|---|---|---|---|---|---|
| | | 砖垛尺寸/mm | 125×240 | 125×365 | 250×240 | 250×365 | 250×490 | 375×365 | 375×490 | 375×615 | 500×490 | 500×615 | 500×740 |
| 垛基正身体积 | 垛基高 | 80cm | 0.024 | 0.037 | 0.048 | 0.073 | 0.098 | 0.110 | 0.147 | 0.184 | 0.196 | 0.246 | 0.296 |
| | | 90cm | 0.027 | 0.014 | 0.054 | 0.028 | 0.110 | 0.123 | 0.165 | 0.208 | 0.221 | 0.277 | 0.333 |
| | | 100cm | 0.030 | 0.046 | 0.060 | 0.091 | 0.123 | 0.137 | 0.184 | 0.231 | 0.245 | 0.308 | 0.370 |
| | | 110cm | 0.033 | 0.050 | 0.066 | 0.100 | 0.135 | 0.151 | 0.202 | 0.254 | 0.270 | 0.338 | 0.407 |
| | | 120cm | 0.036 | 0.055 | 0.072 | 0.110 | 0.147 | 0.164 | 0.221 | 0.277 | 0.294 | 0.369 | 0.444 |
| | | 130cm | 0.039 | 0.059 | 0.078 | 0.119 | 0.159 | 0.178 | 0.239 | 0.300 | 0.319 | 0.400 | 0.481 |
| | | 140cm | 0.042 | 0.064 | 0.084 | 0.128 | 0.172 | 0.192 | 0.257 | 0.323 | 0.343 | 0.431 | 0.518 |
| | | 150cm | 0.045 | 0.068 | 0.090 | 0.137 | 0.184 | 0.205 | 0.276 | 0.346 | 0.368 | 0.461 | 0.555 |
| | | 160cm | 0.048 | 0.073 | 0.096 | 0.146 | 0.196 | 0.219 | 0.294 | 0.369 | 0.392 | 0.492 | 0.592 |
| | | 170cm | 0.051 | 0.078 | 0.102 | 0.155 | 0.208 | 0.233 | 0.312 | 0.392 | 0.417 | 0.523 | 0.629 |
| | | 180cm | 0.054 | 0.082 | 0.108 | 0.164 | 0.221 | 0.246 | 0.331 | 0.415 | 0.441 | 0.554 | 0.666 |
| | | 每增减 5cm | 0.0015 | 0.0023 | 0.0030 | 0.0045 | 0.0062 | 0.0063 | 0.0092 | 0.0115 | 0.0126 | 0.0154 | 0.1850 |

| 项目 | | | 1/2 砖 等高式 | 1/2 砖 间隔式 | 1 砖 等高式 | 1 砖 间隔式 | $1\frac{1}{2}$砖 等高式 | $1\frac{1}{2}$砖 间隔式 | 2 砖 等高式 | 2 砖 间隔式 |
|---|---|---|---|---|---|---|---|---|---|---|
| 放脚部分体积 | 层数 | 一 | 0.002 | 0.002 | 0.004 | 0.004 | 0.006 | 0.006 | 0.008 | 0.008 |
| | | 二 | 0.006 | 0.005 | 0.012 | 0.010 | 0.018 | 0.015 | 0.023 | 0.020 |
| | | 三 | 0.012 | 0.010 | 0.023 | 0.020 | 0.035 | 0.029 | 0.047 | 0.039 |
| | | 四 | 0.020 | 0.016 | 0.039 | 0.032 | 0.059 | 0.047 | 0.078 | 0.063 |
| | | 五 | 0.029 | 0.024 | 0.059 | 0.047 | 0.088 | 0.070 | 0.117 | 0.094 |
| | | 六 | 0.041 | 0.032 | 0.082 | 0.065 | 0.123 | 0.097 | 0.164 | 0.129 |
| | | 七 | 0.055 | 0.043 | 0.109 | 0.086 | 0.164 | 0.129 | 0.221 | 0.172 |
| | | 八 | 0.070 | 0.055 | 0.141 | 0.109 | 0.211 | 0.164 | 0.284 | 0.225 |

(3) 砖柱基础体积

① 标准砖等高大放脚柱基础体积（图 5-6）计算公式：

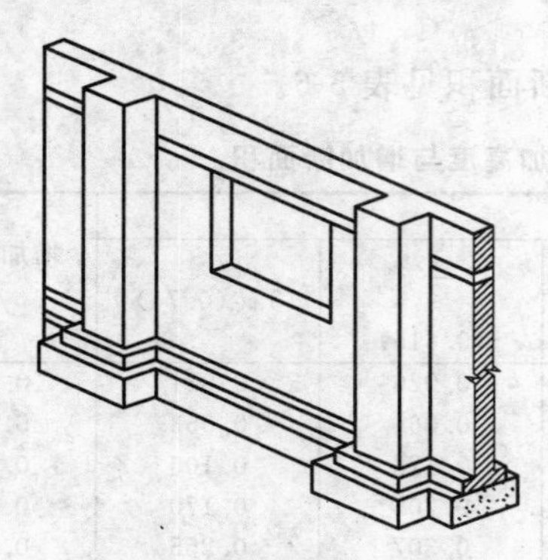

图 5-5 砖垛基础增加体积

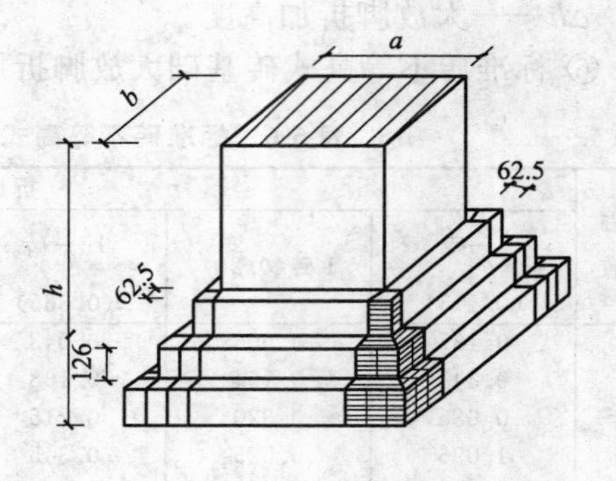


图 5-6 标准砖等高大放脚柱基础体积

标准砖等高大放脚柱基础体积＝柱断面长×柱断面宽×柱基高＋砖柱四周大放脚体积

$$=abh+\Delta v$$

$$=abh+n(n+1)[0.007875(a+b)+0.000328125(2n+1)]$$

式中 $a$——柱断面长，m；

$b$——柱断面宽，m；

$h$——柱基高，m；

$\Delta v$——砖柱四周大放脚体积，$m^3$；

$n$——大放脚层数。

② 砖柱基础体积见表 5-8。

表 5-8 砖柱基础体积 单位：$m^3$/每个砖柱

| 柱断面尺寸 | | 240×240 | | 240×365 | | 365×365 | | 365×490 | |
|---|---|---|---|---|---|---|---|---|---|
| 每米深柱基身体积 | | 0.0576m³ | | 0.0876m³ | | 0.1332m³ | | 0.17885m³ | |
| 砖柱增加四边放脚体积 | 层数 | 等高 | 不等高 | 等高 | 不等高 | 等高 | 不等高 | 等高 | 不等高 |
| | 一 | 0.0095 | 0.0095 | 0.0115 | 0.0115 | 0.0135 | 0.0135 | 0.0154 | 0.0154 |
| | 二 | 0.0325 | 0.0278 | 0.0384 | 0.0327 | 0.0443 | 0.0376 | 0.0502 | 0.0425 |
| | 三 | 0.0729 | 0.0614 | 0.0847 | 0.0713 | 0.0965 | 0.0811 | 0.1084 | 0.0910 |
| | 四 | 0.1347 | 0.1097 | 0.1544 | 0.1254 | 0.1740 | 0.1412 | 0.1937 | 0.1569 |
| | 五 | 0.2217 | 0.1793 | 0.2512 | 0.2029 | 0.2807 | 0.2265 | 0.3103 | 0.2502 |
| | 六 | 0.3379 | 0.2694 | 0.3793 | 0.3019 | 0.4206 | 0.3344 | 0.4619 | 0.3669 |
| | 七 | 0.4873 | 0.3868 | 0.5424 | 0.4301 | 0.5976 | 0.4734 | 0.6527 | 0.5167 |
| | 八 | 0.6738 | 0.5306 | 0.7447 | 0.5857 | 0.8155 | 0.6408 | 0.8864 | 0.6959 |
| | 九 | 0.9013 | 0.7075 | 0.9899 | 0.7764 | 1.0785 | 0.8453 | 1.1671 | 0.9142 |
| | 十 | 1.1738 | 0.9167 | 1.2821 | 1.0004 | 1.3903 | 1.0841 | 1.4986 | 1.1678 |

| 柱断面尺寸 | | 490×490 | | 490×615 | | 615×615 | | 615×740 | |
|---|---|---|---|---|---|---|---|---|---|
| 每米深柱基身体积 | | 0.2401m³ | | 0.30135m³ | | 0.37823m³ | | 0.4551m³ | |
| 砖柱增加四边放脚体积 | 层数 | 等高 | 不等高 | 等高 | 不等高 | 等高 | 不等高 | 等高 | 不等高 |
| | 一 | 0.0174 | 0.0174 | 0.0194 | 0.0194 | 0.0213 | 0.0213 | 0.0233 | 0.0233 |
| | 二 | 0.0561 | 0.0474 | 0.0621 | 0.0524 | 0.068 | 0.0573 | 0.0739 | 0.0622 |
| | 三 | 0.1202 | 0.1008 | 0.132 | 0.1106 | 0.1438 | 0.1205 | 0.1556 | 0.1303 |
| | 四 | 0.2134 | 0.1727 | 0.2331 | 0.1884 | 0.2528 | 0.2042 | 0.2725 | 0.2199 |
| | 五 | 0.3398 | 0.2738 | 0.3693 | 0.2974 | 0.3989 | 0.3210 | 0.4284 | 0.3447 |
| | 六 | 0.5033 | 0.3994 | 0.5446 | 0.4318 | 0.586 | 0.4643 | 0.6273 | 0.4968 |
| | 七 | 0.7078 | 0.56 | 0.7629 | 0.6033 | 0.8181 | 0.6467 | 0.8732 | 0.6900 |
| | 八 | 0.9573 | 0.7511 | 1.0288 | 0.8062 | 1.099 | 0.8613 | 1.1699 | 0.9164 |
| | 九 | 1.2557 | 0.9831 | 1.3443 | 1.052 | 1.4329 | 1.1209 | 1.5214 | 1.1 898 |
| | 十 | 1.6069 | 1.2514 | 1.7152 | 1.3351 | 1.8235 | 1.4188 | 1.9317 | 1.5024 |

**2. 砖墙体**

（1）砖消耗用量计算

① 砖消耗用量计算公式

砖的用量（块/$m^3$）＝2×墙厚砖数/［墙厚×（砖长＋灰缝）×（砖厚＋灰缝）］×（1＋损耗率）

或　砖的用量（块/$m^3$）＝127×墙厚砖数/墙厚×（1＋损耗率）

砂浆用量（$m^3$/$m^3$）＝［1－砖单块体积（$m^3$/块）×砖净用量（块/$m^3$）］×（1＋损耗率）

② 标准砖墙砖与砂浆损耗率。实砌砖墙损耗率为2%；多孔砖墙损耗率为2%；实砌砖墙砂浆损耗率为1%；多孔砖墙砂损耗率为10%。

（2）砖墙体体积。

① 墙体工程量计算公式。

$$墙体工程量=[(L+a)\times H-门窗洞口面积]\times h-\sum构件体积$$

式中　$L$——外墙为中心线长度（$L_{中}$），内墙为内墙净长度（$L_{内}$），框架间墙为柱间净长度（$L_{净}$）；

$a$——墙垛厚，是指墙外皮至垛外皮的厚度；

$h$——墙厚，砖墙厚度严格按黏土砖砌体计算厚度表（表5-3）计算；

$H$——墙高，砖墙高度按表5-9计算。

**表5-9　墙身高度计算规定**

| 名称 | 屋面类型 | 檐口构造 | 规范墙身计算高度 | 定额墙身计算高度 |
|---|---|---|---|---|
| 外墙 | 坡屋面 | 无檐口天棚者 | 算至屋面板底 | 算至屋面板底 |
| | | 有屋架，室内外均有天棚者 | 算至屋架下弦底面另加200mm | 算至屋架下弦底另加200mm |
| | | 有屋架，无天棚者 | 算至屋架下弦底面另加300mm | 算至屋架下弦底另加300mm |
| | | 无天棚，檐宽超过600mm | 按实砌高度计算 | 按实砌高度计算 |
| | 平屋面 | 有挑檐 | 算至钢筋混凝土板底 | 算至钢筋混凝土板顶 |
| | | 有女儿墙，无檐口 | 算至屋面板顶面 | 算至屋面板顶面 |
| | 女儿墙 | 无混凝土压顶 | 算至女儿墙顶面 | 算至女儿墙顶面 |
| | | 有混凝土压顶 | 算至女儿墙压顶底面 | 算至女儿墙压顶底面 |
| 内墙 | 平顶 | 位于屋架下弦者 | 算至屋架下弦底 | 算至屋架下弦底 |
| | | 无屋架，有天棚者 | 算至天棚底另加100mm | 算至天棚底另加100mm |
| | | 有钢筋混凝土楼板隔层者 | 算至楼板顶面 | 算至楼板底面 |
| | | 有框架梁时 | 算至梁底面 | 算至梁底面 |
| 山墙 | 有山尖 | 内、外山墙 | 按平均高度计算 | 按平均高度计算 |

② 砖垛折合成墙体长度见表5-10。

**表5-10　砖垛折合成墙体长度**　　单位：m

| 突出墙面 $a\times b$ /cm×cm | 墙身厚度 $D$/mm | | | | | |
|---|---|---|---|---|---|---|
| | 1/2砖 | 3/4砖 | 1砖 | $1\frac{1}{2}$砖 | 2砖 | $2\frac{1}{2}$砖 |
| | 115 | 180 | 240 | 365 | 490 | 615 |
| 12.5×24 | 0.2609 | 0.1685 | 0.1250 | 0.0822 | 0.0612 | 0.0488 |
| 12.5×36.5 | 0.3970 | 0.2562 | 0.1900 | 0.1249 | 0.0930 | 0.0741 |
| 12.5×49 | 0.5330 | 0.3444 | 0.2554 | 0.1680 | 0.1251 | 0.0997 |
| 12.5×61.5 | 0.6687 | 0.4320 | 0.3204 | 0.2107 | 0.1569 | 0.1250 |
| 25×24 | 0.5218 | 0.3371 | 0.2500 | 0.1644 | 0.1224 | 0.0976 |
| 25×36.5 | 0.7938 | 0.5129 | 0.3804 | 0.2500 | 0.1862 | 0.1485 |
| 25×49 | 1.0625 | 0.6882 | 0.5104 | 0.2356 | 0.2499 | 0.1992 |
| 25×61.5 | 1.3374 | 0.8641 | 0.6410 | 0.4214 | 0.3138 | 0.2501 |
| 37.5×24 | 0.7826 | 0.5056 | 0.3751 | 0.2466 | 0.1836 | 0.1463 |
| 37.5×36.5 | 1.1904 | 0.7691 | 0.5700 | 0.3751 | 0.2793 | 0.2226 |

续表

| 突出墙面 $a\times b$ /cm×cm | 墙身厚度 $D$/mm | | | | | |
|---|---|---|---|---|---|---|
| | 1/2 砖 | 3/4 砖 | 1 砖 | $1\frac{1}{2}$砖 | 2 砖 | $2\frac{1}{2}$砖 |
| | 115 | 180 | 240 | 365 | 490 | 615 |
| 37.5×49 | 1.5983 | 1.0326 | 0.7650 | 0.5036 | 0.3749 | 0.2989 |
| 37.5×61.5 | 2.0047 | 1.2955 | 0.9608 | 0.6318 | 0.4704 | 0.3750 |
| 50×24 | 1.0435 | 0.6742 | 0.5000 | 0.3288 | 0.2446 | 0.1 951 |
| 50×61.5 | 1.5870 | 1.0253 | 0.7604 | 0.5000 | 0.3724 | 0.2967 |
| 50×49 | 2.1304 | 1.3764 | 1.0208 | 0.6712 | 0.5000 | 0.3980 |
| 50×31.5 | 2.6739 | 1.7273 | 1.2813 | 0.8425 | 0.6261 | 0.4997 |
| 62.5×36.5 | 1.9813 | 1.2821 | 0.9519 | 0.6249 | 0.4653 | 0.3709 |
| 62.5×49 | 2.6635 | 1.7208 | 1.3763 | 0.8390 | 0.6249 | 0.4980 |
| 62.5×61.5 | 3.3426 | 2.1600 | 1.6016 | 1.0532 | 0.7842 | 0.6250 |
| 74×36.5 | 2.3487 | 1.5174 | 1.1254 | 0.7400 | 0.5510 | 0.4392 |

注：1. 表中采用标准砖，规格 240mm×115mm×53mm。
2. 表中 $a$ 为突出墙面尺寸（cm），$b$ 为砖垛的宽度（cm）。

（3）砖平碹计算

$$砖平碹工程量=(L+0.1\text{m})\times 0.24\times b(L\leqslant 1.5\text{m})$$

$$砖平碹工程量=(L+0.1\text{m})\times 0.365\times b(L>1.5\text{m})$$

式中　$L$——门窗洞口宽度，m；
　　$b$——墙体厚度，m。

（4）平砌砖过梁计算

$$平砌砖过梁工程量=(L+0.5\text{m})\times 0.44\times b$$

式中　$L$——门窗洞口宽度，m；
　　$b$——墙体厚度，m。

（5）烟囱筒身体积计算

$$V=\sum H\times C\times \pi D$$

式中　$V$——筒身体积，$m^3$；
　　$H$——每段筒身垂直高度，m；
　　$C$——每段筒壁厚度，m；
　　$D$——每段筒壁中心线的平均直径，m。

$$勾缝面积=0.5\times\pi\times烟囱高\times(上口外径+下口外径)$$

## 三、砌筑工程主要技术资料

### 1. 砌筑材料及砌筑形式

砌体通常用块材和砂浆砌筑而成，因此砌体的强度主要取决于块材和砂浆的强度。

（1）砌体块材　块材有天然石材（如料石、毛石）、人工制造的砖（如烧结普通砖、硅酸盘砖、烧结多孔砖）和中、小型砌块（如混凝土中型、小型空心砌块，加气混凝土中型实心砌块）等。

标准砖的规格为 240mm×115mm×53mm，空心砖、多孔砖的规格为 90mm×90mm×190mm、90mm×190mm×190mm、190mm×190mm×190mm 等，小型砌块常用规格为 390mm×190mm×190mm。砖的强度等级分 MU10、MU15、MU20、MU25、MU30；石材强度等级分 MU20、MU30、MU40 和 MU50；砌块强度等级分 MU5、MU7.5 和 MU10。对于五层及五层以上房屋，以及受振动或层高大于 6m 的墙、柱，材料最低强度等级为：砖不小于 MU10；砌块不小于 MU7.5；石材不小于 MU30；砂浆不小于 M5。

（2）砂浆及其分类

① 砂浆。砂浆是指由水泥、砂、水按一定比例配合而成的。有时根据需要，加入一些掺合料及外加剂，改善砂浆的某些性质。

② 砂浆的分类。砂浆按其成分分为水泥砂浆、石灰砂浆、混合砂浆、黏土砂浆。水泥砂浆属于水硬性材料，强度高，适合砌筑处于潮湿环境下的砌体。石灰砂浆属于气硬性材料，强度不高，多用于砌筑次要建筑地面以上的砌体。混合砂浆强度较高，和易性和保水性较好，适于砌筑一般建筑地面以上的砌体。黏土砂浆强度低，用于砌筑地面以上的临时建筑砌体。

砂浆强度分为五个等级（5 级），即 M2.5、M5、M7.5、M10、M15。

③ 砂浆的作用

a. 抹平块材表面，使荷载均匀分布、传递。

b. 将各个块材黏结成一个整体。

c. 填满块材间的缝隙，减少透气性。

④ 砂浆的配置与使用

a. 配制。砌筑砂浆的配合比应在施工前由试验试配确定，配料时采用各种材料的重量比。

b. 使用。应随拌随用，水泥砂浆应在拌成后 3h 内用完（最高气温大于 30°时为 2h）；水泥石灰砂浆在拌成后 4h 内用完（最高气温大于 30°时为 3h）；对每层楼或每 $250m^3$ 砌体中的各个强度等级砂浆，都应由每台搅拌机至少检查一次配合比，每检查一次都应分别制作至少一组（6 块）试块；当砂浆强度等级或配合比有变化时，也应制作试块。

（3）砖砌体的组砌形式

① 组砌形式。砖墙的组砌形式常用的有三种：一顺一丁，三顺一丁，梅花丁，如图 5-7(a)、(b)、(c) 所示。也有采用“全顺”或“全丁”的组砌方法的。空斗墙（一眠二斗）构造如图 5-7(d) 所示。

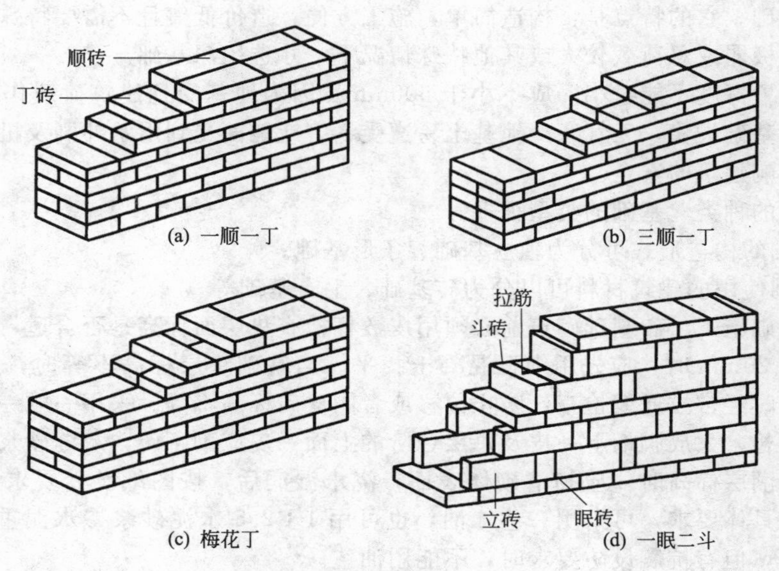


图 5-7　砖墙组砌形式

② 砖基础的组砌。基础下部放大一般称为大放脚。大放脚有两种形式：等高式和不等高式。一般都采用一顺一丁组砌。等高式是指大放脚自下而上每两皮砖收一次，每次两边各

收 1/4 砖长；不等高式是大放脚自下而上两皮砖收一次与一皮砖收一次间隔，每次两边也是各收 1/4 砖长。

③ 砖柱的组砌。砖柱组砌时竖缝一定要相互错开 1/2 砖长或 1/4 砖长，要避免柱心通天缝，尽量利用二分头砖（1/4 砖），严禁采用包心组砌法。

④ 多孔砖及空心砖的组砌。对于多孔砖，孔数量多、孔小，砌筑时孔是竖直的。多孔砖的组砌方法也是一顺一丁、梅花丁或全顺或全丁砌筑。对于空心砖，孔大但数量少，砌筑时孔呈水平状态，一般可采用侧砌，上下皮竖缝相互错开 1/2 砖长。

⑤ 空斗墙的组砌。空斗墙具有节约材料，自重轻，保暖及隔声性能好的优点，也存在着整体性差、抗剪能力差、砌筑工效低等缺点。空斗墙的组砌形式有一眠一斗、一眠两斗、一眠三斗、无眠斗墙等。

（4）砌筑方法　砖砌体的砌筑方法有四种："三一"砌筑法，挤浆法，刮浆法，满口灰法。

①"三一"砌筑法。一块砖，一铲灰，一揉压。优点：灰缝容易饱满，黏结力好，墙面比较整洁，多用于实心砖砌体。

② 挤浆法。挤浆法是用灰勺、大铲或者铺灰器在砖墙上铺一段砂浆，然后用砖在砂浆层上水平地推、挤而使砖黏结成整体，并形成灰缝。优点：一次可以连续完成几块砖的砌筑，减少动作，效率较高，而且通过平推平挤使灰缝饱满，保证了砌筑质量。

**2. 基础**

（1）基础的埋深

①室外地坪。室外地坪分自然地坪和设计地坪。自然地坪是指施工地段的现有地坪，而设计地坪是指按设计要求工程竣工后室外场地经垫起或开挖后的地坪。

基础埋置深度是指设计室外地坪到基础底面的距离。

② 基础的埋置深度。根据基础埋置深度的不同，基础分为浅基础和深基础。一般情况下，基础埋置深度不超过 5m 时叫浅基础；超过 5m 的叫深基础。在确定基础的埋深时，应优先选用浅基础。它的特点是：构造简单，施工方便，造价低廉且不需要特殊施工设备。只有在表层土质极弱或总荷载较大或其他特殊情况下，才选用深基础。

基础的埋置深度不能过小，应不小于 500mm。因为地基受到建筑荷载作用后可能将四周土挤走，使基础失稳，天气寒冷地基土易遭受冬害或地面受到雨水冲刷及机械破坏而导致基础暴露，影响建筑的安全。

（2）基础的种类　基础的类型很多。

① 按基础的构造形式可分为独立基础、条形基础。

② 按基础使用的建筑材料可以分为砖基础、毛石基础等。

（3）砖基础施工　砖基础砌筑前必须用皮数杆检查垫层面标高是否合适，如果第一层砖下水平缝超过 20mm 时，应先用细石混凝土找平。当基础垫层标高不等时，应从最低处开始砌筑。砌筑时经常拉通线检查，防止位移或者同皮砖标高不等。采用一顺一丁组砌，竖缝要错开 1/4 砖长，大放脚最下一皮及每层台阶的上面一皮应砌丁砖，灰缝砂浆要饱满。

当砌到防潮层标高时，应扫清砌体表面，浇水湿润后，按图纸设计要求进行防潮层施工。如果没有具体要求，可采用一毡二油，也可用 1∶2.5 水泥砂浆掺水泥重 5%的防水粉制成防水砂浆，但有抗震设防要求时，不能用油毡。

**3. 墙体**

（1）墙体类别

① 按位置及方向分为内墙、外墙、纵墙、横墙。

② 按受力情况分为承重墙、非承重墙。

③ 按材料、构造方式分为砖墙、石墙、土墙、混凝土墙及其他材料砌块墙和板材墙等。

④ 按构造方式不同分为实体墙、空体墙、组合墙。

(2) 墙体设计要求

① 具有足够的强度与稳定性。

② 具有必要的保温、隔热、隔声、防水、防潮和防火等性能。

③ 合理选材，合理确定构造方式以减轻自重、降低造价、保护耕地、减少环境污染等。

④ 适应工业化生产的发展。

(3) 砖墙构造

① 砖墙厚度。砖墙厚度应与砖的规格相适应，通常用砖块长度为模数来称呼，如半砖(115mm)、一砖（240mm)、一砖半（365mm)、两砖（490mm)；有时也用构造尺寸来称呼，如12（cm）墙、18（cm）墙、24（cm）墙、37（cm）墙、49（cm）墙等。墙厚与规格的关系如图5-8所示。

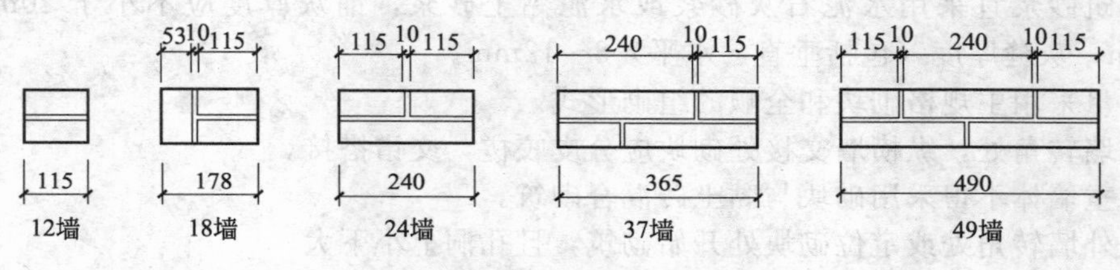


图5-8 墙厚与规格的关系

② 砖墙的细部构造

a. 门窗过梁。过梁是用来支撑门窗洞口上部砌体的重量以及楼板传来荷载的承重构件，并把这些荷载传给两端的窗间墙。

b. 窗台。

c. 勒脚。

d. 明沟与散水。

e. 变形缝。变形缝包括伸缩缝、沉降缝、防震缝。

(a) 伸缩缝，又叫温度缝，是为避免因温度变化引起材料的热胀、冷缩导致构件开裂，而沿建筑物竖向设置的缝隙。伸缩缝的特征是基础不断开，缝宽20～30mm。

(b) 沉降缝是为了防止建筑物各部分由于不均匀沉降引起破坏而设置的缝隙。沉降缝的特征是基础断开。沉降缝一般设置在建筑物位于不同种类的地基土壤上；不同时间内修建的房屋各连接部位；建筑物形体比较复杂，在建筑平面转折部位和高度、荷载有很大差异处。

(c) 防震缝。为了防止建筑物各部分在地震时相互撞击引起破坏而设置的缝隙，通过防震缝将建筑物划分成若干体型简单、结构刚度均匀的独立单元。防震缝应沿建筑物全高设置，并用双墙使各部分结构封闭。通常基础可不分开，但对于平面复杂的建筑，或与沉降缝合并考虑时，基础也应分开。

(4) 砖墙施工 砖墙施工工序为抄平—放线—摆样砖—立皮数杆—砌砖—清理。

通常，基础砌筑完毕或每层墙体砌筑完毕均需抄平。抄平后应在基础顶面弹线，弹出底层墙身边线及洞口位置。按所选定的组砌方式，在已经放线的墙基础顶面用干砖试摆，保证砌筑在门窗洞口及附墙垛等处不砍砖，并使灰缝均匀。

皮数杆一般应立在墙体的转角处以及纵横墙交接处，或楼梯间、洞口多的地方，每隔

10～15m 立一根。每次开始砌砖前都应检查一遍皮数杆的垂直度和牢固程度。

对于一砖墙可以单面挂线，一砖半及以上的砖墙应该里外两面挂准线，按选定的组砌形式砌砖。砌筑过程中应“三皮一吊，五皮一靠”，尽量消除误差。

砖墙每天可砌筑高度不应超过 1.8m，以免影响墙体质量。当分段施工时，两个相邻工作段或临时间断处的墙体高度差，不能超过一个楼层的高度。当一个楼层的墙体施工完后，应进行墙面、柱面以及落地灰的清理工作。

(5) 空心砖及多孔砖墙施工　多孔砖砌筑时使孔竖直，且长圆孔应顺墙方向。空心砖砌筑时孔洞呈水平方向，且砖墙底部至少砌三皮实心砖，门洞两侧各一砖长范围内也应用普通实心黏土砖砌筑。半砖厚的空心砖隔墙，当墙高度较大时，应该在墙的水平灰缝中加设 2φ6 钢筋或者隔一定高度砌几皮实心砖带。

(6) 中小型砌块施工　砌块的施工工艺过程为：砌块装车，砂浆制备—地面水平运输—垂直运输—楼层水平运输—铺灰—安装砌块—就位—校正—填砖灌缝—清理。它的砌筑工艺应符合砖砌体的施工规定，应注意的问题有：

① 砌筑砂浆宜采用水泥石灰砂浆或水泥黏土砂浆，铺灰厚度应不小于 20mm，稠度 50～70mm，灰缝厚度（包括垂直、水平）8～12mm。

② 尽量采用主规格砌块和全顺的组砌形式。

③ 外墙转角处，纵横墙交接处砌块应分皮咬槎，交错搭接。

④ 承重墙体不得采用砌块与黏土砖混合砌筑。

⑤ 从外墙转角处或定位砌块处开始砌筑，且孔洞上小下大。

⑥ 水平灰缝宜用做浆法铺浆，全部灰缝均应填铺砂浆，水平灰缝饱满度不小于 90%，竖缝饱满度不小于 60%。

⑦ 临时间断处应设置在门窗洞口处，且砌成斜槎，否则设直槎时必须采用拉结网片等构造措施。

⑧ 圈梁底部或梁端支承处，一般可先用 C15 混凝土填实砌块孔洞后砌筑。

⑨ 内墙转角、外墙转角处应按构造要求设构造芯柱。

⑩ 管道、沟槽、预埋件等孔洞应在砌筑时预留或预埋，不得在砌好墙后再打洞。

## 第二节　砌筑工程定额工程量套用规定

### 一、定额说明

**1. 总说明**

① 砌筑砂浆的强度等级、砂浆的种类，设计与定额不同时可换算，消耗量不变。

② 黏土砖、实心轻质砖设计采用非标准砖时可以换算，但每定额单位消耗量（块料与砂浆总体积）不变。

③ 基础与墙身以设计室内地坪为界，设计室内地坪以下为基础，以上为墙身。若基础与墙身使用不同材料，且分界线位于设计室内地坪 300mm 以内时，300mm 以内部分并入相应墙身工程量内计算。有地下室者，以地下室室内地坪为界，以下为基础，以上为墙身。

④ 围墙以设计室外地坪为界，室外地坪以下为基础，以上为墙身。

⑤ 室内柱以设计室内地坪为界，以下为柱基础，以上为柱。若基础与柱身使用不同材料，且分界线位于设计室内地坪 300mm 以内时，300mm 以内部分并入相应柱身工程量内计算。室外柱以设计室外地坪为界，以下为柱基础，以上为柱。

⑥ 挡土墙与基础的划分以挡土墙设计地坪标高低的一侧为界，以下为基础，以上为

墙身。

⑦ 定额中不包括施工现场的筛砂用工。砌筑砂浆中的过筛净砂，按每立方米 0.30 工日，另行计算。以净砂体积为工程量，套补充定额 3-5-6。

**2. 砖砌体定额说明**

① 实心轻质砖包括蒸压灰砂砖、蒸压粉煤灰砖、煤渣砖、煤矸石砖、页岩烧结砖、黄河淤泥烧结砖等。

② 砖砌体均包括原浆勾缝用工，加浆勾缝时，按装饰工程相应项目另行计算。

③ 零星项目系指小便池槽、蹲台、花台、隔热板下砖墩、石墙砖立边和虎头砖等。

④ 两砖以上砖挡土墙执行砖基础项目，两砖以内执行砖墙相应项目。

⑤ 设计砖砌体中的拉结钢筋，按相应规则另行计算。

⑥ 定额中砖规格是按 240mm×115mm×53mm 标准砖编制的，空心砖、多孔砖规格是按常用规格编制的，设计采用非标准砖、非常用规格砌筑材料，与定额不同时可以换算，但每定额单位消耗量（块料与砂浆总体积）不变。砌轻质砖子目，已掺砌了普通黏土砖或黏土多孔砖的项目，掺砌砖的种类和规格，设计与定额不同时可以换算，掺砌砖的消耗量（块数折合体积）及其他均不变。未掺砌砖的项目，按掺砌砖的体积换算，其他不变。掺砌砖执行砖零星砌体子目。

⑦ 各种轻质砖综合了以下种类的砖：

a. 实心轻质砖包括蒸压灰砂砖、蒸压粉煤灰砖、煤渣砖、煤矸石砖、页岩烧结砖、黄河淤泥烧结砖等。

b. 多孔砖包括粉煤灰多孔砖、烧结黄河淤泥多孔砖等。

c. 空心砖包括蒸压灰砂空心砖、粉煤灰空心砖、页岩空心砖、混凝土空心砖等。

⑧ 多孔砖包括黏土多孔砖和粉煤灰、煤矸石等轻质多孔砖。定额中列出 KP 型砖（240mm×115mm×90mm 和 178mm×115mm×90mm）和模数砖（190mm×90mm×90mm、190mm×140mm×90mm 和 190mm×190mm×90mm）两种系列规格，并考虑了不够模数部分由其他材料填充。

⑨ 黏土空心砖按其空隙率大小分承重型空心砖和非承重型空心砖，规格分别是 240mm×115mm×115mm、240mm×180mm×115mm、115mm×240mm×115mm 和 240mm×240mm×115mm。

⑩ 空心砖和空心砌块墙中的混凝土芯柱、混凝土压顶及圈梁等，按相应规则另行计算。

⑪ 多孔砖、空心砖和砌块，砌筑弧形墙时，人工乘以系数 1.1，材料乘以系数 1.03。

**3. 构筑物定额说明**

① 砖构筑物定额包括单项及综合项目。综合项目是按国标、省标的标准做法编制，使用时对应标准图号直接套用，不再调整。设计文件与标准图做法不同时，套用单项定额。

② 砖构筑物定额不包括土方内容，发生时按土石方相应定额执行。

③ 构筑物综合项目中的化粪池及检查井子目，按国标图集 S2 编制。凡设计采用国家标准图集的，均按定额执行，不另调整。

④ 水表池、沉砂池、检查井等室外给水排水小型构筑物，实际工程中，常依据省标图集 LS 设计和施工。凡依据省标准图集 LS 设计和施工的室外给水排水小型构筑物，均执行室外给水排水小型构筑物补充定额，不作调整。

⑤ 砖地沟挖土方、回填土参照土石方工程项目。

**4. 砌块定额说明**

① 小型空心砌块墙定额选用 190 系列（砌块宽 $b$=190mm），若设计选用其他系列时，

可以换算。

② 砌块墙中用于固定门窗或吊柜、窗帘盒、散热器等配件所需的灌注混凝土或预埋构件，按相应规则另行计算。

③ 砌块规格按常用规格编制的，设计采用非常用规格砌筑材料，与定额不同时可以换算，但每定额单位消耗量（块料与砂浆总体积）不变。砌块子目，已掺砌了普通黏土砖或黏土多孔砖的项目，掺砌砖的种类和规格，设计与定额不同时可以换算，掺砌砖的消耗量（块数折合体积）及其他均不变。未掺砌砖的项目，按掺砌砖的体积换算，其他不变。掺砌砖执行砖零星砌体子目。

**5. 石砌体定额说明**

① 定额中石材按其材料加工程度，分为毛石、整毛石和方整石，使用时应根据石料名称、规格分别套用。

② 方整石柱、墙中石材按 400mm(长)×220mm(高)×200mm(厚) 规格考虑，设计不同时可以换算。块料和砂浆的总体积不变。

③ 方整石零星砌体子目，适用于窗台、门窗洞口立边、压顶、台阶、墙面点缀石等定额未列项目的方整石的砌筑。

④ 毛石护坡高度超过 4m 时，定额人工乘以系数 1.15。

⑤ 砌筑弧形基础、墙时，按相应定额项目人工乘以系数 1.1。

⑥ 整砌毛石墙（有背里的）项目中，毛石整砌厚度为 200mm；方整石墙（有背里的）项目中，方整石整砌厚度为 220mm，定额均已考虑了拉结石和错缝搭砌。

**6. 轻质墙板定额说明**

① 轻质墙板，适用于框架、框剪结构中的内外墙或隔墙，定额按不同材质和墙体厚度分别列项。

② 轻质条板墙，不论空心条板或实心条板，均按厂家提供墙板半成品（包括板内预埋件，配套吊挂件、U 形卡等），现场安装编制。

③ 轻质条板墙中与门窗连接的钢筋码和钢板（预埋件），定额已综合考虑，但钢柱门框、铝门框、木门框及其固定件（或连接件）按有关章节相应项目另行计算。

④ 钢丝网架水泥夹心板厚是指钢丝网架厚度，不包括抹灰厚度。括号内尺寸为保温芯材厚度。

⑤ 各种轻质墙板综合内容如下：

a. GRC 轻质多孔板适用于圆孔板、方孔板，其材质适用于水泥多孔板、珍珠岩多孔板、陶粒多孔板等。

b. 挤压成型混凝土多孔板即 AC 板，适用于普通混凝土多孔板和粉煤灰混凝土多孔条板、陶粒混凝土多孔条板、炉碴与膨胀珍珠岩多孔条板等。

c. 石膏空心条板适用于石膏珍珠岩空心条板、石膏硅酸盐空心条板等。

d. GRC 复合夹心板适用于水泥珍珠岩夹心板、岩棉夹心板等。

⑥ 轻质墙板选用常用材质和板型编制的。轻质墙板的材质、板型设计等，与定额不同时可以换算，但定额消耗量不变。

## 二、定额工程量计算规则

**1. 条形基础**

外墙条形基础按设计外墙中心线长度、柱间条形基础按柱间墙体的设计净长度、内墙条形基础按设计内墙净长度乘以设计断面，以立方米计算，基础大放脚 T 形接头处的重叠部分，以及嵌入基础的钢筋、铁件、管道、基础防潮层、单个面积在 0.3m$^2$ 以内的孔洞所占体积不予扣除，但靠墙暖气沟的挑檐亦不增加，洞口上的砖平碳亦不另算。附墙垛基础宽出部分体积并入基础工程量内。

**2. 独立基础**

独立基础按设计图示尺寸，以立方米计算。

**3. 砖墙体**

① 外墙、内墙、框架间墙（轻质墙板、镂空花格及隔断板除外）按其高度乘以长度乘以设计厚度，以立方米计算。框架外表贴砖部分并入框架间砌体工程量内计算。

② 计算墙体时，应扣除门窗洞口、过人洞、空圈以及嵌入墙身的钢筋混凝土柱（包括构造柱）、梁（包括过梁、圈梁、挑梁）、砖平碳、砖过梁（普通黏土砖墙除外）、暖气包壁龛的体积；不扣除梁头、外墙板头、檩头、垫木、木楞头、沿椽木、木砖、门窗走头，墙内的加固钢筋、木筋、铁件、钢管以及每个面积在 0.3m² 以内的孔洞等所占体积；突出墙面的窗台虎头砖、压顶线、山墙泛水、烟囱根、门窗套及三皮砖以内的腰线和挑檐等体积亦不增加。墙垛、三皮砖以上的腰线和挑檐等体积，并入墙身体积内计算。

③ 女儿墙按外墙计算，砖垛、三皮砖以上的腰线和挑檐（对三皮砖以上的腰线和挑檐规范规定不计算）等体积，按其外形尺寸并入墙身体积计算。

④ 附墙烟囱（包括附墙通风道、垃圾道，混凝土烟风道除外），按其外形体积并入所依附的墙体积内计算。计算时不扣除每一横截面在 0.1m² 以内的孔洞所占的体积，但孔洞内抹灰工程量也不增加。混凝土烟道、风道按设计混凝土砌块（扣除孔洞）体积，以立方米计算。计算墙体工程量时，应按混凝土烟风道工程量，扣除其所占墙体体积。

**4. 砖平碳、平砌砖过梁**

① 砖平碳、平砌砖过梁按图示尺寸，以立方米计算。如设计无规定时，砖平碳按门窗洞口宽度两端共加 100mm 乘以高度（洞口宽小于 1500mm 时，高度按 240mm；大于 1500mm 时，高度按 365mm）乘以设计厚度计算。平砌砖过梁按门窗洞口宽度两端共加 500mm，高度按 440mm 计算。普通黏土砖平（拱）碳或过梁（钢筋除外），与普通黏土砖墙砌为一体时，其工程量并入相应砖砌体内，不单独计算。

② 方整石平（拱）碳，与无背里的方整石砌为一体时，其工程量并入相应方整石砌体内，不单独计算。

**5. 镂空花格墙**

镂空花格墙按设计空花部分外形面积（空花部分不予扣除），以平方米计算。混凝土镂空花格按半成品考虑。

**6. 其他砌筑**

① 砖台阶按设计图示尺寸，以立方米计算。

② 砖砌栏板按设计图示尺寸扣除混凝土压顶、柱所占的面积，以平方米计算。

③ 预制水磨石隔断板、窗台板，按设计图示尺寸，以平方米计算。

④ 砖砌地沟不分沟底、沟壁按设计图示尺寸，以立方米计算。

⑤ 变压式排气烟道，自设计室内地坪或安装起点，计算至上一层楼板的上表面；顶端遇坡屋面时，按其高点计算至屋面板上表面，以延长米计算工程量（楼层交接处的混凝土垫块及垫块安装灌缝已综合在子目中，不单独计算）。

⑥ 厕所蹲台、小便池槽、水槽腿、花台、砖墩、毛石墙的门窗砖立边和窗台虎头砖、锅台等定额未列的零星项目，按设计图示尺寸以立方米计算，套用零星砌体项目。

**7. 烟囱**

（1）基础　基础与筒身的划分以基础大放脚为分界，大放脚以下为基础，以上为筒身。

工程量按设计图纸尺寸，以立方米计算。

(2) 烟囱筒身

a. 圆形、方形筒身均按图示筒壁平均中心线周长乘以厚度，并扣除筒身 0.3m² 以上孔洞、钢筋混凝土圈梁、过梁等体积，以立方米计算。

b. 砖烟囱筒身原浆勾缝和烟囱帽抹灰已包括在定额内，不另行计算。如设计要求加浆勾缝时，套用勾缝定额 9-2-64，原浆勾缝所含工料不予扣除。

c. 烟囱的混凝土集灰斗（包括分隔墙、水平隔墙、梁、柱）、轻质混凝土填充砌块及混凝土地面按有关规定计算，套用相应定额。

d. 砖烟囱、烟道及其砖内衬，如设计要求采用楔形砖时，其数量按设计规定计算，套用相应定额项目。加工标准半砖和楔形半砖时，按楔形整砖定额的 1/2 计算。

e. 砖烟囱砌体内采用钢筋加固时，其钢筋用量按设计规定计算，套用相应定额。

(3) 烟囱内衬及内表面涂刷隔绝层

① 烟囱内衬，按不同内衬材料并扣除孔洞后，以图示实体积计算。

② 填料按烟囱筒身与内衬之间的体积，以立方米计算，不扣除连接横砖（防沉带）的体积。

③ 内衬伸入筒身的连接横砖已包括在内衬定额内，不另行计算。

④ 为防止酸性凝液渗入内衬及筒身间而在内衬上抹水泥砂浆排水坡的工料，已包括在定额内，不单独计算。

⑤ 烟囱内表面涂刷隔绝层，按筒身内壁并扣除各种孔洞后的面积，以平方米计算。

⑥ 烟囱内衬项目也适用于烟道内衬。

(4) 烟道砌砖

① 烟道与炉体的划分以第一道闸门为界，炉体内的烟道部分列入炉体工程量内计算。

② 烟道中的混凝土构件，按相应定额项目计算。

③ 混凝土烟道以立方米计算（扣除各种孔洞所占体积），套用地沟定额（架空烟道除外）。

**8. 砖水塔**

① 水塔基础与塔身划分：以砖砌体的扩大部分顶面为界，以上为塔身，以下为基础。水塔基础工程量按设计尺寸以立方米计算，套用烟囱基础的相应项目。

② 塔身以图示实砌体积计算，扣除门窗洞口和混凝土构件所占的体积，砖平拱碳及砖出檐等并入塔身体积内计算。

③ 砖水箱内外壁，不分壁厚，均以图示实砌体积计算，套用相应的内外砖墙定额。

④ 定额内已包括原浆勾缝，如设计要求加浆勾缝时，套用勾缝定额，原浆勾缝的工料不予扣除。

**9. 检查井、化粪池及其他**

① 砖砌井（池）壁不分厚度，均以立方米计算，洞口上的砖平拱磡等并入砌体体积内计算。与井壁相连接的管道及其内径在 20cm 以内的孔洞所占体积不予扣除。

② 渗井系指上部浆砌、下部干砌的渗水井。干砌部分不分方形、圆形，均以立方米计算，计算时不扣除渗水孔所占体积，浆砌部分套用砖砌井（池）壁定额。渗井是指地面以下用以排除地面雨水、积水或管道污水的井，水流入井内后逐渐自行渗入地层。

③ 铸铁盖板（带座）安装以套计算。

**10. 石砌护坡**

① 石砌护坡按设计图示尺寸，以立方米计算。

② 乱毛石表面处理，按所处理的乱石表面积或延长米，以平方米或延长米计算。

**11. 砖地沟**

① 垫层铺设按照基础垫层相关规定计算。

② 砖地沟按图示尺寸，以立方米计算。

③ 抹灰按零星抹灰项目计算。

**12. 轻质墙板**

按设计图示尺寸，以平方米计算。

# 第三节　砌筑工程清单工程量计算示例

## 一、砖砌外墙工程量计算

有一建筑物实心外墙，高 6m，墙厚为 365mm，中心线长度为 80.08m，如设此外墙墙垛为 9 个，且墙垛的平面尺寸为 370mm×240mm，试计算此建筑物外墙的清单工程量。

**解：**依据题意得

$$V_{外墙}=V_{墙体}+V_{墙垛}$$

其中，$V_{墙体}=80.08\times0.365\times6=175.38\ (m^3)$

$V_{墙垛}=0.365\times0.24\times6\times9=4.73\ (m^3)$

所以，$V_{外墙}=175.38+4.73=180.11\ (m^3)$

套基础定额 4-5。

## 二、实心女儿墙工程量计算

如图 5-9 所示，女儿墙高 1.2m，试计算图中女儿墙清单工程量。

**解：**依据题意，此女儿墙清单工程量为

$$\begin{aligned}V_{女儿墙}&=女儿墙中心线长\times墙厚\times墙高\\&=(30.0+0.24+13.0+0.24)\times2\times0.24\times1.2\\&=43.48\times2\times0.24\times1.2\\&=25\ (m^3)\end{aligned}$$

套用基础定额 4-4。

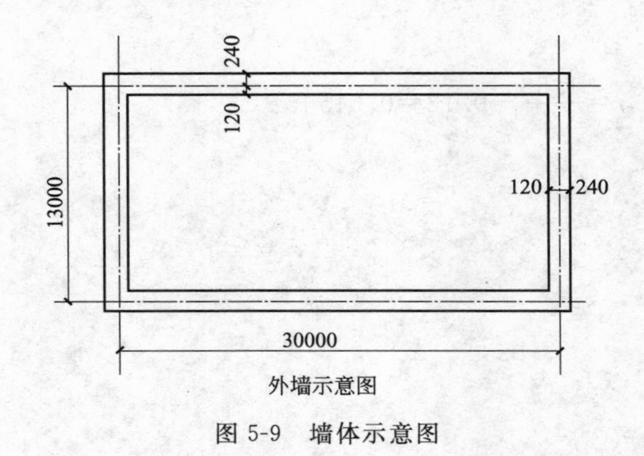


图 5-9　墙体示意图

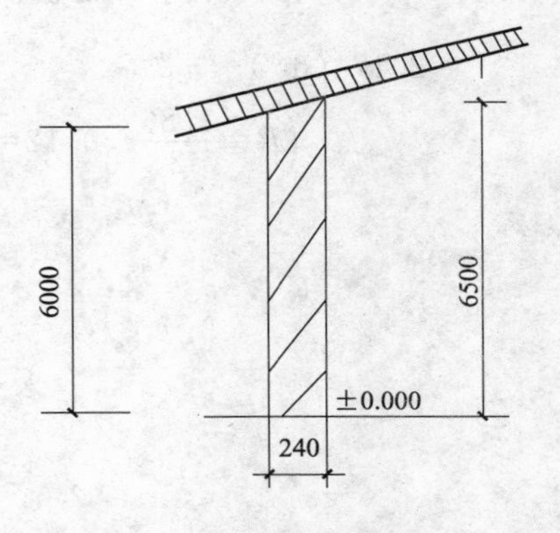


图 5-10　坡屋面墙图示

## 三、坡屋面无檐口外墙工程量计算

如图 5-10 所示，此坡面面无檐口外墙长 150m，试计算此外墙清单工程量。

**解：**依据题意，此坡屋面工程量为

$$V_{外墙}=墙长\times墙厚\times墙高$$
$$=150\times0.24\times6.5$$
$$=234\ (m^3)$$

套用基础定额 4-4。

## 四、砖砌构筑物工程量计算

如图 5-11 所示，试计算此人工挖孔桩砖护壁分段圆台体的清单工程量。

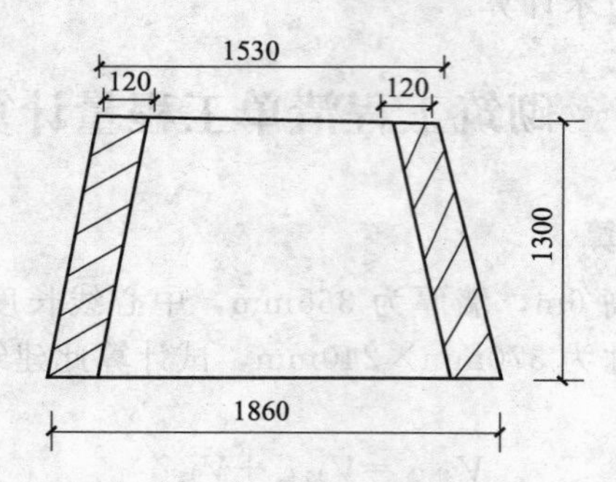


图 5-11 人工挖孔桩护壁图示

**解**：依据题意，并套用基础定额 4-65，得

$$V_{台体}=V_{外圆台}-V_{内圆台}$$

其中，$V_{外圆台}=\frac{\pi}{3}H\ (R^2+r^2+Rr)$

$$=\frac{3.14\times1.3}{3}\times\ (0.93^2+0.765^2+0.93\times0.765)$$
$$=2.94\ (m^3)$$

$$R=\frac{1.86}{2}=0.93，r=\frac{1.53}{2}=0.765$$

$V_{内圆台}=\frac{\pi}{3}H(R^2+r^2+Rr)$

$$=\frac{3.14}{3}\times1.3(0.81^2+0.645^2+0.8\times0.645)$$
$$=2.17\ (m^3)$$

$$\left(R=\frac{1.86}{2}-0.12=0.81，r=\frac{1.53}{2}-0.12=0.645\right)$$

# 第六章　混凝土及钢筋混凝土工程

## 第一节　工程量清单项目设置规则及工程量计算主要技术资料

### 一、混凝土及钢筋混凝土工程工程量清单项目设置规则及说明

#### 1. 现浇混凝土基础

现浇混凝土基础工程量清单项目设置、项目特征描述的内容、计量单位及工程量计算规则应按表 6-1 的规定执行。

表 6-1　现浇混凝土基础（编号：010501）

| 项目编码 | 项目名称 | 项目特征 | 计量单位 | 工程量计算规则 | 工作内容 |
|---|---|---|---|---|---|
| 010501001 | 垫层 | 1. 混凝土种类<br>2. 混凝土强度等级 | $m^3$ | 按设计图示尺寸以体积计算。不扣除伸入承台基础的桩头所占体积 | 1. 模板及支撑制作、安装、拆除、堆放、运输及清理模内杂物、刷隔离剂等<br>2. 混凝土制作、运输、浇筑、振捣、养护 |
| 010501002 | 带形基础 | | | | |
| 010501003 | 独立基础 | | | | |
| 010501004 | 满堂基础 | | | | |
| 010501005 | 桩承台基础 | | | | |
| 010501006 | 设备基础 | 1. 混凝土种类<br>2. 混凝土强度等级<br>3. 灌浆材料及其强度等级 | | | |

注：1. 有肋带形基础、无肋带形基础应按本表中相关项目列项，并注明肋高。

2. 箱式满堂基础中柱、梁、墙、板按表 6-2、表 6-3、表 6-4、表 6-5 相关项目分别编码列项；箱式满堂基础底板按本表的满堂基础项目列项。

3. 框架式设备基础中柱、梁、墙、板分别按附录表 6-2、表 6-3、表 6-4、表 6-5 相关项目编码列项；基础部分按本表相关项目编码列项。

4. 如为毛石混凝土基础，项目特征应描述毛石所占比例。

#### 2. 现浇混凝土柱

现浇混凝土柱工程量清单项目设置、项目特征描述的内容、计量单位及工程量计算规则应按表 6-2 的规定执行。

表 6-2　现浇混凝土柱（编号：010502）

| 项目编码 | 项目名称 | 项目特征 | 计量单位 | 工程量计算规则 | 工作内容 |
|---|---|---|---|---|---|
| 010502001 | 矩形柱 | 1. 混凝土种类<br>2. 混凝土强度等级 | $m^3$ | 按设计图示尺寸以体积计算<br>柱高：<br>1. 有梁板的柱高，应自柱基上表面（或楼板上表面）至上一层楼板上表面之间的高度计算<br>2. 无梁板的柱高，应自柱基上表面（或楼板上表面）至柱帽下表面之间的高度计算<br>3. 框架柱的柱高，应自柱基上表面至柱顶高度计算<br>4. 构造柱按全高计算，嵌接墙体部分（马牙槎）并入柱身体积<br>5. 依附柱上的牛腿和升板的柱帽，并入柱身体积计算 | 1. 模板及支架（撑）制作、安装、拆除、堆放、运输及清理模内杂物、刷隔离剂等<br>2. 混凝土制作、运输、浇筑、振捣、养护 |
| 010502002 | 构造柱 | | | | |
| 010502003 | 异形柱 | 1. 柱形状<br>2. 混凝土种类<br>3. 混凝土强度等级 | | | |

注：混凝土种类：指清水混凝土、彩色混凝土等，如在同一地区既使用预拌（商品）混凝土，又允许现场搅拌混凝土时，也应注明（下同）。

(1) 清单项目适用范围 矩形柱、异形柱项目适用于各种形状的柱，除无梁板柱的高度计算至柱帽下表面，其他柱都计算全高。单独的薄壁柱、构造柱应根据其截面形状，确定以异形柱或矩形柱编码列项，柱帽工程量包括在无梁板体积内。混凝土柱上的钢牛腿按规范附录 1.6.6 零星钢构件编码列项。

(2) 柱高按下列规定计算。

① 有梁板的柱高，应自柱基上表面（或楼板上表面）至上一层楼板上表面之间的高度计算。

② 无梁板的柱高，应自柱基上表面（或楼板上表面）至柱帽下表面之间的高度计算。

③ 框架柱的柱高，应自柱基上表面至柱顶高度计算。

④ 构造柱按全高计算，嵌接墙体部分并入柱身体积；构造柱按矩形柱工程量清单项目编码列项。

⑤ 依附柱上的牛腿和升板的柱帽，并入柱身体积计算。

**3. 现浇混凝土梁**

现浇混凝土梁工程量清单项目设置、项目特征描述的内容、计量单位及工程量计算规则应按表 6-3 的规定执行。

**表 6-3 现浇混凝土梁**（编号：010503）

| 项目编码 | 项目名称 | 项目特征 | 计量单位 | 工程量计算规则 | 工作内容 |
|---|---|---|---|---|---|
| 010503001 | 基础梁 | 1. 混凝土种类<br>2. 混凝土强度等级 | $m^3$ | 按设计图示尺寸以体积计算，伸入墙内的梁头、梁垫并入梁体积内<br>梁长：<br>1. 梁与柱连接时，梁长算至柱侧面<br>2. 主梁与次梁连接时，次梁长算至主梁侧面 | 1. 模板及支架(撑)制作、安装、拆除、堆放、运输及清理模内杂物、刷隔离剂等<br>2. 混凝土制作、运输、浇筑、振捣、养护 |
| 010503002 | 矩形梁 | | | | |
| 010503003 | 异形梁 | | | | |
| 010503004 | 圈梁 | | | | |
| 010503005 | 过梁 | | | | |
| 010503006 | 弧形、拱形梁 | | | | |

梁长按下列规定计算：

① 梁与柱连接时，梁长算至柱侧面。

② 主梁与次梁连接时，次梁长算至主梁侧面，即截面小的梁长度计算至截面大的梁侧面。

**4. 现浇混凝土墙**

现浇混凝土墙工程量清单项目设置、项目特征描述的内容、计量单位及工程量计算规则应按表 6-4 的规定执行。

**表 6-4 现浇混凝土墙**（编号：010504）

| 项目编码 | 项目名称 | 项目特征 | 计量单位 | 工程量计算规则 | 工作内容 |
|---|---|---|---|---|---|
| 010504001 | 直形墙 | 1. 混凝土种类<br>2. 混凝土强度等级 | $m^3$ | 按设计图示尺寸以体积计算<br>扣除门窗洞口及单个面积＞$0.3m^2$ 的孔洞所占体积，墙垛及突出墙面部分并入墙体体积内计算 | 1. 模板及支架(撑)制作、安装、拆除、堆放、运输及清理模内杂物、刷隔离剂等<br>2. 混凝土制作、运输、浇筑、振捣、养护 |
| 010504002 | 弧形墙 | | | | |
| 010504003 | 短肢剪力墙 | | | | |
| 010504004 | 挡土墙 | | | | |

注：短肢剪力墙是指截面厚度不大于 300mm、各肢截面高度与厚度之比的最大值大于 4 但不大于 8 的剪力墙；各肢截面高度与厚度之比的最大值不大于 4 的剪力墙按柱项目编码列项。

直形墙、弧形墙项目也适用于电梯井，与墙相连接的薄壁柱按墙项目编码列项。

**5. 现浇混凝土板**

现浇混凝土板工程量清单项目设置、项目特征描述的内容、计量单位及工程量计算规则应按表 6-5 的规定执行。

**表 6-5　现浇混凝土板**（编号：010505）

<table>
<tr><th>项目编码</th><th>项目名称</th><th>项目特征</th><th>计量单位</th><th>工程量计算规则</th><th>工作内容</th></tr>
<tr><td>010505001</td><td>有梁板</td><td rowspan="10">1. 混凝土种类<br>2. 混凝土强度等级</td><td rowspan="10">m³</td><td rowspan="6">按设计图示尺寸以体积计算，不扣除单个面积≤0.3m² 的柱、垛以及孔洞所占体积<br>压形钢板混凝土楼板扣除构件内压形钢板所占体积<br>有梁板（包括主、次梁与板）按梁、板体积之和计算，无梁板按板和柱帽体积之和计算，各类板伸入墙内的板头并入板体积内，薄壳板的肋、基梁并入薄壳体积内计算</td><td rowspan="10">1. 模板及支架（撑）制作、安装、拆除、堆放、运输及清理模内杂物、刷隔离剂等<br>2. 混凝土制作、运输、浇筑、振捣、养护</td></tr>
<tr><td>010505002</td><td>无梁板</td></tr>
<tr><td>010505003</td><td>平板</td></tr>
<tr><td>010505004</td><td>拱板</td></tr>
<tr><td>010505005</td><td>薄壳板</td></tr>
<tr><td>010505006</td><td>栏板</td></tr>
<tr><td>010505007</td><td>天沟（檐沟）、挑檐板</td><td>按设计图示尺寸以体积计算</td></tr>
<tr><td>010505008</td><td>雨篷、悬挑板、阳台板</td><td>按设计图示尺寸以墙外部分体积计算。包括伸出墙外的牛腿和雨篷反挑檐的体积</td></tr>
<tr><td>010505009</td><td>空心板</td><td>按设计图示尺寸以体积计算。空心板（GBF 高强薄壁蜂巢芯板等）应扣除空心部分体积</td></tr>
<tr><td>010505010</td><td>其他板</td><td>按设计图示尺寸以体积计算</td></tr>
</table>

注：现浇挑檐、天沟板、雨篷、阳台与板（包括屋面板、楼板）连接时，以外墙外边线为分界线；与圈梁（包括其他梁）连接时，以梁外边线为分界线。外边线以外为挑檐、天沟、雨篷或阳台。

（1）有梁板、无梁板、平板、拱板、薄壳板

① 有梁板（包括主、次梁与板）按梁、板体积之和计算。

② 无梁板按板和柱帽体积之和计算。

③ 各类板伸入墙内的板头并入板体积内计算。

④ 薄壳板的肋、基梁并入薄壳体积内计算。

⑤ 混凝土板采用浇筑复合高强薄型空心管时，其工程量应扣除管所占体积，复合高强薄型空心管应包括在报价内。采用轻质材料浇筑在有梁板内，轻质材料应包括在报价内。

（2）雨篷、阳台板　现浇挑檐、天沟板、雨篷、阳台与板（包括屋面板、楼板）连接时，以外墙外边线为分界线；与圈梁（包括其他梁）连接时，以梁外边线为分界线。外边线以外为挑檐、天沟、雨篷或阳台。

**6. 现浇混凝土楼梯**

现浇混凝土楼梯工程量清单项目设置、项目特征描述的内容、计量单位及工程量计算规则应按表 6-6 的规定执行。

表 6-6 现浇混凝土楼梯（编号：010506）

| 项目编码 | 项目名称 | 项目特征 | 计量单位 | 工程量计算规则 | 工作内容 |
|---|---|---|---|---|---|
| 010506001 | 直形楼梯 | 1. 混凝土种类<br>2. 混凝土强度等级 | 1. $m^2$<br>2. $m^3$ | 1. 以平方米计量，按设计图示尺寸以水平投影面积计算。不扣除宽度≤500mm 的楼梯井，伸入墙内部分不计算<br>2. 以立方米计量，按设计图示尺寸以体积计算 | 1. 模板及支架（撑）制作、安装、拆除、堆放、运输及清理模内杂物、刷隔离剂等<br>2. 混凝土制作、运输、浇筑、振捣、养护 |
| 010506002 | 弧形楼梯 | | | | |

注：整体楼梯（包括直形楼梯、弧形楼梯）水平投影面积包括休息平台、平台梁、斜梁和楼梯的连接梁。当整体楼梯与现浇楼板无梯梁连接时，以楼梯的最后一个踏步边缘加 300mm 为界。

整体楼梯（包括直形楼梯、弧形楼梯）水平投影面积包括休息平台、平台梁、斜梁和楼梯的连接梁。当无连接梁时，以楼梯的最后一个踏步边缘加 300mm 计算。单跑楼梯的工程量计算与直形楼梯、弧形楼梯的工程量计算相同。单跑楼梯如无中间休息平台时，应在工程量清单中进行描述。

**7. 现浇混凝土其他构件**

现浇混凝土其他构件工程量清单项目设置、项目特征描述的内容、计量单位及工程量计算规则应按表 6-7 的规定执行。

表 6-7 现浇混凝土其他构件（编号：010507）

| 项目编码 | 项目名称 | 项目特征 | 计量单位 | 工程量计算规则 | 工作内容 |
|---|---|---|---|---|---|
| 010507001 | 散水、坡道 | 1. 垫层材料种类、厚度<br>2. 面层厚度<br>3. 混凝土种类<br>4. 混凝土强度等级<br>5. 变形缝填塞材料种类 | $m^2$ | 按设计图示尺寸以水平投影面积计算。不扣除单个≤0.3$m^2$ 的孔洞所占面积 | 1. 地基夯实<br>2. 铺设垫层<br>3. 模板及支撑制作、安装、拆除、堆放、运输及清理模内杂物、刷隔离剂等<br>4. 混凝土制作、运输、浇筑、振捣、养护<br>5. 变形缝填塞 |
| 010507002 | 室外地坪 | 1. 地坪厚度<br>2. 混凝土强度等级 | | | |
| 010507003 | 电缆沟、地沟 | 1. 土壤类别<br>2. 沟截面净空尺寸<br>3. 垫层材料种类、厚度<br>4. 混凝土种类<br>5. 混凝土强度等级<br>6. 防护材料种类 | m | 按设计图示以中心线长度计算 | 1. 挖填、运土石方<br>2. 铺设垫层<br>3. 模板及支撑制作、安装、拆除、堆放、运输及清理模内杂物、刷隔离剂等<br>4. 混凝土制作、运输、浇筑、振捣、养护<br>5. 刷防护材料 |
| 010507004 | 台阶 | 1. 踏步高、宽<br>2. 混凝土种类<br>3. 混凝土强度等级 | 1. $m^2$<br>2. $m^3$ | 1. 以平方米计量，按设计图示尺寸水平投影面积计算<br>2. 以立方米计量，按设计图示尺寸以体积计算 | 1. 模板及支撑制作、安装、拆除、堆放、运输及清理模内杂物、刷隔离剂等<br>2. 混凝土制作、运输、浇筑、振捣、养护 |

续表

| 项目编码 | 项目名称 | 项目特征 | 计量单位 | 工程量计算规则 | 工作内容 |
|---|---|---|---|---|---|
| 010507005 | 扶手、压顶 | 1. 断面尺寸<br>2. 混凝土种类<br>3. 混凝土强度等级 | 1. m<br>2. $m^3$ | 1. 以米计量，按设计图示的中心线延长米计算<br>2. 以立方米计量，按设计图示尺寸以体积计算 | 1. 模板及支架（撑）制作、安装、拆除、堆放、运输及清理模内杂物、刷隔离剂等<br>2. 混凝土制作、运输、浇筑、振捣、养护 |
| 010507006 | 化粪池、检查井 | 1. 部位<br>2. 混凝土强度等级<br>3. 防水、抗渗要求 | 1. $m^3$<br>2. 座 | 1. 按设计图示尺寸以体积计算<br>2. 以座计量，按设计图示数量计算 | |
| 010507007 | 其他构件 | 1. 构件的类型<br>2. 构件规格<br>3. 部位<br>4. 混凝土种类<br>5. 混凝土强度等级 | $m^3$ | | |

注：1. 现浇混凝土小型池槽、垫块、门框等，应按本表其他构件项目编码列项。
2. 架空式混凝土台阶，按现浇楼梯计算。

（1）其他构件　其他构件指现浇混凝土小型池槽、压顶、扶手、垫块、台阶、门框等。其中，扶手、压顶（包括伸入墙内的长度）应按延长米计算，台阶应按水平投影面积计算。

（2）电缆沟、地沟　电缆沟、地沟、散水、坡道需抹灰时，应包括在报价内。

**8. 后浇带**

后浇带工程量清单项目设置、项目特征描述的内容、计量单位及工程量计算规则应按表6-8的规定执行。

**表6-8　后浇带**（编号：010508）

| 项目编码 | 项目名称 | 项目特征 | 计量单位 | 工程量计算规则 | 工作内容 |
|---|---|---|---|---|---|
| 010508001 | 后浇带 | 1. 混凝土种类<br>2. 混凝土强度等级 | $m^3$ | 按设计图示尺寸以体积计算 | 1. 模板及支架（撑）制作、安装、拆除、堆放、运输及清理模内杂物、刷隔离剂等<br>2. 混凝土制作、运输、浇筑、振捣、养护及混凝土交接面、钢筋等的清理 |

**9. 预制混凝土柱**

预制混凝土柱工程量清单项目设置、项目特征描述的内容、计量单位及工程量计算规则应按表6-9的规定执行。

**表6-9　预制混凝土柱**（编号：010509）

| 项目编码 | 项目名称 | 项目特征 | 计量单位 | 工程量计算规则 | 工作内容 |
|---|---|---|---|---|---|
| 010509001 | 矩形柱 | 1. 图代号<br>2. 单件体积<br>3. 安装高度<br>4. 混凝土强度等级<br>5. 砂浆（细石混凝土）强度等级、配合比 | 1. $m^3$<br>2. 根 | 1. 以立方米计量，按设计图示尺寸以体积计算<br>2. 以根计量，按设计图示尺寸以数量计算 | 1. 模板制作、安装、拆除、堆放、运输及清理模内杂物、刷隔离剂等<br>2. 混凝土制作、运输、浇筑、振捣、养护<br>3. 构件运输、安装<br>4. 砂浆制作、运输<br>5. 接头灌缝、养护 |
| 010509002 | 异形柱 | | | | |

注：以根计量，必须描述单件体积。

### 10. 预制混凝土梁

预制混凝土梁工程量清单项目设置、项目特征描述的内容、计量单位及工程量计算规则应按表 6-10 的规定执行。

表 6-10 预制混凝土梁（编号：010510）

| 项目编码 | 项目名称 | 项目特征 | 计量单位 | 工程量计算规则 | 工作内容 |
| --- | --- | --- | --- | --- | --- |
| 010510001 | 矩形梁 | 1. 图代号<br>2. 单件体积<br>3. 安装高度<br>4. 混凝土强度等级<br>5. 砂浆（细石混凝土）强度等级、配合比 | 1. $m^3$<br>2. 根 | 1. 以立方米计量，按设计图示尺寸以体积计算<br>2. 以根计量，按设计图示尺寸以数量计算 | 1. 模板制作、安装、拆除、堆放、运输及清理模内杂物、刷隔离剂等<br>2. 混凝土制作、运输、浇筑、振捣、养护<br>3. 构件运输、安装<br>4. 砂浆制作、运输<br>5. 接头灌缝、养护 |
| 010510002 | 异形梁 | | | | |
| 010510003 | 过梁 | | | | |
| 010510004 | 拱形梁 | | | | |
| 010510005 | 鱼腹式吊车梁 | | | | |
| 010510006 | 其他梁 | | | | |

注：以根计量，必须描述单件体积。

### 11. 预制混凝土屋架

预制混凝土屋架工程量清单项目设置、项目特征描述的内容、计量单位及工程量计算规则应按表 6-11 的规定执行。

表 6-11 预制混凝土屋架（编号：010511）

| 项目编码 | 项目名称 | 项目特征 | 计量单位 | 工程量计算规则 | 工作内容 |
| --- | --- | --- | --- | --- | --- |
| 010511001 | 折线型 | 1. 图代号<br>2. 单件体积<br>3. 安装高度<br>4. 混凝土强度等级<br>5. 砂浆（细石混凝土）强度等级、配合比 | 1. $m^3$<br>2. 榀 | 1. 以立方米计量，按设计图示尺寸以体积计算<br>2. 以榀计量，按设计图示尺寸以数量计算 | 1. 模板制作、安装、拆除、堆放、运输及清理模内杂物、刷隔离剂等<br>2. 混凝土制作、运输、浇筑、振捣、养护<br>3. 构件运输、安装<br>4. 砂浆制作、运输<br>5. 接头灌缝、养护 |
| 010511002 | 组合 | | | | |
| 010511003 | 薄腹 | | | | |
| 010511004 | 门式刚架 | | | | |
| 010511005 | 天窗架 | | | | |

注：1. 以榀计量，必须描述单件体积。

2. 三角形屋架按本表中折线型屋架项目编码列项。

### 12. 预制混凝土板

预制混凝土板工程量清单项目设置、项目特征描述的内容、计量单位及工程量计算规则应按表 6-12 的规定执行。

表 6-12 预制混凝土板（编号：010512）

| 项目编码 | 项目名称 | 项目特征 | 计量单位 | 工程量计算规则 | 工作内容 |
| --- | --- | --- | --- | --- | --- |
| 010512001 | 平板 | 1. 图代号<br>2. 单件体积<br>3. 安装高度<br>4. 混凝土强度等级<br>5. 砂浆（细石混凝土）强度等级、配合比 | 1. $m^3$<br>2. 块 | 1. 以立方米计量，按设计图示尺寸以体积计算。不扣除单个面积≤300mm×300mm的孔洞所占体积，扣除空心板空洞体积<br>2. 以块计量，按设计图示尺寸以数量计算 | 1. 模板制作、安装、拆除、堆放、运输及清理模内杂物、刷隔离剂等<br>2. 混凝土制作、运输、浇筑、振捣、养护<br>3. 构件运输、安装<br>4. 砂浆制作、运输<br>5. 接头灌缝、养护 |
| 010512002 | 空心板 | | | | |
| 010512003 | 槽形板 | | | | |
| 010512004 | 网架板 | | | | |
| 010512005 | 折线板 | | | | |
| 010512006 | 带肋板 | | | | |
| 010512007 | 大型板 | | | | |

续表

| 项目编码 | 项目名称 | 项目特征 | 计量单位 | 工程量计算规则 | 工作内容 |
| --- | --- | --- | --- | --- | --- |
| 010512008 | 沟盖板、井盖板、井圈 | 1. 单件体积<br>2. 安装高度<br>3. 混凝土强度等级<br>4. 砂浆强度等级、配合比 | 1. $m^3$<br>2. 块（套） | 1. 以立方米计量，按设计图示尺寸以体积计算<br>2. 以块计量，按设计图示尺寸以数量计算 | 1. 模板制作、安装、拆除、堆放、运输及清理模内杂物、刷隔离剂等<br>2. 混凝土制作、运输、浇筑、振捣、养护<br>3. 构件运输、安装<br>4. 砂浆制作、运输<br>5. 接头灌缝、养护 |

注：1. 以块、套计量，必须描述单件体积。

2. 不带肋的预制遮阳板、雨篷板、挑檐板、拦板等，应按本表平板项目编码列项。

3. 预制F形板、双T形板、单肋板和带反挑檐的雨篷板、挑檐板、遮阳板等，应按本表带肋板项目编码列项。

4. 预制大型墙板、大型楼板、大型屋面板等，按本表中大型板项目编码列项。

### 13. 预制混凝土楼梯

预制混凝土楼梯工程量清单项目设置、项目特征描述的内容、计量单位及工程量计算规则应按表6-13的规定执行。

**表6-13　预制混凝土楼梯**（编号：010513）

| 项目编码 | 项目名称 | 项目特征 | 计量单位 | 工程量计算规则 | 工作内容 |
| --- | --- | --- | --- | --- | --- |
| 010513001 | 楼梯 | 1. 楼梯类型<br>2. 单件体积<br>3. 混凝土强度等级<br>4. 砂浆（细石混凝土）强度等级 | 1. $m^3$<br>2. 段 | 1. 以立方米计量，按设计图示尺寸以体积计算。扣除空心踏步板空洞体积<br>2. 以段计量，按设计图示数量计算 | 1. 模板制作、安装、拆除、堆放、运输及清理模内杂物、刷隔离剂等<br>2. 混凝土制作、运输、浇筑、振捣、养护<br>3. 构件运输、安装<br>4. 砂浆制作、运输<br>5. 接头灌缝、养护 |

注：以块计量，必须描述单件体积。

### 14. 其他预制构件

其他预制构件工程量清单项目设置、项目特征描述的内容、计量单位及工程量计算规则应按表6-14的规定执行。

**表6-14　其他预制构件**（编号：010514）

| 项目编码 | 项目名称 | 项目特征 | 计量单位 | 工程量计算规则 | 工作内容 |
| --- | --- | --- | --- | --- | --- |
| 010514001 | 垃圾道、通风道、烟道 | 1. 单件体积<br>2. 混凝土强度等级<br>3. 砂浆强度等级 | 1. $m^3$<br>2. $m^2$<br>3. 根（块、套） | 1. 以立方米计量，按设计图示尺寸以体积计算。不扣除单个面积≤300mm×300mm的孔洞所占体积，扣除烟道、垃圾道、通风道的孔洞所占体积<br>2. 以平方米计量，按设计图示尺寸以面积计算。不扣除单个面积≤300mm×300mm的孔洞所占面积<br>3. 以根计量，按设计图示尺寸以数量计算 | 1. 模板制作、安装、拆除、堆放、运输及清理模内杂物、刷隔离剂等<br>2. 混凝土制作、运输、浇筑、振捣、养护<br>3. 构件运输、安装<br>4. 砂浆制作、运输<br>5. 接头灌缝、养护 |
| 010514002 | 其他构件 | 1. 单件体积<br>2. 构件的类型<br>3. 混凝土强度等级<br>4. 砂浆强度等级 | | | |

注：1. 以块、根计量，必须描述单件体积。

2. 预制钢筋混凝土小型池槽、压顶、扶手、垫块、隔热板、花格等，按本表中其他构件项目编码列项。

## 15. 钢筋工程

钢筋工程工程量清单项目设置、项目特征描述的内容、计量单位及工程量计算规则应按表 6-15 的规定执行。

**表 6-15 钢筋工程**（编号：010515）

| 项目编码 | 项目名称 | 项目特征 | 计量单位 | 工程量计算规则 | 工作内容 |
|---|---|---|---|---|---|
| 010515001 | 现浇构件钢筋 | 钢筋种类、规格 | t | 按设计图示钢筋（网）长度（面积）乘单位理论质量计算 | 1. 钢筋制作、运输<br>2. 钢筋安装<br>3. 焊接（绑扎） |
| 010515002 | 预制构件钢筋 | | | | |
| 010515003 | 钢筋网片 | | | | 1. 钢筋网制作、运输<br>2. 钢筋网安装<br>3. 焊接（绑扎） |
| 010515004 | 钢筋笼 | | | | 1. 钢筋笼制作、运输<br>2. 钢筋笼安装<br>3. 焊接（绑扎） |
| 010515005 | 先张法预应力钢筋 | 1. 钢筋种类、规格<br>2. 锚具种类 | | 按设计图示钢筋长度乘单位理论质量计算 | 1. 钢筋制作、运输<br>2. 钢筋张拉 |
| 010515006 | 后张法预应力钢筋 | 1. 钢筋种类、规格<br>2. 钢丝种类、规格<br>3. 钢绞线种类、规格<br>4. 锚具种类<br>5. 砂浆强度等级 | | 按设计图示钢筋（丝束、绞线）长度乘单位理论质量计算<br>1. 低合金钢筋两端均采用螺杆锚具时，钢筋长度按孔道长度减 0.35m 计算，螺杆另行计算<br>2. 低合金钢筋一端采用镦头插片，另一端采用螺杆锚具时，钢筋长度按孔道长度计算，螺杆另行计算<br>3. 低合金钢筋一端采用镦头插片，另一端采用帮条锚具时，钢筋增加 0.15m 计算；两端均采用帮条锚具时，钢筋长度按孔道长度增加 0.3m 计算<br>4. 低合金钢筋采用后张混凝土自锚时，钢筋长度按孔道长度增加 0.35m 计算<br>5. 低合金钢筋（钢绞线）采用 JM、XM、QM 型锚具，孔道长度≤20m 时，钢筋长度增加 1m 计算，孔道长度＞20m 时，钢筋长度增加 1.8m 计算<br>6. 碳素钢丝采用锥形锚具，孔道长度≤20m 时，钢丝束长度按孔道长度增加 1m 计算，孔道长度＞20m 时，钢丝束长度按孔道长度增加 1.8m 计算<br>7. 碳素钢丝采用镦头锚具时，钢丝束长度按孔道长度增加 0.35m 计算 | 1. 钢筋、钢丝、钢绞线制作、运输<br>2. 钢筋、钢丝、钢绞线安装<br>3. 预埋管孔道铺设<br>4. 锚具安装<br>5. 砂浆制作、运输<br>6. 孔道压浆、养护 |
| 010515007 | 预应力钢丝 | | | | |
| 010515008 | 预应力钢绞线 | | | | |

续表

| 项目编码 | 项目名称 | 项目特征 | 计量单位 | 工程量计算规则 | 工作内容 |
| --- | --- | --- | --- | --- | --- |
| 010515009 | 支撑钢筋（铁马） | 1. 钢筋种类<br>2. 规格 | t | 按钢筋长度乘单位理论质量计算 | 钢筋制作、焊接、安装 |
| 010515010 | 声测管 | 1. 材质<br>2. 规格型号 | | 按设计图示尺寸以质量计算 | 1. 检测管截断、封头<br>2. 套管制作、焊接<br>3. 定位、固定 |

注：1. 现浇构件中伸出构件的锚固钢筋应并入钢筋工程量内。除设计（包括规范规定）标明的搭接外，其他施工搭接不计算工程量，在综合单位中综合考虑。

2. 现浇构件中固定位置的支撑钢筋、双层钢筋用的“铁马”在编制工程量清单时，如果设计未明确，其工程数量可为暂估量，结算时按现场签证数量计算。

### 16. 螺栓铁件

螺栓、铁件工程量清单项目设置、项目特征描述的内容、计量单位及工程量计算规则应按表 6-16 的规定执行。

**表 6-16　螺栓、铁件**（编号：010516）

| 项目编码 | 项目名称 | 项目特征 | 计量单位 | 工程量计算规则 | 工作内容 |
| --- | --- | --- | --- | --- | --- |
| 010516001 | 螺栓 | 1. 螺栓种类<br>2. 规格 | t | 按设计图示尺寸以质量计算 | 1. 螺栓、铁件制作、运输<br>2. 螺栓、铁件安装 |
| 010516002 | 预埋铁件 | 1. 钢材种类<br>2. 规格<br>3. 铁件尺寸 | | | |
| 010516003 | 机械连接 | 1. 连接方式<br>2. 螺纹套筒种类<br>3. 规格 | 个 | 按数量计算 | 1. 钢筋套丝<br>2. 套筒连接 |

注：编制工程量清单时，如果设计未明确，其工程数量可为暂估量，实际工程量按现场签证数量计算。

## 二、混凝土及钢筋混凝土工程工程量计算方法

### 1. 钢筋混凝土构件工程量计算

（1）垫层工程量计算

① 地面垫层计算公式

地面垫层工程量＝($S_{房}$－单个面积在 0.3m² 以上孔洞独立柱及构筑物等面积)×垫层厚

$$S_{房}=S_{底}-\sum L_{中}\times 外墙厚-\sum L_{内}\times 内墙厚$$

② 条形基础垫层计算公式

$$条形基础垫层工程量=(\sum L_{中}+\sum L_{净})\times 垫层断面积$$

③ 独立满堂基础垫层计算公式

独立满堂基础垫层工程量＝设计长度×设计宽度×平均厚度

（2）现浇钢筋混凝土构件工程量计算

① 带形基础计算公式：

带形基础工程量＝外墙中心线长度×设计断面＋设计内墙基础图示长度×设计断面

② 独立基础计算公式：

独立基础工程量＝设计图示体积

③ 满堂基础计算公式：

满堂基础工程量＝图示长度×图示宽度×厚度＋翻梁体积

④ 短形柱计算公式：

矩形柱工程量＝图示断面面积×柱计算高度

⑤ 圆形柱计算公式：

圆形柱工程量＝柱直径×柱直径×π÷4×图示高度

⑥ 构造柱计算公式：

构造柱工程量＝(图示柱宽度＋折加咬口宽度)×厚度×图示高度

或 构造柱工程量＝构造柱折算截面积×构造柱计算高度

有咬口的现浇钢筋混凝土构造柱折算截面积见表 6-17。

**表 6-17 现浇钢筋混凝土构造柱折算截面积** 单位：$m^2$

| 构造柱的平面形式 | 构造柱基本截面 $d_1 \times d_2$/m×m | | | |
|---|---|---|---|---|
| | 0.24×0.24 | 0.24×0.365 | 0.365×0.24 | 0.365×0.365 |
| 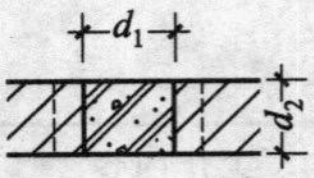 (一字形，$d_1$、$d_2$) | 0.072 | 0.1095 | 0.1020 | 0.1551 |
| 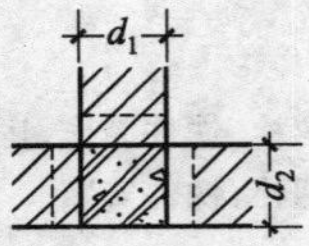 (T形，$d_1$、$d_2$) | 0.0792 | 0.1167 | 0.1130 | 0.1661 |
| 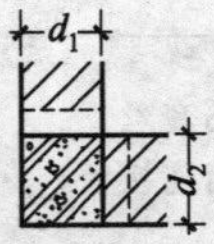 (L形，$d_1$、$d_2$) | 0.072 | 0.1058 | 0.1058 | 0.1551 |
| 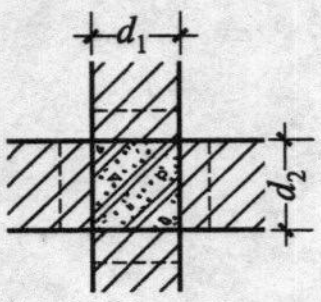 (十字形，$d_1$、$d_2$) | 0.0864 | 0.1239 | 0.1239 | 0.1770 |

⑦ 梁计算公式

单梁工程量＝图示断面面积×梁长＋梁垫体积

过梁工程量＝图示断面面积×过梁长度(设计无规定时，按门窗洞口宽度两端各加 250mm 计算)

圈梁工程量＝图示长度×图示断面面积－构造柱宽度×根数

⑧ 板计算公式：

有梁板工程量＝图示长度×图示宽度×板厚＋主梁及次梁肋体积

主梁及次梁肋体积＝主梁长度×主梁宽度×肋高＋次梁净长度×次梁宽度×肋高

无梁板工程量＝图示长度×图示宽度×板厚＋柱帽体积

平板工程量＝图示长度×图示宽度×板厚＋边沿的翻檐体积

斜板工程量＝图示长度×图示宽度×坡度系数×板厚＋附梁体积

现浇钢筋混凝土栏板工程量＝栏板中心线长度×断面

现浇钢筋混凝土阳台板工程量＝水平投影面积×板厚＋牛腿体积

现浇钢筋混凝土天沟板工程量＝天沟板中心线长度×天沟板断面

⑨ 墙计算公式：

墙工程量＝(外墙中心线长度×设计高度－门窗洞口面积)×外墙厚＋(内墙净长度×设计高度－门窗洞品面积)×内墙厚

⑩ 楼梯工程量计算公式：

楼梯工程量＝图示水平长度×图示水平宽度－大于50mm宽楼梯井

楼梯工程计算示意图见图6-1。

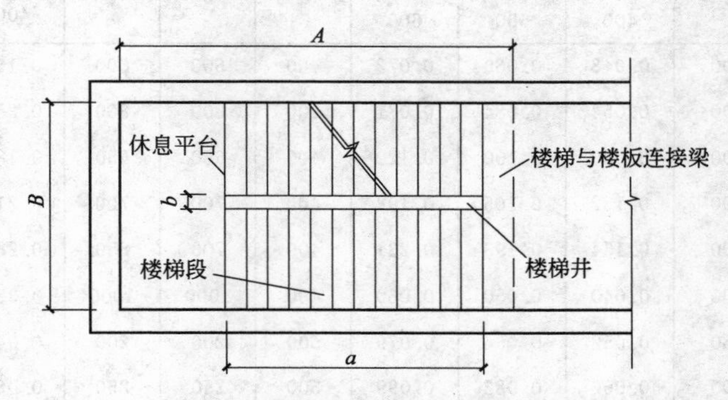


图6-1　钢筋混凝土楼梯平面图

当$b \leqslant 500$mm时，$S=A \times B$

当$b > 500$mm时，$S=A \times B-a \times b$

⑪ 散水工程量计算公式：

散水工程量＝(外墙外边线长度＋4×散水宽度－台阶长度)×散水宽

⑫ 混凝土池工程量计算公式：

池底工程量＝池底面积×板厚

池壁工程量＝池壁中心线长度×池壁断面

池盖工程量＝池盖面积×板厚

开盖板工程量＝盖板面积×板厚

(3) 预制钢筋混凝土构件工程量计算

① 预制钢筋混凝土桩计算公式：

预制混土桩工程量＝图示断面面积×桩总长度

② 预制钢筋混凝土柱计算公式：

预制混凝土柱工程量＝上柱图示断面面积×上柱长度＋下柱图示断面面积×下柱长度＋牛腿体积

③ 混凝土柱牛腿单个体积计算表见表6-18。

④ 预混凝土T形吊车梁计算公式：

预制混凝土T形吊车梁工程量＝断面面积×设计图示长度

⑤ 预制混凝土折线形屋架计算公式：

钢筋混凝土折线形屋架工程量＝$\Sigma$杆件断面面积×杆件计算长度

⑥ 预制混凝土平板计算公式：

钢筋混凝土预制平板工程量＝图示长度×图示宽度×板厚

**表 6-18　混凝土柱牛腿单个体积计算表**　　　单位：mm

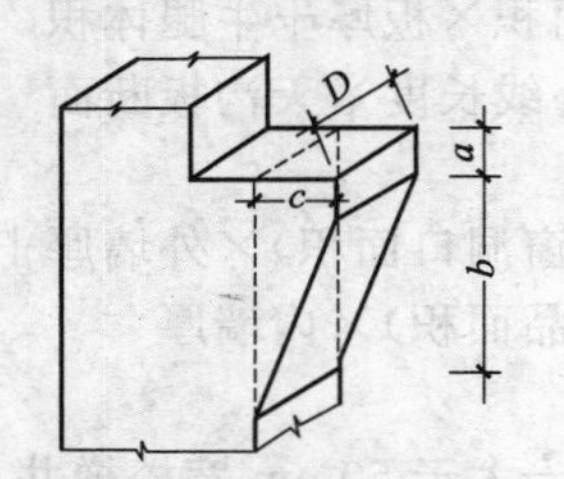


表中每个混凝土柱牛腿的体积系指图示虚线以外部分

| *a* | *b* | *c* | *D* | | | *a* | *b* | *c* | *D* | | |
|---|---|---|---|---|---|---|---|---|---|---|---|
| | | | 400 | 500 | 600 | | | | 400 | 500 | 600 |
| 250 | 300 | 300 | 0.048 | 0.060 | 0.072 | 400 | 600 | 600 | 0.168 | 0.210 | 0.252 |
| 300 | 300 | 300 | 0.054 | 0.084 | 0.081 | 400 | 800 | 800 | 0.256 | 0.320 | 0.384 |
| 300 | 400 | 400 | 0.080 | 0.100 | 0.120 | 400 | 650 | 650 | 0.189 | 0.236 | 0.283 |
| 300 | 500 | 600 | 0.132 | 0.165 | 0.198 | 400 | 700 | 700 | 0.210 | 0.263 | 0.315 |
| 300 | 500 | 700 | 0.154 | 0.193 | 0.231 | 400 | 700 | 850 | 0.285 | 0.356 | 0.425 |
| 400 | 200 | 200 | 0.040 | 0.050 | 0.060 | 400 | 1000 | 1000 | 0.360 | 0.450 | 0.540 |
| 400 | 250 | 250 | 0.052 | 0.066 | 0.079 | 500 | 200 | 200 | 0.045 | 0.060 | 0.072 |
| 400 | 300 | 300 | 0.066 | 0.082 | 0.099 | 500 | 250 | 250 | 0.063 | 0.078 | 0.094 |
| 400 | 300 | 600 | 0.132 | 0.165 | 0.198 | 500 | 300 | 300 | 0.078 | 0.098 | 0.117 |
| 400 | 350 | 350 | 0.081 | 0.101 | 0.121 | 500 | 400 | 400 | 0.112 | 0.140 | 0.168 |
| 400 | 400 | 400 | 0.096 | 0.120 | 0.144 | 500 | 500 | 500 | 0.150 | 0.189 | 0.225 |
| 400 | 400 | 700 | 0.168 | 0.210 | 0.252 | 500 | 600 | 600 | 0.192 | 0.240 | 0.288 |
| 400 | 450 | 450 | 0.113 | 0.141 | 0.169 | 500 | 700 | 700 | 0.238 | 0.298 | 0.357 |
| 400 | 500 | 500 | 0.130 | 0.163 | 0.195 | 500 | 1000 | 1000 | 0.400 | 0.500 | 0.600 |
| 400 | 500 | 700 | 0.182 | 0.223 | 0.273 | 500 | 1100 | 1100 | 0.462 | 0.578 | 0.693 |
| 400 | 550 | 550 | 0.149 | 0.186 | 0.223 | 500 | 300 | 700 | 0.266 | 0.333 | 0.399 |

**2. 钢筋混凝土构件钢筋工程量计算**

(1) 钢筋工程量计算公式

① 现浇混凝土钢筋工程量计算公式：

现浇混凝土钢筋工程量＝设计图示钢筋长度×单位理论质量

② 钢筋混凝土构件纵向钢筋计算公式：

钢筋图示用量＝(构件长度－两端保护层＋弯钩长度＋弯起增加长度＋钢筋搭接长度)×线密度(钢筋单位理论质量)

③ 双肢箍筋长度计算公式：

箍筋长度＝构件截面周长－8×保护层厚＋4×箍筋直径＋2×(1.9*d*＋10*d* 或 75 中较大值)

④ 箍筋根数。箍筋配置范围如图 6-2 所示。

⑤ 设计无规定时计算公式：

马凳钢筋质量＝(板厚×2＋0.2)×板面积×受撑钢筋次规格的线密度

⑥ 设计无规定时计算公式：

墙体拉结 S 钩质量＝(墙厚＋0.15)×(墙面积×3)×0.395

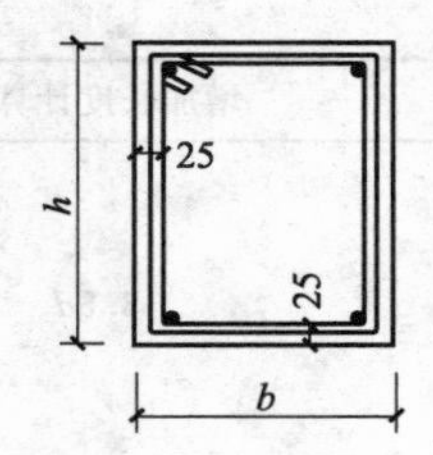


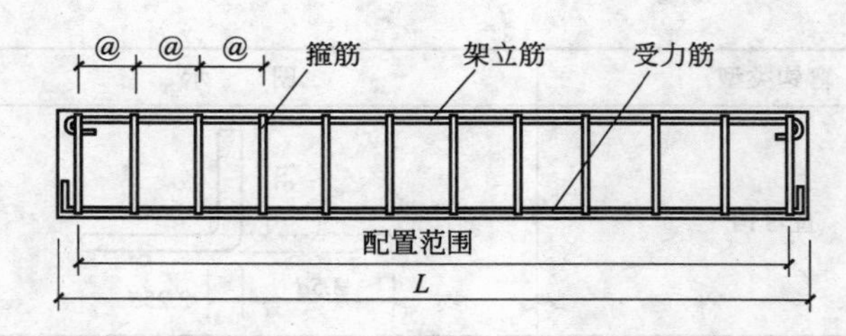


图 6-2　箍筋配置范围图示

⑦ 预制构件钢筋计算公式：

预制构件钢筋工程量＝设计图示钢筋长度×单位理论质量

⑧ 先张法预应力钢筋计算公式：

先张法预应力钢筋工程量＝设计图示钢筋长度×单位理论质量

⑨ 后张法预应力钢筋计算公式：

后张法预应力钢筋(JM 型锚具)工程量＝(设计图示钢筋长度＋增加长度)×单位理论质量

(2) 混凝土保护层　根据《混凝土结构设计规范》(GB 50010—2002)，2011 的规定，纵向受力钢筋的混凝土保护层最小厚度见表 6-19。

**表 6-19　纵向受力钢筋的混凝土保护层最小厚度**　单位：mm

| 环境类型 | | 板、墙、壳 | | | 梁 | | | 柱 | | |
|---|---|---|---|---|---|---|---|---|---|---|
| | | ≤C20 | C25～C45 | ≥C50 | ≤C20 | C25～C45 | ≥C50 | ≤C20 | C25～C45 | ≥C50 |
| 一 | | 20 | 15 | 15 | 30 | 25 | 25 | 30 | 30 | 30 |
| 二 | a | — | 20 | 20 | — | 30 | 30 | — | 30 | 30 |
| | b | — | 25 | 20 | — | 35 | 30 | — | 35 | 30 |
| 三 | | — | 30 | 25 | — | 40 | 35 | — | 40 | 35 |

注：1. 基础中纵向受力钢筋的混凝土保护层厚度不应小于 40mm；当无垫层时不应小于 70mm。

2. 处于一类环境且由工厂生产的预制构件，当混凝土强度等级不低于 C20 时，其保护层厚度可按本表中规定减少 5mm，但预应力钢筋的保护层厚度不应小于 15mm；处于二类环境且由工厂生产的预制构件，当表面采取有效保护措施时，保护层厚度可按本表中一类环境数值取用。

3. 预制钢筋混凝土受弯构件钢筋端头的保护层厚度不应小于 10mm；预制肋形板主肋钢筋的保护层厚度应按梁的数值取用。

4. 板、墙、壳中分布钢筋的保护层厚度不应小于本表中相应数值减 10mm，且不应小于 10mm；梁、柱中箍筋和构造钢筋的保护层厚度不应小于 15mm。

5. 当梁、柱中纵向受力钢筋的混凝土保护层厚度大于 40mm 时，应对保护层采取有效的防裂构造措施。

6. 处于二、三类环境中的悬臂板，其上表面应采取有效的保护措施。

7. 对于有防火要求的建筑，其混凝土保护层厚度尚应符合国家现行有关标准的要求。

8. 对于四、五类环境中的建筑物，基混凝土保护层厚度尚应符合国家现行有关标准的要求。

(3) 钢筋弯钩增加长度。HPB235 级钢筋弯钩增加长度，见表 6-20。

**表 6-20　HPB235 级钢筋弯钩增加长度**

| 弯钩类型 | 图　示 | 增加长度计算值 |
|---|---|---|
| 半圆弯钩 | 6.25d　2.25d　3d　d　2.5d　8.5d | 6.25d |

续表

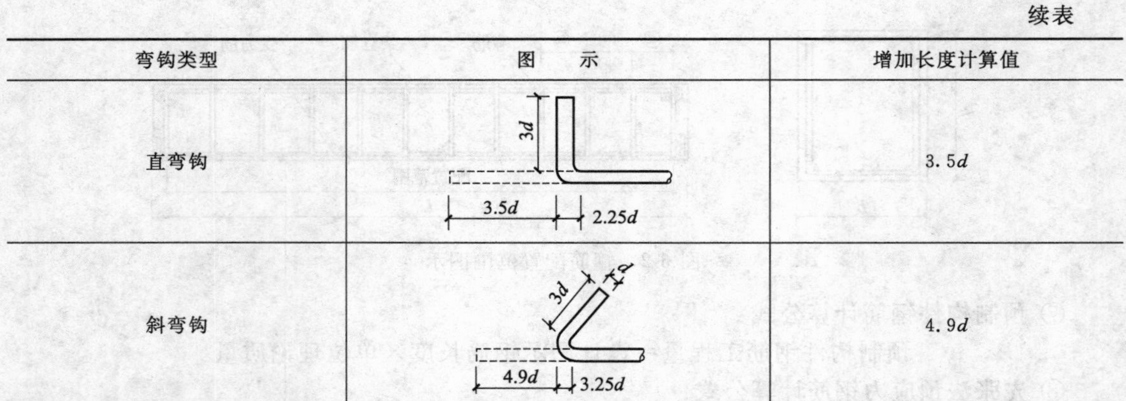

| 弯钩类型 | 图　示 | 增加长度计算值 |
| --- | --- | --- |
| 直弯钩 | 3d　3.5d　2.25d | 3.5d |
| 斜弯钩 | 3d　d　4.9d　3.25d | 4.9d |

注：d 为钢筋直径。

HRB335 级钢筋以上钢筋或发布筋一般不加钩。HPB235 级钢筋端部一般增加 6.25$d$，$d$ 为钢筋直径。直弯钩、斜弯钩一般用于砌体加固筋等非抗震要求的部位。为了减少马凳的用量，板上负筋（如雨篷）直钩长度一般为板厚减一个保护层。抗震要求箍筋平直段长度为 10$d$ 或 75mm 中较大值。

(4) 弯起钢筋增加长度

① 弯起钢筋斜长及增加长度计算方法见表 6-21。

**表 6-21　弯起钢筋斜长及增加长度计算方法**

| 形　状 | | S　h　30°　L | S　h　45°　L | S　h　60°　L |
| --- | --- | --- | --- | --- |
| 计算方法 | 斜边长 $S$ | 2$h$ | 1.414$h$ | 1.155$h$ |
| | 增加长度，$S-L=\Delta L$ | 0.268$h$ | 0.414$h$ | 0.577$h$ |

② 弯起钢筋增加长度。需要弯起钢筋比较少见，但弯起角度只限 30°、45°、60°三种。

③ 适应的构件。梁高、板厚 300mm 以内，弯起角度为 30°；梁高、板厚 300～800mm 之间，弯起角度为 45°；梁高、板厚 800mm 以上，弯起角度为 60°。弯起增加长度分别为 0.268$h$、0.414$h$、0.577$h$，$h$ 为上下弯起端之距离。

(5) 钢筋的锚固长度

① 钢筋锚固长。纵向受拉钢筋抗震锚固长度按表 6-22 计算。

**表 6-22　纵向受拉钢筋抗震锚固长度**

| 钢筋类型与直径 | | 混凝土强度等级与抗震等级 | | | | | |
| --- | --- | --- | --- | --- | --- | --- | --- |
| | | C20 | | C25 | | C30 | |
| | | 一、二 | 三 | 一、二 | 三 | 一、二 | 三 |
| HPB235 普通钢筋 | | 36$d$ | 33$d$ | 31$d$ | 28$d$ | 27$d$ | 25$d$ |
| HRB335 普通钢筋 | $d\leqslant25$ | 44$d$ | 41$d$ | 38$d$ | 35$d$ | 34$d$ | 31$d$ |
| | $d>25$ | 49$d$ | 45$d$ | 42$d$ | 39$d$ | 38$d$ | 34$d$ |
| HRB400 普通钢筋、RRB400 普通钢筋 | $d\leqslant25$ | 53$d$ | 49$d$ | 48$d$ | 42$d$ | 41$d$ | 37$d$ |
| | $d>25$ | 58$d$ | 53$d$ | 51$d$ | 46$d$ | 45$d$ | 41$d$ |

② 钢筋锚固长度修正系数及最小长度要求：

a. 直径大于 25mm 的带肋钢筋锚固长度应乘以修正系数 1.1。

b. 带有一次氧树脂涂层的带肋钢筋锚固长度应乘以修正系数 1.25。

c. 施工过程易受扰动的情况，锚固长度应乘以修正系数 1.1。

d. 带肋钢筋在锚固区的混凝土保护层厚度大于钢筋直径的 3 倍且配有箍筋时，锚固长度可乘以修正系数 0.8。

e. 上述修正系数可以连乘，经修正后实际锚固长度不应小于基本锚固长度的 0.7 倍，也不应小于 250mm。

f. 采用机械锚固时，其锚固长度可取计算长度的 0.7 倍，但在锚固长度内必须配有箍筋。其直径不应小于锚固钢筋直径的 1/4，间距不大于锚固钢筋直径的 5 倍，且数量不少于 3 个。

g. 受压钢筋的锚固长度取为受拉钢筋锚固长度的 0.7 倍。

h. 根据《混凝土结构设计规范》(GB 50010—2010) 的规定，普通光面受拉钢筋锚固长度见表 6-23。

**表 6-23　普通光面受拉钢筋锚固长度**　单位：mm

| 普通光面受拉钢筋的锚固长度 $l_a$(不含 180°弯钩) | | | | | | | | | | |
|---|---|---|---|---|---|---|---|---|---|---|
| 直径 | 混凝土强度等级 | | | | | | | | | |
| | C15 | C20 | C25 | C30 | C35 | C40 | C45 | C50 | C55 | C60～ |
| 6 | 221 | 183 | 158 | 140 | 128 | 117 | 117 | 117 | 117 | 117 |
| 8 | 295 | 244 | 211 | 187 | 171 | 157 | 157 | 157 | 157 | 157 |
| 10 | 369 | 305 | 264 | 234 | 214 | 196 | 196 | 196 | 196 | 196 |
| 12 | 443 | 366 | 317 | 281 | 256 | 235 | 235 | 235 | 235 | 235 |
| 14 | 516 | 427 | 370 | 328 | 299 | 275 | 275 | 275 | 275 | 275 |
| 16 | 590 | 488 | 423 | 375 | 342 | 314 | 314 | 314 | 314 | 314 |
| 18 | 664 | 549 | 476 | 422 | 385 | 353 | 353 | 353 | 353 | 353 |
| 20 | 738 | 610 | 529 | 469 | 429 | 392 | 392 | 392 | 392 | 392 |
| 22 | 812 | 672 | 582 | 516 | 470 | 432 | 432 | 432 | 432 | 432 |
| 25 | 923 | 763 | 661 | 587 | 535 | 491 | 491 | 491 | 491 | 491 |
| 28 | 1033 | 855 | 740 | 657 | 599 | 550 | 550 | 550 | 550 | 550 |
| 直径的倍数 | 36 | 30 | 26 | 23 | 21 | 19 | 19 | 19 | 19 | 19 |

注：当混凝土强度等级高于 C40 时，按 C40 取值。

③ 根据《混凝土结构设计规范》(GB 50010—2010) 的规定，普通带肋受拉钢筋锚固长度见表 6-24。

**表 6-24　普通带肋受拉钢筋锚固长度**　单位：mm

| 普通带肋受拉钢筋(HRB335)的锚固长度 $l_a$ | | | | | | | | | | |
|---|---|---|---|---|---|---|---|---|---|---|
| 直径 | 混凝土强度等级 | | | | | | | | | |
| | C15 | C20 | C25 | C30 | C35 | C40 | C45 | C50 | C55 | C60～ |
| 6 | 193 | 160 | 138 | 123 | 112 | 103 | 103 | 103 | 103 | 103 |
| 8 | 258 | 213 | 185 | 164 | 149 | 137 | 137 | 137 | 137 | 137 |
| 10 | 323 | 267 | 231 | 205 | 187 | 171 | 171 | 171 | 171 | 171 |
| 12 | 387 | 320 | 277 | 246 | 224 | 206 | 206 | 206 | 206 | 206 |

续表

| 直径 | 普通带肋受拉钢筋(HRB335)的锚固长度 $l_a$ 混凝土强度等级 | | | | | | | | | |
|---|---|---|---|---|---|---|---|---|---|---|
| | C15 | C20 | C25 | C30 | C35 | C40 | C45 | C50 | C55 | C60～ |
| 14 | 452 | 374 | 324 | 287 | 262 | 240 | 240 | 240 | 240 | 240 |
| 16 | 516 | 427 | 370 | 328 | 299 | 275 | 275 | 275 | 275 | 275 |
| 18 | 581 | 481 | 416 | 370 | 337 | 309 | 309 | 309 | 309 | 309 |
| 20 | 646 | 534 | 462 | 411 | 374 | 343 | 343 | 343 | 343 | 343 |
| 22 | 710 | 588 | 509 | 452 | 411 | 378 | 378 | 378 | 378 | 378 |
| 25 | 807 | 668 | 578 | 513 | 468 | 429 | 429 | 429 | 429 | 429 |
| 28 | 904 | 748 | 648 | 575 | 524 | 481 | 481 | 481 | 481 | 481 |
| 直径的倍数 | 32 | 26 | 23 | 20 | 18 | 17 | 17 | 17 | 17 | 17 |

注：当混凝土强度等级高于C40时，按C40取值。

（6）纵向受力钢筋搭接长度

① 按03G101-1规定，纵向受拉钢筋抗震绑扎搭接长度按锚固长度乘以修正系数计算，修正系数见表6-25。

**表6-25　纵向受拉钢筋抗震绑扎搭接长度修正系数**

| 纵向钢筋搭接接头面积百分率 | ≤25 | ≤50 | ≤100 |
|---|---|---|---|
| 修正系数 | 1.2 | 1.4 | 1.6 |

② 根据《混凝土结构工程施工质量验收规范》（GB 50204—2002，2010）的规定，当纵向受拉钢筋的绑扎搭接接头面积百分率不大于25%时，其最小搭接长度应符合表6-26的规定。

**表6-26　纵向受拉钢筋的最小搭接长度**

| 钢筋类型 | | 混凝土强度等级 | | | |
|---|---|---|---|---|---|
| | | C15 | C20～C25 | C30～C35 | ≥C40 |
| 光圆钢筋 | HPB235级 | $45d$ | $35d$ | $30d$ | $25d$ |
| 带肋钢筋 | HRB335级 | $55d$ | $45d$ | $35d$ | $30d$ |
| | HRB400级、RRB440级 | — | $55d$ | $40d$ | $35d$ |

注：两根直径不同钢筋的搭接长度，以较细钢筋的直径计算。

③《混凝土结构设计规范》（GB 50010—2002）对于同一连接区段的搭接钢筋接头面积百分率规定如下：

a. 梁类构件限制搭接接头面积百分率不宜大于25%，因工程需要不得已时可以放宽，但不应大于50%。

b. 板、墙类构件限制搭接接头面积百分率不宜大于25%，因工程需要不得已时可以放宽到50%或更大。

c. 柱类构件中的受拉钢筋搭接接头面积百分率不宜大于50%，因工程需要可以放宽。

④ 纵向受力钢筋的搭接长度修正系数及最小长度要求：

a. 当纵向受拉钢筋的绑扎搭接接头面积百分率大于25%，但不大于50%时，其最小搭接长度应按表6-26的数值乘以系数1.2取用；当纵向受拉钢筋的绑扎搭接接头百分率大于50%时，其最小搭接长度应按表6-26的数值乘以系数1.35取用。

b. 对有抗震设防要求的结构构件，其受力钢筋的最小搭接长度对一、二级抗震等级应按相应数值乘以系数 1.15 采用，对三级抗震级应按相应数值乘以系数 1.05 采用。

c. 当带肋钢筋的直径大于 25mm 时，其最小搭接长度应按相应数值乘以系数 1.1 取用。

d. 带有环氧树脂涂层的带肋钢筋，其最小搭接长度应按相应数值乘以系数 1.25 取用。

e. 在混凝土凝固过程中受力钢筋易受扰动时（如滑模施工），其最小搭接长度应按相应数值乘以系数 1.1 取用。

f. 对末端采用机械锚固措施的带肋钢筋，其最小搭接长度应按相应数值乘以系数 0.7 取用。

g. 当带肋钢筋的混凝土保护层厚度大于搭接钢筋直径的 3 倍且配有箍筋时，其最小搭接长度应按相应数值乘以系数 0.8 取用。

h. 纵向受压钢筋搭接时，其最小搭接长度应根据上述规定确定相应数值后，乘以系数 0.7 取用。

i. 在任何情况下，纵向受拉钢筋的搭接长度不应小于 300mm，受压钢筋的搭接长度不应小于 200mm。

⑤ 不宜采有搭接接头的情况

a. 直径大于 28mm 的受拉钢筋和直径大于 32mm 的受压钢筋不宜采用搭接接头。

b. 轴心受拉和小偏心受拉构件不得采用搭接接头。

⑥ 搭接区域的构造措施

a. 搭接长度范围内应配置箍筋，其直径不应小于搭接钢筋较大直径的 1/4。

b. 当钢筋受拉时，箍筋间距不应大于搭接钢筋较小直径的 5 倍，且不应大于 100mm。

c. 当钢筋受压时，箍筋间距不应大于搭接钢筋较小直径的 10 倍，且不应大于 200mm。

d. 当受压钢筋直径大于 25mm 时，应在搭接接头两个端面外 100m 范围内各设两个箍筋。

⑦ 焊接接头

a. 焊接接头的类型和质量应符合国家相应的标准。

b. 焊接连接区段的范围：以焊接接头为中心 $35d$ 且不小于 500mm 的长度。

c. 同一区段内受力钢筋焊接接头面积百分率对受拉构件为 50%，对受压钢筋不受限制。

⑧ 机械连接

a. 新规范新增了机械连接接头的有关规定，反映了技术的进步，机械连接接头的类型和质量应符合国家相应的标准。

b. 焊接连接区段的范围为以焊接接头为中心 $35d$ 长度的范围。

c. 同一区段内受力钢筋机械连接接头面积百分率为受拉构件不宜大于 50%，受压钢筋不受限制。

d. 机械连接接头的连接件混凝土保护层厚度宜满足纵向受力钢筋最小保护层厚度的要求，连接件之间的横向净间距不宜小于 25mm。

⑨ 编制概预算时，钢筋可以用钢筋接头系数计算，钢筋接头系数见表 6-27。

**表 6-27　钢筋接头系数**

| 钢筋直径/mm | 绑扎接头 | 对焊接头 | 电弧焊接头(绑条焊) | 每吨接头个数/个 |
|---|---|---|---|---|
| 10 | 1.0531 | — | — | 202.60 |
| 12 | 1.0638 | — | — | 140.80 |
| 14 | 1.0744 | 1.0035 | 1.0700 | 103.30 |
| 16 | 1.0850 | 1.0040 | 1.0800 | 79.10 |

续表

| 钢筋直径/mm | 绑扎接头 | 对焊接头 | 电弧焊接头(绑条焊) | 每吨接头个数/个 |
|---|---|---|---|---|
| 18 | 1.0956 | 1.0045 | 1.0900 | 62.50 |
| 20 | 1.1062 | 1.0050 | 1.1000 | 50.60 |
| 22 | 1.1168 | 1.0055 | 1.1100 | 41.90 |
| 24 | 1.1274 | 1.0060 | 1.1200 | 35.20 |
| 25 | 1.1329 | 1.0063 | 1.1250 | 43.30 |
| 26 | 1.1842 | 1.0087 | 1.1738 | 40.00 |
| 28 | 1.1943 | 1.0093 | 1.1867 | 34.50 |

### 3. 钢筋单位理论质量

① 钢筋单位理论质量计算公式：

钢筋每米理论质量＝$0.006165\times d^2$（$d$ 为钢筋直径）

② 常用钢材理论质量与直径倍数长度数据见表 6-28。

**表 6-28 常用钢材理论质量与直径倍数长度数据**

| 直径 $d$ /mm | 理论质量 /(kg/m) | 横截面积 /cm² | 直径倍数/mm | | | | | | | | | |
|---|---|---|---|---|---|---|---|---|---|---|---|---|
| | | | $3d$ | $6.25d$ | $8d$ | $10d$ | $12.5d$ | $20d$ | $25d$ | $30d$ | $35d$ | $40d$ |
| 4 | 0.099 | 0.126 | 12 | 25 | 32 | 40 | 50 | 80 | 100 | 120 | 140 | 160 |
| 6 | 0.222 | 0.283 | 18 | 38 | 48 | 60 | 75 | 120 | 150 | 180 | 210 | 240 |
| 6.5 | 0.260 | 0.332 | 20 | 41 | 52 | 65 | 81 | 130 | 163 | 195 | 228 | 260 |
| 8 | 0.395 | 0.503 | 24 | 50 | 64 | 80 | 100 | 160 | 200 | 240 | 280 | 320 |
| 9 | 0.490 | 0.635 | 27 | 57 | 72 | 90 | 113 | 180 | 225 | 270 | 315 | 360 |
| 10 | 0.617 | 0.785 | 30 | 63 | 80 | 100 | 125 | 200 | 250 | 300 | 350 | 400 |
| 12 | 0.888 | 1.131 | 36 | 75 | 96 | 120 | 150 | 240 | 300 | 360 | 420 | 480 |
| 14 | 1.208 | 1.539 | 42 | 88 | 112 | 140 | 175 | 280 | 350 | 420 | 490 | 560 |
| 16 | 1.578 | 2.011 | 48 | 100 | 128 | 160 | 200 | 320 | 400 | 480 | 560 | 640 |
| 18 | 1.998 | 2.545 | 54 | 113 | 144 | 180 | 225 | 360 | 450 | 540 | 630 | 720 |
| 19 | 2.230 | 2.835 | 57 | 119 | 152 | 190 | 238 | 380 | 475 | 570 | 665 | 760 |
| 20 | 2.466 | 3.142 | 60 | 125 | 160 | 220 | 250 | 400 | 500 | 600 | 700 | 800 |
| 22 | 2.984 | 3.301 | 66 | 138 | 176 | 220 | 275 | 440 | 550 | 660 | 770 | 880 |
| 24 | 3.551 | 4.524 | 72 | 150 | 192 | 240 | 300 | 480 | 600 | 720 | 840 | 960 |
| 25 | 3.850 | 4.909 | 75 | 157 | 200 | 250 | 313 | 500 | 625 | 750 | 875 | 1000 |
| 26 | 4.170 | 5.309 | 78 | 163 | 208 | 260 | 325 | 520 | 650 | 780 | 910 | 1040 |
| 28 | 4.830 | 6.153 | 84 | 175 | 224 | 280 | 350 | 560 | 700 | 840 | 980 | 1160 |
| 30 | 5.550 | 7.069 | 90 | 188 | 240 | 300 | 375 | 600 | 750 | 900 | 1050 | 1200 |
| 32 | 6.310 | 8.043 | 96 | 200 | 256 | 320 | 400 | 640 | 800 | 960 | 1120 | 1280 |
| 34 | 7.130 | 9.079 | 102 | 213 | 272 | 340 | 425 | 680 | 850 | 1020 | 1190 | 1360 |
| 35 | 7.500 | 9.620 | 105 | 219 | 280 | 350 | 438 | 700 | 875 | 1050 | 1225 | 1400 |
| 36 | 7.990 | 10.179 | 109 | 225 | 288 | 360 | 450 | 720 | 900 | 1080 | 1200 | 1440 |
| 40 | 9.865 | 12.561 | 120 | 250 | 320 | 400 | 500 | 800 | 1000 | 1220 | 1400 | 1600 |

### 4. 钢筋计算常用公式

（1）钢筋理论长度计算公式 钢筋理论长度计算公式见表 6-29。

**表 6-29 钢筋理论长度计算公式**

| 钢筋名称 | 钢筋简图 | 计 算 公 式 |
|---|---|---|
| 直筋 | ———— | 构件长－两端保护层厚 |
| 直钩 | ⊂———— | 构件长－两端保护层厚＋一个弯钩长度 |

续表

| 钢筋名称 | 钢筋简图 | 计 算 公 式 |
|---|---|---|
| 板中弯起筋 | 30° | 构件长－两端保护层厚＋2×0.268×(板厚－上下保护层厚)＋两个弯钩长 |
| | 30° | 构件长－两端保护层厚＋0.268×(板厚－上下保护层厚)＋两个弯钩长 |
| | 30° | 构件长－两端保护层厚＋0.268×(板厚－上下保护层厚)＋(板厚－上下保护层厚)＋一个弯钩长 |
| | 30° | 构件长－两端保护层厚＋2×0.268×(板厚－上下保护层厚)＋2×(板厚－上下保护层厚) |
| | 30° | 构件长－两端保护层厚＋0.268×(板厚－上下保护层厚)＋(板厚－上下保护层厚) |
| | | 构件长－两端保护层厚＋2×(板厚－上下保护层厚) |
| 梁中弯起筋 | 45° | 构件长－两端保护层厚＋2×0.414×(梁高－上下保护层厚)＋两个弯钩长 |
| | 45° | 构件长－两端保护层厚＋2×0.414×(梁高－上下保护层厚)＋2×(梁高－上下保护层厚)＋两个弯钩长 |
| | 45° | 构件长－两端保护层厚＋0.414×(梁高－上下保护层厚)＋两个弯钩长 |
| | 45° | 构件长－两端保护层厚＋1.414×(梁高－上下保护层厚)＋两个弯钩长 |
| | 45° | 构件长－两端保护层厚＋2×0.414×(梁高－上下保护层厚)＋2×(梁高－上下保护层厚) |

注：梁中弯起筋的弯起角度，如果弯起角度为60°，则上表中系数0.414改为0.577，1.414改为1.577。

(2) 钢筋接头系数的测算　钢筋绑扎搭接接头和机械连接接头工程量计算比较麻烦，在实际工作中，可以测定其单位含量，用比例系数法进行计算。例如：钢筋绑扎搭接接头形式有两种，如图6-3所示。

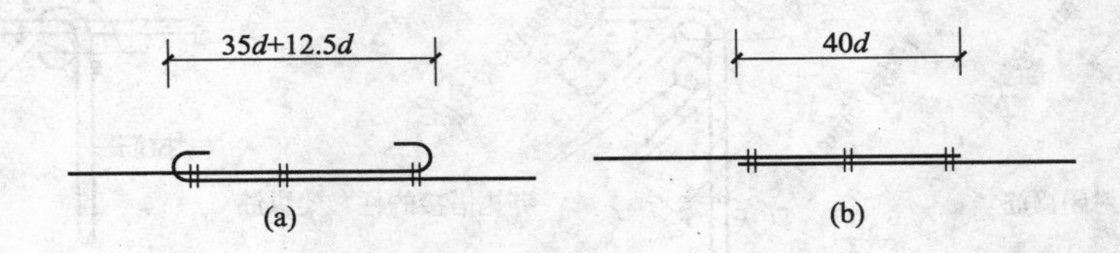


图6-3　绑扎钢筋搭接接头长度示意图

(a) 光圆钢筋HPB235级钢筋C20混凝土（有弯钩）；

(b) 带肋钢筋HRB400级钢筋C30混凝土（无弯钩）

当设计要求钢筋长度大于钢筋的定尺长度（单根长度）时，就要按要求计算钢筋的搭接长度，为了简化计算过程，可以用钢筋接头系数的方法计算钢筋的搭接长度，其计算公式如下：

$$钢筋接头系数=\frac{钢筋单根长}{钢筋单根长-接头长}$$

(3) 圆形板内钢筋计算　圆内钢筋理论长度的计算，可以通过如图6-4所示的钢筋进行分析。

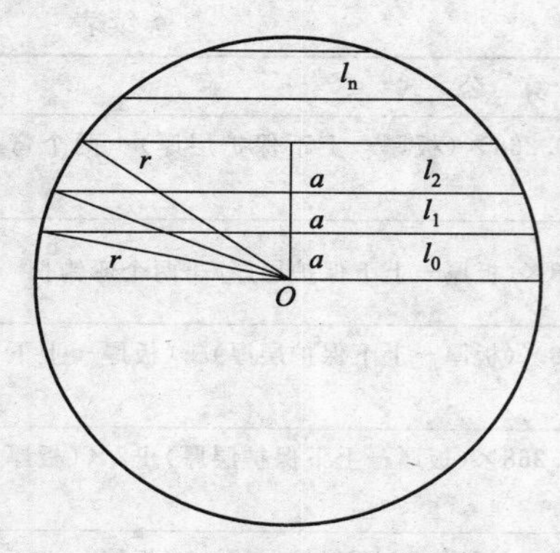


图 6-4　圆内纵向钢筋布置图示

布置在直径上的钢筋长（$l_0$）就是直径长：相邻直径的钢筋长（$l_1$）可以根据半径 $r$ 和间距 $a$ 及钢筋一半长构成的直角三角形关系算出，计算式为：$l_1=\sqrt{r^2-a^2}\times 2$。因此，圆内钢筋长度的计算公式如下：

$$l_0=\sqrt{r^2-(na)^2}\times 2-\text{两端保护层}+\text{两端弯钩长度}$$

式中　$n$——第 $n$ 根钢筋；

$r$——构件半径；

$l_0$——第 $n$ 根钢筋长；

$a$——钢筋间距。

(4) 箍筋的种类和构造

① 箍筋的种类。柱箍筋分为非复合箍筋（图 6-5）和复合箍筋（图 6-6）两种。

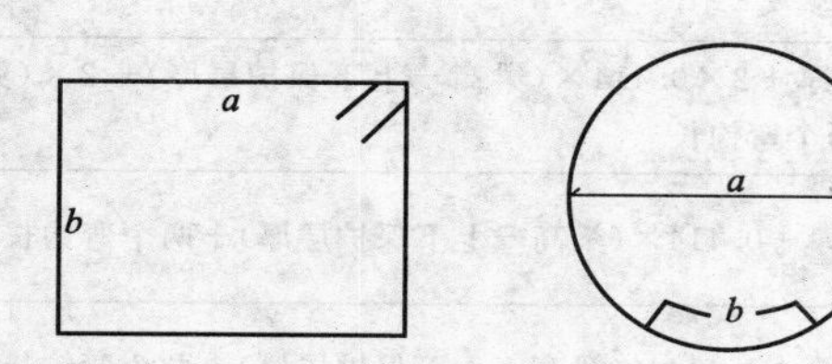


图 6-5　非复合箍筋常见类型图

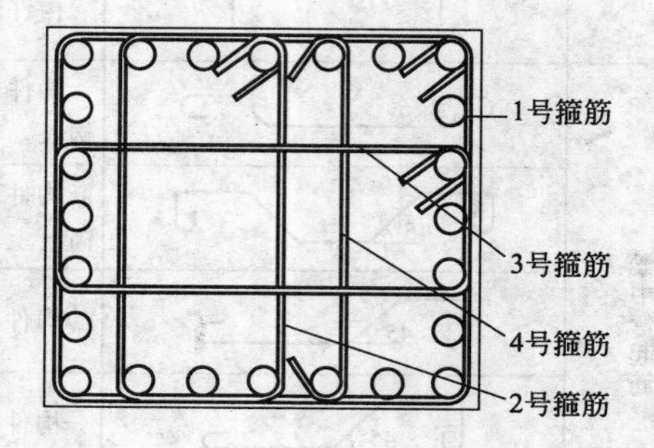


图 6-6　复合箍筋类型图

② 梁、柱、剪力墙箍筋和拉筋弯钩构造，如图 6-7 所示。

(5) 柱箍筋长度　复合箍筋是由非复合箍筋组成的。柱复合箍筋如图 6-7 所示，各种箍筋长度计算如下。

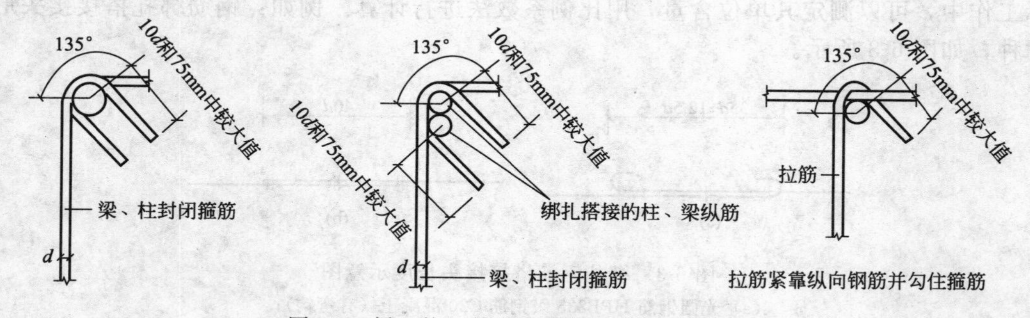


图 6-7　梁、柱、剪力墙箍筋和拉筋弯钩构造

a. 1 号箍筋类型如图 6-8 所示，长度计算公式为：

1 号箍筋长度$=2(b+h)-8bhc+4d+2\times 1.9d+2\max(10d,75\text{mm})$

b. 2 号箍筋类型如图 6-9 所示，长度计算公式为：

2 号箍筋长度$=[(b-2bhc-D)/(b\text{边纵筋根数}-1)\times\text{间距}j\text{数}+D]\times 2+(h-2bhc)\times 2\times 4d+2\times 1.9d+2\max(10d,75\text{mm})$

c. 3 号箍筋类型如图 6-10 所示，长度计算公式为：

3 号箍筋长度$=[(h-2bhc-D)/(h\text{边纵筋根数}-1)\times\text{间距}j\text{数}+D]\times 2+$

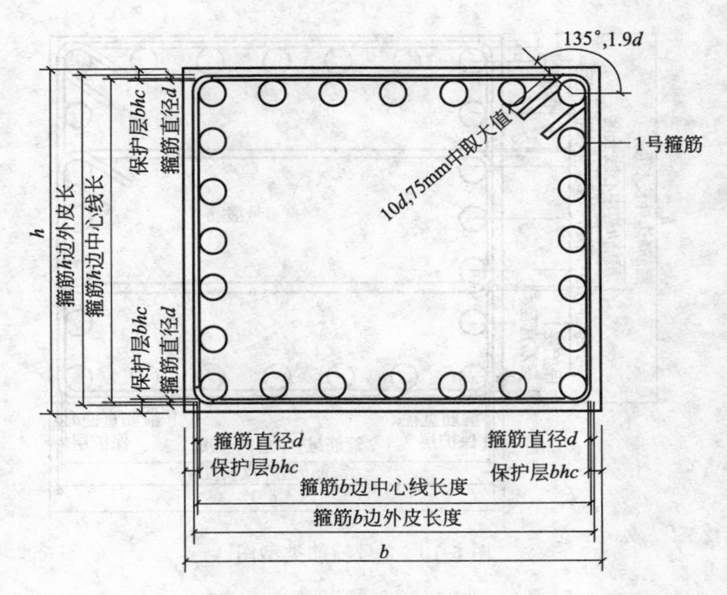


图 6-8　1 号箍筋类型图

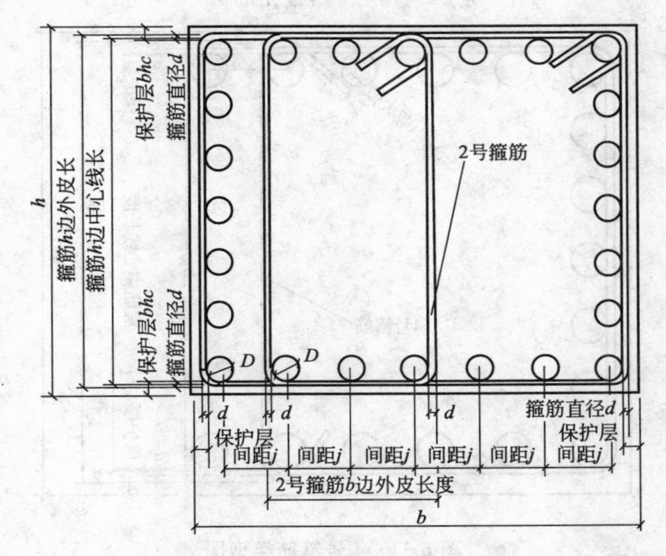


图 6-9　2 号箍筋类型图

$$(b-2bhc)\times2+4d+2\times1.9d+2\max(10d,75\text{mm})$$

d. 4 号箍筋类型如图 6-11 所示，长度计算公式为：

情况一：单支筋同时勾住纵筋和箍筋

$$4\text{号箍筋长度}=(h-2bhc+4d)+2\times1.9d+2\max(10d,75\text{mm})$$

情况二：单支筋只勾住纵筋

$$4\text{号箍筋长度}=(h-2bhc+2d)+2\times1.9d+2\max(10d,75\text{mm})$$

(6) 梁箍筋长度

① 梁双肢箍筋长度计算公式（保护层为 25mm）：

$$\text{双肢箍筋长度}=2\times(h-2\times25+b-2\times2\ 5)+4d+2\times1.9d+2\max(10d,75\text{mm})$$

② 为了简化计算，箍筋单根钢筋长度有如下几种算法供参考：

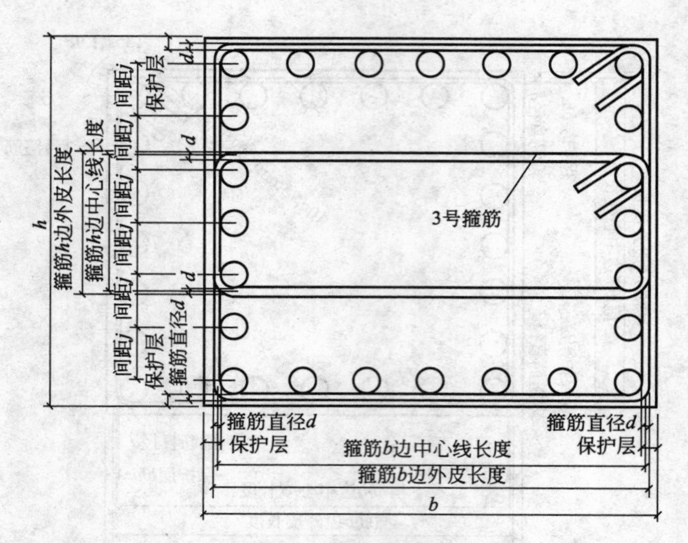


图 6-10　3 号箍筋类型图

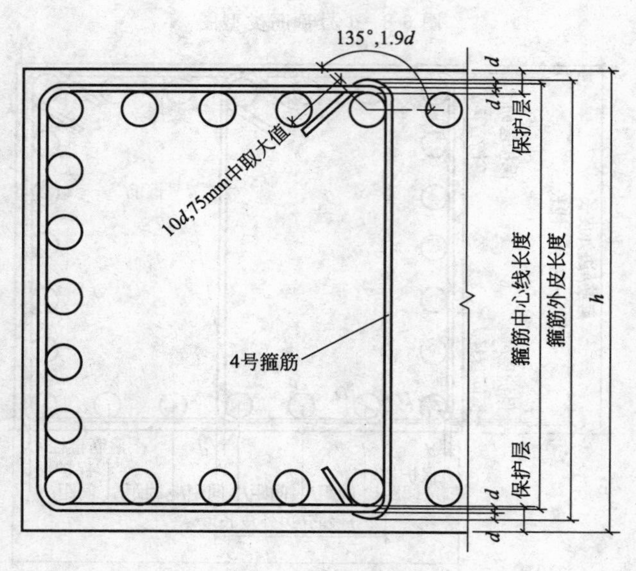


图 6-11　4 号箍筋类型图

a. 按梁、柱截面设计尺寸外围周长计算，弯钩不增加，箍筋保护层也不扣除。

b. 按梁、柱截面设计尺寸周长扣减 8 个箍筋保护层后增加箍筋弯钩长度。

c. 按梁、柱主筋外表面周长增加 0.18m（即箍筋内周长增加 0.18m）。

d. 按构件断面周长加上 $\Delta L$（箍筋增减值）。

梁双肢箍筋长度调整值表见表 6-30 所示，$\Phi$6.5 箍筋长度等于构件断面外围周长。

**表 6-30　梁箍筋长度调整值**　　　　单位：mm

| 直径 $d$ | 4 | 6 | 6.5 | 8 | 10 | 12 |
|---|---|---|---|---|---|---|
| 箍筋调整值 | −19 | −3 | 0 | 22 | 78 | 134 |

注：由于环境和混凝土强度等的不同，保护层厚度也不相同，表中保护层按 25mm 计算。

③ 箍筋根数计算公式：

箍筋根数＝配置箍筋区间尺寸/钢筋间距＋1

④ 构件相交处箍筋配置的一般要求：

a. 梁与柱相交时，梁的箍筋配置在柱侧。

b. 梁与梁相交时，次梁箍筋配置在主梁梁侧。

c. 梁与梁相交梁断面相同时，相交处不设箍筋。

（7）变截面构件箍筋计算　如图 6-12 所示，根据比例原理，每根箍筋的长短差数为Δ，计算公式为：

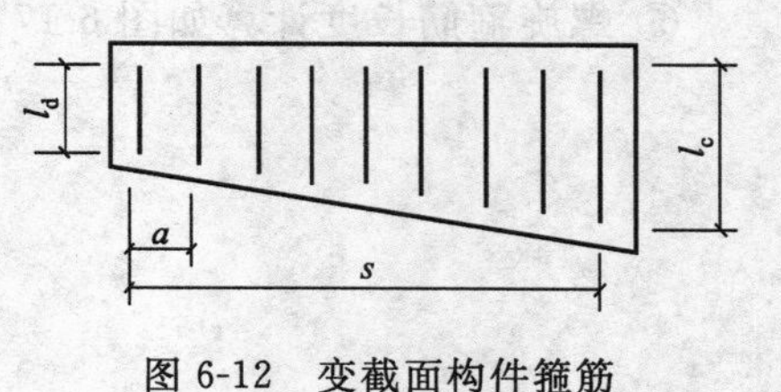


图 6-12　变截面构件箍筋

$$\Delta=\frac{l_c-l_d}{n-1}$$

式中　$l_c$——箍筋的最大高度；

$l_d$——箍筋的最小高度；

$n$——箍筋个数，等于 $s\div a=1$；

$s$——最长箍筋和最短箍筋之间的总距离；

$a$——箍筋间距。

箍筋平均高计算公式：

$$箍筋平均高=\frac{箍筋最大高度+箍筋最小高度}{2}$$

（8）特殊钢筋计算

① 抛物线钢筋长度计算如图 6-13 所示。

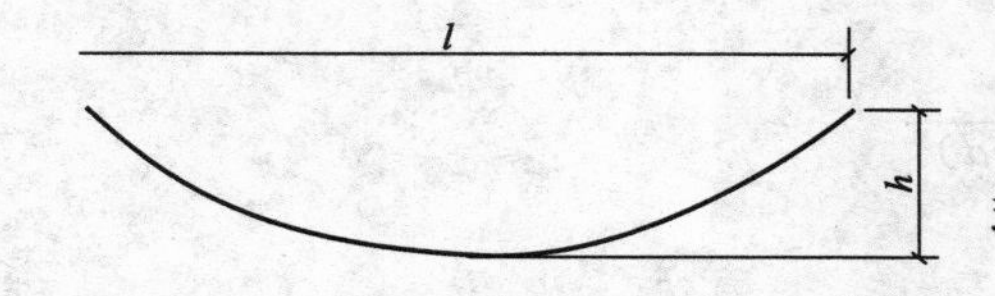


图 6-13　抛物线钢筋长度

抛物线钢筋长度的计算公式：

$$L=\left(1+\frac{8h^2}{3l^2}\right)l$$

式中　$L$——抛物线钢筋长度；

$l$——抛物线水平投影长度；

$h$——抛物线矢高。

其他曲线状钢筋长度，可用渐近法计算，即分段按直线计算，然后累计。

② 双箍方形内箍如图 6-14 所示。

$$内箍长度-[(B-2b)\times\sqrt{2}/2+d_0]\times4+2个弯钩增加长度$$

式中　$b$——保护层厚度；

$d_0$——箍筋直径。

③ 三角箍如图 6-15 所示。

$$箍筋长度=(B-2b-d_0)+\sqrt{4(H-2b+d_0)^2+(B-2b+d_0)^2}+2个弯钩增加长度$$

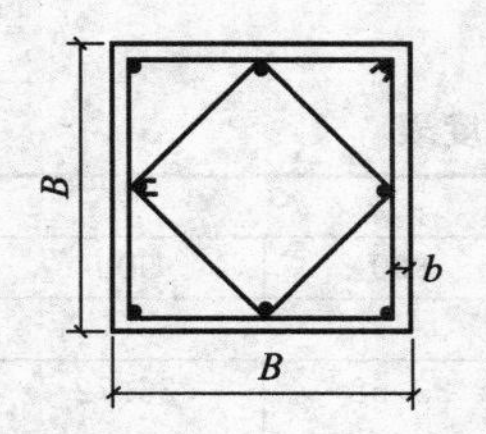


图 6-14　双箍方形内箍

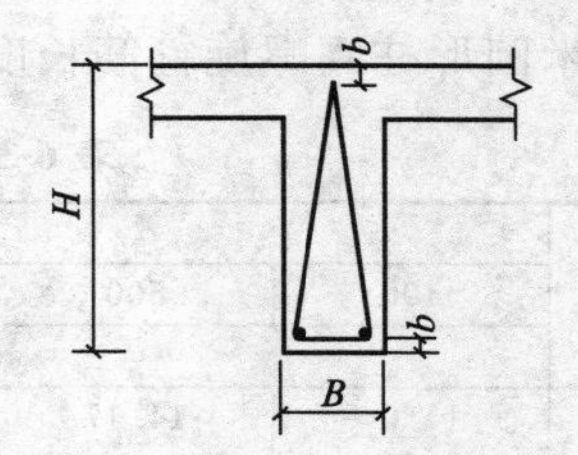


图 6-15　三角箍

④ S 箍（拉条）如图 6-16 所示。

长度＝$h+d_0$＋2个弯钩增加长度

⑤ 螺旋箍筋长度计算如图6-17、图6-18所示。

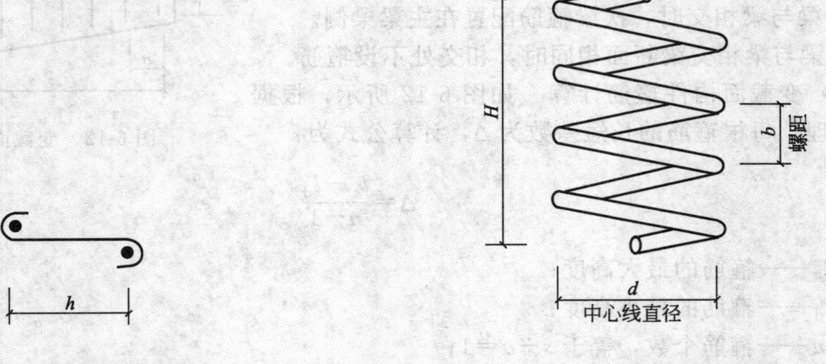


图6-16 S箍（拉条） 图6-17 螺旋箍筋（一）

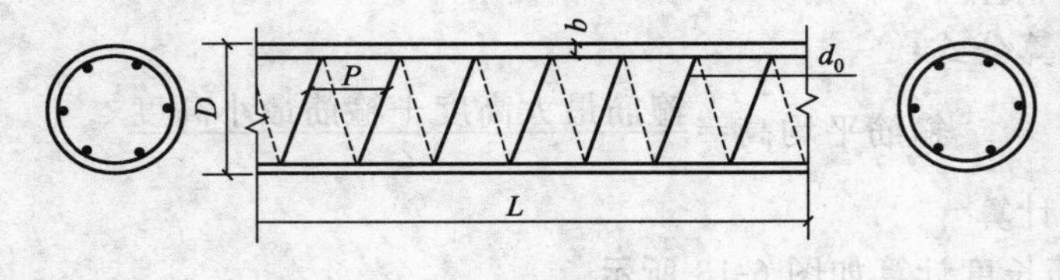


图6-18 螺旋箍筋（二）

a. 螺旋箍筋长度计算公式（一）

$$L=n\times\sqrt{b^2\times(\pi d)^2}$$

式中 $L$——螺旋箍筋长度；

$n$——螺旋箍筋圈数（$n=H/b$）；

$b$——螺距；

$d$——螺旋箍筋中心线直径。

b. 螺旋箍筋长度计算公式（二）

$$箍筋长度=N\sqrt{P^2+(D-2b+d_0)^2\pi^2}+2个弯钩增加长度$$

式中 $N$——螺旋圈数，$N=\dfrac{L}{P}$（$L$为构件长）；

$P$——螺距；

$D$——构件直径。

c. 每米圆形柱高螺旋箍筋长度见表6-31。

表6-31 每米圆形柱高螺旋箍筋长度表 单位：mm

| 螺距 | 圆柱直径 | | | | | | |
|---|---|---|---|---|---|---|---|
| | 400 | 500 | 600 | 700 | 800 | 900 | 1000 |
| | 保护层厚度25mm | | | | | | |
| 100 | 11.04 | 14.17 | 17.31 | 20.44 | 23.58 | 26.72 | 29.86 |
| 150 | 6.66 | 8.53 | 10.41 | 12.29 | 14.17 | 16.05 | 17.93 |
| 200 | 5.59 | 7.14 | 8.70 | 10.26 | 11.82 | 13.39 | 14.96 |
| 250 | 4.51 | 5.74 | 6.98 | 8.29 | 9.48 | 10.73 | 11.98 |
| 300 | 3.42 | 4.34 | 5.26 | 6.19 | 7.16 | 8.06 | 9.00 |

### 5. 平法钢筋工程量计算

（1）平法钢筋工程量计算常用数据

① 常用混凝土平法标注纵向受拉钢筋的最小锚固长度可按表6-32计算。

**表6-32　纵向受拉钢筋的最小锚固长度要求**　　单位：mm

| 受拉钢筋的最小锚固长度 $l_a$ | | | | | | | | | | | |
|---|---|---|---|---|---|---|---|---|---|---|---|
| 钢筋种类 | | 混凝土强度等级 | | | | | | | | | |
| | | C20 | | C25 | | C30 | | C35 | | ≥C40 | |
| | | $d\leqslant 25$ | $d>25$ | $d\leqslant 25$ | $d>25$ | $d\leqslant 25$ | $d>25$ | $d\leqslant 25$ | $d>25$ | $d\leqslant 25$ | $d<25$ |
| HPB235 | 普通钢筋 | $31d$ | $31d$ | $27d$ | $27d$ | $24d$ | $24d$ | $22d$ | $22d$ | $20d$ | $20d$ |
| HRB335 | 普通钢筋 | $39d$ | $42d$ | $34d$ | $37d$ | $30d$ | $33d$ | $27d$ | $30d$ | $25d$ | $27d$ |
| | 环氧树脂涂层钢筋 | $48d$ | $53d$ | $42d$ | $46d$ | $37d$ | $41d$ | $34d$ | $37d$ | $31d$ | $34d$ |
| HRB400<br>RRB400 | 普通钢筋 | $46d$ | $51d$ | $40d$ | $44d$ | $38d$ | $39d$ | $33d$ | $36d$ | $30d$ | $33d$ |
| | 环氧树脂涂层钢筋 | $58d$ | $63d$ | $50d$ | $55d$ | $45d$ | $49d$ | $41d$ | $45d$ | $37d$ | $41d$ |

注：1. 当弯锚时，有些部位的锚固长度为 $\geqslant 0.4l_a+15d$，见各类构件的标准构造详图。

2. 当钢筋在混凝土施工过程中易受扰动（如滑模施工）时，其锚固长度应乘以修正系数1.1。

3. 在任何情况下，锚固长度不得小于250mm。

4. HPB235钢筋为受拉时，其末端应做成180°弯钩，弯钩平直段长度不应小于 $3d$。当为受压时，可不做弯钩。

② 常用混凝土平法标注纵向受拉钢筋抗震锚固长度可按表6-33计算。

**表6-33　纵向受拉钢筋抗震锚固长度要求**　　单位：mm

| 纵向受拉钢筋抗震锚固长度 $l_{aE}$ | | | | | | | | | | | | |
|---|---|---|---|---|---|---|---|---|---|---|---|---|
| 混凝土强度等级与抗震等级 / 钢筋种类与直径 | | | C20 | | C25 | | C30 | | C35 | | ≥C40 | |
| | | | 一级、二级抗震等级 | 三级抗震等级 | 一级、二级抗震等级 | 三级抗震等级 | 一级、二级抗震等级 | 三级抗震等级 | 一级、二级抗震等级 | 三级抗震等级 | 一级、二级抗震等级 | 三级抗震等级 |
| HPB235 | 普通钢筋 | | $36d$ | $33d$ | $31d$ | $28d$ | $27d$ | $25d$ | $25d$ | $23d$ | $23d$ | $21d$ |
| HRB335 | 普通钢筋 | $d\leqslant 25$ | $44d$ | $41d$ | $38d$ | $35d$ | $34d$ | $31d$ | $31d$ | $29d$ | $29d$ | $26d$ |
| | | $d>25$ | $49d$ | $45d$ | $42d$ | $39d$ | $38d$ | $34d$ | $34d$ | $31d$ | $32d$ | $29d$ |
| | 环氧树脂涂层钢筋 | $d\leqslant 25$ | $55d$ | $51d$ | $48d$ | $44d$ | $43d$ | $39d$ | $39d$ | $36d$ | $36d$ | $33d$ |
| | | $d>25$ | $61d$ | $56d$ | $53d$ | $48d$ | $47d$ | $43d$ | $43d$ | $39d$ | $39d$ | $36d$ |
| HRB400、RRB400 | 普通钢筋 | $d\leqslant 25$ | $53d$ | $49d$ | $46d$ | $42d$ | $41d$ | $37d$ | $37d$ | $34d$ | $34d$ | $31d$ |
| | | $d>25$ | $58d$ | $53d$ | $51d$ | $46d$ | $45d$ | $41d$ | $41d$ | $38d$ | $38d$ | $34d$ |
| | 环氧树脂涂层钢筋 | $d\leqslant 25$ | $66d$ | $61d$ | $57d$ | $53d$ | $51d$ | $47d$ | $47d$ | $43d$ | $43d$ | $39d$ |
| | | $d>25$ | $73d$ | $67d$ | $63d$ | $58d$ | $56d$ | $51d$ | $51d$ | $47d$ | $47d$ | $43d$ |

注：1. 四级抗震等级，$l_{aE}=l_a$，其值见前一页。

2. 当弯锚时，有些部位的锚固长度为 $\geqslant 0.4l_{aE}+15d$，见各类构件的标准构造详图。

3. 当HRB335、HRB400和RRB400级纵向受拉钢筋末端采用机械锚固措施时，包括附加锚固端头在内的锚固长度可取表中锚固长度的0.7倍。

4. 当钢筋在混凝土施工过程中易受扰动（如滑模施工）时，其锚固长度应乘以修正系数1.1。

5. 在任何情况下，锚固长度不得小于250mm。

③ 纵向受拉钢筋抗震绑扎搭接和工度，按锚固长度乘修正系数计算，修正系数见表6-34。

**表6-34　纵向受拉钢筋抗震绑扎搭接长度修正系数**

| 纵向钢筋搭接接头面积百分率/% | ≤25 | ≤50 | <100 |
|---|---|---|---|
| 修正系数 | 1.2 | 1.4 | 1.6 |

(2) 基础构件

① 条型基础钢筋的计算如图 6-19 所示。

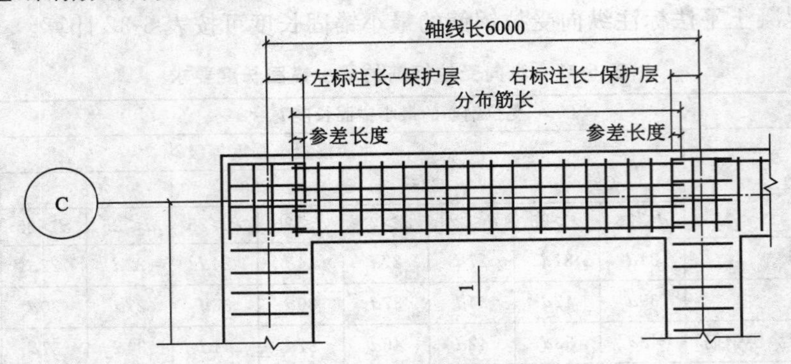


图 6-19 条形基础钢筋

受力筋长度 $L$＝条基宽度－2×保所层＋2×6.25$d$(HPB235 级)

根数 $n$＝(条基长度－2×保护层)/布筋间距＋1

分布筋长度＝轴间长度－左右标注长度＋搭接(参差)长度×2×(2×300)

② 独立基础的钢筋计算

横向(纵向)受力筋长度＝独基底长(底宽)－2×保护层＋2×6.25$d$(HPB235 级)

横向(纵向)受力筋根数＝[独基底长(底宽)－2×保护层]/间距＋1

(3) 柱构件

① 基础部位钢筋计算如图 6-20 所示。

基础插筋 $L$＝基础高度－保护层＋基础弯折 $a$(≥150)＋基础钢筋外露长度 $H_a/3$($H_a$ 指楼层净高)＋搭接长度(焊接时为 0)

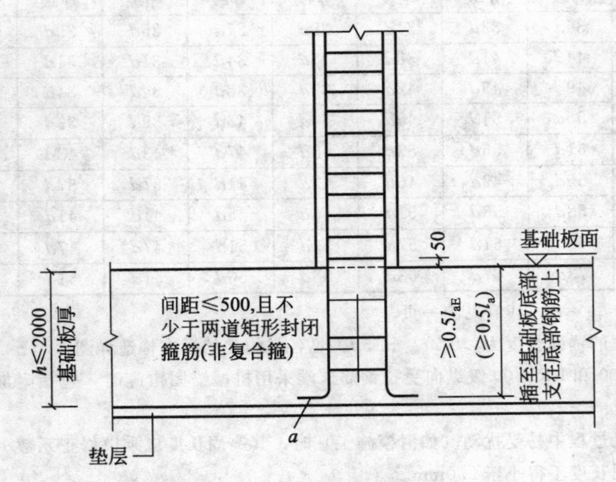


图 6-20 基础部位钢筋

② 首层柱钢筋计算如图 6-21 所示。

柱纵筋长度＝首层层高－基础柱钢筋外露长度 $H_a/3$＋本柱层钢筋外露长度 max(≥$H_a/6$,≥500,≥柱截面长边尺寸)＋搭接长度(焊接时为 0)

③ 中间柱钢筋计算如图 6-22 所示。

柱纵筋长 $L$＝本层层高－下层柱钢筋外露长度 max(≥$H_a$/6，≥500，≥柱截面长边尺寸)＋本层柱钢筋外露长度 max(≥$H_n$/6，≥500，≥柱截长边尺寸)＋搭接长度(焊接时为 0)

④ 顶层柱钢筋计算如图 6-23 所示。

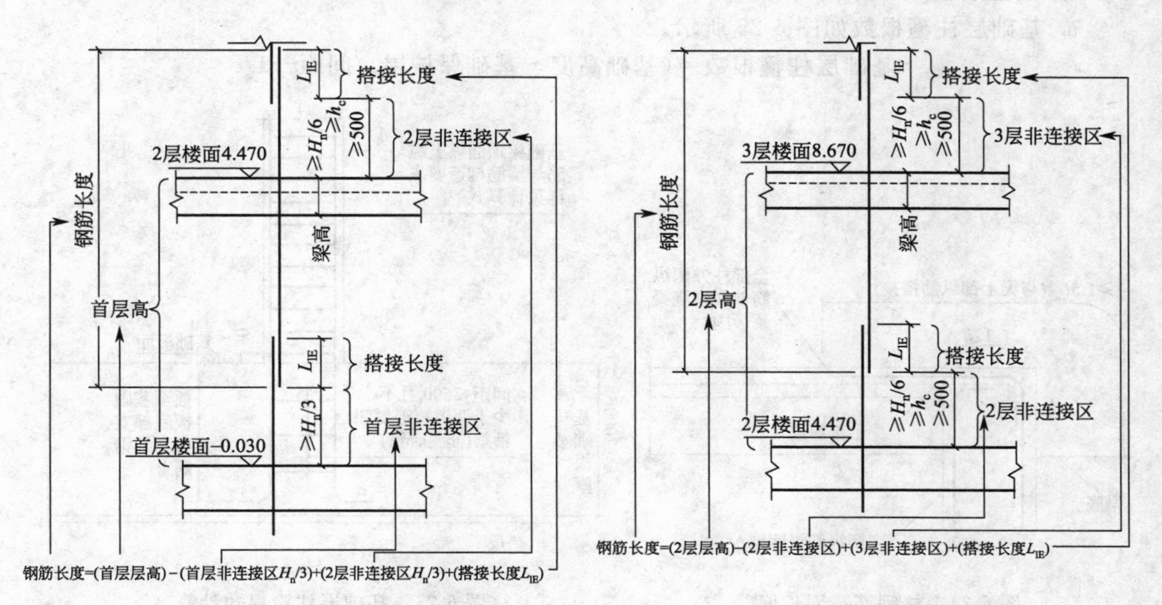


图 6-21 首层柱钢筋　　　　图 6-22 中间柱钢筋

柱纵筋长 $L$＝本层层高－下层柱钢筋外露长度 max(≥$H_a$/6，≥500，≥柱截面长边尺寸)－屋顶节点梁高＋锚固长度

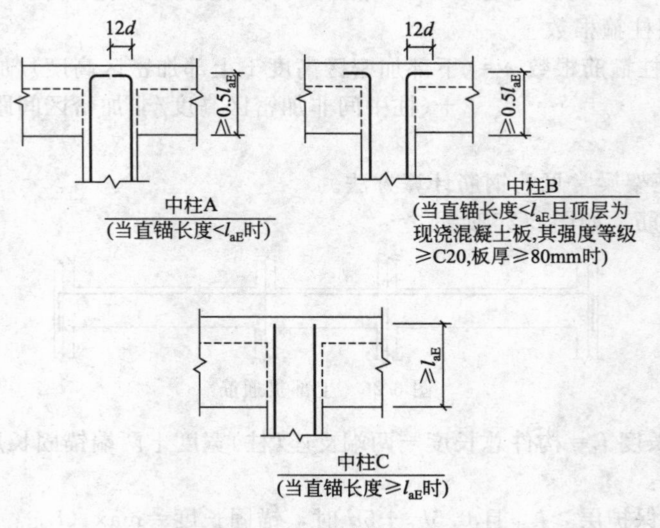


图 6-23 顶层柱钢筋

⑤ 柱钢筋锚固长度计算如图 6-24 所示。

锚固长度确定分为以下三种。

a. 当为中柱时，直锚长度＜$L_{aE}$时，锚固长度＝梁高－保护层＋12$d$；当柱纵筋的直锚长度（即伸入梁内的长度）不小于 $L_{aE}$时，锚固长度＝梁高－保护层。

b. 当为边柱时，边柱钢筋分 2 根外侧锚固和 2 根内侧锚固。外侧钢筋锚固不小于 $1.5L_{aE}$，内侧钢筋锚固同中碎裂纵筋锚固。

c. 当为角柱时，角柱钢筋分 3 根外侧锚固和 2 根内侧锚固。

⑥ 柱箍筋根数计算

a. 基础层柱箍根数如图 6-25 所示。

基础层柱箍根数＝(基础高度－基础保护层)/间距－1

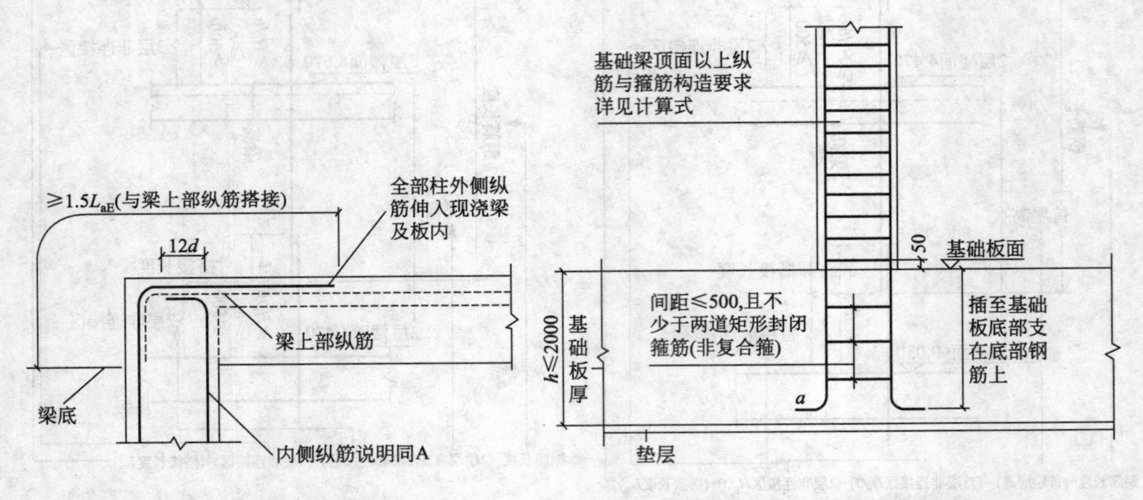


图 6-24 柱钢筋锚固长度　　　图 6-25 基础层柱箍根数计算

b. 底层柱箍根数

底层柱箍筋根数 $n$＝(底层柱根部加密区高度/加密区间距)＋1＋(底层柱上部加密区高度/加密区间距)＋1＋(底层柱中间非加密区高度/非加密区间距)－1

c. 楼层或顶层柱箍根数

楼层或顶层柱箍筋根数 $n$＝(下部加密区高度＋上部加密区高度)/加密区间距＋2＋(柱中间非加密区高度/非加密区间距)－1

(4) 梁构件

① 平法楼层框架梁常见的钢筋计算方法。

(a) 上部贯通筋，如图 6-26 所示。

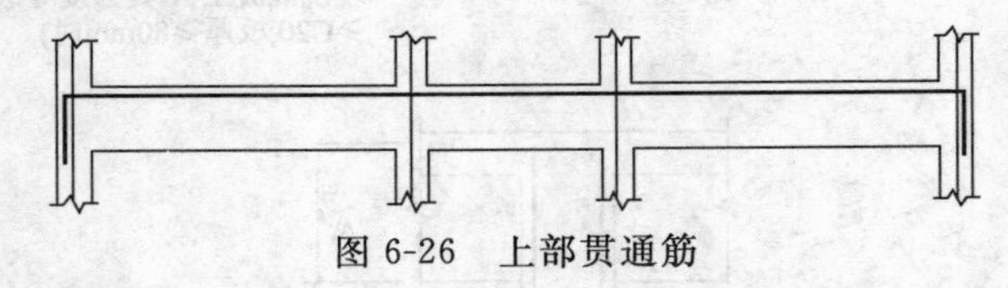

图 6-26 上部贯通筋

上部贯通筋长度 $L$＝构件总长度－两端支座(柱)宽度＋两端锚固长度＋搭接长度

锚固长度取值：

当支座宽度－保护层≥$L_{aE}$且 $0.5h_c+5d$ 时，锚固长度＝max ($L_{aE}$，$0.5h_c+5d$)；

当支座宽度－保护层＜$L_{aE}$时，锚固长度＝支座宽度－保护层＋15$d$。

说明：$h_c$ 为柱宽，$d$ 为钢筋直径。

(b) 端支座负筋，如图 6-27 所示。

上排钢筋长 $L=L_a/3$＋锚固长度

下排钢筋长 $L=L_a/4$＋锚固长度

式中，$L_a$ 为梁净跨长，锚固长度同上部贯通筋。

(c) 中间支座负筋，如图 6-28 所示。

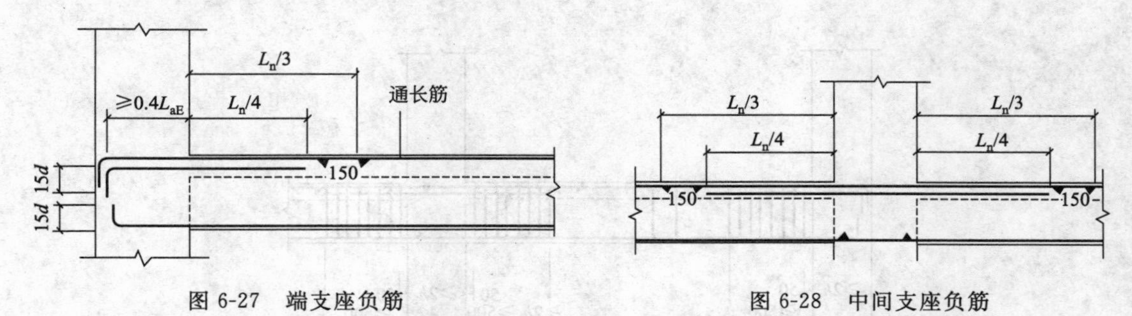


图 6-27 端支座负筋　　图 6-28 中间支座负筋

上排钢筋长度 $L$＝1/3 净跨长(相邻两跨净跨长度较大值)×2＋支座宽度

下排钢筋长度 $L$＝1/4 净跨长(相邻两跨净跨长度较大值)×2＋支座宽度

(d) 架力筋，如图 6-29 所示。

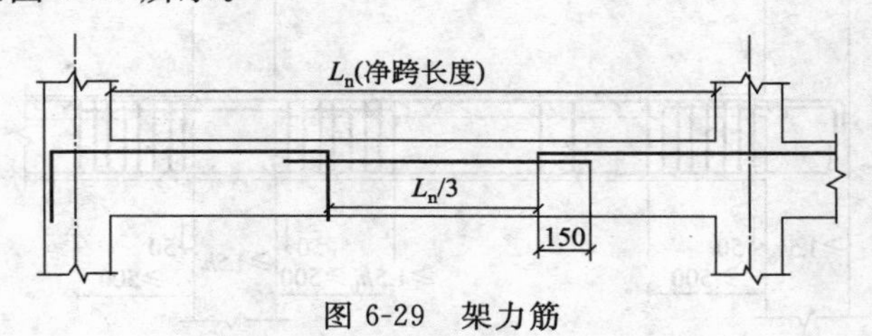


图 6-29 架力筋

架立筋长度 $L$＝净跨长度－两边负筋净长度＋150×2

或　　架立筋长 $L$＝$(L_a/3)$＋2×搭接长度

搭接长度可按 150mm 计算。

(e) 下部钢筋。

边跨下部筋长度 $L$＝边跨净跨长度＋左锚固($L_{aE}$，$0.4L_{aE}+15d$ 较大值)＋右锚固($L_{aE}$，0.5 支座宽＋$5d$ 较大值)＋搭接长度

(f) 下部贯通筋。

下部贯通筋长度 $L$＝构件总长度－两端支座(柱)宽度＋两端锚固长度($L_{aE}$，0.5 支座宽＋$5d$ 较大值)＋搭接长度

梁侧面钢筋。

梁侧面钢筋长度($L$)＝构件总长度－两端支座(柱)宽度＋两端锚固长度＋搭接长度

说明：当为侧面构造钢筋时，搭接与锚固长度为 $15d$；当为侧面受扭纵向钢筋时，锚固长度同框架梁下部钢筋。

(g) 单支箍（拉筋），如图 6-30 所示。

拉筋长度 $L$＝梁宽－2×保护层＋2×11.9$d$＋$d$

拉筋根数 $n$＝(梁净跨长－2×50)/(箍筋非加密间距×2)＋1

(h) 吊筋。

吊筋长度 $L$＝2×20$d$(锚固长度)＋2×斜段长度＋次梁宽度＋2×50

说明：当梁高≤800 时，斜段长度＝(梁高－2×保护层)/sin45°

当梁高＞800 时，斜段长度＝(梁高－2×保护层)/sin60°。

(i) 箍筋。双支箍长度计算。

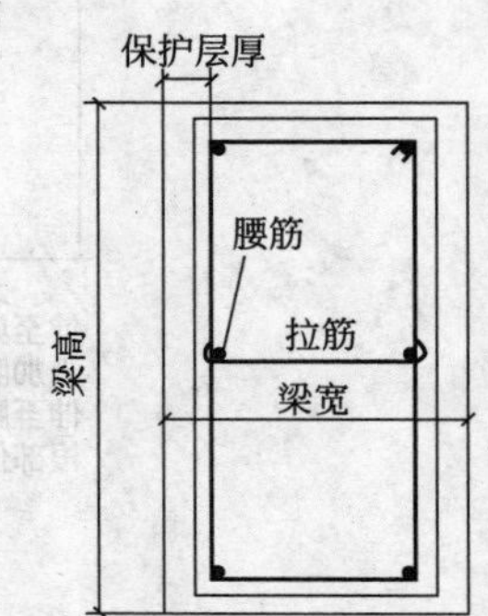


图 6-30 单支箍（拉筋）

箍筋长度 $L=2\times$(梁高$-2\times$保护层$+$梁宽$-2\times$保护层)$+2\times11.9d+4d$

箍筋根数计算，如图 6-31 所示。

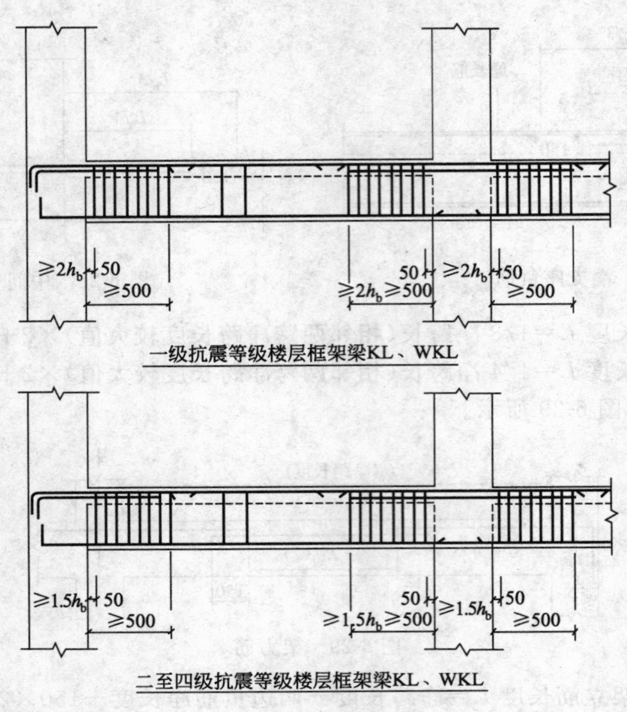


图 6-31　箍筋根数

$$\text{箍筋根数 } n=2\times[(\text{加密区长度}-50)/\text{加密区间距}+1]+[(\text{非加密区长度})/\text{非加密区间距}-1]$$

说明：当为一级抗震时，箍筋加密长度为 max（2×梁高，500mm）；当为二～四级抗震时，箍筋加密区长度为 max（1.5×梁高，500mm）。

屋面框架梁钢筋如图 6-32 所示。

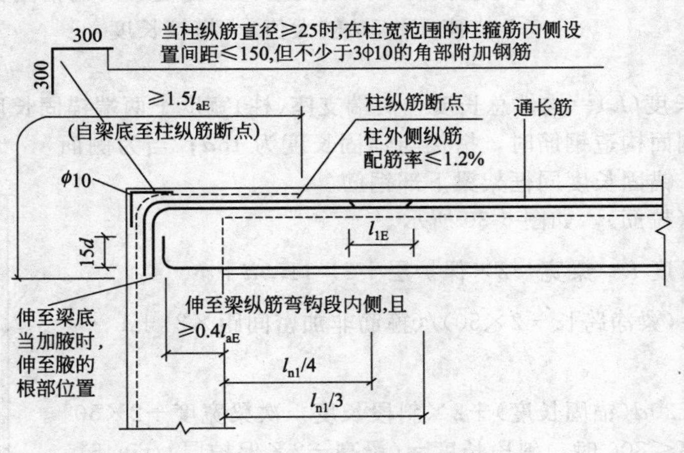


图 6-32　屋面框架梁钢筋

屋面框架梁纵筋端部锚固长度 $L=$柱宽$-$保护层$+$梁高$-$保护层

② 悬壁梁钢筋计算（图 6-33、图 6-34、图 6-35）

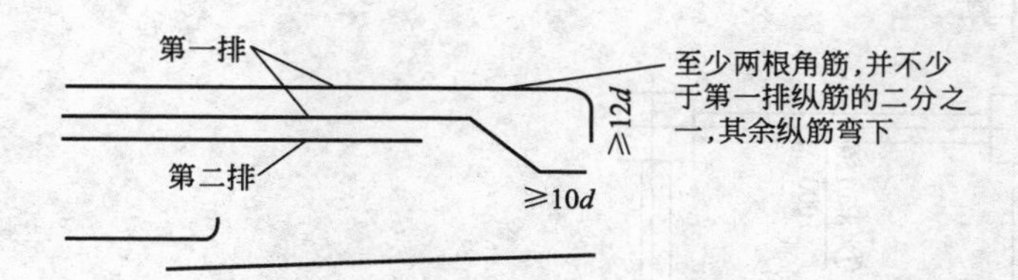


图 6-33　悬壁梁配筋构造

注：1. 当纯悬挑梁的纵向钢筋直锚长度$\geqslant l_a$且$\geqslant 0.5h_c+0.5d$时，可不必上下弯锚，当直锚伸至对边仍不足$l_a$时，应按图示弯锚，当直锚伸至对边仍不足$0.45l_a$时，则应采用较小直径的钢筋。

2. 当悬挑梁由屋框架梁延伸出来时，其配筋构造应由设计者补充。

3. 当梁的上部设有第三排钢筋时，其延伸长度应由设计者注明。

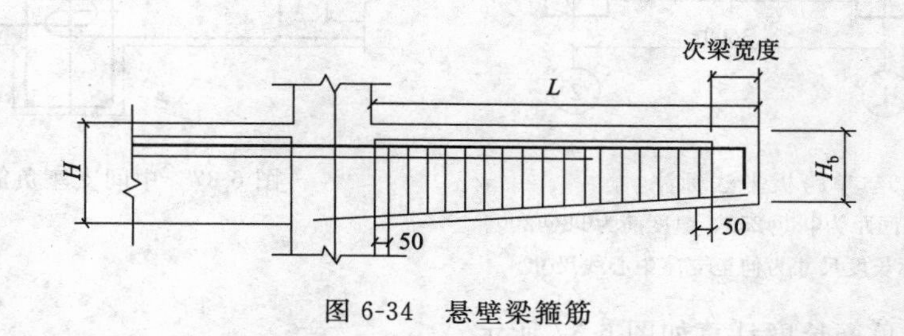


图 6-34　悬壁梁箍筋

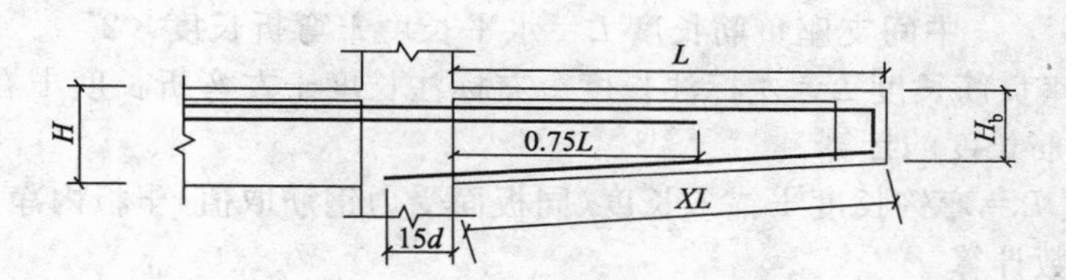


图 6-35　悬壁梁受力钢筋

$$箍筋长度\ l=2\times[(H+H_b)/2-2\times保护层+挑梁宽-2\times保护层]+11.9d+4d$$

$$箍筋根数\ n=(L-次梁宽-2\times50)/箍筋间距+1$$

$$上部上排钢筋\ L=L_n/3+支座宽+L-保护层+H_b-2\times保护层(\geqslant12d)$$

$$上部下排钢筋\ L=L_n/4+支座宽+0.75L$$

$$下部钢筋\ L=15d+XL-保护层$$

(5) 板构件　板构件钢筋主要有受力钢筋（单向或双向、单层或双层）、支座负筋、分布筋、温度筋、附加钢筋（角度附加放射筋、洞口附加钢筋）、马凳筋（又称撑脚钢筋，主要用于支撑上层钢筋）。

① 板内受力钢筋计算。单跨板平法标注如图 6-36 所示。

$$板底受力钢筋长度\ L=板跨净长度+两端锚固\ \max(1/2\ 梁宽,5d)+2\times6.25d(HPB235\ 级)$$

$$板底受力钢筋根数\ n=(板跨净长-2\times50)\div布置间距+1$$

$$板面受力钢筋长\ L=板跨净长+两端锚固$$

$$板面受力钢筋根数\ n=(板跨净长-2\times50)\div布置间距+1$$

板面受力钢筋在端支座的锚固，结合平法和施工实际情况，大致有以下四种构造：直接

取 $L_a$；$0.4\times L_a+15d$；梁宽＋板厚－2×保护层；1/2 梁宽＋板厚－2×保护层。

② 板内负筋计算

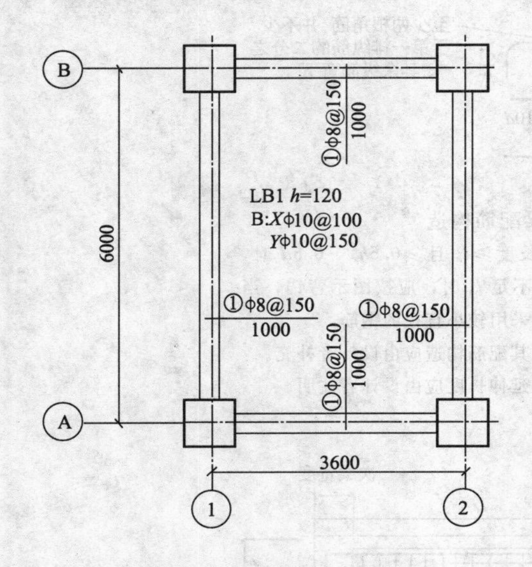


图 6-36　单跨板平法标注

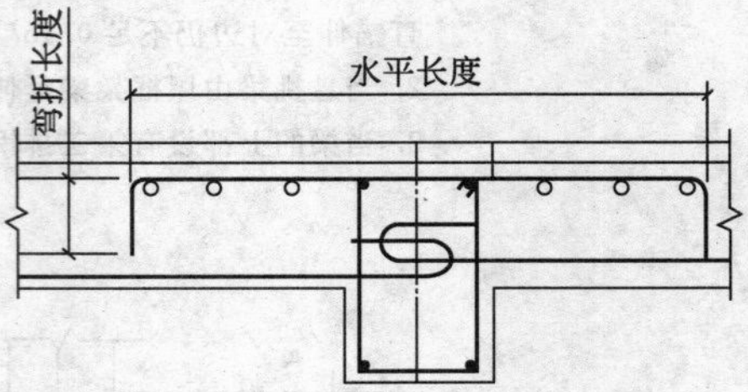

图 6-37　中间支座负筋长度

注：1. 未注明分布筋间距为ϕ8@250，温度筋为ϕ8@200。

2. 原位标中负筋标长度尺寸为伸至支座中心线尺寸。

a. 中间支座负筋长度计算如图 6-37 所示。

中间支座负筋长度 $L$＝水平长度＋弯折长度×2

或中间支座负筋长度 $L$＝左标注长度＋右标注长度＋左弯折长度＋右弯折长度

b. 端支座负筋长度的计算。

端支座负筋长度 $L$＝弯钩长度＋锚入长度(同板面受力钢筋取值)＋板内净尺寸＋弯折长度

c. 负筋的根数计算

扣减值＝第一根钢筋距梁或墙边 500mm

负筋的根数 $n$＝(布筋范围－2×扣减值)/布筋间距＋1

③ 板内分布筋计算

a. 负筋的分布筋长度计算

负筋的分布筋长度 $L$＝轴线长度－负筋标注长度×2＋搭接(参差)长度×2(2×300)

b. 受力钢筋的分布筋长度：

受力钢筋的分布筋长度 $L$＝轴线长度

c. 其他受力钢筋的分布筋长度：

分布筋长度 $L$＝按照负筋布置范围计算

d. 端支座负筋的分布筋根数计算：

根数 $n$＝(负筋板内净长－50)/布筋间距＋1

e. 中间支座负筋的分布筋根数计算：

根数 $n$＝(左侧负筋板内净长－50)/布筋间距＋1＋

(右侧负筋板内净长－50)/布筋间距＋1

## 三、混凝土及钢筋混凝土工程主要技术资料

### 1. 钢筋混凝土简介

(1) 混凝土的定义　混凝土是由砂、碎石、水泥、水及外加剂等按适当比例配合，经拌匀、成型和硬化而制成的人造石材。混凝土是脆性材料，它具有较高的抗压强度，但抗拉强度很低，约为抗压强度的1/17～1/8。

(2) 混凝土的强度等级　按国家标准《普通混凝土力学性能试验方法标准》(GB/T 50081—2002)，制作边长为150mm的立方体试件，在标准条件（温度20℃±2℃，相对湿度95%以上）下养护到28d龄期，测得的抗压强度值为混凝土立方体试件抗压强度，以 $f_{cu}$ 表示，单位为 $N/mm^2$ 或 MPa。

混凝土立方体抗压标准强度（或称立方体抗压强度标准值）是指按标准方法制作和养护的试件，用标准试验方法测得的抗压强度总体分布中具有不低于95%保证率的抗压强度值，以 $f_{cu,k}$ 表示。

混凝土强度等级是按混凝土立方体抗压标准强度来划分的，采用符号C与立方体抗压强度标准值（单位为MPa）表示。普通混凝土划分为C15、C20、C25、C30、C35、C40、C45、C50、C55、C60、C65、C70、C75和C80共14个等级，C30即表示混凝土立方体抗压强度标准值 $30MPa \leqslant f_{cu,k} < 35MPa$。混凝土强度等级是混凝土结构设计、施工质量控制和工程验收的重要依据。

混凝土结构在实际使用中，受压构件不是立方体，而是棱柱体，也不仅仅是轴心抗压，还有弯曲抗压、抗拉、抗裂等多种受力情况。混凝土是一种非匀质材料，因此它在受力方式不同时其强度也各不相同。弯曲抗压强度比轴心抗压强度高，抗拉及抗裂强度比轴心抗压强度低很多，应根据构件的实际受力情况采用由大量试验资料统计所得的各种设计强度。

(3) 钢筋混凝土结构用钢品种　钢筋混凝土结构用钢包括热轧钢筋、冷轧带肋钢筋、冷轧扭钢筋、预应力混凝土用热处理钢筋、预应力混凝土用钢丝和钢绞线等。

热轧钢筋是建筑工程中用量最大的钢材品种之一，主要用于钢筋混凝土结构和预应力混凝土结构的配筋。从外形可分为光圆钢筋和带肋钢筋，与光圆钢筋相比，带肋钢筋与混凝土之间的握裹力大，共同工作性能较好。

目前我国钢筋混凝土结构中常用的热轧钢筋品种、规格、强度标准值见表6-35。

**表6-35　常用热轧钢筋的品种、规格及强度标准值**

| 表面形状 | 种　类 | $d$/mm | $f_{yk}$/(N/mm²) |
|---|---|---|---|
| 光圆 | HPB300 | 6～22 | 300 |
| 带肋 | HRB335(20MnSi) | 6～50 | 335 |
| | HRB400(20MnSiV)<br>HRB400(20MnSiNb)<br>HRB400(20MnTi) | 6～50 | 400 |
| | RRB400(K20MnSi) | 8～40 | 400 |

注：钢筋名称中括号内为老牌号，其中前面的数字代表平均含碳量（以万分之一计）。

HPB300级钢筋（定额称Ⅰ级钢），属低碳钢，强度较低，外形为光圆，它与混凝土的黏结强度也较低，主要用作板的受力钢筋、箍筋以及构造钢筋。HRB335和HRB400级钢筋（定额称Ⅱ、Ⅲ级钢）为低合金钢，是钢筋混凝土用的主要受力钢筋，HRB400又称新Ⅲ级钢，是我国规范提倡使用的钢筋品种。RRB400级钢筋为余热处理钢筋，也可用作主要受力钢筋。

工程中常用的钢筋直径有 6.5mm、8mm、10mm、12mm、14mm、16mm、18mm、20mm、22mm、25mm、28mm、32mm、36mm、40mm 等。

(4) 混凝土强度等级的要求　钢筋混凝土结构的混凝土强度等级不宜低于 C15。当采用 HRB335 级钢筋时不宜低于 C20；当采用 HRB400 和 RRB400 级钢筋以及对承受重复荷载的构件，混凝土强度等级不得低于 C20。

预应力混凝土结构的混凝土强度等级不宜低于 C30；当采用钢丝、钢绞线、热处理钢筋作预应力筋时，混凝土强度等级不宜低于 C40。

(5) 混凝土与钢筋的黏结要求　在钢筋混凝土结构中，钢筋和混凝土所以能够共同工作，主要是依靠钢筋与混凝土之间的黏结作用，这个黏结作用是由以下三部分组成的。

① 水泥浆凝结后与钢筋表面产生的胶结力。

② 混凝土结硬收缩将钢筋握紧产生的摩擦力。

③ 钢筋表面的凸凹（指变形钢筋）或光面钢筋的弯钩与混凝土之间的机械咬合力。

钢筋与混凝土的黏结面上所能承受的平均剪应力的最大值称为黏结强度。黏结强度的大小取决于钢筋埋人混凝土中的长度、钢筋种类（直径、表面粗糙程度等）、混凝土强度等级等因素。光面钢筋与混凝土之间的黏结强度小，为了保证钢筋在混凝土中的黏结效果，要求在钢筋的端部延长若干长度（锚固长度），并加做弯钩。变形钢筋与混凝土之间的黏结强度大，故变形钢筋端部可不做弯钩，按《混凝土结构设计规范》（GB 50010—2002）规定的锚固长度就可保证钢筋的锚固效果。

**2. 现浇混凝土基础**

(1) 垫层　垫层的种类较多，主要有黏土、灰土和砂垫层；碎砖和碎砾石的三合土与四合土垫层；天然或人工级配的砂石垫层；干铺和灌浆的碎砖、毛石及碎（砾）石垫层；有筋、无筋的混凝土垫层；干铺或石灰或水泥石灰拌和的炉（矿）渣垫层等。

① 黏土垫层。是先挖去基础下的部分土层或全部软弱土层，然后回填素土，分层夯实而成。黏土垫层材料主要有黏土和粉土，土料含水量大小直接影响垫层质量，主要用于不受地下水侵蚀的建筑物基础和底层地面垫层。

② 灰土垫层。是用石灰和黏性土拌和均匀，然后分层夯实而成。灰土的土料应尽量采用基槽中挖出来的土，不得采用地表面种植土或冻土。土料应过筛，粒径不得大于 15mm，石灰块需经过浇水粉化。一般常用的灰土体积配合比为 3∶7 或 2∶8。适用于一般黏性土地基加固，施工简单，取材方便，费用较低。

③ 砂垫层。是用夯（压、灌水）实的砂垫层替换基础下部一定厚度的软土层。主要用于建筑物的基础和底层地面，是处理软弱土层、进行地基排水加固的一种措施。砂垫层的材料应采用质地坚硬、不含草根、杂物和含泥量不超过 5%的中砂或粗砂。

④ 三合土与四合土垫层。包括碎（砾）石三合土、碎砖三合土、碎（砾）石四合土、碎砖四合土四种。碎（砾）石或碎砖三合土所用材料为生石灰、砂、碎（砾）石或碎砖。

⑤ 级配砂石垫层。级配砂石垫层可分为天然级配砂石垫层和人工级配砂石垫层两种。级配是指大小颗粒之间的搭配，尽量减小孔隙率，增加密实度。砂石宜采用质地坚硬的中砂、粗砂、砾砂、碎（卵）石、石屑或其他工业废粒料。

⑥ 碎砖、碎石和毛石垫层。包括干铺和灌浆两种做法的垫层。干铺或灌浆碎砖、碎石和毛石垫层，系以碎砖、碎石和毛石分别与砂和砂浆拌和后而浇捣的垫层，采用的碎（砾）石粒径为 20～40mm，砂浆强度等级一般采用 M5.0 的水泥砂浆。

⑦ 混凝土垫层。是钢筋混凝土基础与地基土的中间层，用素混凝土浇制，作用是使其表面平整便于在上面绑扎钢筋，也起到保护基础的作用。混凝土垫层的厚度不应小于

60mm，一般采用100mm厚C15混凝土。如有钢筋则不能称其为垫层，应视为基础底板。室内地面的混凝土垫层，应设置纵向缩缝和横向缩缝，纵向缩缝间距不得大于6m，横向缩缝不得大于12m。

(2) 钢筋混凝土基础　基础的类型很多，按基础的构造形式可分为独立基础、条形基础、井格基础、满堂基础（筏基及箱基）和桩基础。

① 独立基础。独立基础是柱下基础的主要形式。

②条形基础。当建筑物上部结构采用墙承重时，基础沿墙身设置呈长条形，这种基础为条形基础或带形基础。条形基础一般由垫层、大放脚和基础墙三部分组成。基础墙是指墙体地下部分的延伸部分。基础墙的下部做成台阶形，称为大放脚。做垫层是为了节约材料，降低造价和便于施工。

③ 井格基础。将独立基础沿纵向和横向连接起来，形成十字交叉的井格基础。

④ 满堂基础。满堂基础包括筏式基础和箱形基础。

筏式基础按结构形式分为板式结构和梁板式结构两类，前者板的厚度较大，构造简单；后者板的厚度较小，但增加了双向梁，构造较为复杂。

箱形基础是用钢筋混凝土将基础四周的墙、顶板、底板整浇成刚度很大的盒状基础。

**3. 钢筋混凝土柱**

钢筋混凝土柱常用正方形或矩形截面，有特殊要求时也采用圆形或多边形截面，装配式厂房柱则常用工字形截面。柱截面边长在800mm以下者，取50mm的倍数；800mm以上者，取100mm的倍数。

(1) 现浇钢筋混凝土柱钢筋配置要求　柱中的受力筋布置在周边或两侧，为了增加钢筋骨架的刚度，纵筋的直径不宜过细，通常采用12～32mm，一般选用直径较粗的纵筋为好，数量不少于4根。纵筋的净距不少于50mm，也不应大于300mm。

柱中箍筋的作用，既可保证纵筋的位置正确，又可防止纵筋压曲，从而提高柱的承载能力，柱中箍筋应做成封闭式。箍筋间距不应大于400mm，不应大于构件截面的短边尺寸，且不应大于15$d$（$d$为纵向钢筋的最小直径）。箍筋直径不应小于$d/4$（$d$为纵向钢筋的最大直径），且不应小于6mm。

当柱中全部纵向受力钢筋的配筋率超过3%时，则箍筋直径不宜小于8mm，间距不应大于10$d$（$d$为纵向钢筋的最小直径），且不应大于200mm，箍筋末端做成135°弯钩，且弯曲末端平直段长度不应小于箍筋直径的10倍，箍筋也可焊成封闭环式。当柱截面短边尺寸大于400mm且各边纵向钢筋多于3根时，或当柱截面短边尺寸不大于400mm但各边纵向钢筋多于4根时，应设置复合箍筋。

(2) 混凝土构造柱的特性及设置

① 钢筋混凝土构造柱的特性。为提高多层建筑砌体结构的抗震性能，在房屋的砌体内适宜部位设置钢筋混凝土柱并与圈梁连接，共同加强建筑物的稳定性，并按先砌墙后浇灌混凝土柱的施工顺序制成混凝土柱，这种钢筋混凝土柱通常被称为构造柱。构造柱主要不是承担竖向荷载的，而是抗击剪力、抗震等横向荷载的。

② 构造柱的设置。

a. 构造柱通常设置在楼梯间的休息平台处、纵横墙交接处、墙的转角处、墙端部和较大洞口的洞边，其间距不宜大于4m。各层洞口宜设置在相应位置，并宜上下对齐。

b. 女儿墙应设置构造柱，构造柱间距不宜大于4m，构造柱应伸至女儿墙顶并与现浇钢筋混凝土压顶整浇在一起。对于突出屋顶的楼、电梯间，构造柱还须伸至顶部，并与顶部圈梁连接。

c. 构造柱可不单独设置基础，一般从室外地坪以下500mm或基础圈梁处开始设置。为了便于检查构造柱施工质量，构造柱宜有一面外露。

d. 构造柱的截面尺寸不宜小于240mm×240mm，其厚度不应小于墙厚，边柱、角柱的截面宽度宜适当加大。

e. 下列情况宜设构造柱：受力或稳定性不足的小墙垛；跨度较大的梁下墙体的厚度受限制时，于梁下设置；墙体的高厚比较大，可在墙的适当部位设置构造柱。

f. 框架结构中构造柱的设置。当无混凝土墙（柱）分隔的直段长度，120mm（或100mm）厚墙超过3.6 m，180mm（或90mm）厚墙超过5m时，在该区间加混凝土构造柱分隔；120mm（或100mm）厚墙，当墙高小于等于3m时，开洞宽度小于等于2.4m，若不满足时应加构造柱或钢筋混凝土水平系梁；180mm（或190mm）厚墙，当墙高小于等于4m，开洞宽度小于等于3.5m，若不满足时应加构造柱或钢筋混凝土水平系梁；当填充墙长超过2倍层高或开了比较大的洞口，中间没有支撑，要设置构造柱加强，防止墙体开裂。

③ 构造柱与其他构件的连接。

a. 从施工角度讲，构造柱要与圈梁、地梁、基础梁整体浇筑。

b. 构造柱建造过程中，必须先砌筑墙体后浇筑构造柱。

c. 砖砌体与构造柱的连接处应砌成马牙槎，每一马牙槎高度不宜超过300mm，并应沿墙高每隔500mm设2ϕ6拉结钢筋，且每边伸入墙内不宜小于600mm，有抗震要求时不宜小于1m。

d. 对于纵墙承重的多层砖房，当需要在无横墙处的纵墙中设置构造柱时，应在楼板处预留相应于构造柱宽度的板缝，并与构造柱混凝土同时浇灌，做成现浇混凝土带。现浇混凝土带的纵向钢筋不少于4ϕ12，箍筋间距不宜大于200mm。

④ 构造柱对钢筋和混凝土的要求

a. 构造柱一般用HPB235级钢筋，构造柱的混凝土强度等级不宜低于C20。

b. 柱内竖向受力钢筋对于中柱不宜少于4ϕ12，对于边柱、角柱不宜少于4ϕ14，构造柱的竖向受力钢筋的直径也不宜大于16mm。其箍筋一般部位宜采用ϕ6、间距200mm，在柱与圈梁相交的节点处应适当加密柱的箍筋，加密范围在圈梁上、下均不应小于450mm或1/6层高，箍筋间距不宜大于100mm。

c. 构造柱的竖向受力钢筋应在基础梁和楼层圈梁中锚固，并应符合受拉钢筋的锚固要求。

d. 构造柱的竖向钢筋末端应做成弯钩，接头可以采用绑扎，其搭接长度宜为35倍钢筋直径。在搭接接头长度范围内的箍筋间距不应大于100mm。

(3) 钢筋混凝土预制柱

① 柱的作用及分类。柱是工业厂房中主要的承重构件，以承受由屋顶、吊车梁、外墙和支撑传来的荷载并传给基础。柱的种类如下。

a. 按柱在建筑中的位置分，在单层、单跨的工业厂房中，柱有纵向边柱、山墙抗风柱几种。

(a) 纵向边柱：主要承受屋顶和吊车梁等传来的竖向荷载和风荷载及吊车产生的纵向和横向的水平荷载，有时还承受墙、管道设备等其他荷载。

(b) 山墙抗风柱：主要承受由山墙上传来的水平风荷载，而不承受屋顶重量，它的下端插在杯形基础内，上端与屋架上弦弹性连接。

b. 按柱的外形和构造形式分，可分为单肢柱和双肢柱两大类。单肢柱常见的有矩形柱，工字形柱；双肢柱常见的有平腹杆柱、斜腹杆柱等。其特点说明如下。

(a) 矩形柱：外形简单，制作方便，抗扭性能好，但自重较大。

(b) 工字形柱：断面结构性能合理，自重较轻，在工业建筑中颇为常用。

(c) 双肢柱：由两个肢柱用腹杆连接而成，能承受较大的荷载，但制作比较困难。

② 柱的一般构造。柱的上部和中间局部常做成扩大部分，称为牛腿。牛腿可用作支承吊车梁、连系梁、屋架（或屋面大梁）。

预制钢筋混凝土柱与其他结构构件（屋架梁、墙等）应有良好的连接，这是确保装配式结构具有较好整体性的一个重要环节，这些连接往往是通过柱子中的预埋铁件、插筋和牛腿等来完成的。

**4. 现浇混凝土梁**

(1) 梁的性能和分类　梁是一种跨空结构。梁在荷载下发生弯曲，不同的梁弯曲情况也不同。悬臂梁受弯后上部受拉下部受压，简支梁受弯后下部受拉上部受压，连续梁受弯后跨中下部受拉上部受压，中间支座上部受拉下部受压。混凝土抗压强度很高，但抗拉强度很低。所以钢筋是放在梁的受拉区，梁的上部和下部是主要受力层，中间有一个既不受拉也不受压的中和层（也叫中和轴）。为了节约材料和减轻自重，常把梁的中间部分适当缩小。I形梁、T形梁等都是根据这个原理确定的断面形式。

梁的承受能力主要取决于梁的高度、钢筋含量和混凝土强度等级以及梁的跨度、荷载形式等。梁的分类方法比较多，按梁的用途分为基础梁、墙梁、托架梁、吊车梁、连系梁、过梁、圈梁等；按形状分为矩形（断面）梁、异形（断面）梁、圆（弧）形梁等；按施工方法分为预制梁、现浇梁、叠合梁等；按受力特点分为单梁（简支梁）、连续梁、悬臂梁等。

(2) 钢筋混凝土梁的构造

① 梁的截面。梁的截面高度 $h$ 可根据刚度要求按高跨比（$h/L$）来估计，如简支梁高度为跨度的1/14～1/8。梁高确定后，梁的截面宽度 $b$ 可由常用的高宽比（$h/b$）来估计，矩形截面 $b=(1/2.5\sim1/2)h$；T形截面 $b=(1/4\sim1/2.5)h$。

为了统一模板尺寸和便于施工，截面宽度取50mm的倍数。当梁高 $h$ 不大于800mm时，截面高度取50mm的倍数，当 $h$ 大于800mm时，则取100mm的倍数。

② 梁的配筋。梁中的钢筋有纵向受力钢筋、弯起钢筋、箍筋、架立钢筋和腰筋等。

a. 纵向受力钢筋。纵向受力筋的作用主要是承受由弯矩在梁内产生的拉力，直径通常采用12～25mm。纵向受力筋一般放在梁的受拉一侧，其数量通过计算确定，一般不少于2根，为便于浇注混凝土，梁的上部纵向钢筋净距不应小于30mm和1.5$d$（$d$ 为纵向钢筋的最大直径），下部纵向钢筋净距不应小于25mm和1$d$。梁的下部纵向钢筋配置多于两层时，两层以上钢筋水平方向的中距应比下面两层的中距增大一倍。各层钢筋之间的净间距不应小于25mm和1$d$。

b. 弯起钢筋。弯起钢筋是由纵向受力筋弯起成型的。梁中弯起钢筋在跨中承受正弯矩产生的拉力，靠近支座的弯起段用来承受弯矩和剪力共同产生的主拉应力，弯起后的水平段可用于承受支座端的负弯矩。当梁高 $h$ 不大于800mm时，弯起角度采用45°：当梁高 $h$ 大于800mm时，应采用60°。

c. 箍筋。箍筋的主要作用是承受由剪力和弯矩引起的主拉应力。同时，箍筋通过绑扎或焊接把其他钢筋联系在一起，形成一个空间的钢筋骨架。箍筋的最小直径与梁高有关，常用直径是6mm、8mm。

箍筋的肢数分单肢、双肢及复合箍（多肢箍）。箍筋一般采用双肢箍，当梁宽 $b$ 大于400mm且一层内的纵向受压钢筋多于3根时，或当梁宽 $b$ 小于400mm，但一层内的纵向受压钢筋多于4根时，应设置复合箍筋；梁截面宽度较小时，也可采用单肢箍。

d. 架立钢筋。为了固定箍筋的正确位置和形成钢筋骨架，在梁的受压区外缘两侧，布置平行于纵向受力筋的架立钢筋。架立筋还可承受因温度变化和混凝土收缩而产生的拉力，防止裂缝的产生。架立钢筋的直径与梁的跨度有关：当梁跨度小于 4m 时，直径不宜小于 8mm；当梁的跨度为 4～6m 时，直径不宜小于 10mm；当梁的跨度大于 6m 时，直径不小于 12mm。

e. 腰筋。腰筋主要是为了防止梁侧由于混凝土的收缩或温度变形而引起的竖向裂缝，同时也能加强整个钢筋骨架的刚性。当梁的腹板高度 $h_w$ 不小于 450mm 时，在梁的两个侧面沿高度配置纵向构造钢筋，称腰筋。腰筋的最小直径为 10mm，间距不应大于 200mm。此处的腹板高度 $h_w$：对矩形截面取有效高度；对 T 形截面取有效高度减翼缘高度（板厚）；对工形截面取腹板净高。

另外，在主梁和次梁相交的部位，为防止梁在交叉点被拉坏，需要设置吊筋来抵抗可能出现的裂缝。

③ 圈梁的设置与构造要求

a. 车间、仓库、食堂等空旷的单层房屋应按下列规定设置圈梁：砖砌体房屋，檐口标高为 5～8m 时，应在檐口标高处设置圈梁一道，檐口标高大于 8m 时，应增加设置数量；砌块及料石砌体房屋，檐口标高为 4～5m 时，应在檐口标高处设置圈梁一道，檐口标高大于 5m 时，应增加设置数量。

b. 宿舍、办公楼等多层砌体民用房屋，且层数为 3～4 层时，应在檐口标高处设置圈梁一道。当层数超过 4 层时，应在所有纵横墙上隔层设置，隔层设置圈梁的房屋，应在无圈梁的楼层增设配筋带。多层砌体工业房屋，应每层设置现浇钢筋混凝土圈梁。设置墙梁的多层砌体房屋应在托梁、墙梁顶面和檐口标高处设置现浇钢筋混凝土圈梁，其他楼层处应在所有纵横墙上每层设置。

c. 圈梁宜连续地设在同一水平面上，并形成封闭状；当圈梁被门窗洞口截断时，应在洞口上部增设相同截面的附加圈梁。附加圈梁与圈梁的搭接长度不应小于其中到中垂直间距的二倍，且不得小于 1m。

d. 钢筋混凝土圈梁的宽度宜与墙厚相同，当墙厚 $h$ 不小于 240mm 时，其宽度不宜小于 $2h/3$，圈梁高度不应小于 120mm。纵向钢筋不应少于 4ϕ10，绑扎接头的搭接长度按受拉钢筋考虑，箍筋间距不应大于 300mm，混凝土强度等级一般不宜低于 C20。圈梁在房屋转角处及丁字交叉处的连接构造如图 6-38 所示。

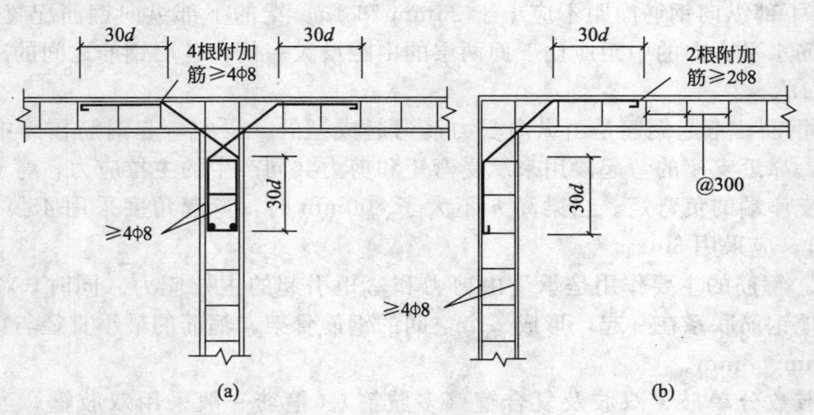


图 6-38　圈梁连接构造

（a）丁字交叉处连接构造；（b）转角处连接构造

e. 当抗震设防烈度为6度8层、7度7层和8度6层时，应在所有楼（屋）盖处的纵横墙上设置混凝土圈梁，圈梁的截面尺寸不应小于240mm×180mm，圈梁主筋不应少于4ϕ12，箍筋ϕ6、间距200mm。

**5. 钢筋混凝土楼板**

（1）钢筋混凝土楼板的类别

① 钢筋混凝土楼板按制作地点分为现浇板和预制板两大类。现浇板通常分为有梁板（包括肋形板和井式板）、无梁板（厚度大于1 20mm）和平板（包括挡水翻沿）。预制板通常分为实心平板、槽形板和空心板。

② 现浇钢筋混凝土楼板按其支承条件不同，可分为板式楼板、梁式楼板、无梁楼板、压型钢板混凝土组合楼板等。

③ 钢筋混凝土楼板按施工方式不同，有现浇整体式、预制装配式和装配整体式三种类型。

（2）现浇整体式钢筋混凝土楼板的设置　现浇钢筋混凝土楼板是在施工现场将整个楼板浇筑成整体。它的优点是整体性好、可塑性好、便于预留孔洞。

① 板式楼板。将楼板现浇成一块平板，并直接支承在墙上，这种楼板称为板式楼板。板式楼板底面平整，便于支模施工，是最简单的一种形式，适用于平面尺寸较小的房间（如住宅中的厨房、卫生间等）以及公共建筑的走廊。

② 梁式楼板。对平面尺寸较大的房间或门厅，若仍采用板式楼板，会因板跨较大而增加板厚。这不仅使材料用量增多，板的自重加大，而且使板的自重在楼板荷载中所占的比重增加。为此，应采取措施控制板的跨度，通常可在板下设梁来增加板的支点，从而减小板跨。这时，楼板上的荷载先由板传给梁，再由梁传给墙或柱。这种由板和梁组成的楼板称为梁式楼板。梁式楼板通常在纵横两个方向都设置梁，有主梁和次梁之分。主梁和次梁的布置应整齐有规律，并应考虑建筑物的使用要求、房间的大小形状以及荷载作用情况等。一般主梁沿房间短跨方向布置，次梁则垂直于主梁布置。对短向跨度不大的房间，可只沿房间短跨方向布置一种梁即可。梁应避免搁置在门窗洞口上，在设有重质隔墙或承重墙的楼板下部也应布置梁。

梁的布置还应考虑经济合理性。一般主梁的经济跨度为5～8m，高度为跨度的1/14～1/8，宽度为高度的1/3～1/2。次梁的跨度（即主梁的间距）一般为4～6m，高度为跨度的1/18～1/12，宽度为高度的1/3～1/2。次梁的间距（即板的跨度）一般为1.7～2.7m，板的厚度一般为60～80mm。对平面尺寸较大且平面形状为方形或近于方形的房间或门厅，可将两个方向的梁等间距布置，并采用相同的梁高，形成井字形梁，无主梁和次梁之分，这种楼板称为井字梁式楼板或井式楼板，它是梁式楼板的一种特殊布置形式。井式楼板的梁通常采用正交正放或正交斜放的布置方式，由于布置规整，故具有较好的装饰性，一般多用于公共建筑的门厅或大厅。

③ 无梁楼板。对平面尺寸较大的房间或门厅，也可以不设梁，直接将板支承在柱子上，这种楼板称为无梁楼板。无梁楼板分无柱帽和有柱帽两种类型，当荷载较大时，为避免楼板太厚，应采用有柱帽无梁楼板，以增加板在柱上的支承面积。无梁楼板的柱网一般布置成方形或矩形，以方形柱网较为经济，跨度一般不超过6m，板厚通常不小于120mm。无梁楼板的底面平整，增加了室内的净空高度，有利于采光和通风，但楼板厚度较大，这种楼板适用于活荷载较大的商店、仓库等建筑。

④ 压型钢板混凝土组合楼板。压型钢板混凝土组合楼板是在型钢梁上铺设压型钢板，以压型钢板作衬板来现浇混凝土，使压型钢板和混凝土浇筑在一起共同工作。

(3) 预制装配式钢筋混凝土楼板　预制装配式钢筋混凝土楼板是将楼板在预制厂或施工现场预制，然后在施工现场装配而成。这种楼板可节省模板，改善劳动条件，提高劳动生产率，加快施工速度，缩短工期，但楼板的整体性较差。

① 预制钢筋混凝土楼板类型

a. 实心平板：跨度不超过 2.5m，板宽 500～1000mm，板厚为跨度的 1/30，常用 50～80mm。

b. 槽形板：跨度 3～7.2m，板宽 600～1200mm，板厚 30～35mm。

c. 空心板：跨度 2.4～6m，板宽 500～1200mm，板厚 110～240mm。

② 板在墙上的搁置。板在墙上必须具有足够的搁置长度，一般不宜小于 100mm。为使板与墙有较好的连接，在板安装时，应先在墙上铺设水泥砂浆即坐浆，厚度不小于 10mm。板安装后，板端缝内须用细石混凝土或水泥砂浆灌实。若采用空心板，在板安装前，应在板的两端用砖块或混凝土堵孔，以防板端在搁置处被压坏，同时，也可避免板缝灌浆时细石混凝土流入孔内，还可提高其围护性能。

③ 板在梁上的搁置。板在梁上的搁置方式有两种：一种是搁置在梁的顶面，如矩形梁；另一种是搁置在梁出挑的翼缘（即梁肩）上，如花篮梁。后一种搁置方式，板的上表面与梁的顶面相平齐，若梁高不变，楼板结构所占的高度就比前一种搁置方式小一个板厚，使室内的净空高度增加。但应注意板的跨度并非梁的中心距，而是减去梁顶面宽度之后的尺寸。板搁置在梁上的构造要求和做法与搁置在墙上时基本相同，只是板在梁上的搁置长度不小于 60mm。

(4) 装配整体式钢筋混凝土楼板　装配整体式钢筋混凝土楼板是一种预制装配和现浇相结合的楼板类型。

① 叠合式楼板。在预制板吊装就位后再现浇一层钢筋混凝土与预制板结合成整体。叠合式楼板常用做法是在预制板面浇 30～50mm 厚钢筋混凝土现浇层或将预制板缝拉开 60～150mm 并配置钢筋，同时现浇混凝土现浇层。

② 密肋空心砖楼板。密肋空心砖楼板通常是以空心砖或空心矿渣混凝土块作为肋间填块，现浇密肋和板而成的。

③ 预制小梁现浇板。这种楼板是在预制小梁上现浇混凝土板，小梁截面小而密排，通常板跨为 500～1000mm，小梁高为跨度的 1/25～1/20，梁宽常为 70～100mm。现浇板厚50～60mm。

④ 混凝土（叠合箱）网梁楼盖。混凝土（叠合箱）网梁楼盖是一种新型的楼盖形式，是箱形截面的密肋楼盖。楼盖由小型预制构件混凝土“叠合箱”与现浇混凝土“肋梁”结合成梁板合一、具有连续箱形截面的整体楼盖。

a. 叠合箱。叠合箱由预制高强度钢筋混凝土底板、轻质材料侧板（充当肋梁侧壁模板）和预制高强度钢筋混凝土顶板组成。

叠合箱平面尺寸系列：1000mm×1000mm、1000mm×700mm、1000mm×500mm、1000mm×300mm、700mm×700mm、700mm×500mm、500mm×500mm 等。

叠合箱侧壁为薄壁，厚度为 8～12mm。

叠合箱顶板、底板厚度可按结构不同部位进行调整，顶板最小厚度为 40mm，最大厚度为 120mm。底板最小厚度可为 30mm（不考虑受力时），考虑受力时不小于 40mm，需要受压区混凝土较大时，其厚度做到 100mm。

叠合箱外伸的受力拉接筋应按计算配置，考虑受力时应与周边肋梁筋相匹配，钢筋间距一般不大于 100mm。

b. 肋梁。肋梁为叠合箱四周宽度为100～120mm、高度与叠合箱等高的连接梁，采用普通混凝土现浇而成，与叠合箱结合成整体楼盖。

c. 混凝土（叠合箱）网梁楼盖组合。依据工程面积需求由数个叠合箱与肋梁组合成蜂巢构造的网梁楼盖。

d. 网梁楼盖适用范围。适用于大跨度、大空间的各类多层、高层建筑的楼盖，如商场、多层仓库、多层厂房、大会议厅、图书馆、地下车库、多层车库、人防建筑、教学楼、电视演播厅、写字楼、办公楼、阶梯教室、小型体育馆等。

(5) 钢筋混凝土板的构造

① 板的厚度。板的厚度应满足承载力、刚度和抗裂的要求，从刚度条件出发，板的最小厚度对于单跨板不得小于$L_0/35$，对于多跨连续板不得小于$L_0/40$（$L_0$为板的计算跨度），如板厚满足上述要求，即不需作挠度验算。一般现浇板板厚不宜小于60mm。

② 板的配筋。钢筋混凝土板是受弯构件，按其作用分为底部受力筋、上部负筋（或构造筋）、分布筋几种（图6-39）。

a. 受力筋。主要用来承受拉力。悬臂板及地下室底板等构件的受力钢筋的配置是在板的上部。当板为两端支承的简支板时，其底部受力钢筋平行跨度布置；当板为四周支承并且其长短边之比值大于2时，板为单向受力，叫单向板，其底部受力钢筋平行短边方向布置；当板为四周支承并且其长短边之比值不大于2时，板为双向受力，叫双向板，其底部纵横两个方向均为受力钢筋。

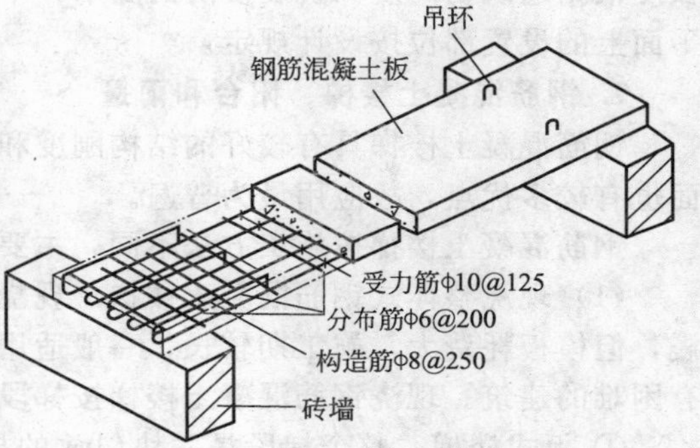

图6-39　板内钢筋的配置

板中受力钢筋的常用直径：板厚$h$小于100mm时，为6～8mm；$h$在100～150mm之间时，为8～12mm；$h$大于150mm时，为12～16mm；采用现浇板时受力钢筋不应小于6mm，预制板时不应小于4mm。板中受力钢筋的间距一般不小于70mm，当板厚$h$不大于150mm时，间距不宜大于200mm，当$h$大于150mm时，不宜大于$1.5h$或250mm。板中受力钢筋一般距墙边或梁边50mm开始配置。当板中的受力钢筋需要弯起时，其弯起角度为30°。

b. 分布钢筋。分布钢筋布置在受力钢筋的内侧，与受力钢筋垂直；交点用细钢丝绑扎或焊接，其作用是固定受力钢筋的位置并将板上荷载分散到受力钢筋上，同时也能防止因混凝土的收缩和温度变化等原因在垂直于受力钢筋方向产生的裂缝。

分布钢筋的间距不宜大于250mm，直径不宜小于6mm。对集中荷载较大的情况，分布钢筋的截面面积应适当增加，其间距不宜大于200mm。在温度、收缩应力较大的现浇板区域内，钢筋间距宜为150～200mm，并应在板的配筋表面布置温度收缩钢筋。分布钢筋应配置在受力钢筋的弯折处及直线段内，在梁的截面范围内可不配置。

c. 构造钢筋。为了避免板受力后，在支座上部出现裂缝，通常是在这些部位上部配置受拉钢筋，这种钢筋称为负筋。对于支承结构整体浇筑或嵌固在承重砌体墙内的现浇混凝土板，应沿支承周边配置上部构造钢筋，其直径不宜小于8mm，间距不宜大于200mm。伸入板内的长度：对嵌固在承重砌体墙内的板不宜小于板短边跨度的1/7，在两边嵌固于墙内的板角部分不宜小于板短边跨度的1/4（双向配置），对周边与混凝土梁或墙整体浇筑的板不宜小于受力方向板计算跨度的1/5（单向板）、1/4（双向板）。

当现浇板的受力钢筋与梁平行时，应沿梁长度方向配置间距不大于200mm且与梁垂直的上部构造钢筋，其直径不宜小于 8mm，伸入板内的长度不宜小于板计算跨度 $L_0$ 的 1/4。

**6. 钢筋混凝土墙**

(1) 轻型框剪墙 轻型框剪墙是近几年出现的新的结构形式。该结构形式与混凝土框架结构相比，有混凝土用量小、结构框架灵活、施工方便等特点，一般用于高层住宅工程。轻型框剪墙中的柱、梁、墙厚度相同，且与其间的砌体（多为新型墙体材料）厚度相同，柱（靠暗配钢筋体现）的断面形式可根据需要做成“T”、“L”、“一”、“十”字等形状，与上部梁（靠暗配钢筋体现）相连。柱、梁、墙之间没有明显的界限区分。由于轻型框剪墙中的混凝土柱、梁、墙浇筑内容相差不大，故定额仅设一个子目。

(2) 轻体墙填充混凝土 轻体墙填充混凝土适用于空心砌块墙的空心内填充混凝土的情况。空心砌块墙的转角处，在水平方向的一定范围内，向墙体的空心处灌注混凝土，并配以竖向钢筋（与水平方向的墙体拉结筋连接），形成与构造柱作用相同的芯柱，加强空心砌块墙的拉结力和牢固性。芯柱在墙厚方向上的宽度为空心同方向的内径尺寸；在墙长方向上的长度根据建筑物高度和抗震设防的要求，不尽相同，但最少不得小于 3 个空心孔洞；芯柱在平面上的设置部位按设计规定。

**7. 钢筋混凝土楼梯、阳台和雨篷**

钢筋混凝土楼梯具有较好的结构刚度和耐久、耐火性能，并且在施工、造型和造价等方面也有较多优点，故应用最为普遍。

钢筋混凝土楼梯按施工方法不同，主要有现浇整体式和预制装配式两类。

(1) 现浇整体式钢筋混凝土楼梯 现浇钢筋混凝土楼梯的整体性好，刚度大，有利于抗震，但模板耗费大，施工期较长，一般适用于抗震要求高、楼梯形式和尺寸特殊或施工吊装有困难的建筑。现浇钢筋混凝土楼梯按梯段的结构形式不同，有板式楼梯和梁式楼梯两种。

① 板式楼梯。整个梯段是一块斜放的板，称为梯段板。板式楼梯通常由梯段板、平台梁和平台板组成。梯段板承受梯段的全部荷载，通过平台梁将荷载传给墙体。必要时，也可取消梯段板一端或两端的平台梁，使梯段板与平台板连成一体，形成折线形的板直接支承于墙上。

板式楼梯的梯段底面平整，外形简洁，便于支模施工。但是，当梯段跨度较大时，梯段板较厚，自重较大，钢材和混凝土用量较多，不经济。当梯段跨度不大时（一般不超过 3m），常采用板式楼梯。

② 梁式楼梯。楼梯梯段由踏步板和梯段斜梁（简称梯梁）组成。梯段的荷载由踏步板传递给梯梁，再通过平台梁将荷载传给墙体。梯梁通常设两根，分别布置在踏步板的两端。梯梁与踏步板在竖向的相对位置有两种：明步和暗步。

梁式楼梯比板式楼梯的钢材和混凝土用量少、自重轻，但支模和施工较复杂。当荷载或梯段跨度较大时，采用梁式楼梯比较经济。

(2) 阳台 阳台是楼房各层与房间相连并设有栏杆的室外小平台，是居住建筑中用以联系室内外空间和改善居住条件的重要组成部分。阳台主要由阳台板和栏杆扶手组成。阳台板是阳台的承重结构，栏杆扶手是阳台的围护构件，设于阳台临空一侧。栏杆扶手的高度不应低于 1.05m，高层建筑不应低于 1.1m。阳台地面低于室内地面 30～60mm，沿排水方向做排水坡，布置排水设施使排水通畅。

阳台按其与外墙的相对位置分为挑阳台、凹阳台、半凹半挑阳台、转角阳台。结构处理有挑梁式、挑板式、压梁式及墙承式。

(3) 雨篷 雨篷是指在建筑物外墙出入口的上方用以挡雨并有一定装饰作用的水平构件，多为悬挑式，悬挑 0.9～1.5m，顶部抹防水砂浆 20mm 厚。

（4）通风道、烟道　通风道、烟道，也称排风（气）道、烟道。用于排除厨房炊事活动产生的烟气或卫生间浊气的管道制品，是住宅厨房、卫生间共用排气管道系统的组成部分，是由水泥加耐碱玻璃纤维网或钢丝网及其他增强材料预制成的通风道制品。它具有自重轻、强度高、不变形、韧性好、耐腐蚀、便于安装、隔声性能好、吸水率低、不易破坏等特点，广泛应用于住宅建筑和公用建筑。

图集 88JZ8 规格：（320～550mm）×（250～450mm）；图集 07J916 规格：（250～650mm）×（200～600mm）。

**8. 混凝土工程施工**

（1）混凝土施工配料

① 施工配合比换算。若设实验室配合比为水泥：砂：石子＝1：$x$：$y$，并测得现场砂、石含水率分别为 $W_x$、$W_y$，则换算后的施工配合比为 1：$(1+W_x)x$：$(1+W_y)y$，水灰比 $W/C$＝水的质量/水泥质量，换算前后不能改变。

② 施工配料。

水泥：C；砂子：$(1+W_x)\cdot x\cdot C$；石子：$(1+W_y)\cdot y\cdot C$；水：$W-CW_xx-CW_yy$。

（2）混凝土的搅拌　混凝土的搅拌就是将水、水泥和粗细骨料（砂、石）进行均匀拌合的过程。同时，通过搅拌，还要使材料达到强化、塑化的目的。混凝土的搅拌方法有人工搅拌和机械搅拌两种。

搅拌机的规格是以其出料容量（$m^3$）×1000 标定规格的，常用的有 50L、150L、250L、350L、500L、750L、1000L、1500L、3000L 等。

混凝土搅拌时间为从全部材料都投入搅拌筒起，到开始卸料为止所经历的时间。混凝土投料顺序有一次投料法、二次投料法和水泥裹砂法等。投料允许偏差水泥、外加剂、搅拌水为±2%；粗、细骨料为±3%。

混凝土在搅拌时应严格控制施工配合比；搅拌机应在搅拌前加适量水运转；搅拌第一盘混凝土时，考虑到筒壁上黏附砂浆的损失，石子用量应按配合比规定减半；装料必须在转筒正常运转之后进行。因故（如停电）停机时，应立即设法将筒内的混凝土取出，以免凝结；搅拌好的混凝土要卸净，不能采取边出料边进料的方法；搅拌工作全部结束后应立即清洗料筒内外。

（3）混凝土的运输　混凝土运输过程中应不产生分层、离析现象，保持混凝土的均匀性；保证设计所规定的流动性；应使混凝土在初凝前浇筑并振捣完毕；运输工作应保证混凝土浇筑工作连续进行；以最少的转运次数、最短的时间运至浇筑地点；运输工具应严密，不吸水，不漏浆。

混凝土的运输分为水平运输和垂直运输。水平运输又分为地面运输和楼面运输。混凝土在运输过程中要求道路平坦，运输线路尽量短而且直。

（4）混凝土的浇筑与振捣要求

① 混凝土浇筑。混凝土应在初凝前浇筑；浇筑前不应有离析现象，否则需重新搅拌；混凝土的自由下落高度不宜超过 2m，否则应设溜槽或串筒下落；必须分层浇筑，分层厚度符合规定；浇筑深而窄的结构时，应先在底部浇筑一层厚 50～100mm、与混凝土内砂浆成分相同的水泥砂浆或先在底部浇筑一部分“减半石混凝土”，这样可避免产生蜂窝麻面现象；尽可能连续浇筑，如必须间歇，最大间歇时间应符合规定。

② 框架结构混凝土浇筑。一般先按结构层划分施工层，并在各层划分施工段分别浇筑。同一施工段内每排柱子应从两端同时浇筑并向中间推进，以防柱模板由一侧向另一侧倾斜。每一施工层应先浇筑柱和墙，并连续浇筑到顶。停 1～1.5h 等柱和墙有一定强度后再浇筑梁

和板混凝土，梁和板的混凝土应同时浇筑。

③ 混凝土的振捣。混凝土的捣实方法有人工捣实和机械振捣两种，机械振捣最常用。

(5) 混凝土的养护要求　混凝土养护的目的是为混凝土硬化创造必需的温度、湿度条件，防止水分过早蒸发或冻结，防止混凝土强度降低并出现收缩裂缝、脱皮起砂现象。

混凝土的养护方法有自然养护和蒸汽养护两种，蒸汽养护一般用于预制构件。混凝土的自然养护是指平均气温高于+5℃的条件下在一定时间内使混凝土保持湿润状态。混凝土的自然养护又分为洒水养护和喷涂塑料薄膜养生液养护等。洒水养护可以用麻袋、苇席、草帘、锯末或砂等覆盖混凝土并及时浇水保持湿润。养护日期以达到标准养护条件下28d强度的60%为止。一般用硅酸盐水泥、普通硅酸盐水泥和矿渣硅酸盐水泥拌制的混凝土，养护时间不少于7d；掺有缓凝剂或有抗渗要求的混凝土，养护时间不少于14d。洒水次数以能保证湿润状态为宜。喷涂薄膜养护适用于不易洒水养护的高耸建筑物等结构。它是在混凝土浇筑后2～4h用喷枪把塑料溶液、醇酸树脂或沥青乳胶喷涂在混凝土表面，溶液挥发后，会在混凝土表面上结成一层薄膜，以阻止内部水分蒸发而起到养护作用。

**9. 预应力混凝土工程**

预应力混凝土即在构件的受拉区预先施加压力产生预压应力。当构件在荷载作用下产生拉应力时，首先要抵消预压应力，然后随荷载不断增加，受拉区混凝土才受拉开裂，从而推迟了裂缝出现和限制裂缝开展，提高构件的抗裂度和刚度。预应力混凝土的优点是：易于满足裂缝控制的要求；能充分利用高强度材料；能提高构件刚度，减小变形。预应力按施加预应力的方法不同有先张法、后张法和电热法。

(1) 先张法

① 先张法及其特点

a. 概念。在混凝土浇筑之前，在台座或钢模板上张拉钢筋，并用夹具将张拉完毕的预应力筋临时固定在台座的横梁或钢模上，然后浇筑混凝土。当混凝土强度达到规定强度时，放松预应力筋，利用钢筋的回弹对混凝土产生预压应力，这种施工方法称为先张法。

b. 特点。工艺简单，工序少，效率高，质量好，成本较低；适用于工厂化大批量生产定型的中小型预应力混凝土构件，如预应力楼板、屋面板、中小型吊车梁、檩条等；预应力是靠钢筋和混凝土间的黏结力传递给混凝土的。

② 先张法施工工艺。先张法施工的工序为：台座准备→刷隔离剂→铺放预应力筋→张拉→安装模板→浇筑混凝土→混凝土养护→拆模→放松（切断）预应力筋→出槽堆放。

a. 预应力筋的铺设。铺放前涂隔离剂，但不应沾污预应力筋，以免影响黏结力。铺设时采用牵引车，长度不足时可利用拼接器连接。

b. 预应力筋的张拉。预应力筋的张拉方式有以下两种。

第一种：$\sigma$ 由 $0 \longrightarrow 1.05\sigma_{con} \xrightarrow{\text{持荷 2min}} \sigma_{con}$

第二种：$\sigma$ 由 $0 \longrightarrow 1.03\sigma_{con}$（一次超张拉）

张拉应力应在稳定的速率下逐渐加大拉力，并保证使拉力传到台座或横梁上，而不应使钢丝夹具产生次应力。锚固时敲击锚塞用力应均匀，防止由于用力大小不同而使各钢丝应力不同。张拉完毕用夹具锚固后，张拉设备应逐步放松，以免冲击张拉设备或夹具。

施工中应注意安全，张拉时，正对钢筋两端禁止站人，防止钢筋（丝）被拉断后从两端冲出伤人。敲击锚塞时也不应用力过猛，当气温低于2℃时，应考虑钢丝易脆断的危险。

c. 混凝土的浇筑与养护

(a) 浇筑。混凝土的浇筑必须一次完成，不能留设施工缝。确定混凝土配合比时应控制水泥用量并采用低水灰比；浇筑时振捣器不应碰撞钢丝或踩动钢丝；当叠层生产时，平均温度高于20℃时，可两天一层，气温较低时应采取措施缩短养护时间。

(b) 养护。采用自然养护或蒸汽养护。采用蒸汽养护时，为了减少温差所引起的预应力损失，应采取“两次升温法”养护，使温差在20℃内，等混凝土强度达到10N/mm² 后，再将温度升到规定值养护。

d. 预应力筋的放张。预应力筋的放松（或切断）必须等混凝土强度满足设计要求后才可以进行。当设计没有要求时，混凝土强度须达到设计强度标准值的75%以上才能放松或切断预应力筋。放松前应先拆除模板，使钢筋能自由回缩，以免损坏模板或构件开裂。

(2) 后张法。

① 后张法及其特点

a. 概念。后张法是在构件制作成型时，在设计规定的位置上预留孔道，待混凝土强度达到设计规定的数值后穿入预应力筋，进行张拉，并用锚具把预应力筋锚固在构件上，然后进行孔道灌浆，这种施工方法称后张法。

b. 特点。直接在构件上张拉，不需要专门的台座，不需要大型场地；适于现场生产大型构件（特别是大跨度构件，可以避免运输，如薄腹梁、吊车梁、屋架等）；施工工艺、操作复杂，造价较高；预应力的建立和传递靠构件两端的工作锚具。

② 锚具及预应力筋的制作

a. 锚具。对锚具的要求工作可靠，构造简单，施工方便，预应力损失小，成本低。

b. 预应力筋的制作

(a) 单根粗钢筋

适用的锚具：锚固单根粗钢筋时张拉端一般采用螺钉端杆锚具；固定端一般采用帮条锚具或拉头锚具。

预应力筋制作：单根粗钢筋制作一般包括配料、对焊、冷拉等工序。计算时应考虑焊接接头的压缩量、镶头的预留量、冷拉伸长值、弹性回缩值、张拉伸长值等。

(b) 钢筋束和钢绞线束

适用的锚具：JM-12型、XM型、QM型、镦头锚具。

预应力筋制作：钢筋束的制作工序为开盘冷拉→下料→编束。

(c) 钢丝束

适用的锚具：钢丝束一般由几根到几十根直径3～5mm平行的碳素钢丝组成，适用的锚具有钢质锥形锚具、XM型锚具和钢丝束镦头锚具等。

钢丝束的制作：钢丝束的制作包括调直→下料→编束→安装锚具。

③ 后张法施工工艺。后张法施工工序为：安装模板→安装钢筋骨架→埋管制孔→浇筑混凝土→抽芯管→养护→拆模→清理孔道→穿筋→张拉预应力筋→孔道灌浆及养护→起吊运输。

a. 孔道留设

(a) 孔道形状：孔道形状有直线、曲线、折线三种。

(b) 孔道成型

基本要求：孔道尺寸、位置正确；孔道平顺、端部预埋件钢板垂直孔道中心线。

成型方法：采用钢管抽芯、胶管抽芯、预埋波纹管等方法。

b. 预应力筋张拉

(a) 张拉时对混凝土构件强度的要求：后张法施工进行预应力筋张拉时，要求混凝土强度应符合设计要求，如果设计没有要求，应在混凝土强度达到不低于设计强度标准值的75%时张拉。

(b) 张拉顺序：应分批、分阶段、对称地张拉。

(c) 张拉制度：采用两端张拉或一端张拉。对平卧叠浇的预应力混凝土构件，宜先上后下逐层张拉。

(d) 张拉程序：

$$0 \longrightarrow 1.05\sigma_{con} \xrightarrow{\text{持荷 2min}} \sigma_{con}$$

$$0 \longrightarrow 1.03\sigma_{con}$$

张拉过程中，预应力钢材断裂或滑脱的数量，对后张法构件，严禁超过结构同一截面预应力钢材总根数的3%，且一束钢丝只允许一根。锚固阶段，张拉端预应力筋的内缩量不宜超过规定。

c. 孔道灌浆。孔道灌浆的作用是保护预应力筋，防止锈蚀；使预应力筋与构件混凝土黏结成整体，以提高构件抗裂性及承载力。

施工前要先清洗和湿润孔道。灌浆顺序一般为先下层后上层，灌浆应缓慢、均匀地进行，中途不得中断，并应排气通顺，直到排气孔排出空气→水→稀浆→浓浆时为止。灌浆压力为0.4～0.6N/mm$^2$，在灌满并封闭排气孔后，再加压0.5～0.6N/mm$^2$，再封闭灌浆孔并移动构件。对于不掺外加剂的水泥浆可以采用二次灌浆法，以提高孔道灌浆的密实性。

**10. 结构安装工程**

结构安装工程是利用起重和运输机械把预制构件或构件组合的单元安放到设计要求的位置上的工艺过程。

(1) 起重机械　结构安装工程常用的起重机械主要有自行式起重机（包括履带式、汽车式及轮胎式起重机）、桅杆式起重机及塔式起重机。

① 自行式起重机。优点：灵活性大、移动方便、能为整个建筑工地服务；到现场后直接可投入使用，不需要再安装和拼接。缺点：稳定性较差。

② 塔式起重机。塔式起重机是一种有一个直立的塔身、起重臂能回转的起重机械。

按起重能力大小分为轻型塔式起重机，用于6层以下民用建筑施工；中型塔式起重机，适用于一般工业建筑及高层民用建筑；重型塔式起重机，用于重工业厂房的施工及高炉等设备的吊装。

按结构与性能特点分为一般塔式起重机和自升塔式起重机。塔式起重机的选择应根据房屋的高度与平面尺寸、构件的重量与所在位置以及现有机械设备条件而定。

一般塔式起重机的布置方案主要取决于房屋的平面形状、构件重量、起重机的性能以及施工现场的地形等条件。

③ 桅杆式起重机。桅杆式起重机制作简单，装拆方便，能在较狭窄的场地使用；起重量较大（可达100t以上）；不受电源的限制（无电源时，可用人工绞）；能安装其他起重机械不能安装的特殊工程和重大结构。但服务半径小，移动较困难，需拉设较多的缆风绳。适于安装工程量较集中的工程。

(2) 索具设备

① 卷扬机。卷扬机有快速和慢速两种。卷扬机在使用时必须有可靠的锚固，以防止在工作时产生滑移或倾覆。固定方法有螺栓锚固法、水平锚固法、立桩锚固法及压重物锚固法。

② 滑轮组。滑轮组是由一定数量的定滑轮和动滑轮以及绳索组成的。

③ 钢丝绳。钢丝绳是先由若干根钢丝捻成股，再由若干股围绕绳芯捻成绳。常用钢丝绳一般有6×19、6×37、6×61三种。6×19——质地硬不能用来捆绑，多用于缆风绳；6×

37——用作穿滑轮组、绑构件、作吊索；6×61——最柔软、用作起重机钢丝绳。

④ 吊装工具

a. 吊索（千斤绳）：吊索的作用主要是用来绑扎构件以便起吊，吊索有两种，一种是环状吊索，又称万能吊索，另一种是开式吊索，又称轻便吊索或8股头吊索。

b. 卡环（卸甲）：卡环用于吊索与吊索或吊索与构件吊环之间的连接。卡环由弯环和销子组成。

c. 吊钩：吊钩有单钩和双钩两种。吊装时一般用单钩，双钩多用于桥式或塔式起重机上。使用时，表面应光滑，不得有剥裂、刻痕、锐角、裂缝等缺陷，吊钩不得直接钩在构件的吊环中。

d. 钢丝绳卡扣：主要用来固定钢丝绳端。

e. 花篮螺钉：花篮螺钉是利用丝杠进行伸缩，能调节钢丝绳的松紧，可以在构件运输中捆绑构件，在安装校正中松紧缆风绳。

f. 横吊梁（铁扁担）：其形式有钢板和钢管两种，常用于柱和屋架等构件的吊装。

g. 锚碇（地锚）：是用来固定缆风绳、卷扬机、导向滑车、拔杆的平衡绳索等。常用的锚碇有桩式锚碇和水平锚碇。桩式锚碇适用于固定受力不大的缆风绳，承载力10～50kN，埋入土内的深度不小于1.2m；水平锚碇承载力高达150kN。

(3) 吊装前的准备工作　准备工作包括：场地的清理及平整，道路的修筑，水电管线的铺设，基础的准备，构件的运输、就位、堆放、拼装加固、检查清理、弹线编号以及吊装机具的准备等。

(4) 构件的吊装工艺　吊装过程包括绑扎、吊升、对位、临时加固、校正及最后固定等工序。

① 柱的吊装

a. 柱的绑扎。柱的绑扎方法、绑扎位置和绑扎点数应根据柱子的形状、几何尺寸以及起吊方法等因素确定。柱的绑扎工具有吊索、卡环、柱销及横吊梁等。绑扎方法有斜吊绑扎法和直吊绑扎法。

当柱平放起吊的抗弯强度满足要求时采用斜吊。有一点绑扎斜吊法（$G \leqslant 130$kN中小型柱）和两点绑扎斜吊法（重型柱或细长的柱）。

当柱平放起吊抗弯强度不满足要求时采用直吊。有一点绑扎直吊（$G \leqslant 130$kN中小型柱）和两点绑扎直吊（重型柱或细长的柱）。

b. 柱的吊升。当采用旋转法吊装柱时，柱的平面布置要做到绑扎点、柱脚中心与基础杯口中心三点共弧，在以吊柱时起重半径为半径的圆弧上，柱脚靠近基础。采用旋转法，柱受震动小，生产效率高。对起重机性能要求较高时，宜采用自行式起重机吊装。

当采用滑行法吊装柱时，柱的平面布置要做到绑扎点、基础杯口中心两点共弧，在以起重半径为半径的圆弧上，绑扎点靠近基础杯口。宜在不能采用旋转法时采用，对起重机的性能要求较低，宜采用独脚拔杆、人字拔杆等。

c. 柱的对位和临时固定。在距杯底30～50mm处进行对位。先从柱四边放入杯口八个楔块，并用撬棍撬住柱脚，使柱的吊装准线对准杯口顶面的吊装准线。

对于重型柱或细长柱，除采用八只楔块来加强临时固定外，必要时应增设缆风绳或斜撑来加强临时固定。

d. 柱的校正。包括平面位置、标高、垂直度的校正。

e. 柱的最后固定。在柱脚与杯口间的空隙处灌筑细石混凝土，其强度等级可比原构件的混凝土强度等级提高两级。灌筑应分两次进行，第一次灌到楔块底部；第二次在第一次灌筑的细石混凝土强度达到设计强度等级的25%时，拔出楔块，将杯口灌满细石混凝土。

② 吊车梁的吊装。吊车梁的吊装必须在柱子杯口第二次浇筑的混凝土强度达到设计的75%以后进行。

a. 绑扎、吊升、对位与临时固定。吊车梁的绑扎应使吊车梁在吊升后保持水平状态，采用两点绑扎，在梁两端对称设置绑扎点，吊钩应对准梁重心。吊车梁两端用拉绳控制，以免在吊升过程中碰撞柱子。在对位过程中使吊车梁端与柱牛腿面的横轴线对准，缓慢落钩。在纵轴方向不宜用撬棍撬动吊车梁，因柱子在此方向刚度较差。如没有对准，应吊起再重新对位。对位时只用垫铁垫平，但当梁高与底宽之比大于4时，可用8号钢丝把梁捆在柱上以防倾倒。

b. 校正和最后固定。一般是在车间或一个伸缩缝区段内的全部结构安装完毕，并经过最后固定后进行。校正的内容是平面位置、垂直度和标高。吊车梁垂直度允许偏差不大于5mm，平面位置的校正包括纵轴线和跨距两项，常用通线法（又称拉钢丝法）、平移轴线法（又称仪器放线法）等检查。

③ 屋架的吊装。屋盖系统包括屋架、屋面板、天窗架、支撑、天窗侧板及天沟板等构件，一般都是按节间进行综合安装。屋架吊装的施工顺序：绑扎—扶直就位—吊升—对位—临时固定—校正并最后固定。

a. 绑扎。绑扎点应选在上弦节点处，左右对称。绑扎吊索内力的合力作用点（绑扎中心）应高于屋架重心。吊索与水平线的夹角为翻身扶直时不宜小于60°，起吊时不宜小于45°。

b. 扶直与就位。屋架扶直可分为正向扶直和反向扶直。当起重机位于屋架下弦一侧时为正向扶直；当起重机位于屋架上弦一侧时为反向扶直。就位的位置与屋架的安装方法、起重机械的性能有关，应尽量少占场地。一般靠柱边斜放或以3～5榀为一组平行柱边就位。

c. 吊升、对位与临时固定。屋架起吊后在离地面约300mm处转至吊装位置下方，再将其吊升超过柱顶约300mm，然后缓缓下落在柱顶上，力求对准安装准线。屋架对位后，先进行临时固定，然后再使起重机脱钩。

d. 校正、最后固定。屋架校正的内容是检查并校正垂直度，可用经纬仪或垂球检查，用屋架校正器校正。屋架校正垂直后，立即用电焊固定。应对角施焊，以防止焊缝收缩等导致屋架倾斜。

④ 屋面板的吊装。屋面板一般埋有吊环，用带钩的吊索钩住吊环就可以安装，可采用一钩多块迭吊法或平吊法。屋面板的吊装顺序应从两边檐口对称地铺向屋脊，以免屋架承受半边荷载的作用。屋面板对位后，立即电焊牢固，每块屋面板必须保证有三个角点焊接，最后一块只能焊两点。

⑤ 天窗架的吊装。天窗架可单独吊装，也可在地面上与屋架拼装成整体同时吊装。目前多采用单独吊装，吊装时应待天窗架两侧屋面板吊装后进行，并应用工具式夹具或绑扎原木进行临时加固。

(5) 结构安装方案　施工方案的内容包括结构吊装方法、起重机的选择、起重机的开行路线以及构件的平面布置等。

① 结构吊装方法。分为分件吊装法和综合吊装法两种。

a. 分件吊装法。分件吊装法是指在厂房结构吊装时，起重机每开一次仅吊装一种或两种构件。第一次开行安装全部柱子，并对柱子进行校正及最后固定；第二次开行安装吊车梁、基础梁及柱间支撑等；第三次开行分节间安装屋架、天窗架、屋面板及屋盖支撑等。其优点：可根据不同的构件分别选择起重机械，机械性能被充分发挥；索具更换次数少，劳动效率高；构件校正时间充分；构件平面布置简单。其缺点：起重机开行次数多，路线长，不能及早地为后续工种提供工作面。

b. 综合吊装法。综合吊装法是在厂房结构安装的过程中，起重机开行一次，以节间为单位安装所有的结构构件。其优点：起重机开行次数少，路线短；能及早地为后续工种提供工作面。其缺点：不能充分利用发挥机械性能；索具更换频繁，劳动效率低；构件校正时间少；构件平面布置复杂。

② 起重机的选择。对于中小型厂房结构采用自行式起重机安装；当厂房结构高度和长度较大时，可选用塔式起重机安装屋盖系统；在缺乏自行式起重机的地方，可采用桅杆式起重机安装；大跨度的重型工业厂房，应结合设备安装来选择起重机的类型；当一台起重机无法吊装时，可选用两台起重机抬吊。

③ 起重机的开行路线和停机位置。起重机的开行路线与停机位置和起重机的性能、构件的尺寸及重量、构件的平面位置、构件的供应方式、吊装方法等有关。

在吊装过程中，互相衔接，不跑空车，开行线路宜短且重复使用，以减少铺设钢板、枕木的设施，要充分利用附近的永久性道路作为起重机的开行路线。

④ 构件的平面布置与运输堆放。构件的平面布置与吊装方法、起重机性能、构件制作方法等有关。

a. 预制阶段构件平面布置。柱的布置通常采用斜向布置和纵向布置两种，一般用旋转法吊柱时，柱斜向布置；用滑行法吊柱时，柱纵向布置。屋架一般布置在跨内平卧叠浇预制，每叠 3～4 榀。布置的方式有斜向布置、正反斜向布置和正反纵向布置三种。吊车梁当在现场预制时，可靠近柱基顺纵轴线或略倾斜布置，也可插在柱子的空当中预制，如有运输条件也可在场外预制。

b. 吊装阶段构件的就位布置及运输堆放

(a) 屋架的扶直就位排放。屋架扶直是用起重机把屋架由平卧转成直立。就位排放分屋架斜向就位排放和纵向排放。

(b) 屋面板的运输和堆放。屋面板的堆放位置一般在跨内，可以 6～8 块为一堆，靠柱边堆放。如果车间跨度 $L$ 不大于 18m，一般采用纵向堆放；如果 $L$ 不小于 18m，可采用横向堆放。

**11. 钢筋工程**

(1) 钢筋的类别。

① 钢筋的分类。

a. 按化学成分分为碳素钢钢筋和普通低合金钢钢筋。

b. 按生产加工工艺分为热轧钢筋、冷拉钢筋、热处理钢筋、冷拔低碳钢丝、碳素钢丝、刻痕钢丝、钢绞线。

c. 按外形分为光面钢筋和变形钢筋。

d. 按直径大小分为细钢筋、中粗钢筋、粗钢筋和钢丝。

② 钢筋的验收和存放

a. 验收。验收包括查对标牌、外观检查、力学性能试验。钢筋表面不得有裂缝、疤痕、折叠，外形尺寸应符合规定。验收应逐捆（盘）进行。每 60t 为一批，抽取两根钢筋，每根钢筋上取两个试样分别进行拉伸试验和冷弯试验。通过拉伸试验测它的屈服点、抗拉强度和伸长率。抗拉强度和屈服点是钢筋的强度指标；伸长率和冷弯性能是钢筋的塑性指标。

b. 存放。运进现场的钢筋经检验合格后必须严格按批分等级、牌号、直径、长度挂牌存放，并注明数量，不得混淆，尽量堆入仓库或料棚内，四周挖排水沟以利泄水；堆放钢筋时下面须加垫木；加工后的钢筋成品要按不同的工程、不同的构件挂牌并分别堆放；远离有害气体生产车间。

③ 钢筋的接头

a. 焊接接头。钢筋常用的焊接方法有闪光对焊、电弧焊、电渣压力焊、电阻点焊、埋弧压力焊等。

b. 机械连接。主要有钢筋套筒挤压连接、锥螺纹套筒连接、精轧大螺旋钢筋套筒连接、热熔剂充填套筒连接、平面承压对接等。

机械连接多数是利用钢筋表面轧制的或特制的螺纹、横肋和螺纹套筒间的机械咬合作用来传递钢筋中的拉力或压力。

c. 绑扎接头。钢筋绑扎时，应采用钢丝扎牢；板和墙的钢筋网，除外围两行钢筋的相交点全部扎牢外，中间部分交叉点可相隔交错扎牢，保证受力钢筋位置不产生偏移；梁和柱的钢筋应与受力钢筋垂直设置。弯钩叠合处应沿受力钢筋方向错开设置。钢筋绑扎搭接接头的末端与钢筋弯起点的距离不得小于钢筋直径的10倍，接头宜设在构件受力较小处。钢筋搭接处应在中部和两端用钢丝扎牢，受拉钢筋和受压钢筋的搭接长度及接头位置要符合《混凝土结构工程施工质量验收标准》（GB 50204—2002）的规定。

④ 钢筋配料

a. 外包尺寸和内包尺寸。外包尺寸为钢筋外皮到外皮量得的尺寸。内包尺寸为钢筋内皮到内皮量得的尺寸。

b. 量度差值。量度差值为钢筋的外包尺寸和轴线长度之差，见表6-36。

表6-36 量度差值

| 序号 | 角度 | 量度差值 | 序号 | 角度 | 量度差值 |
|---|---|---|---|---|---|
| 1 | 30° | $0.35d$ | 4 | 90° | $2d$ |
| 2 | 45° | $0.5d$ | 5 | 135° | $2.5d$ |
| 3 | 60° | $0.85d$ | | | |

c. 钢筋末端弯钩或弯折时下斜长度的增长值。HPB235级钢筋两端必须设180°弯钩，弯钩增长值为$6.25d$。HRB335级钢筋有时设弯钩或弯折，当90°弯折时，增长值为$1d$；当135°弯折时，增长值为$3d$。

d. 箍筋弯钩调整值。将箍筋弯钩增加长度和弯折量度差值两项合并成一项称为箍筋弯钩调整值。调整增加值长度见表6-37。

表6-37 箍筋弯钩调整增加值

| 尺寸 \ 箍筋直径 | 4～5mm | 6mm | 8mm | 10～12mm |
|---|---|---|---|---|
| 外包尺寸/m | 40 | 50 | 60 | 70 |
| 内包尺寸/mm | 80 | 100 | 120 | 150～170 |

e. 钢筋保护层厚度。钢筋保护层厚度即受力筋外边缘到混凝土构件表面的距离，作用是保护钢筋防止锈蚀，增加钢筋与混凝土间的黏结。

f. 钢筋下料长度计算公式：

直钢筋下料长度＝构件长度－保护层厚度＋弯钩增加长度

弯起钢筋下料长度＝直段长度＋斜段长度－弯折量度差值＋弯钩增加长度

箍筋下料长度＝直段长度之和＋箍筋调整值

当钢筋采用绑扎接头搭接时，还应加上钢筋的搭接长度。

⑤ 钢筋代换

a. 等强度代换。常用于不同种类、级别的钢筋的代换。若设计中采用的钢筋强度为 $f_{y1}$，总面积为 $A_{s1}$，代换后的钢筋强度为 $f_{y2}$，总面积为 $A_{s2}$，即 $A_{s2}f_{y2} \geqslant A_{s1}f_{y1}$ 或根数 $n_2 \geqslant (n_1 d_1 f_{y1})/(d_2 f_{y2})$。

b. 等面积代换：常用于相同种类和级别的钢筋代换。代换前钢筋面积为 $A_{s1}$，代换后钢筋面积为 $A_{s2}$，代换前后钢筋强度相同 $f_y$，即 $A_{s2}f_y \geqslant A_{s1}f_y$ 或 $A_{s2} \geqslant A_{s1}$ 或 $n_2 \geqslant n_1 d_1/d_2$。

（2）无黏结预应力钢丝束　无黏结预应力钢丝束是指外表面刷涂料、包塑料管的钢丝束，直接预埋于混凝土中，待混凝土达到一定强度后，进行后张法施工，预应力钢丝束的张拉应力通过其两端的锚具传递给混凝土构件。由于钢丝束外表面的塑料管阻断了钢丝束与混凝土的接触，因此钢丝束与混凝土之间不能形成黏结，故称无黏结。

（3）有黏结预应力钢绞线　有黏结预应力钢绞线是指浇筑混凝土时，用波纹管在混凝土中预留孔道，混凝土达到一定强度时，首先在波纹管中穿入钢质裸露的钢绞线，然后进行后张法施工，最后在波纹管中加压灌浆，用锚具锚固钢筋。由于混凝土、波纹管、砂浆、钢绞线能够相互黏结成牢固的整体，故称有黏结。

**12. 梁平法施工图制图规则简介**

梁平法施工图是在梁平面布置图上采用平面注写或截面注写方式表达。

平面注写方式是在梁平面布置图上，分别在不同编号的梁中各选一根梁，在其上注写截面尺寸和配筋具体值的方式表达梁平法施工图。

截面注写方式是在分标准层绘制的梁平面布置图上，分别在不同编号的梁中各选一根梁用剖面号引出配筋图，并在其上注写截面尺寸和配筋具体值的方式表达梁平法施工图。

平面注写方式包括集中标注与原位标注。集中标注表达梁的通用数值，原位标注表达梁的特殊数值。当集中标注中的某项数值不适用于梁某部位时，则将该项数值原位标注。施工时原位标注优先。

（1）梁集中标注内容　梁集中标注内容有五项必注值及一项选注值。

① 梁编号。由梁类型代号、序号、跨数及有无悬挑代号几项组成。

② 梁的截面尺寸。梁为等截面时，用 $b \cdot h$ 表示；当有悬挑梁且根部和端部的高度不同时，用斜线分隔根部与端部的高度值，即为 $b \cdot h_1/h_2$。

③ 梁箍筋。包括钢筋级别、直径、加密区与非加密区间距及肢数。箍筋加密区与非加密区的不同间距及肢数需用斜线分隔。当梁箍筋为同一种间距及肢数时，则不需用斜线。当加密区与非加密区的箍筋肢数相同时，则将肢数注写一次。箍筋肢数应写在括号内。

加密区应为纵向钢筋搭接长度范围内均按不大于 $5d$ 及不大于 100mm 的间距加密箍筋。

④ 梁上部通长筋或架立筋。当同排纵筋中既有通长筋又有架立筋时，应用加号将通长筋和架立筋相连。角部纵筋写在加号的前面，架立筋写在加号后面的括号内，当全部采用架立筋时，则将其写入括号内。当梁的上部纵筋和下部纵筋为全跨相同且多数跨配筋相同，此项可加注下部纵筋的配筋值，用分号将上部与下部纵筋的配筋值分隔开来。

⑤ 梁侧面纵向构造钢筋或受扭钢筋配置。当梁腹板高度 $h_w$ 不小于 450mm 时，须配置纵向构造筋。纵向构造钢筋或受扭钢筋注写值以大写字母 G 或 N 打头，注写配置在梁两侧的总配筋值，且对称配置。

⑥ 梁顶面标高差。该项为选注值。

（2）梁原位标注的内容规定

① 梁支座上部纵筋。该部位含通长筋在内的所有纵筋。

a. 当上部纵筋多于一排时，用斜线将各排纵筋自上而下分开。

b. 当同排纵筋有两种直径时，用加号将两种直径的纵筋相连，注写时将角部的纵筋写在前面。

c. 当梁中间支座两边的上部纵筋不同时，须在支座两边分别标注；当中间支座两边的上部纵筋相同时，可仅在支座的一边标注配筋值。

② 梁下部纵筋

a. 当下部纵筋多于一排时，用斜线将各排纵筋自上而下分开。

b. 当同排纵筋有两种直径时，用加号将两种直径的纵筋相连，注写时将角部的纵筋写在前面。

c. 当梁下部纵筋不全部伸入支座时，将梁支座下部纵筋减少的数量写在括号内。

d. 当梁的集中标注中已按规定标注了上下部通长纵筋时，则不需要梁下部重复做原位标注。

## 第二节 混凝土及钢筋混凝土工程定额工程量套用规定

### 一、定额说明

**1. 总说明**

① 定额内混凝土搅拌项目包括筛砂子、筛洗石子、搅拌、前台运输上料等内容。混凝土浇筑项目包括润湿模板、浇灌、捣固、养护等内容。

② 定额中已列出常用混凝土强度等级，如与设计要求不同时可以换算。

③ 定额混凝土工程量除另有规定者外，均按图示尺寸以立方米计算，不扣除构件内钢筋、预埋件及墙、板中 0.3m$^2$ 以内的孔洞所占体积。

④ 混凝土搅拌制作和泵送子目，按各混凝土构件的混凝土消耗量之和以立方米计算，单独套用混凝土搅拌制作子目和泵送混凝土补充定额。

⑤ 施工单位自行制作泵送混凝土，其泵送剂以及由于混凝土坍落度增大和使用水泥砂浆润滑输送管道而增加的水泥用量等内容，执行补充子目 4-4-18。子目中的水泥强度等级、泵送剂的规格和用量，设计与定额不同时可以换算，其他不变。

⑥ 施工单位自行泵送混凝土，其管道输送混凝土（输送高度 50m 以内）执行补充子目 4-4-19～4-4-21。输送高度 100m 以内，其超过部分乘以系数 1.25；输送高度 150m 以内，其超过部分乘以系数 1.60。

⑦ 预制混凝土构件定额内仅考虑现场预制的情况。混凝土构件安装项目中，凡注明现场预制的构件，其构件按混凝土构件制作有关子目计算；凡注明成品的构件，按其商品价格计入安装项目内。

⑧ 定额规定安装高度为 20m 以内。预制混凝土构件安装子目中的安装高度是指建筑物的总高度。

⑨ 定额中机械吊装是按单机作业编制的。

⑩ 定额是按机械起吊中心回转半径 15m 以内的距离编制的。

⑪ 定额中包括每一项工作循环中机械必要的位移。

⑫ 定额安装项目是以轮胎式起重机、塔式起重机（塔式起重机台班消耗量包括在垂直运输机械项目内）分别列项编制的。预制混凝土构件安装子目中，机械栏列出轮胎式起重机台班消耗量的，为轮胎式起重机安装。其余的除定额注明者外，为塔式起重机安装。如使用汽车式起重机时，按轮胎式起重机相应定额项目乘以系数 1.05。

⑬ 预制混凝土构件的轮胎式起重机安装子目，定额按单机作业编制。双机作业时，轮胎式起重机台班数量乘以系数 2；三机作业时，轮胎式起重机台班数量乘以系数 3。

⑭ 定额中不包括起重机械、运输机械行驶道路的修整、垫铺工作所消耗的人工、材料和机械。

⑮ 预制混凝土构件安装子目中，未计入构件的操作损耗。施工单位报价时，可根据构件、现场等具体情况自行确定构件损耗率。编制标底时，预制混凝土构件按相应规则计算的工程量乘以表 6-38 规定的工程量系数。

**表 6-38 预制混凝土构件安装操作损耗率表**

| 构件类别 \ 定额内容 | 运输 | 安装 |
|---|---|---|
| 预制加工厂预制 | 1.013 | 1.005 |
| 现场(非就地)预制 | 1.010 | 1.005 |
| 现场就地预制 | — | 1.005 |
| 成品构件 | — | 1.010 |

⑯ 预制混凝土构件安装子目均不包括为安装工程所搭设的临时性脚手架及临时平台，发生时按有关规定另行计算。

⑰ 预制混凝土构件必须在跨外安装就位时，按相应构件安装子目中的人工、机械台班乘以系数 1.18。使用塔式起重机安装时，不再乘以系数。

⑱ 预制混凝土（钢）构件安装机械的采用，编制标底时按下列规定执行。

a. 檐高 20m 以下的建筑物，除预制排架单层厂房、预制框架多层厂房执行轮胎式起重机安装子目外，其他结构执行塔式起重机安装子目。

b. 檐高 20m 以上的建筑物，预制框（排）架结构可执行轮胎式起重机安装子目，其他结构执行塔式起重机安装子目。

**2. 垫层与填料加固定额说明**

（1）垫层定额按地面垫层编制 若为基础垫层，人工、机械分别乘以下列系数：条形基础 1.05；独立基础 1.10；满堂基础 1.00。

（2）填料加固定额用于软弱地基挖土后的换填材料加固工程 垫层与填料加固的不同之处在于：垫层平面尺寸比基础略大（一般≤2 00mm），总是伴随着基础的发生，总体厚度较填料加固小（一般≤500mm），垫层与槽（坑）边有一定的间距（不呈满填状态）。填料加固用于软弱地基整体或局部大开挖后的换填，其平面尺寸由建筑物地基的整体或局部尺寸以及地基的承载能力决定，总体厚度较大（一般＞500mm），一般呈满填状态。灰土垫层及填料加同夯填灰土就地取土时，应扣除灰土配合比中的黏土。

**3. 毛石混凝土**

毛石混凝土系按毛石占混凝土总体积 20%计算的，如设计要求不同时可以换算。

**4. 钢筋混凝土柱、轻型框剪墙及剪力墙的区别**

附墙轻型框架结构中，各构件的区别主要是截面尺寸：柱，$L/B<5$（单肢）；异形柱：$L/B<5$（一般柱肢数≥2）；轻型框剪墙，$5\leqslant L/B\leqslant 8$，剪力墙，$L/B>8$。

T 形、L 形、匚形、十形等计算墙肢截面长度与厚度之比以最长的肢为准。墙肢截面长度（$L$）指墙肢截面长边（或称墙肢高度），墙肢厚度（$B$）指墙肢截面短边。

**5. 后浇带**

现浇钢筋混凝土柱、墙、后浇带定额项目，定额综合了底部灌注 1∶2 水泥砂浆的用量。

**6. 小型混凝土构件**

小型混凝土构件系指单件体积在 0.05m³ 以内的定额未列项目，其他预制构件定额内仅考虑现场预制的情况。

**7. 构筑物其他工程定额说明**

① 构筑物其他工程包括单项及综合项目定额。综合项目是按国标、省标的标准做法编制，使用时对应标准图号直接套用，不再调整。设计文件与标准图做法不同时，套用单项定额。“计价规范”内容不单列，各项目分解到各章节内。

② 构筑物其他工程定额不包括土石方内容，发生时按土（石）方相应定额执行。

③ 烟囱内衬项目也适用于烟道内衬。

④ 室外排水管道的试水所需工料已包括在定额内，不得另行计算。

⑤ 室外排水管道定额，其沟深是按 2m 以内（平均自然地坪至垫层上表面）考虑的。当沟深在 2～3m 时，综合工日乘以系数 1.11；3m 以外者，综合工日乘系数 1.18。此条指的是陶土管和混凝土管的铺设项目。排水管道混凝土基础、砂基础及砂石基础不考虑沟深。排水管道砂基础 90°、120°、180°是指砂基础表面与管道的两个接触点的中心角的大小，如 180°是指砂垫层埋半个管子的深度。

⑥ 室外排水管道无论人工或机械铺设，均执行定额，不得调整。

⑦ 毛石混凝土系按毛石占混凝土体积 20%计算的，如设计要求不同时可以换算，其中毛石损耗率为 2%，混凝土损耗率为 1.5%。

⑧ 排水管道砂石基础中砂与石子的比例按 1∶2 考虑，如设计要求不同时可以换算材料单价，定额消耗量不变。

⑨ 化粪池、水表池、沉砂池、检查井等室外给水排水小型构筑物，实际工程中，常依据省标图集 LS 设计和施工。凡依据省标准图集 LS 设计和施工的室外给水排水小型构筑物，均执行室外给水排水小型构筑物补充定额，不作调整。

⑩ 构筑物综合项目中的散水及坡道子目，按当地建筑标准设计图集编制。

**8. 配套定额关于钢筋的相关说明**

① 定额按钢筋的不同品种、规格，并按现浇构件钢筋、预制构件钢筋、预应力钢筋及箍筋分别列项。

② 预应力构件中非预应力钢筋按预制钢筋相应项目计算。

③ 设计规定钢筋搭接的，按规定搭接长度计算；设计未规定的钢筋锚固、定尺长度的钢筋连接等结构性搭接，按施工规范规定计算；设计、施工规范均未规定的，已包括在钢筋损耗率内，不另计算。

④ 绑扎低碳钢丝、成型点焊和接头焊接用的电焊条已综合在定额项目内，不另行计算。

⑤ 非预应力钢筋不包括冷加工，如设计要求冷加工时，另行计算。

⑥ 预应力钢筋如设计要求人工时效处理时，另行计算。

⑦ 后张法钢筋的锚同是按钢筋帮条焊、U 形插垫编制的。如采用其他方法锚固时，可另行计算。

⑧ 拱梯形屋架、托架梁、小型构件（或小型池槽）、构筑物，其钢筋可按表 6-39 内系数调整人工、机械用量。

**表 6-39 人工、机械调整系数**

| 项　目 | 预制构件钢筋 | | 现浇构件钢筋 | |
|---|---|---|---|---|
| 系数范围 | 拱梯形屋架 | 托架梁 | 小型构件(或小型池槽) | 构筑物 |
| 人工、机械调整系数 | 1.16 | 1.05 | 2 | 1.25 |

⑨ 现浇构件箍筋采用 HRB400 级钢时，执行现浇构件 HPB235 级钢箍筋子目，换算钢

筋种类，机械乘以系数1.25。

⑩ 砌体加固筋，定额按焊接连接编制。实际采用非焊接方式连接，不得调整。

⑪ HPB235级钢筋电渣压力焊接头，执行HRB335级钢筋电渣压力焊接头子目，换算钢筋种类，其他不变。

## 二、定额工程量计算规则

### 1. 垫层

(1) 地面垫层按室内主墙间净面积乘以设计厚度，以立方米计算。计算时应扣除凸出地面的构筑物、设备基础、室内铁道、地沟以及单个面积在0.3$m^2$以上的孔洞、独立柱等所占体积；不扣除间壁墙、附墙烟囱、墙垛以及单个面积在0.3$m^2$以内的孔洞等所占体积，门洞、空圈、散热器壁龛等开口部分也不增加。

(2) 基础垫层按下列规定，以立方米计算。

① 条形基础垫层，外墙按外墙中心线长度、内墙按其设计净长度乘以垫层平均断面面积计算。柱间条形基础垫层，按柱基础（含垫层）之间的设计净长度计算。

② 独立基础垫层和满堂基础垫层，按设计图示尺寸乘以平均厚度计算。

③ 爆破岩石增加垫层的工程量，按现场实测结果计算。

### 2. 现浇混凝土基础

① 带形基础，外墙按设计外墙中心线长度、内墙按设计内墙基础图示长度乘以设计断面计算。

带形基础工程量＝外墙中心线长度×设计断面＋设计内墙基础图示长度×设计断面

② 有肋（梁）带形混凝土基础，其肋高与肋宽之比在4∶1以内的，按有梁式带形基础计算。超过4∶1时，起肋部分按墙计算，肋以下按无梁式带形基础计算。

③ 箱式满堂基础分别按无梁式满堂基础、柱、墙、梁、板有关规定计算，套用相应定额子目；有梁式满堂基础，肋高大于0.4m时，套用有梁式满堂基础定额项目；肋高小于0.4m或设有暗梁、下翻梁时，套用无梁式满堂基础项目。

④ 独立基础包括各种形式的独立基础及柱墩，其工程量按图示尺寸以立方米计算。柱与柱基的划分以柱基的扩大顶面为分界线。

⑤ 桩承台是钢筋混凝土桩顶部承受柱或墙身荷载的基础构件，有独立桩承台和带形桩承台两种。带形桩承台按带形基础的计算规则计算，独立桩承台按独立基础的计算规则计算。

⑥ 设备基础除块体基础外，分别按基础、柱、梁、板、墙等有关规定计算，套用相应定额子目。楼层上的钢筋混凝土设备基础按有梁板项目计算。

### 3. 现浇混凝土柱

① 现浇混凝土柱工程量按图示断面尺寸乘以柱高，以立方米计算。

② 柱高按下列规定计算：

a. 有梁板的柱高，自柱基上表面（或楼板上表面）至上一层楼板上表面之间的高度计算。

b. 无梁板的柱高，自柱基上表面（或楼板上表面）至柱帽下表面之间的高度计算。

c. 框架柱的柱高，自柱基上表面至柱顶高度计算。

d. 构造柱按设计高度计算，构造柱与墙嵌接部分（马牙槎）的体积，按构造柱出槎长度的一半（有槎与无槎的平均值）乘以出槎宽度再乘以构造柱柱高，并入构造柱体积内计算。

e. 依附柱上的牛腿、升板的柱帽，并入柱体积内计算。

f. 薄壁柱也称隐壁柱。在框剪结构中，隐藏在墙体中的钢筋混凝土柱，抹灰后不再有柱的痕迹。薄壁柱按钢筋混凝土墙计算。

**4. 现浇混凝土梁**

① 现浇混凝土梁工程量按图示断面尺寸乘以梁长，以立方米计算。

② 梁长及梁高按下列规定计算。

a. 梁与柱连接时，梁长算至柱侧面。圈梁与构造柱连接时，圈梁长度算至构造柱侧面。构造柱有马牙槎时，圈梁长度算至构造柱主断面（不包括马牙槎）的侧面。

b. 主梁与次梁连接时，次梁长算至主梁侧面。伸入墙体内的梁头、梁垫体积并入梁体积内计算。

c. 圈梁与过梁连接时，分别套用圈梁、过梁定额。过梁长度按设计规定计算。设计无规定时，按门窗洞口宽度两端各加 250mm 计算。房间与阳台连通、洞口上坪与圈梁连成一体的混凝土梁，按过梁的计算规则计算工程量，执行单梁子目。基础圈梁按圈梁计算。

d. 圈梁与梁连接时，圈梁体积应扣除伸入圈梁内的梁体积。

e. 在圈梁部位挑出外墙的混凝土梁，以外墙外边线为界限，挑出部分按图示尺寸以立方米计算，套用单梁、连续梁项目。

f. 梁（单梁、框架梁、圈梁、过梁）与板整体现浇时，梁高计算至板底。

**5. 现浇混凝土墙**

① 现浇混凝土墙与基础的划分，以基础扩大面的顶面为分界线，以下为基础，以上为墙身。梁、墙连接时，墙高算至梁底。墙、墙相交时，外墙按外墙中心线长度计算，内墙按墙间净长度计算。柱、墙与板相交时，柱和外墙的高度算至板上坪，内墙的高度算至板底。

② 混凝土墙按图示中心线长度尺寸乘以设计高度及墙体厚度，以立方米计算。扣除门窗洞口及单个面积在 0.3$m^2$ 以上孔洞的体积，墙垛、附墙柱及突出部分并入墙体积内计算。混凝土墙中的暗柱、暗梁并入相应墙体积内，不单独计算。电梯井壁工程量计算执行外墙的相应规定。

**6. 现浇混凝土板**

① 现浇混凝土板工程量按图示面积乘以板厚以立方米计算。柱、墙与板相交时，板的宽度按外墙间净宽度（无外墙时，按板边缘之间的宽度）计算，不扣除柱、垛所占板的面积。

② 各种板按以下规定计算。

a. 有梁板是指由一个方向或两个方向的梁（主梁、次梁）与板连成一体的板。有梁板包括主、次梁及板，工程量按梁、板体积之和计算。

b. 无梁板是指无梁且直接用柱子支撑的楼板。无梁板按板和柱帽体积之和计算。

c. 平板是指直接支撑在墙上的现浇楼板。平板按板图示体积计算，伸入墙内的板头、平板边沿的翻檐，均并入平板体积内计算。

d. 斜屋面板是指斜屋面铺瓦用的钢筋混凝土基层板。斜屋面按板断面积乘以斜长。有梁时，梁板合并计算。屋脊处八字脚的加厚混凝土（素混凝土）已包括在消耗量内，不单独计算。若屋脊处八字脚的加厚混凝土配置钢筋作梁使用，应按设计尺寸并入斜板工程量内计算。

e. 圆弧形老虎窗顶板是指坡屋面阁楼部分为了采光而设计的圆弧形老虎窗的钢筋混凝土顶板。圆弧形老虎窗顶板套用拱板子目。

f. 现浇挑檐与板（包括屋面板）连接时，以外墙外边线为界限；与圈梁（包括其他梁）连接时，以梁外边线为界限，外边线以外为挑檐。

**7. 现浇混凝土阳台、雨篷**

① 阳台、雨篷按伸出外墙的水平投影面积计算，伸出外墙的牛腿不另计算，其嵌入墙内的梁另按梁有关规定单独计算。混凝土挑檐、阳台、雨篷的翻檐，总高度在300mm以内时，按展开面积并入相应工程量内；高度超过300mm时，按栏板计算。井字梁雨篷按有梁板计算规则计算。

② 混凝土阳台（含板式和挑梁式）子目按阳台板厚100mm编制。混凝土雨篷子目按板式雨篷、板厚80mm编制。若阳台、雨篷板厚设计与定额不同时，按补充子目4-2-65调整。三面梁式雨篷，按有梁式阳台计算。

**8. 现浇混凝土栏板**

① 现浇混凝土栏板，以立方米计算，伸入墙内的栏板合并计算。

② 飘窗左右混凝土立板，按混凝土栏板计算。飘窗上下混凝土挑板、空调机的混凝土搁板，按混凝土挑檐计算。

**9. 现浇混凝土楼梯**

① 现浇混凝土整体楼梯包括休息平台、平台梁、楼梯底板、斜梁及楼梯与楼板的连接梁，按水平投影面积计算，不扣除宽度小于500mm的楼梯井，伸入墙内部分不另增加。混凝土楼梯（含直形和旋转形）与楼板以楼梯顶部与楼板的连接梁为界，连接梁以外为楼板。楼梯基础按基础的相应规定计算。

② 混凝土楼梯子目，按踏步底板（不含踏步和踏步底板下的梁）和休息平台板厚均为100mm编制。若踏步底板、休息平台的板厚设计与定额不同时，按定额4-2-46子目调整。踏步底板、休息平台的板厚不同时，应分别计算。踏步底板的水平投影面积包括底板和连接梁，休息平台的投影面积包括平台板和平台梁。

③ 踏步旋转楼梯按其楼梯部分的水平投影面积乘以周数计算（不包括中心柱）。弧形楼梯按旋转楼梯计算。

**10. 小型混凝土构件**

小型混凝土构件以立方米计算。

**11. 预制混凝土构件**

① 预制混凝土板补现浇板缝。板底缝宽大于40mm时，按小型构件计算；板底缝宽大于100mm时，按平板计算。

② 预制混凝土柱工程量均按图示尺寸以立方米计算，不扣除构件内钢筋、铁件等所占的体积。

③ 预制混凝土框架柱的现浇接头（包括梁接头）按设计规定断面和长度，以立方米计算。

④ 预制钢筋混凝土工字形柱、矩形柱、空腹柱、双肢柱、空心柱、管道支架等的安装，均按柱安装计算。

⑤ 升板预制柱加固是指柱安装后至楼板提升完成前的预制混凝土柱的搭设加固。

⑥ 预制钢筋混凝土多层柱安装，首层柱按柱安装计算，二层及二层以上按柱接柱计算。

⑦ 升板预制柱加同子目，其工程量按提升混凝土板的体积以立方米计算。

⑧ 焊接成型的预制混凝土框架结构，其柱安装按框架柱计算。

⑨ 预制混凝土梁工程量均按图示尺寸以立方米计算，不扣除构件内钢筋、铁件、预应力钢筋预留孔洞等所占的体积。

⑩ 焊接成型的预制混凝土框架结构，其梁安装按框架梁计算。

⑪ 预制混凝土过梁，如需现场预制，执行预制小型构件子目。

⑫ 预制混凝土屋架工程量均按图示尺寸以立方米计算，不扣除构件内钢筋、铁件、预应力钢筋预留孔洞等所占的体积。

⑬ 预制混凝土与钢杆件组合的屋架，混凝土部分按构件实体积以立方米计算，钢构件部分按"t"计算，分别套用相应的定额项目。组合屋架安装，以混凝土部分的实体积计算，钢杆件部分不另计算。预制混凝土板工程量均按图示尺寸以立方米计算，不扣除构件内钢筋、铁件、预应力钢筋预留孔洞及小于300mm×300mm以内孔洞所占的体积。

⑭ 预制混凝土楼梯工程量均按图示尺寸以立方米计算，不扣除构件内钢筋、铁件、预应力钢筋预留孔洞及小于300mm×300mm以内的孔洞所占的体积。

⑮ 预制混凝土其他构件工程量均按图示尺寸，以立方米计算，不扣除构件内钢筋、铁件、预应力钢筋预留孔洞及小于300mm×300mm以内孔洞所占的体积。

⑯ 预制混凝土与钢杆件组合的其他构件，混凝土部分按构件实体积，以立方米计算，钢构件部分按"t"计算，分别套用相应的定额项目。其他混凝土构件安装及灌缝子目，适用于单体体积在0.1$m^3$以内（人力安装）或0.5$m^3$以内（5t汽车吊安装）定额未单独列项的小型构件。天窗架、天窗端壁、上下档、支撑、侧板及檩条的灌缝套用10-3-148子目。

⑰ 预制混凝土构件安装均按图示尺寸，以实体积计算。

**12. 混凝土水塔**

① 钢筋混凝土基础包括基础底板及筒座，工程量按设计图纸尺寸以立方米计算。

② 筒身与槽底以槽底连接的圈梁底为界，以上为槽底，以下为筒身。

③ 筒式塔身及依附于筒身的过梁、雨篷、挑檐等并入筒身体积内计算，柱式塔身、柱、梁合并计算。

④ 塔顶包括顶板和圈梁，槽底包括底板挑出的斜壁板和圈梁等合并计算。

⑤ 混凝土水塔按设计图示尺寸以立方米计算工程量，分别套用相应定额项目。

⑥ 倒锥壳水塔中的水箱，定额按地面上浇筑编制，水箱的提升另按定额措施项目的相应规定计算。倒锥壳水塔是指水箱呈倒锥形的一种新型水塔，具有结构紧凑、造型优美、机械化施工程度高等优点。定额中筒身施工采用滑升钢模板，筒身完工后，以筒身为基准，围绕筒身预制钢筋混凝土水箱。

**13. 贮水（油）池、贮仓**

① 贮水（油）池、贮仓，以立方米计算。

② 贮水（油）池不分平底、锥底和坡底，均按池底计算。壁基梁、池壁不分圆形壁和矩形壁，均按池壁计算。

③ 沉淀池水槽系指池壁上的环形溢水槽、纵横U形水槽，但不包括与水槽相连接的矩形梁。矩形梁按相应定额子目计算。沉淀池指水处理中澄清浑水用的水池，浑水缓慢流过或停留在池中时，悬浮物下沉至池底。

④ 贮仓不分矩形仓壁、圆形仓壁，均套用混凝土立壁定额。混凝土斜壁（漏斗）套用混凝土漏斗定额。立壁和斜壁以相互交点的水平线为界，壁上圈梁并入斜壁工程量内，仓顶板及其顶板梁合并计算，套用仓顶板定额。

⑤ 贮水（油）池、贮仓、筒仓的基础、支撑柱及柱之间的连系梁，根据构成材料的不同，分别按定额相应规定计算。

**14. 混凝土井（池）**

混凝土井（池）按实体积，以立方米计算，与井壁相连接的管道及内径在20cm以内的孔洞所占体积不予扣除。

**15. 铸铁盖板**

铸铁盖板（带座）安装以套计算。

**16. 室外排水管道**

① 室外排水管道与室内排水管道的分界，以室内至室外第一个排水检查井为界。检查井至室内一侧为室内排水管道，另一侧为室外排水（厂区、小区内）管道。

② 排水管道铺设以延长米计算，扣除其检查井所占的长度。

③ 排水管道基础按不同管径及基础材料分别以延长米计算。

**17. 场区道路**

场区道路子目，按当地建筑标准设计图集编制。场区道路子目中，已包括留设伸缩缝及嵌缝内容。场区道路垫层按设计图示尺寸以立方米计算。道路面层工程量按设计图示尺寸以平方米计算。

**18. 配套定额关于钢筋工程量的计算**

(1) 钢筋工程应区别现浇、预制构件和不同钢种、规格。计算时分别按设计长度乘单位理论质量，以“t”计算，钢筋电渣压力焊接、套筒挤压等接头，以个计算。钢筋机械连接的接头，按设计规定计算，设计无规定时，按施工规范或施工组织设计规定的实际数量计算。

(2) 计算钢筋工程量时，钢筋保护层厚度按设计规定计算。设计无规定时，按施工规范规定计算。钢筋的弯钩增加长度和弯起增加长度按设计规定计算。已执行了钢筋接头子目的钢筋连接，其连接长度不另行计算。施工单位为了节约材料所发生的钢筋搭接，其连接长度或钢筋接头不另行计算。

(3) 先张法预应力钢筋按构件外形尺寸计算长度。后张法预应力钢筋按设计规定的预应力钢筋预留孔道长度，并区别不同的锚具类型，分别按下列规定计算。

① 低合金钢筋两端采用螺杆锚具时，预应力钢筋按预留孔道长度减去 0.35m，螺杆另行计算。

② 低合金钢筋一端采用镦头插片，另一端为螺杆锚具时，预应力钢筋长度按预留孔道长度计算，螺杆另行计算。

③ 低合金钢筋一端采用镦头插片，另一端采用帮条锚具时，预应力钢筋长度增加 0.15m；两端均采用帮条锚具时，预应力钢筋长度共增加 0.3m。

④ 低合金钢筋采用后张混凝土自锚时，预应力钢筋长度增加 0.35m。

⑤ 低合金钢筋或钢绞线采用 JM、XM、QM 型锚具。孔道长度在 20m 以内时，预应力钢筋长度增加 1m；孔道长在 20m 以上时，预应力钢筋长度增加 1.8m。

⑥ 碳素钢丝采用锥形锚具。孔道长在 20m 以内时，预应力钢筋长度增加 1m；孔道长在 20m 以上时，预应力钢筋长度增加 1.8m。

⑦ 碳素钢丝两端采用镦粗头时，预应力钢丝长度增加 0.35m。

现行定额新增了无黏结预应力钢丝束和有黏结预应力钢绞线项目，其含义是：无黏结预应力钢丝束是指外表面刷涂料、包塑料管的钢丝束，直接预埋于混凝土中，待混凝土达到一定强度后，进行后张法施工。预应力钢丝束的张拉应力通过其两端的锚具传递给混凝土构件。由于钢丝束外表面的塑料管阻断了钢丝束与混凝土的接触，因此钢丝束与混凝土之间不能形成黏结，故称无黏结。有黏结预应力钢绞线是指浇筑混凝土时，用波纹管在混凝土中预留孔道，混凝土达到一定强度时，在波纹管中穿入钢质裸露的钢绞线，然后进行后张法施工，最后在波纹管中加压灌浆，用锚具锚固钢筋。由于混凝土、波纹管、砂浆、钢绞线能够相互黏结成牢固的整体，故称有黏结。

（4）其他

① 马凳是指用于支撑现浇混凝土板或现浇雨篷板中的上部钢筋的铁件。马凳钢筋质量，设计有规定的按设计规定计算；设计无规定时，马凳的规格应比底板钢筋降低一个规格。若底板钢筋规格不同时，按其中规格大的钢筋降低一个规格计算。长度按底板厚度的 2 倍加 200mm 计算，每平方米 1 个，计入钢筋总量。

② 墙体拉结 S 钩钢筋质量，设计有规定的按设计规定计算，设计无规定按φ8 钢筋，长度按墙厚加 150mm 计算，每平方米 3 个，计入钢筋总量。

③ 砌体加固钢筋按设计用量以吨计算。

④ 防护工程的钢筋锚杆、锚喷护壁钢筋、钢筋网按设计用量以吨计算，执行现浇构件钢筋子目。

⑤ 混凝土构件预埋铁件工程量，按金属结构制作工程量的规则以吨计算。

⑥ 冷扎扭钢筋执行冷扎带肋钢筋子目。

⑦ 设计采用 HRB400 级钢时，执行补充定额相应子目。

⑧ 预制混凝土构件中，不同直径的钢筋点焊成一体时，按各自的直径计算钢筋工程量，按不同直径钢筋的总工程量执行最小直径钢筋的点焊子目。如果最大与最小钢筋的直径比大于 2 时，最小直径钢筋点焊子目的人工乘以系数 1.25。

**19. 螺栓铁件、钢板计算**

螺栓铁件按设计图示尺寸的钢材质量，以吨计算。金属构件中所用钢板，设计为多边形者，按矩形计算，矩形的边长以设计构件尺寸的最大矩形面积计算。

## 第三节　混凝土及钢筋混凝土工程工程量计算示例

### 一、现浇混凝土工程量计算

（1）现浇混凝土基础　如图 6-40 所示，试计算此现浇混凝土基础的工程量。

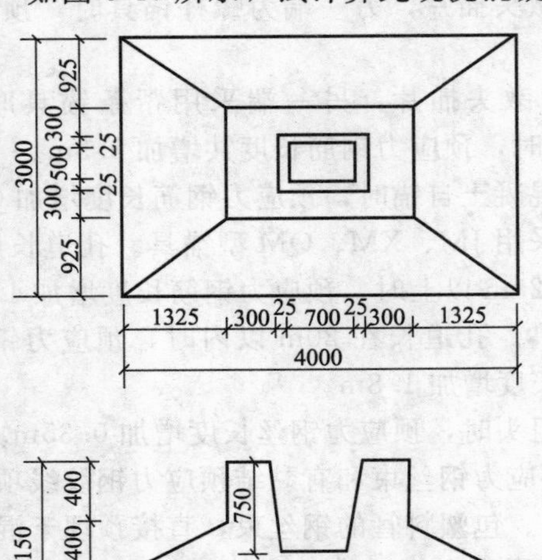


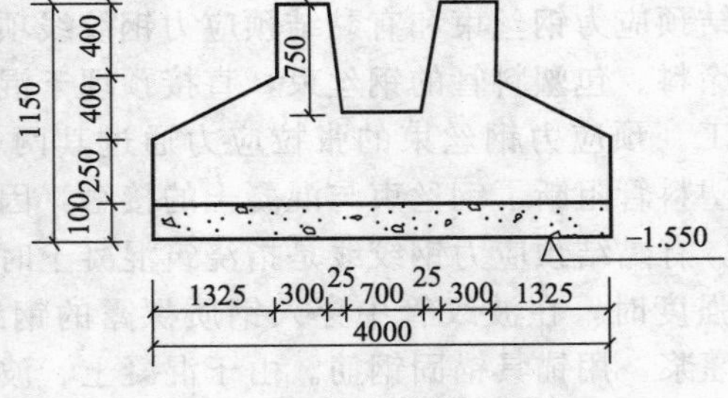


图 6-40　现浇混凝土基础

**解**：本基础由四部分组成，即基础下部体积 $V_1$、中间截头方锥形体积 $V_2$、杯口矩形部分体积 $V_3$、杯口槽部分体积 $V_4$。

其中，$V_1=4\times3\times0.25=3\ (m^3)$

$$V_2=\frac{0.4}{6}\times[4\times3+(4+1.35)\times(3+1.15)+1.35\times1.15]$$
$$=2.38(m^3)$$

$$V_3=1.35\times1.15\times0.4=0.621(m^3)$$

$$V_4=\frac{0.75}{6}\times[0.75\times0.55+(0.75+0.7)\times(0.55+0.5)+0.7\times0.5]=0.286(m^3)$$

$$V_{基础}=3+2.384+0.621+0.286=6.291(m^3)$$

(2) 现浇混凝土梁工程量计算　如图 6-41 所示，试计算此现浇钢筋混凝土梁的混凝土工程量。

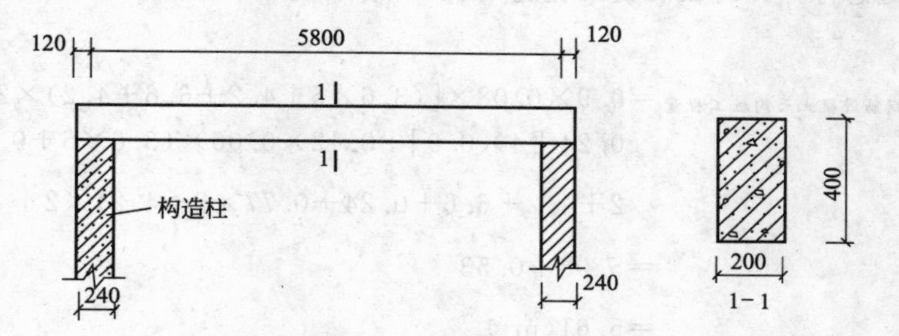


图 6-41　现浇钢筋混凝土梁的混凝土工程量

**解**：依据题意，套用基础定额 5-406，得：

$$V_{混凝土梁工程量}=(5.8+0.12\times2)\times0.4\times0.2=0.48(m^3)$$

(3) 现浇混凝土花篮梁工程量计算　如图 6-42 所示，此现浇混凝土花篮梁所用混凝土为商品混凝土，强度等级为 C25，若运距为 3km（混凝土搅拌站为 25m³/h），且如今现浇此种混凝土 15 根，试计算此现浇混凝土花篮梁工程量。

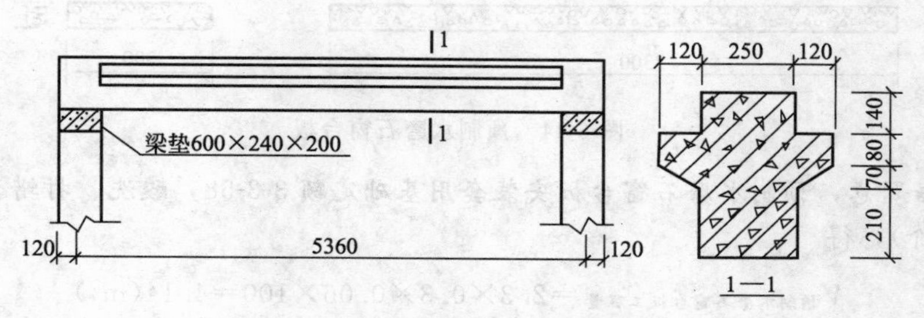


图 6-42　现浇混凝土花篮梁

**解**：依据题意得，现浇混凝土花篮梁工程量＝断面面积×梁长＋梁垫体积

$$S_{断面}=0.25\times(0.21+0.07+0.08+0.14)+(0.15+0.08)\times0.12\times(5.36-0.12\times2)$$
$$=0.25\times0.5+0.1413$$
$$=0.266(m^2)$$

$$L_{梁长}=5.360+0.12\times2=5.6(m)$$

所以，现浇混凝土花篮梁工程量$=[0.266\times5.6+0.6\times0.24\times0.2\times2]\times15$

$=23.23(m^3)$

(4) 现浇混凝土天沟板工程量计算　如图 6-43 所示，此现浇混凝土天沟板所用混凝土强度等级为 C25，若采用现场搅拌，试计算此现浇混凝土天沟板工程量及其单价。

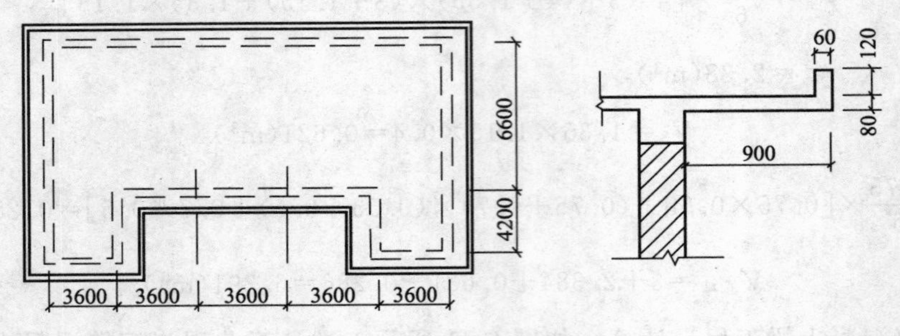


图 6-43　现浇混凝土天沟板

**解：**依据题意得，天沟板混凝土现浇（C25）套用定额 4-2-56，现场搅拌套用定额 4-4-17，得

$$V_{现浇钢筋混凝土天沟板工程量}=0.9\times0.08\times[(3.6\times5+4.2+6.6+4.2)\times2+4\times0.24+4\times0.9]+0.12\times0.06\times(3.6\times5+0.24+0.77\times2+4.2+6.6+0.24+0.77\times2+4.2)\times2$$

$$=5.08+0.53$$

$$=5.61(m^3)$$

$$V_{天沟板混凝土现场搅拌工程量}=0.561\times10.1500=5.69(m^3)$$

此工程人工、材料、机械单价选用市场信息价。

## 二、预制混凝土工程量计算

如图 6-44 所示，此预制水磨石台板所用混凝土强度等级为 C20，安装时，需进行酸洗、打蜡，安装高度为 20m 以内，试计算此预制水磨石台板 100 块的工程量。

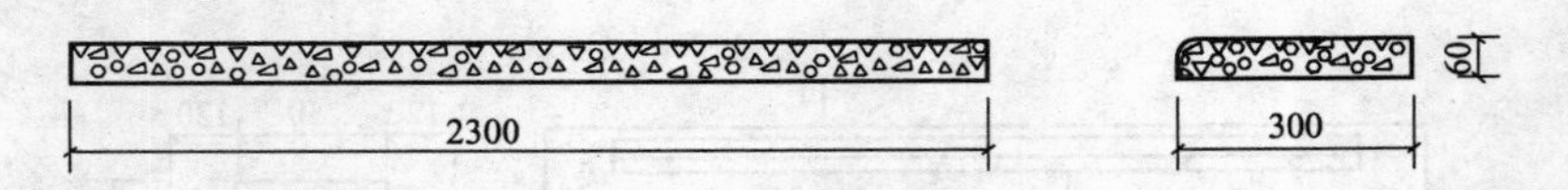


图 6-44　预制水磨石窗台板

**解：**依据题意，预制水磨石窗台板安装套用基础定额 3-3-58，酸洗、打蜡套用基础定额 9-1-161（台阶），得

$$V_{预制水磨石窗台板工程量}=2.3\times0.3\times0.06\times100=4.14(m^3)$$

该项目的工程内容包括：构件安装；砂浆制作、运输、接头灌缝养护、酸洗、打蜡。

预制水磨石窗台板工程量$=2.3\times0.3\times100=69(m^3)$

预制水磨石窗台板安装费用应扣除成品材料费。

人工、材料、机械单价选用市场信息价。

## 三、钢筋工程量计算

有一建筑工程用ϕ6、螺距为 150mm 的螺旋形钢筋做为圆柱钢筋，此工程设计圆柱的直径为 900mm，高 10m，共有 18 根，试计算此 18 根箍筋的总长度。

**解：**依据题意，设圆柱高为 $H$，直径为 $D$，螺距为 $b$，则

$$L_{箍筋}=H\times\sqrt{1+[\pi(D-0.05)/b]^2}$$
$$=10\times\sqrt{1+[3.14\times(0.9-0.05)/0.15]^2}$$
$$=10\times17.821=170.82(m)$$

18 根箍筋长度为：170.82×18=3074.76（m）

# 第七章　木结构工程

## 第一节　工程量清单项目设置规则及工程量计算主要技术资料

### 一、木结构工程工程量清单项目设置规则及说明

**1. 木屋架**

《建设工程工程量清单计价规范》附录表 1.5.2 木屋架项目包括木屋架和钢木屋架两项，见表 7-1。

① 木屋架项目适用于各种方木、圆木屋架。与屋架相连接的挑檐木应包括在木屋架报价内。钢夹板构件、连接螺栓应包括在报价内。

② 钢木屋架项目适用于各种方木、圆木的钢木组合屋架。钢拉杆（下弦拉杆）、受拉腹杆、钢夹板、连接螺栓应包括在报价内。

③ 带气楼的屋架和马尾、折角以及正交部分半屋架，按相关屋架工程量清单项目编码列项。

木屋架工程量清单项目设置、项目特征描述、计量单位及工程量计算规则应按表 7-1 的规定执行。

**表 7-1　木屋架（编码：010701）**

<table>
<tr><th>项目编码</th><th>项目名称</th><th>项目特征</th><th>计量单位</th><th>工程量计算规则</th><th>工作内容</th></tr>
<tr><td>010701001</td><td>木屋架</td><td>1. 跨度<br>2. 材料品种、规格<br>3. 刨光要求<br>4. 拉杆及夹板种类<br>5. 防护材料种类</td><td>1. 榀<br>2. m³</td><td>1. 以榀计量，按设计图示数量计算<br>2. 以立方米计量，按设计图示的规格尺寸以体积计算</td><td rowspan="2">1. 制作<br>2. 运输<br>3. 安装<br>4. 刷防护材料</td></tr>
<tr><td>010701002</td><td>钢木屋架</td><td>1. 跨度<br>2. 木材品种、规格<br>3. 刨光要求<br>4. 钢材品种、规格<br>5. 防护材料种类</td><td>榀</td><td>以榀计量，按设计图示数量计算</td></tr>
</table>

注：1. 屋架的跨度应以上、下弦中心线两交点之间的距离计算。

2. 带气楼的屋架和马尾、折角以及正交部分的半屋架，按相关屋架项目编码列项。

3. 以榀计量，按标准图设计的应注明标准图代号，按非标准图设计的项目特征必须按本表要求予以描述。

**2. 木构件**

木构件工程量清单项目设置、项目特征描述、计量单位及工程量计算规则应按表 7-2 的规定执行。

### 二、木结构工程工程量计算方法

**1. 工程量计算公式**

（1）木结构工程量计算公式

钢木屋架工程量＝屋架木杆件轴线长度×杆件竣工断面面积＋气楼屋架和半屋架体积

檩木工程量＝檩木杆件计算长度×竣工木料断面面积

屋面板斜面积＝屋面水平投影面积×延尺系数

封檐板工程量＝屋面水平投影长度×檐板数量

博风板工程量＝(山尖屋面水平投影长度×屋面坡度系数＋0.5×2)×山墙端数

**表 7-2 木构件（编码：010702）**

| 项目编码 | 项目名称 | 项目特征 | 计量单位 | 工程量计算规则 | 工作内容 |
| --- | --- | --- | --- | --- | --- |
| 010702001 | 木柱 | 1. 构件规格尺寸<br>2. 木材种类<br>3. 刨光要求<br>4. 防护材料种类 | $m^3$ | 按设计图示尺寸以体积计算 | 1. 制作<br>2. 运输<br>3. 安装<br>4. 刷防护材料 |
| 010702002 | 木梁 | | | | |
| 010702003 | 木檩 | | 1. $m^3$<br>2. m | 1. 以立方米计量，按设计图示尺寸以体积计算<br>2. 以米计量，按设计图示尺寸以长度计算 | |
| 010702004 | 木楼梯 | 1. 楼梯形式<br>2. 木材种类<br>3. 刨光要求<br>4. 防护材料种类 | $m^2$ | 按设计图示尺寸以水平投影面积计算。不扣除宽度≤300mm 的楼梯井，伸入墙内部分不计算 | 1. 制作<br>2. 运输<br>3. 安装<br>4. 刷防护材料 |
| 010702005 | 其他木构件 | 1. 构件名称<br>2. 构件规格尺寸<br>3. 木材种类<br>4. 刨光要求<br>5. 防护材料种类 | 1. $m^3$<br>2. m | 1. 以立方米计量，按设计图示尺寸以体积计算<br>2. 以米计量，按设计图示尺寸以长度计算 | |

注：1. 木楼梯的栏杆（栏板）、扶手，应按《房屋建筑与装饰工程工程量计算规范》(GB 50854—2013) 附录 Q 中的相关项目编码列项。

2. 以米计量，项目特征必须描述构件规格尺寸。

(2) 三角屋架长度计算系数　三角屋架下弦长度（$L$）与上弦、腹杆长度系数表。三角屋架杆件代号与长度系数表对应关系，如图 7-1 和表 7-3 所示。

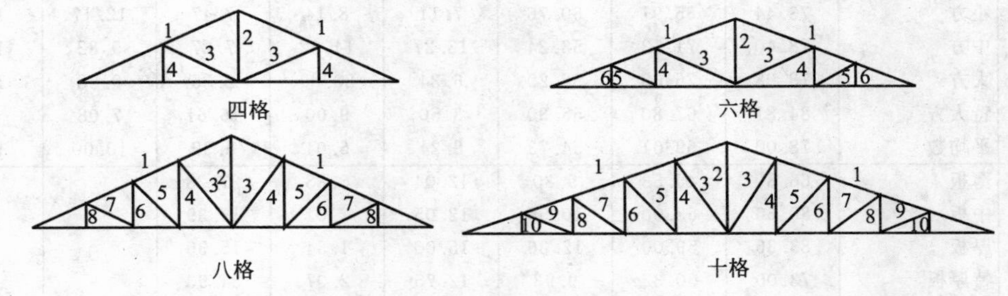


图 7-1 三角屋架杆件代号

**表 7-3 三角屋架下弦长度（$L$）与上弦、腹杆长度分数表**

| 杆号 | 26°34′ 1/2 坡 | | | | 30° | | | |
| --- | --- | --- | --- | --- | --- | --- | --- | --- |
| 编号 | 四格 | 六格 | 八格 | 十格 | 四格 | 六格 | 八格 | 十格 |
| 1 | 0.559$L$ | 0.559$L$ | 0.559$L$ | 0.559$L$ | 0.577$L$ | 0.577$L$ | 0.577$L$ | 0.577$L$ |
| 2 | 0.25$L$ | 0.25$L$ | 0.25$L$ | 0.25$L$ | 0.289$L$ | 0.289$L$ | 0.289$L$ | 0.289$L$ |
| 3 | 0.28$L$ | 0.236$L$ | 0.225$L$ | 0.224$L$ | 0.289$L$ | 0.254$L$ | 0.25$L$ | 0.252$L$ |
| 4 | 0.125$L$ | 0.167$L$ | 0.188$L$ | 0.20$L$ | 0.144$L$ | 0.192$L$ | 0.216$L$ | 0.231$L$ |
| 5 | | 0.186$L$ | 0.141$L$ | 0.18$L$ | | 0.192$L$ | 0.181$L$ | 0.20$L$ |
| 6 | | 0.083$L$ | 0.125$L$ | 0.15$L$ | | 0.096$L$ | 0.144$L$ | 0.173$L$ |
| 7 | | | 0.14$L$ | 0.14$L$ | | | 0.144$L$ | 0.153$L$ |
| 8 | | | 0.063$L$ | 0.1$L$ | | | 0.072$L$ | 0.116$L$ |
| 9 | | | | 0.112$L$ | | | | 0.116$L$ |
| 10 | | | | 0.05$L$ | | | | 0.058$L$ |

### 2. 木材材积用量计算

① 木材材积计算公式见表 7-4。

**表 7-4　木材材积计算公式**

| 项　目 | 体积计算公式 |
| --- | --- |
| 板、方板 | $V$=宽×厚×长 |
| 原木 | $V=L[D^2(0.0000003895L+0.00008982)+D(0.000039L-0.0001219)+(0.00005796L+0.0003067)]$<br>式中 $V$——原木材积，$m^3$<br>$L$——原木长度，m<br>$D$——小头直径，cm |
| 原条 | $V=\frac{\pi}{4}D^2L\times\frac{1}{1000}$ 或 $V=0.7854D^2L\times\frac{1}{1000}$<br>式中 $V$——原条材积，$m^2$<br>$D$——原条中央截面直径，cm<br>$L$——原条长度，m<br>$\frac{1}{1000}$——中央直径($D$)以 m 为单位化成 cm 为单位时的绝对值 |

② 常用树种木材出材率见表 7-5。

**表 7-5　常用树种木材出材率**　　单位：%

| 树种 | 产品名称 | 混合出材率 | 其中 | | | | | | |
| --- | --- | --- | --- | --- | --- | --- | --- | --- | --- |
| | | | 工程用材 | 其中 | | | 毛边板材 | 薪材 | 锯末 |
| | | | | 整材 | 小瓦条 | 灰条 | | | |
| 杉木 | 薄板 | 66.71 | 60.52 | 49.40 | 7.30 | 3.82 | 6.18 | 15.13 | 18.16 |
| | 中板 | 77.42 | 69.27 | 58.60 | 7.05 | 3.62 | 8.15 | 10.26 | 12.32 |
| | 厚板 | 83.84 | 71.67 | 55.65 | 8.07 | 7.95 | 12.17 | 7.30 | 8.86 |
| | 特厚板 | 80.80 | 69.05 | 56.63 | 3.25 | 9.17 | 11.75 | 8.73 | 10.41 |
| | 小方 | 73.44 | 65.97 | 50.76 | 7.11 | 8.14 | 7.47 | 12.17 | 14.39 |
| | 中方 | 78.40 | 71.13 | 53.24 | 13.27 | 14.62 | 7.27 | 9.82 | 11.78 |
| | 大方 | 78.98 | 76.63 | 58.29 | 6.34 | 20.00 | 2.35 | 9.58 | 11.44 |
| | 特大方 | 84.81 | 67.80 | 55.30 | 3.50 | 9.00 | 16.61 | 7.08 | 8.50 |
| | 平均数 | 78.00 | 69.01 | 54.73 | 8.24 | 6.04 | 8.99 | 10.00 | 12.00 |
| 红松、白松 | 薄板 | 66.89 | 45.53 | 9.30 | 12.04 | 5.83 | 27.28 | | |
| | 中板 | 80.60 | 58.00 | 10.55 | 12.05 | 2.01 | 17.39 | | |
| | 厚板 | 83.36 | 59.00 | 12.36 | 15.00 | 1.34 | 15.30 | | |
| | 特厚板 | 73.00 | 50.32 | 9.93 | 12.75 | 2.07 | 24.93 | | |
| | 小方 | 73.83 | 48.49 | 12.05 | 13.29 | 3.97 | 22.20 | | |
| | 中方 | 78.86 | 55.69 | 10.98 | 14.19 | 2.55 | 18.59 | | |
| | 大方 | 84.36 | 58.88 | 10.30 | 15.18 | 1.35 | 14.29 | | |
| | 特大方 | 83.00 | 57.22 | 11.29 | 14.49 | 2.22 | 14.79 | | |
| | 平均数 | 78.00 | 53.77 | 10.60 | 13.60 | 2.66 | 19.34 | | |
| 桦木 | 中板 | 51.14 | 40.00 | 11.40 | 34.20 | 14.00 | | | |
| | 中方 | 50.00 | 40.00 | 10.00 | 33.00 | 15.00 | | | |
| | 薄板 | 42.85 | 35.00 | 7.85 | 23.35 | 33.60 | | | |
| | 平均 | 48.00 | 38.33 | 9.75 | 30.19 | 21.00 | | | |

## 三、木结构工程主要技术资料

### 1. 木材

(1) 木材的种类　木材按加工与用途不同，可分为原条、原木、板材、方材等几种。

① 原条。原条是指只经修枝和剥皮（或不剥皮），没有加工成材的条木。长度为 6m 以

上，梢径为60mm以上。

② 原木。原木是指伐倒后经修枝并截成一定长度的木材。原木分为直接使用原木和加工使用原木两种。加工使用原木又分特殊加工用原木（造船材、车辆材）和一般加工用原木。

③ 板材。板材是指宽度为厚度的3倍或3倍以上的型材。板材按厚度分为薄板、中板、厚板和特厚板四种。板材按加工程度还可分为毛边板、齐边板、规方板；一面光、两面光、三面光、四面光；平口板、搭（错）口板、企口板等。

④ 方材。方材是指宽度不足厚度的三倍的型材。方材分为小方、中方、大方和特大方四种。板、方材应根据原木大小合理搭配，提高木材的出材率。

(2) 木材的规格及用途　板、方材规格及用途见表7-7。板、方材的长度：针叶树材为1～8m；阔叶树材为1～6m。

**2. 木结构**

(1) 承重结构类型

① 屋架承重。是指利用建筑物的外纵墙或柱支承屋架，然后在屋架上搁置檩条来承受屋面重量的一种承重方式。这种承重方式多用于要求有较大空间的建筑，如食堂、教学楼等。

用在屋顶承重结构的桁架叫屋架。屋架可根据排水坡度和空间要求，组成三角形、梯形、矩形、多边形屋架。三角形屋架由上弦、下弦和腹杆组成，所用材料有木材、钢材及钢筋混凝土等。

② 梁架承重。是我国传统的结构形式，即用柱和梁组成排架，檩条置于梁间承受屋面荷载并将各排架联系成为一完整骨架。内外墙体均填充在骨架之间，仅起分隔和围护作用，不承受荷载。这种承重系统的主要优点是结构牢固、抗震性好。

(2) 屋面基层　为铺设屋面材料，应首先在其下面做好基层。屋面基层由檩条、椽子、屋面板等组成。

① 檩条。包括木檩条、预制钢筋混凝土檩条、轻钢檩条。

② 椽子。垂直于檩条方向架立椽子。当屋顶中的檩条间距较大时，一般采用椽条垂直搁置在檩条上，以此来支承屋面荷载。椽子一般用木制，间距一般为360～400mm，截面为50mm×50mm左右。

③ 望板。俗称屋面板，它常为木板制成，板的厚度为16～20mm，望板可直接铺钉在檩条上，板的顶头接缝应错开。望板有密铺和稀铺两种，稀铺的望板一般适用于有顶棚处，其空隙间距应小于板宽之半，并不应大于75mm，如望板下面不设顶棚时，则望板一般为密铺，其底部应刨光处理，以保持光洁、平整和美观。

## 第二节　木结构工程定额工程量套用规定

### 一、定额说明

**1. 定额总说明**

① 本定额是按机械和手工操作综合编制的。不论实际采用何种操作方法，均按本额定执行。

② 定额中木材是以自然干燥条件下的含水率编制的，需人工干燥时，另行计算。即定额中不包括木材的人工干燥费用，需要人工干燥时，其费用另计。干燥费用包括干燥时发生的人工费、燃料费、设备费及干燥损耗。其费用可列入木材价格内。

**2. 木屋架定额说明**

① 钢木屋架定额单位 $10m^3$ 指的是竣工木料的材积量。钢杆件用量已包括在定额内，若设计钢杆件用量与定额不同，可以调整，其他不变。

② 屋架的制作安装应区别不同跨度，其跨度以屋架上下弦杆的中心线交点之间的长度为准。

③ 支撑屋架的混凝土垫块，按混凝土及钢筋混凝土中有关定额计算。

**3. 木构件定额说明**

① 定额木结构中的木材消耗量均包括后备长度及刨光损耗，使用时不再调整。

② 封檐板、博风板，定额按板厚 25mm（净料）编制，设计与定额不同时木板材用量可以调整，其他不变。木板材的损耗率为 23%。

## 二、定额工程量计算规则

(1) 钢木屋架

① 钢木屋架按竣工木料以立方米计算。其后备长度及配置损耗已包括在定额内，不另计算。

② 钢木屋架按设计尺寸只计算木杆件的材积量。附属于屋架的垫木等已并入屋架子目内，不另计算；与屋架相连的挑檐木，另按木檩条子目的相应规定计算。钢杆件的用量已包括在子目内，设计与定额不同时可以调整，其他不变。钢杆件的损耗率为 6%。

③ 带气楼屋架的气楼部分及马尾、折角和正交部分半屋架，并入相连接屋架的体积内计算。屋面为四坡水形式，两端坡水称为马尾，它由两个半屋架组成折角而成。此屋架体积与正屋架体积合并计算。

(2) 木构件

① 封檐板按图示檐口外围长度计算，博风板按斜长度计算，每个大刀头增加长度 500mm。

② 木楼梯按水平投影面积计算，不扣除宽度小于 300mm 的楼梯井面积，踢脚板、平台和伸入墙内部分不另计算。栏杆、扶手按延长米计算，木柱、木梁按竣工体积以立方米计算。

# 第三节 木结构工程工程量计算示例

## 一、木屋架工程量计算

如图 7-2 所示，此木屋架采用现场制作，不刨光，安装高度为 6m，其中，上弦杆长度为 3.40m，共两根，斜撑杆长度为 1.70m，若现有此木屋架 4 榀，试计算此木屋架工程量。

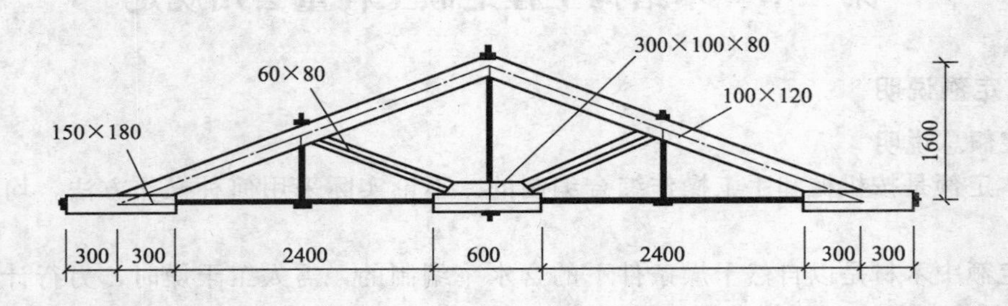


图 7-2 方木钢屋架

**解：** 依据题意并套用基础定额5-8-4及定额10-3-256，得

此木屋架 $V_{下弦杆体积}$：$0.15\times0.18\times0.6\times3\times4=0.194$（$m^3$）

$V_{上弦杆体积}$：$0.1\times0.12\times3.4\times2\times4=0.3264$（$m^3$）

$V_{斜撑体积}$：$0.06\times0.08\times1.7\times2\times4=0.065$（$m^3$）

$V_{元宝垫木体积}=0.3\times0.1\times0.08\times4=0.010$（$m^3$）

$V_{竣工木料工程量}=0.194+0.3264+0.065+0.010=0.595$（$m^3$）

人工、材料、机械单价选用市场信息价。

## 二、木构件工程量计算

如图7-3所示，现有3跨16根直径为$\phi$10mm的连续圆木檩条，试计算此木檩工程量。

**解：** 依据题意，并套用定额7-338，得

$$V_{连续檩条工程量}=\frac{\pi}{4}\times0.01^2\times3.7\times3\times(1+5\%)\times16=0.015\ (m^3)$$

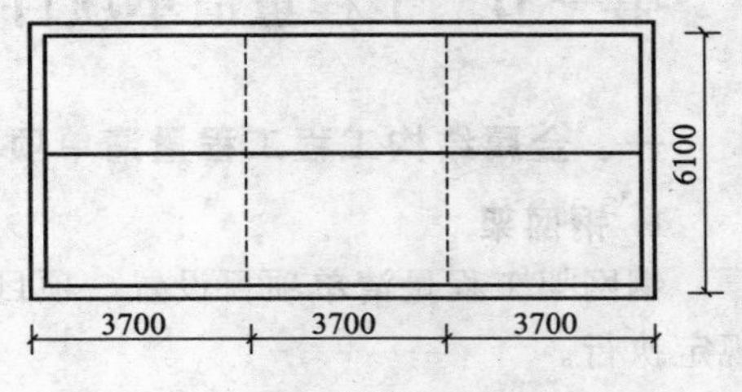


图7-3　某木檩尺寸示意图

# 第八章　金属结构工程

## 第一节　工程量清单项目设置规则及工程量计算主要技术资料

### 一、金属结构工程工程量清单项目设置规则及说明

**1. 钢网架**

钢网架工程量清单项目设置、项目特征描述、计量单位及工程量计算规则应按表 8-1 的规定执行。

**表 8-1　钢网架（编码：010601）**

| 项目编码 | 项目名称 | 项目特征 | 计量单位 | 工程量计算规则 | 工作内容 |
|---|---|---|---|---|---|
| 010601001 | 钢网架 | 1. 钢材品种、规格<br>2. 网架节点形式、连接方式<br>3. 网架跨度、安装高度<br>4. 探伤要求<br>5. 防火要求 | t | 按设计图示尺寸以质量计算。不扣除孔眼的质量，焊条、铆钉等不另增加质量 | 1. 拼装<br>2. 安装<br>3. 探伤<br>4. 补刷油漆 |

**2. 钢屋架、钢托架、钢桁架、钢架桥**

钢屋架、钢托架、钢桁架、钢架桥工程量清单项目设置、项目特征描述、计量单位及工程量计算规则应按表 8-2 的规定执行。

**表 8-2　钢屋架、钢托架、钢桁架、钢架桥（编码：010602）**

<table>
<tr><th>项目编码</th><th>项目名称</th><th>项目特征</th><th>计量单位</th><th>工程量计算规则</th><th>工作内容</th></tr>
<tr><td>010602001</td><td>钢屋架</td><td>1. 钢材品种、规格<br>2. 单榀质量<br>3. 屋架跨度、安装高度<br>4. 螺栓种类<br>5. 探伤要求<br>6. 防火要求</td><td>1. 榀<br>2. t</td><td>1. 以榀计量，按设计图示数量计算<br>2. 以吨计量，按设计图示尺寸以质量计算。不扣除孔眼的质量，焊条、铆钉、螺栓等不另增加质量</td><td rowspan="3">1. 拼装<br>2. 安装<br>3. 探伤<br>4. 补刷油漆</td></tr>
<tr><td>010602002</td><td>钢托架</td><td rowspan="2">1. 钢材品种、规格<br>2. 单榀质量<br>3. 安装高度<br>4. 螺栓种类<br>5. 探伤要求<br>6. 防火要求</td><td rowspan="2">t</td><td rowspan="2">按设计图示尺寸以质量计算。不扣除孔眼的质量，焊条、铆钉、螺栓等不另增加质量</td></tr>
<tr><td>010602003</td><td>钢桁架</td></tr>
<tr><td>010602004</td><td>钢架桥</td><td>1. 桥类型<br>2. 钢材品种、规格<br>3. 单榀质量<br>4. 安装高度<br>5. 螺栓种类<br>6. 探伤要求</td><td>t</td><td>按设计图示尺寸以质量计算。不扣除孔眼的质量，焊条、铆钉、螺栓等不另增加质量</td><td>1. 拼装<br>2. 安装<br>3. 探伤<br>4. 补刷油漆</td></tr>
</table>

注：以榀计量，按标准图设计的应注明标准图代号，按非标准图设计的项目特征必须描述单榀屋架的质量。

**3. 钢柱**（编码：010603）

钢柱工程量清单项目设置、项目特征描述、计量单位及工程量计算规则应按表 8-3 的规定执行。

**表 8-3　钢柱**（编码：010603）

| 项目编码 | 项目名称 | 项目特征 | 计量单位 | 工程量计算规则 | 工作内容 |
|---|---|---|---|---|---|
| 010603001 | 实腹钢柱 | 1. 柱类型<br>2. 钢材品种、规格<br>3. 单根柱质量<br>4. 螺栓种类<br>5. 探伤要求<br>6. 防火要求 | t | 按设计图示尺寸以质量计算。不扣除孔眼的质量，焊条、铆钉、螺栓等不另增加质量，依附在钢柱上的牛腿及悬臂梁等并入钢柱工程量内 | 1. 拼装<br>2. 安装<br>3. 探伤<br>4. 补刷油漆 |
| 010603002 | 空腹钢柱 | | | | |
| 010603003 | 钢管柱 | 1. 钢材品种、规格<br>2. 单根柱质量<br>3. 螺栓种类<br>4. 探伤要求<br>5. 防火要求 | | 按设计图示尺寸以质量计算。不扣除孔眼的质量，焊条、铆钉、螺栓等不另增加质量，钢管柱上的节点板、加强环、内衬管、牛腿等并入钢管柱工程量内 | |

注：1. 实腹钢柱类型指十字、T、L、H 形等。

2. 空腹钢柱类型指箱形、格构等。

3. 型钢混凝土柱浇筑钢筋混凝土，其混凝土和钢筋应按规范 GB 50854—2013 附录 E 混凝土及钢筋混凝土工程中相关项目编码列项。

**4. 钢梁**（编码：010604）

钢梁工程量清单项目设置、项目特征描述、计量单位及工程量计算规则应按表 8-4 的规定执行。

**表 8-4　钢梁**（编码：010604）

| 项目编码 | 项目名称 | 项目特征 | 计量单位 | 工程量计算规则 | 工作内容 |
|---|---|---|---|---|---|
| 010604001 | 钢梁 | 1. 梁类型<br>2. 钢材品种、规格<br>3. 单根质量<br>4. 螺栓种类<br>5. 安装高度<br>6. 探伤要求<br>7. 防火要求 | t | 按设计图示尺寸以质量计算。不扣除孔眼的质量，焊条、铆钉、螺栓等不另增加质量，制动梁、制动板、制动桁架、车挡并入钢吊车梁工程量内 | 1. 拼装<br>2. 安装<br>3. 探伤<br>4. 补刷油漆 |
| 010604002 | 钢吊车梁 | 1. 钢材品种、规格<br>2. 单根质量<br>3. 螺栓种类<br>4. 安装高度<br>5. 探伤要求<br>6. 防火要求 | | | |

注：1. 梁类型指 H、L、T 形、箱形、格构式等。

2. 型钢混凝土梁浇筑钢筋混凝土，其混凝土和钢筋应按《房屋建筑与装饰工程工程量计算规范》(GB 50854—2013) 附录 E 混凝土及钢筋混凝土工程中相关项目编码列项。

**5. 钢板楼板、墙板**

钢板楼板、墙板工程量清单项目设置、项目特征描述、计量单位及工程量计算规则应按表 8-5 的规定执行。

表 8-5 钢板楼板、墙板（编码：010605）

| 项目编码 | 项目名称 | 项目特征 | 计量单位 | 工程量计算规则 | 工作内容 |
|---|---|---|---|---|---|
| 010605001 | 钢板楼板 | 1. 钢材品种、规格<br>2. 钢板厚度<br>3. 螺栓种类<br>4. 防火要求 | $m^2$ | 按设计图示尺寸以铺设水平投影面积计算。不扣除单个面积≤0.3$m^2$的柱、垛及孔洞所占面积 | 1. 拼装<br>2. 安装<br>3. 探伤<br>4. 补刷油漆 |
| 010605002 | 钢板墙板 | 1. 钢材品种、规格<br>2. 钢板厚度、复合板厚度<br>3. 螺栓种类<br>4. 复合板夹芯材料种类、层数、型号、规格<br>5. 防火要求 | | 按设计图示尺寸以铺挂展开面积计算。不扣除单个面积≤0.3$m^2$的梁、孔洞所占面积，包角、包边、窗台泛水等不另加面积 | |

注：1. 钢板楼板上浇筑钢筋混凝土，其混凝土和钢筋应按规范 GB 50854—2013 附录 E 混凝土及钢筋混凝土工程中相关项目编码列项。

2. 压型钢楼板按本表中钢板楼板项目编码列项。

## 6. 钢构件（编码：010606）

钢构件工程量清单项目设置、项目特征描述、计量单位及工程量计算规则应按表 8-6 的规定执行。

表 8-6 钢构件（编码：010606）

| 项目编码 | 项目名称 | 项目特征 | 计量单位 | 工程量计算规则 | 工作内容 |
|---|---|---|---|---|---|
| 010606001 | 钢支撑、钢拉条 | 1. 钢材品种、规格<br>2. 构件类型<br>3. 安装高度<br>4. 螺栓种类<br>5. 探伤要求<br>6. 防火要求 | t | 按设计图示尺寸以质量计算，不扣除孔眼的质量，焊条、铆钉、螺栓等不另增加质量 | 1. 拼装<br>2. 安装<br>3. 探伤<br>4. 补刷油漆 |
| 010606002 | 钢檩条 | 1. 钢材品种、规格<br>2. 构件类型<br>3. 单根质量<br>4. 安装高度<br>5. 螺栓种类<br>6. 探伤要求<br>7. 防火要求 | | | |
| 010606003 | 钢天窗架 | 1. 钢材品种、规格<br>2. 单榀质量<br>3. 安装高度<br>4. 螺栓种类<br>5. 探伤要求<br>6. 防火要求 | | | |
| 010606004 | 钢挡风架 | 1. 钢材品种、规格<br>2. 单榀质量<br>3. 螺栓种类<br>4. 探伤要求<br>5. 防火要求 | | | |
| 010606005 | 钢墙架 | | | | |
| 010606006 | 钢平台 | 1. 钢材品种、规格<br>2. 螺栓种类<br>3. 防火要求 | | | |
| 010606007 | 钢走道 | | | | |
| 010606008 | 钢梯 | 1. 钢材品种、规格<br>2. 钢梯形式<br>3. 螺栓种类<br>4. 防火要求 | | | |
| 010606009 | 钢护栏 | 1. 钢材品种、规格<br>2. 防火要求 | | | |

续表

| 项目编码 | 项目名称 | 项 目 特 征 | 计量单位 | 工程量计算规则 | 工作内容 |
|---|---|---|---|---|---|
| 010606010 | 钢漏斗 | 1. 钢材品种、规格<br>2. 漏斗、天沟形式<br>3. 安装高度<br>4. 探伤要求 | t | 按设计图示尺寸以质量计算，不扣除孔眼的质量，焊条、铆钉、螺栓等不另增加质量，依附漏斗或天沟的型钢并入漏斗或天沟工程量内 | 1. 拼装<br>2. 安装<br>3. 探伤<br>4. 补刷油漆 |
| 010606011 | 钢板天沟 | | | | |
| 010606012 | 钢支架 | 1. 钢材品种、规格<br>2. 安装高度<br>3. 防火要求 | | 按设计图示尺寸以质量计算，不扣除孔眼的质量，焊条、铆钉、螺栓等不另增加质量 | |
| 010606013 | 零星钢构件 | 1. 构件名称<br>2. 钢材品种、规格 | | | |

注：1. 钢墙架项目包括墙架柱、墙架梁和连接杆件。

2. 钢支撑、钢拉条类型指单式、复式；钢檩条类型指型钢式、格构式；钢漏斗形式指方形、圆形；天沟形式指矩形沟或半圆形沟。

3. 加工铁件等小型构件，按本表中零星钢构件项目编码列项。

### 7. 金属制品

金属制品工程量清单项目设置、项目特征描述、计量单位及工程量计算规则应按表 8-7 的规定执行。

**表 8-7　金属制品**（编码：010607）

| 项目编码 | 项目名称 | 项 目 特 征 | 计量单位 | 工程量计算规则 | 工作内容 |
|---|---|---|---|---|---|
| 010607001 | 成品空调金属百页护栏 | 1. 材料品种、规格<br>2. 边框材质 | $m^2$ | 按设计图示尺寸以框外围展开面积计算 | 1. 安装<br>2. 校正<br>3. 预埋铁件及安螺栓 |
| 010607002 | 成品栅栏 | 1. 材料品种、规格<br>2. 边框及立柱型钢品种、规格 | | | 1. 安装<br>2. 校正<br>3. 预埋铁件<br>4. 安螺栓及金属立柱 |
| 010607003 | 成品雨篷 | 1. 材料品种、规格<br>2. 雨篷宽度<br>3. 晾衣杆品种、规格 | 1. m<br>2. $m^2$ | 1. 以米计量，按设计图示接触边以米计算<br>2. 以平方米计量，按设计图示尺寸以展开面积计算 | 1. 安装<br>2. 校正<br>3. 预埋铁件及安螺栓 |
| 010607004 | 金属网栏 | 1. 材料品种、规格<br>2. 边框及立柱型钢品种、规格 | $m^2$ | 按设计图示尺寸以框外围展开面积计算 | 1. 安装<br>2. 校正<br>3. 安螺栓及金属立柱 |
| 010607005 | 砌块墙钢丝网加固 | 1. 材料品种、规格<br>2. 加固方式 | | 按设计图示尺寸以面积计算 | 1. 铺贴<br>2. 铆固 |
| 010607006 | 后浇带金属网 | | | | |

注：抹灰钢丝网加固按本表中砌块墙钢丝网加固项目编码列项。

## 二、金属结构工程工程量计算方法

### 1. 金属结构计算公式

（1）金属杆件质量计算公式

金属杆件质量＝金属杆件设计长度×型钢线密度（kg/m）

(2) 多边形钢板质量计算公式

多边形钢板质量＝最大对角线长度×最大宽度×面密度 ($kg/m^2$)

**2. 金属结构计算主要技术资料**

(1) 钢材断面面积计算公式 见表8-8。

**表8-8 钢材断面面积计算公式**

| 序号 | 型材 | 计算公式 | 符号含义 |
|---|---|---|---|
| 1 | 方型 | $F=a^2$ | $a$——边宽 |
| 2 | 圆角方钢 | $F=a^2-0.8584r^2$ | $a$——边宽<br>$r$——圆角半径 |
| 3 | 钢板、扁钢、带钢 | $F=a\delta$ | $a$——边宽<br>$\delta$——厚度 |
| 4 | 圆角扁钢 | $F=a\delta-0.8584r^2$ | $a$——边宽<br>$\delta$——厚度<br>$r$——圆角半径 |
| 5 | 圆角、圆盘条、钢丝 | $F=0.7854d^2$ | $d$——外径 |
| 6 | 六角钢 | $F=0.866a^2=2.598s^2$ | $a$——对边距离<br>$s$——边宽 |
| 7 | 八角钢 | $F=0.8284a^2=4.8284s^2$ | |
| 8 | 钢管 | $F=3.1416\delta(D-\delta)$ | $D$——外径<br>$\delta$——壁厚 |
| 9 | 等边角钢 | $F=d(2b-d)+0.2146\times(r^2-2r_1^2)$ | $d$——边厚<br>$b$——边宽<br>$r$——内面圆角半径<br>$r_1$——端边圆角半径 |
| 10 | 不等边角钢 | $F=d(B+b-d)+0.2146\times(r^2-2r_1^2)$ | $d$——边厚<br>$B$——长边宽<br>$b$——短边宽<br>$r$——内面圆角半径<br>$r_1$——端边圆角半径 |
| 11 | 工字钢 | $F=hd+2t(b-d)+0.8584(r^2-r_1^2)$ | $h$——高度<br>$b$——腿宽<br>$d$——腰厚 |
| 12 | 槽钢 | $F=hd+2t(b-d)+0.4292(r^2-r_1^2)$ | $t$——平均腿厚<br>$r$——内面圆角半径<br>$r_1$——边端圆角半径 |

(2) 钢材理论质量计算公式

① 基本公式

$$W=FLG/1000$$

式中 $W$——质量，kg；

$F$——断面面积，$mm^2$；

$L$——长度，m；

$G$——密度，$g/cm^3$。

钢的密度一般按 $7.85g/cm^3$ 计算。其他型材如钢材、铝材等，亦可引用上式参照其不同的密度计算。

② 钢材理论质量计算简式见表8-9。

**表 8-9 钢材理论质量计算简式**

<table>
<tr><th>材料名称</th><th>理念质量 $W$/(kg/m)</th><th>备 注</th></tr>
<tr><td>扁钢、钢板、钢带</td><td>$W$＝0.00785×宽×厚</td><td rowspan="10">1. 角钢、工字钢和槽钢的准确计算公式很繁琐，表列简式用于计算近似值<br>2. $f$ 值：一般型号及带 $a$ 的为 3.34，带 $b$ 的为 2.65，带 $c$ 的为 2.26<br>3. $e$ 值：一般型号及带 $a$ 的为 3.26，带 $b$ 的为 2.44，带 $c$ 的为 2.24<br>4. 各长度单位均为 mm</td></tr>
<tr><td>方钢</td><td>$W$＝0.00785×边长$^2$</td></tr>
<tr><td>圆钢、线材、钢丝</td><td>$W$＝0.00617×直径$^2$</td></tr>
<tr><td>六角钢</td><td>$W$＝0.0068×对边距离$^2$</td></tr>
<tr><td>八角钢</td><td>$W$＝0.0065×对边距离$^2$</td></tr>
<tr><td>钢管</td><td>$W$＝0.02466×壁厚(外径－壁厚)</td></tr>
<tr><td>等边角钢</td><td>$W$＝0.00795×边厚(2 边宽－边厚)</td></tr>
<tr><td>不等边角钢</td><td>$W$＝0.00795×边厚(长边宽＋短边宽－边厚)</td></tr>
<tr><td>工字钢</td><td>$W$＝0.00785×腰厚[高＋$f$(腿宽－腰厚)]</td></tr>
<tr><td>槽钢</td><td>$W$＝0.00785×腰厚[高＋$e$(腿宽－腰厚)]</td></tr>
</table>

## 三、金属结构工程主要技术资料

### 1. 钢结构的加工制作

(1) 加工制作前的准备工作　准备工作主要包括：加工制作图；加工制作前的施工条件分析；钢卷尺（同一把尺）；上岗培训、操作考核、技术交底。

(2) 钢结构加工制作的工艺程序

① 放样。放样是钢结构制作工艺中的第一道工序，其工作的准确与否将直接影响到整个产品的质量，至关重要。

放样工作包括如下内容：核对图纸的安装尺寸和孔距；以 1∶1 的大样放出节点；核对各部分的尺寸；制作样板和样杆作为下料、弯制、铣、刨、制孔等加工的依据。

② 号料。号料（也称划线）即利用样板、样杆或根据图纸，在板料及型钢上画出孔的位置和零件形状的加工界线。

号料的一般工作内容包括：检查核对材料；在材料上划出切割、铣、刨、弯曲、钻孔字加工位置，打冲孔，标注出零件的编号等。

常采用以下几种号料方法：集中号料法；套料法；统计计算法；余料统一号料法。

③ 切割下料。切割下料的目的就是将放样和号料的零件形状从原材料上进行下料分离。钢材的切割可以通过切削、冲剪、摩擦机械力和热切割来实现。常用的切割方法有机械剪切、气割和等离子切割三种。

④ 坡口加工。坡口形式有 U 形、X 形、V 形、双 V 形，一般用专用坡口机加工。

⑤ 开孔。在钢结构制孔中包括铆钉孔、普通螺栓连接孔、高强度螺栓孔、地脚螺栓孔等，制孔方法通常有冲孔和钻孔两种。

⑥ 组装。钢构件焊接连接组装的允许偏差应符合规范的规定，顶紧触面应有 75%以上的面积紧贴。吊车梁和吊车桁架不应下挠，桁架结构杆件轴件交点错位的允许偏差不得大于 3.0mm。钢构件外形尺寸的允许偏差允许应符合规范规定。

### 2. 钢结构构件的验收、运输、堆放要求

(1) 钢结构构件的验收　钢构件加工制作完成后，应按照施工图和《钢结构工程施工及验收规范》(GB 50205—2001) 的规定进行验收，有的还分工厂验收、工地验收。

(2) 构件的运输　发运的构件，单件超过 3t 的，宜在易见部位用油漆标上重量及重心位置的标志，以免在装、卸车和起吊过程中损坏构件。节点板、高强度螺栓连接面等重要部分要有适当的保护措施，零星的部件等都要按同一类别用螺栓和钢丝紧固成束或包装发运。

运输构件时，应根据构件的长度、重量断面形状选用车辆；构件在运输车辆上的支点、两端伸长的长度及绑扎方法均应保证构件不产生永久变形、不损伤涂层。构件起吊必须按设计吊点起吊，不得随意。

公路运输装运的高度极限4.5m，如需通过隧道时，则高度极限4m，构件长出车身不得超过2m。

（3）构件的堆放　构件一般要堆放在工厂的堆放场和现场的堆放场。构件堆放场地应平整坚实，无水坑、冰层，地面平整干燥，并应排水通畅，有较好的排水设施，同时有车辆进出的回路。

构件应按种类、型号、安装顺序划分区域，插竖标志牌。构件底层垫块要有足够的支承面，不允许垫块有大的沉降量，堆放的高度应有计算依据，以最下面的构件不产生永久变形为准，不得随意堆高。钢结构产品不得直接置于地上，要垫高200mm。

不同类型的钢构件一般不堆放在一起。同一工程的钢构件应分类堆放在同一地区，便于装车发运。

**3. 钢结构构件的焊接**

（1）钢结构构件常用的焊接方法

① 焊接结构种类。焊接结构根据对象和用途大致可分为建筑焊接结构、贮罐和容器焊接结构、管道焊接结构、导电性焊接结构四类。

② 焊接方法。主要焊接方法有手工电弧焊、气体保护焊、自保护电弧焊、埋弧焊、电渣焊、点焊等。

③ 焊接变形的种类。焊接变形可分为线性缩短、角变形、弯曲变形、扭曲变形、波浪形失稳变形等。

④ 焊接的主要缺陷。国标《金属熔化焊焊缝缺陷分类及说明》将焊缝缺陷分为六类，即裂纹、孔穴、固体夹杂、未熔合和未焊透、形状缺陷和其他缺陷（电弧擦伤、飞溅、表面撕裂等）。

（2）焊接的质量检验　焊接质量检验包括焊前检验、焊接生产中检验和成品检验。

① 焊前检验。检验技术文件（图纸、标准、工艺规程等）是否齐备、焊接材料（焊条、焊丝、焊剂、气体等）和钢材原材料的质量、构件装配和焊接件边缘质量、焊接设备（焊机和专用胎、模具等）是否完善。焊工应经过考试取得合格证，停焊时间达6个月及以上，必须重新考核方可上岗操作。

② 焊接生产中的检验。主要是检验焊接设备运行情况、焊接规范和焊接工艺的执行情况，以及多层焊接过程中夹渣、焊透等缺陷的自检等。

③ 焊接检验。全部焊接工作结束，焊缝清理干净后进行成品检验。检验的方法有很多种，通常可分为无损检验（外观检查、致密性检验、无损探伤）和破坏性检验（机械性能试验、化学成分分析、扩散氢测定、耐腐蚀试验）两大类。

**4. 螺栓连接**

螺栓作为钢结构主要连接紧固件，通常用于钢结构中构件间的连接、固定、定位等，钢结构中使用的连接螺栓一般分为普通螺栓和高强度螺栓两种。

（1）普通螺栓连接　钢结构普通螺栓连接即将螺栓、螺母、垫圈机械地和连接件连接在一起形成的一种连接方式。普通螺栓按照形式可分为六角头螺栓、双头螺栓、沉头螺栓等。螺母的螺纹应和螺栓相一致，一般应为粗牙螺纹（除非特殊说明用细牙螺纹）。垫圈分为圆平垫圈、方形垫圈、斜垫圈和弹簧垫圈几种。

（2）高强螺栓连接　高强度螺栓连接已经发展成为与焊接并举的钢结构主要连接形式之一，它具有受力性能好、耐疲劳、抗震性能好、连接刚度高、施工简便等优点，被广泛地应用在建筑钢结构和桥梁钢结构的工地连接中。

① 高强度螺栓施工扳手分为手动扭矩扳手、扭剪型手动扳手和电动扳手几种。

② 高强度螺栓的施工。大六角头高强度螺栓常采用扭矩法和转角法施工。扭剪型高强度螺栓，正常的情况采用专用的电动扳手进行终拧，梅花头拧掉标志着螺栓终拧的结束。

**5. 单层钢结构安装工程**

钢结构单层工业厂房一般由柱、柱间支撑、吊车梁、制动梁（桁架）屋架、天窗架、上下支撑、檩条及墙体骨架等构件组成。柱基通常采用钢筋混凝土阶梯或独立基础。

（1）安装前的准备工作

① 核对进场资料、质量证明、设计变更、图纸等技术资料。

② 落实深化施工组织设计，做好起吊前的准备工作。

③ 掌握安装前后的外界环境，如风力、温度、风雪、日照等。

④ 图纸的会审和自审。

⑤ 基础验收。

⑥ 垫板设置。

⑦ 灌筑砂浆采用无收缩微膨胀砂浆，且比基础混凝土高一个等级。

（2）钢柱子安装　设置标高观测点和中心线标志，标高观测点的设置应以牛腿支承面为基准，且便于观察，无牛腿柱应以柱顶端与桁架连接的最后一个安装孔中心为基准。

① 中心线标志应符合相应规定。

② 多节柱安装时，宜将柱组装后再整体吊装。

③ 钢柱吊装后应进行调整，如温差、阳光侧面照射等引起的偏差。

④ 柱子安装后允许偏差应符合相应规定。

⑤ 屋架、吊车梁安装后，进行总体调整，然后再进行固定连接。

⑥ 长细比较大的柱子，吊装后应增加临时固定措施。

⑦ 柱间支撑应在柱子找正后再进行安装。

（3）吊车梁的安装

① 吊车梁的安装应在柱子第一次校正的柱间支撑安装后进行，安装顺序从有柱间支撑的跨间开始，吊装后的吊车梁应进行临时固定。

② 吊车梁的校正应在屋面系统构件安装并永久连接后进行，其允许偏差应符合相应规定。

③ 其标高的校正可通过调整柱底板下垫板厚度进行。

④ 吊车梁下翼缘与柱牛腿的连接应符合相应规定。

⑤ 吊车梁与辅助桁架的安装宜采用拼装后整体吊装，其侧向弯曲、扭曲和垂直度应符合规定。

（4）其他钢构件安装　吊车轨道、檩条、墙架、钢平台、钢梯、栏杆安装等均应符合规范规定。

**6. 多层及高层钢结构安装工程**

用于钢结构多层及高层建筑的体系有框架结构、框架-剪力墙结构、框筒结构、组合筒体系及交错钢桁架体系等。

（1）安装前的准备工作

① 检查并标注定位轴线及标高的位置。

② 检查钢柱基础，包括基础的中心线、标高、地角螺栓等。

③ 确定流水方向，划分施工段。

④ 安排钢构件在现场的堆放位置。

⑤ 选择起重机械。

⑥ 选择吊装方法，有分件吊装、综合吊装等方法。

⑦ 轴线、标高、螺栓允许偏差应符合相应规定。

(2) 安装与校正

① 钢柱的吊装与校正

a. 钢柱吊装。选用双机抬吊（递送法）或单机抬吊（旋转法），并做好保护。

b. 钢柱校正。对垂直度、轴线、牛腿面标高进行初验，柱间间距用液压千斤顶与钢楔或倒链与钢丝绳校正。

c. 柱底灌浆。先在柱脚四周立模板，将基础上表面清除干净，用高强聚合砂浆从一侧自由灌入至密实。

② 钢梁的吊装与校正

a. 钢梁吊装前，应于柱子牛腿处检查标高和柱子间距，并应在梁上装好扶手和扶手绳，以便待主梁吊装就位后，将扶手绳与钢柱系牢，保证施工人员的安全。钢梁一般可在钢梁的翼缘处开孔为吊点，其位置取决于钢梁的跨度。

b. 为减少高空作业，保证质量，并加快吊装进度，可将梁、柱在地面组装成排架后进行整体吊装。

c. 要反复校正，直到符合要求。

(3) 构件间的连接　钢柱间的连接常采用坡口焊连接，主梁与钢柱的连接一般上、下翼缘用坡口焊连接，而腹板用高强螺栓连接。次梁与主梁的连接基本上是在腹板处用高强螺栓连接，少量再在上、下翼缘处用坡口焊连接。

柱与梁的焊接顺序，先焊接顶部柱、梁节点，再焊接底部柱、梁结点，最后焊接中间部分的柱、梁节点。

高强螺栓连接两个连接构件的紧固顺序是先主要构件，后次要构件。

工字形构件的紧固顺序是上翼缘、下翼缘、腹板。

同一节柱上各梁柱节点的紧固顺序为柱子上部的梁柱节点、柱子下部的梁柱节点、柱子中部的梁柱节点。

**7. 钢网架结构安装工程**

网架结构是由多根杆件按照一定的规律布置，通过结点连接而成的网格状杆系结构。网架结构具有空间受力的特点。

网架结构的整体性好，能有效地承受各种非对称荷载、集中荷载、动力荷载。其构件和节点可定型化，适用于工厂成批生产，现场拼装。

网架结构安装方法有高空拼装法、整体安装法、高空滑移法。

(1) 高空拼装法　先在地面上搭设拼装支架，然后用起重机把网架构件分件或分块吊至空中的设计位置，在支架上进行拼装的方法。

网架总的拼装顺序是从建筑物的一端开始向另一端以两个三角形同时推进，待两个三角形相反后，则按人字形逐渐向前推进，最后在另一端的正中闭合。每榀块体的安装顺序，在开始的两个三角形部分是由屋脊部分开始分别向两边拼装，两个三角形相交后，则由交点开始同时向两边推进。

(2) 整体安装法

① 多机抬吊法。准备工作简单，安装快速方便，适用于跨度 40m 左右、高度在 25m 左右的中小型网架屋盖吊装。

② 提升机提升法。在结构柱上安装升板工程用的电动穿心式提升机，将地面正位拼装的网架直接整体提升到柱顶横梁就位。本方法不需大型吊装设备，机具和安装工艺简单，提升平稳，劳动强度低，工效高，施工安全，但准备工作量大，适用于跨度50～70m、高度在40m以上、重复较大的大、中型周边支承网架屋盖吊装。

③ 桅杆提升法。网架在地面错位拼装，用多根独脚桅杆将其整体提升到柱顶以上，然后进行空中旋转和移位，落下就位安装，本法起重量大，可达1000～2000kN，桅杆高度可达50～60m，但所需设备数量大，准备工作的操作较复杂，适用于高、重、大（跨度80～100m）的大型网架屋盖吊装。

④ 千斤顶顶升法。是利用支承结构和千斤顶将网架整体顶升到设计位置。其设备简单，不用大型吊装设备；顶升支承结构可利用永久性支承，拼装网架不需要搭设拼装支架，可节省费用，降低施工成本，操作简便安全。但顶升速度较慢，且对结构顶升的误差控制要求严格，以防失稳。本法适用于安装多支点支承的各种四角锥网架屋盖。

(3) 高空滑移法　高空滑移法不需大型设备，可与室内其他工种作业平行进行，缩短总工期，用工省，减少高空作业，施工速度快。适用于场地狭小或跨越其他结构、起重机无法进入网架安装区域的中小型网架。

## 第二节　金属结构工程定额工程量套用规定

### 一、定额说明

#### 1. 定额总说明

① 本定额包括金属构件的制作、探伤、除锈等内容；金属构件的安装按措施项目有关项目执行。本定额适用于现场、企业附属加工厂制作的构件。

② 本定额内包括整段制作、分段制作和整体预装配所需的人工材料及机械台班用量。整体预装配用的螺栓及锚固杆件用的螺栓，已包括在定额内。

③ 本定额规定各种杆件的连接以焊接为主。焊接前连接两组相邻构件使其固定以及构件运输时为避免出现误差而使用的螺栓，已包括在制作子目内，不另计算。

④ 本定额除注明者外，均包括现场内（工厂内）的材料运输、号料、加工、组装及成品堆放、装车出厂等全部工序。

⑤ 本定额未包括加工点至安装点的构件运输，构件运输按相应章节规定计算。

⑥ 金属构件制作子目中，钢材的规格和用量在设计与定额不同时，可以调整，其他不变。钢材的损耗率为6%。

⑦ 金属构件制作子目中，均包括除锈（为刷防锈漆而进行的简单除尘、除锈）、刷一遍防锈漆（制作工序的防护性防锈漆）内容。设计文件规定的金属构件除锈、刷油，另按相应规定计算。制作子目中的除锈、防锈漆工料不扣除。

⑧ 除锈工程的工程量，依据定额单位，分别按除锈构件的质量或表面积计算。

⑨ 制作平台摊销是指构件制作中发生的平台摊销。钢屋架、钢托架等构件跨度大、重量大，运输困难，一般都在施工现场制作。为了防止构件纵向弯曲，应在平整坚固的钢平台上施焊。定额中制作平台摊销考虑制作平台的搭设，内容包括场地平整夯实、砌砖地垄墙、铺设钢板及拆除、材料装运等。钢屋架制作平台尺寸，长度等于屋架跨度加2m，宽度等于屋架脊高的2倍加2m。钢屋架、钢托架制作平台摊销子目，是与钢屋架、钢托架制作子目配套使用的子目，其工程量与钢屋架、钢托架制作工程量相同。其他金属构件制作，不计平台摊销费用。

⑩ 金属构件安装项目中，未包括金属构件的消耗量。金属构件制作按有关子目计算，金属构件制作定额未包括的构件，按其商品价格计入工程造价内。

⑪ 定额的安装高度为 20m 以内。

⑫ 定额中机械吊装是按单机作业编制的。

⑬ 定额是按机械起吊中心回转半径 15m 以内的距离编制的。

⑭ 定额中包括每一项工作循环中机械必要的位移。

⑮ 定额安装项目是以轮胎式起重机、塔式起重机（塔式起重机台班消耗量包括在垂直运输机械项目内）分别列项编制的。使用汽车式起重机时，按轮胎式起重机相应定额项目乘以系数 1.05。

⑯ 定额中不包括起重机械、运输机械行驶道路的修整、垫铺工作所消耗的人工、材料和机械。

⑰ 定额中的金属构件拼装和安装是按焊接编制的。

⑱ 钢柱、钢屋架、天窗架安装子目中，不包括拼装工序，如需拼装则按拼装子目计算。

⑲ 金属构件安装子目均不包括为安装工程所搭设的临时性脚手架及临时平台，发生时按有关规定另行计算。

⑳ 钢构件必须在跨外安装就位时，按相应构件安装子目中的人工、机械台班乘以系数 1.18。使用塔式起重机安装时，不再乘以系数。

㉑ 铁栏杆制作，仅适用于工业厂房中平台、操作台的钢栏杆。工业厂房中的楼梯、阳台、走廊的装饰性铁栏杆，民用建筑中的各种装饰性铁栏杆，均按装饰工程其他项目的相应规定计算。

**2. 钢屋架、钢柱定额说明**

① 钢柱安装在混凝土柱上时，其人工、机械乘以系数 1.43。

② 钢筋混凝土组合屋架钢拉杆，按屋架钢支撑计算。钢梁执行钢制动梁子目，钢支架执行屋架钢支撑（十字）子目。

**3. 轻质墙板定额说明**

① 轻质墙板，适用于框架、框剪结构中的内外墙或隔墙，定额按不同材质和墙体厚度分别列项。

② 轻质条板墙，不论空心条板或实心条板，均按厂家提供的墙板半成品（包括板内预埋件、配套吊挂件、U 形卡等），现场安装编制。

③ 轻质条板墙中与门窗连接的钢筋码和钢板（预埋件），定额已综合考虑，但钢柱门框、铝门框、木门框及其固定件（或连接件）按有关章节相应项目另行计算。

④ 压型钢板楼板、墙板现行定额将此内容放入“砌筑工程”内。

## 二、定额工程量计算规则

**1. 金属结构制作**

① 金属结构制作，按图示钢材尺寸以吨计算，不扣除孔眼、切边的质量。焊条、铆钉、螺栓等质量已包括在定额内，不另计算。在计算不规则或多边形钢板的质量时，均以其最大对角线乘以最大宽度的矩形面积计算。

② 实腹柱、吊车梁、H 形型钢等均按图示尺寸计算，其中腹板及翼板宽度按每边增加 25mm 计算。

③ 制动梁的制作工程量包括制动梁、制动桁架、制动板质量；墙架的制作工程量包括墙架柱、墙架梁及连接柱杆质量；钢柱制作工程量包括依附于柱上的牛腿及悬臂梁和柱脚连接板的质量。

④ 钢漏斗的制作工程量，矩形按图示分片，圆形按图示展开尺寸，并以钢板宽度分段计算，每段均以其上口长度（圆形以分段展开上口长度）与钢板宽度按矩形计算，依附漏斗的型钢并入漏斗质量内计算。

⑤ 计算钢屋架、钢托架、天窗架工程量时，依附其上的悬臂梁、檩托、横档、支爪、檩条爪等分别并入相应构件内计算。

**2. 金属网**

金属网按设计图示尺寸以面积计算。

**3. 金属构件焊缝探伤**

① X 射线焊缝无损探伤，按不同板厚，以“10 张”（胶片）为单位。拍片张数按设计规定计算的探伤焊缝总长度除以定额取定的胶片有效长度（250mm）计算。

② 金属板材对接焊缝超声波探伤，以焊缝长度为计量单位。

**4. 钢构件安装**

① 钢构件安装按图示构件钢材质量以吨计算，所需螺栓、电焊条等质量不另计算。

② 金属构件中所用钢板，设计为多边形者，按矩形计算，矩形的边长以设计构件尺寸的最大矩形面积计算。

③ 钢屋架安装单榀质量在 1t 以下者，按轻钢屋架子目计算。

## 第三节　金属结构工程工程量计算示例

### 一、钢屋架工程量计算

现有 20 榀跨度为 18m 的钢屋架安装工程，每榀屋架重 5t，若采用现场拼装，运距为 3km，用汽车吊跨外安装，安装高度为 11m，试计算此钢屋架制作运输、拼装及安装工程量。

**解：**依据题意，并套用基础定额 7-2-4、10-3-26、10-3-214 及定额 10-3-217，得

此 $V_{钢架工程量}$：3.000×20＝60.000（t）

$V_{钢屋架制作工程量}$：3.000×20＝60.000（t）

$V_{钢屋架运输工程量}$：3.000×20＝60.000（t）

$V_{钢屋架拼装工程量}$：3.000×20＝60.000（t）

$V_{钢屋架安装工程量}$：3.000×20×1.5（汽车吊）＝63.000（t）

注：采用汽车吊按轮胎式起重机相应定额项目乘以系数 1.05，跨外安装就位人工、机械台班乘以 1.08 系数。人工、材料、机械单价选用市场信息价。

### 二、雨篷支撑梁工程量计算

如图 8-1 所示，试计算此雨篷支撑梁工程量（支撑梁是用 8mm 厚的钢板围筑的方形钢管）。

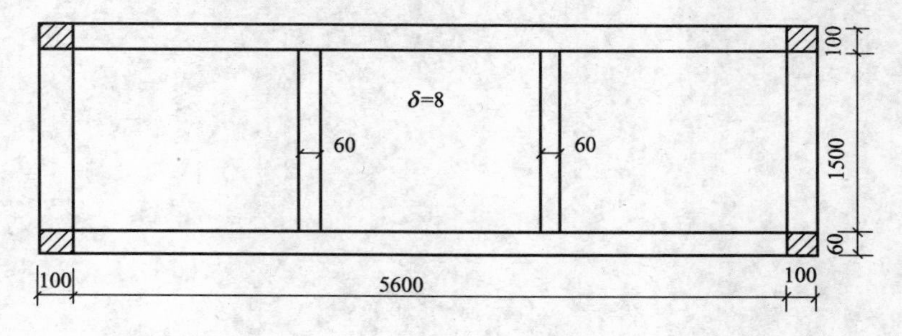


图 8-1　雨篷支撑梁支撑平面图

**解：依据题意并套用基础定额 12-14 得（7.85 为钢的密度）**

$V_{纵向梁工程量}=0.1\times(5.6+0.1\times2)\times(7.85\times8)\times2+0.1\times0.1\times2\times(7.85\times8)+0.06\times(5.6+0.1\times2)\times(7.85\times8)\times2+0.06\times0.06\times(7.85\times8)\times2$

$=72.85+1.26+43.70+0.45=118.26(kg)$

$V_{横向梁的工程量}=0.1\times1.5\times(7.85\times8)\times4+0.06\times1.5\times(7.85\times8)\times4$

$=37.68+22.61=60.29\ (kg)$

$V_{雨篷支撑梁的工程量}=118.26+60.29=178.55(kg)$

# 第九章　层面及防水工程

## 第一节　工程量清单项目设置规则及工程量计算主要技术资料

### 一、屋面及防水工程工程量清单项目设置及说明

**1. 瓦及型材屋面**

瓦、型材及其他屋面工程量清单项目设置、项目特征描述、计量单位及工程量计算规则应按表 9-1 的规定执行。

表 9-1　瓦、型材及其他屋面（编码：010901）

| 项目编码 | 项目名称 | 项目特征 | 计量单位 | 工程量计算规则 | 工作内容 |
|---|---|---|---|---|---|
| 010901001 | 瓦屋面 | 1. 瓦品种、规格<br>2. 黏结层砂浆的配合比 | $m^2$ | 按设计图示尺寸以斜面积计算<br>不扣除房上烟囱、风帽底座、风道、小气窗、斜沟等所占面积。小气窗的出檐部分不增加面积 | 1. 砂浆制作、运输、摊铺、养护<br>2. 安瓦、作瓦脊 |
| 010901002 | 型材屋面 | 1. 型材品种、规格<br>2. 金属檩条材料品种、规格<br>3. 接缝、嵌缝材料种类 | | | 1. 檩条制作、运输、安装<br>2. 屋面型材安装<br>3. 接缝、嵌缝 |
| 010901003 | 阳光板屋面 | 1. 阳光板品种、规格<br>2. 骨架材料品种、规格<br>3. 接缝、嵌缝材料种类<br>4. 油漆品种、刷漆遍数 | | 按设计图示尺寸以斜面积计算<br>不扣除屋面面积≤0.3m² 孔洞所占面积 | 1. 骨架制作、运输、安装，刷防护材料、油漆<br>2. 阳光板安装<br>3. 接缝、嵌缝 |
| 010901004 | 玻璃钢屋面 | 1. 玻璃钢品种、规格<br>2. 骨架材料品种、规格<br>3. 玻璃钢固定方式<br>4. 接缝、嵌缝材料种类<br>5. 油漆品种、刷漆遍数 | | | 1. 骨架制作、运输、安装，刷防护材料、油漆<br>2. 玻璃钢制作、安装<br>3. 接缝、嵌缝 |
| 010901005 | 膜结构屋面 | 1. 膜布品种、规格<br>2. 支柱（网架）钢材品种、规格<br>3. 钢丝绳品种、规格<br>4. 锚固基座做法<br>5. 油漆品种、刷漆遍数 | | 按设计图示尺寸以需要覆盖的水平投影面积计算 | 1. 膜布热压胶接<br>2. 支柱（网架）制作、安装<br>3. 膜布安装<br>4. 穿钢丝绳、锚头锚固<br>5. 锚固基座、挖土、回填<br>6. 刷防护材料、油漆 |

注：1. 瓦屋面若是在木基层上铺瓦，项目特征不必描述黏结层砂浆的配合比，瓦屋面铺防水层，按规范 GB 50854—2013 附录表 J. 2 屋面防水及其他中相关项目编码列项。

2. 型材屋面、阳光板屋面、玻璃钢屋面的柱、梁、屋架，按规范 GB 50854—2013 附录 F 金属结构工程、附录 G 木结构工程中相关项目编码列项。

彩钢压型夹心板屋面是由两层钢板，中间加硬质聚氨酯泡沫，通过辊轧、发泡、黏结，一次成型的轻型屋面材料。

玻璃钢波纹瓦是以玻璃纤维布和不饱和聚酯树脂为原料加工而成的轻型屋面材料。

塑料波纹瓦是以 PVC 树脂为原料加入其他配合剂，给塑化、挤压成型的轻型屋面材料。

型材屋面表面需刷油漆时，应按“装饰装修工程工程量清单计价规则”中相关项目编码列项。

膜结构屋面项目适用于膜布屋面，应注意以下几点。

① 工程量的计算按设计图示尺寸以需要覆盖的水平投影面积计算，如图 9-1 所示。

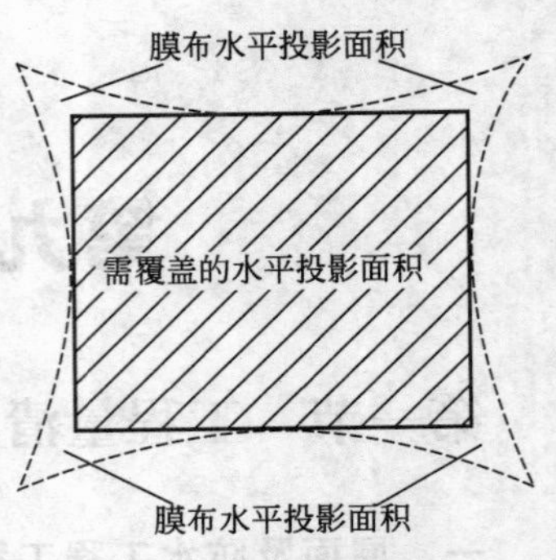


图 9-1 膜结构屋面工程量计算图

② 支撑和拉固膜布的钢柱、拉杆、金属网架、钢丝绳、锚固的锚头等应包括在报价内。

③ 支撑柱的钢筋混凝土的柱基、锚固的钢筋混凝土基础及地脚螺栓等，按混凝土及钢筋混凝土相关项目编码列项。

**2. 屋面防水及其他**

屋面防水项目包括屋面卷材防水、屋面涂膜防水、屋面刚性防水、屋面排水管、屋面天沟和檐沟、屋面变形缝等，见表 9-2。

**表 9-2 屋面防水及其他**（编码：010902）

| 项目编码 | 项目名称 | 项目特征 | 计量单位 | 工程量计算规则 | 工作内容 |
|---|---|---|---|---|---|
| 010902001 | 屋面卷材防水 | 1. 卷材品种、规格、厚度<br>2. 防水层数<br>3. 防水层做法 | m² | 按设计图示尺寸以面积计算<br>1. 斜屋顶(不包括平屋顶找坡)按斜面积计算，平屋顶按水平投影面积计算<br>2. 不扣除房上烟囱、风帽底座、风道、屋面小气窗和斜沟所占面积<br>3. 屋面的女儿墙、伸缩缝和天窗等处的弯起部分，并入屋面工程量内 | 1. 基层处理<br>2. 刷底油<br>3. 铺油毡卷材、接缝 |
| 010902002 | 屋面涂膜防水 | 1. 防水膜品种<br>2. 涂膜厚度、遍数<br>3. 增强材料种类 | | | 1. 基层处理<br>2. 刷基层处理剂<br>3. 铺布、喷涂防水层 |
| 010902003 | 屋面刚性屋 | 1. 刚性层厚度<br>2. 混凝土种类<br>3. 混凝土强度等级<br>4. 嵌缝材料种类<br>5. 钢筋规格、型号 | | 按设计图示尺寸以面积计算。不扣除房上烟囱、风帽底座、风道等所占面积 | 1. 基层处理<br>2. 混凝土制作、运输、铺筑、养护<br>3. 钢筋制安 |
| 010902004 | 屋面排水管 | 1. 排水管品种、规格<br>2. 雨水斗、山墙出水口品种、规格<br>3. 接缝、嵌缝材料种类<br>4. 油漆品种、刷漆遍数 | m | 按设计图示尺寸以长度计算。如设计未标注尺寸，以檐口至设计室外散水上表面垂直距离计算 | 1. 排水管及配件安装、固定<br>2. 雨水斗、山墙出水口、雨水箅子安装<br>3. 接缝、嵌缝<br>4. 刷漆 |
| 010902005 | 屋面排(透)气管 | 1. 排（透）气管品种、规格<br>2. 接缝、嵌缝材料种类<br>3. 油漆品种、刷漆遍数 | | 按设计图示尺寸以长度计算 | 1. 排（透）气管及配件安装、固定<br>2. 铁件制作、安装<br>3. 接缝、嵌缝<br>4. 刷漆 |
| 010902006 | 屋面(廊、阳台)泄(吐)水管 | 1. 吐水管品种、规格<br>2. 接缝、嵌缝材料种类<br>3. 吐水管长度<br>4. 油漆品种、刷漆遍数 | 根（个） | 按设计图示数量计算 | 1. 水管及配件安装、固定<br>2. 接缝、嵌缝<br>3. 刷漆 |
| 010902007 | 屋面天沟、檐沟 | 1. 材料品种、规格<br>2. 接缝、嵌缝材料种类 | m² | 按设计图示尺寸以展开面积计算 | 1. 天沟材料铺设<br>2. 天沟配件安装<br>3. 接缝、嵌缝<br>4. 刷防护材料 |
| 010902008 | 屋面变形缝 | 1. 嵌缝材料种类<br>2. 止水带材料种类<br>3. 盖缝材料<br>4. 防护材料种类 | m | 按设计图示以长度计算 | 1. 清缝<br>2. 填塞防水材料<br>3. 止水带安装<br>4. 盖缝制作、安装<br>5. 刷防护材料 |

注：1. 屋面刚性层无钢筋，其钢筋项目特征不必描述。

2. 屋面找平层按《房屋建筑与装饰工程工程量计算规范》（GB 50854—2013）附录 L 楼地面装饰工程“平面砂浆找平层”项目编码列项。

3. 屋面防水搭接及附加层用量不另行计算，在综合单价中考虑。

4. 屋面保温找坡层按《房屋建筑与装饰工程工程量计算规范》（GB 50854—2013）附录 K 保温、隔热、防腐工程“保温隔热屋面”项目编码列项。

（1）屋面卷材防水　屋面卷材防水项目适用于利用胶结材料粘贴卷材进行防水的屋面。其中：

① 抹屋面找平层、基层处理（清理修补、刷基层处理剂）等应包括在报价内。

② 檐沟、天沟、水落口、泛水收头、变形缝等处的卷材附加层应包括在报价内。

③ 浅色、反射涂料保护层、绿豆砂保护层、细砂、云母及蛭石保护层应包括在报价内。

④ 水泥砂浆保护层、细石混凝土保护层可包括在报价内，也可按相关项目编码列项。

（2）屋面涂膜防水　屋面涂膜防水项目适用于厚质涂料、薄质涂料和有加增强材料或无加增强材料的涂膜防水屋面。其中：

① 抹屋面找平层，基层处理（清理修补、刷基层处理剂等）应包括在报价内。

② 需加增强材料的应包括在报价内。

③ 檐沟、天沟、水落口、泛水收头、变形缝等处的附加层材料应包括在报价内。

④ 浅色、反射涂料保护层、绿豆砂保护层、细砂、云母、蛭石保护层应包括在报价内。

⑤ 水泥砂浆、细石混凝土保护层可包括在报价内，也可按相关项目编码列项。

（3）屋面刚性防水　屋面刚性防水项目适用于细石混凝土、补偿收缩混凝土、块体混凝土、预应力混凝土和钢纤维混凝土等刚性防水屋面。其中，刚性防水屋面的分格缝、泛水、变形缝部位的防水卷材、密封材料、背衬材料、沥青麻丝等应包括在报价内。

（4）屋面排水管　屋面排水管项目适用于各种排水管材（镀锌薄钢板、石棉水泥管、塑料管、玻璃钢管、铸铁管、镀锌钢管等）。其中，排水管、雨水口、箅子板、水斗等应包括在报价内，埋设管卡箍、裁管、接缝、嵌缝应包括在报价内。

（5）屋面天沟、檐沟　屋面天沟、檐沟项目适用于水泥砂浆天沟、细石混凝土天沟、预制混凝土天沟板、卷材天沟、玻璃钢天沟、镀锌薄钢板天沟等，以及塑料沿沟、镀锌薄钢板檐沟等。其中，天沟、檐沟固定卡件、支撑件应包括在报价内，天沟、檐沟的接缝、嵌缝材料应包括在报价内。

**3. 墙面防水、防潮**

墙、楼面防水、防潮项目包括卷材防水、涂膜防水、砂浆防水（潮）、变形缝，见表9-3，表9-4。

**表 9-3　墙面防水、防潮（编码：010903）**

| 项目编码 | 项目名称 | 项目特征 | 计量单位 | 工程量计算规则 | 工作内容 |
|---|---|---|---|---|---|
| 010903001 | 墙面卷材防水 | 1. 卷材品种、规格、厚度<br>2. 防水层数<br>3. 防水做法 | $m^2$ | 按设计图示尺寸以面积计算 | 1. 基层处理<br>2. 刷黏结剂<br>3. 铺防水卷材<br>4. 接缝、嵌缝 |
| 010903002 | 墙面涂膜防水 | 1. 防水膜品种<br>2. 涂膜厚度、遍数<br>3. 增强材料种类 | | | 1. 基层处理<br>2. 刷基层处理剂<br>3. 铺布、喷涂防水层 |
| 010903003 | 墙面砂浆防水（防潮） | 1. 防水层做法<br>2. 砂浆厚度、配合比<br>3. 钢丝网规格 | | | 1. 基层处理<br>2. 挂钢丝网片<br>3. 设置分格缝<br>4. 砂浆制作、运输、摊铺、养护 |

续表

| 项目编码 | 项目名称 | 项目特征 | 计量单位 | 工程量计算规则 | 工作内容 |
|---|---|---|---|---|---|
| 010903004 | 墙面变形缝 | 1. 嵌缝材料种类<br>2. 止水带材料种类<br>3. 盖缝材料<br>4. 防护材料种类 | m | 按设计图示以长度计算 | 1. 清缝<br>2. 填塞防水材料<br>3. 止水带安装<br>4. 盖缝制作、安装<br>5. 刷防护材料 |

注：1. 墙面防水搭接及附加层用量不另行计算，在综合单价中考虑。

2. 墙面变形缝，若做双面，工程量乘系数2。

3. 墙面找平层按规范GB 50854—2013附录M墙、柱面装饰与隔断、幕墙工程“立面砂浆找平层”项目编码列项。

**表9-4 楼（地）面防水、防潮（编码：010904）**

| 项目编码 | 项目名称 | 项目特征 | 计量单位 | 工程量计算规则 | 工作内容 |
|---|---|---|---|---|---|
| 010904001 | 楼(地)面卷材防水 | 1. 卷材品种、规格、厚度<br>2. 防水层数<br>3. 防水层做法<br>4. 反边高度 | m² | 按设计图示尺寸以面积计算<br>1. 楼(地)面防水：按主墙间净空面积计算，扣除凸出地面的构筑物、设备基础等所占面积，不扣除间壁墙及单个面积≤0.3m²柱、垛、烟囱和孔洞所占面积<br>2. 楼(地)面防水反边高度≤300mm算作地面防水，反边高度＞300mm按墙面防水计算 | 1. 基层处理<br>2. 刷黏结剂<br>3. 铺防水卷材<br>4. 接缝、嵌缝 |
| 010904002 | 楼(地)面涂膜防水 | 1. 防水膜品种<br>2. 涂膜厚度、遍数<br>3. 增强材料种类<br>4. 反边高度 | | | 1. 基层处理<br>2. 刷基层处理剂<br>3. 铺布、喷涂防水层 |
| 010904003 | 楼(地)面砂浆防水(防潮) | 1. 防水层做法<br>2. 砂浆厚度、配合比<br>3. 反边高度 | | | 1. 基层处理<br>2. 砂浆制作、运输、摊铺、养护 |
| 010904004 | 楼(地)面变形缝 | 1. 嵌缝材料种类<br>2. 止水带材料种类<br>3. 盖缝材料<br>4. 防护材料种类 | m | 按设计图示以长度计算 | 1. 清缝<br>2. 填塞防水材料<br>3. 止水带安装<br>4. 盖缝制作、安装<br>5. 刷防护材料 |

注：1. 楼（地）面防水找平层按规范GB 50854—2013附录L楼地面装饰工程“平面砂浆找平层”项目编码列项。

2. 楼（地）面防水搭接及附加层用量不另行计算，在综合单价中考虑。

(1) 卷材防水　卷材防水、涂膜防水项目适用于基础、楼地面、墙面等部位的防水。其中：

① 抹找平层、刷基础处理剂、刷胶黏剂、胶黏防水卷材应包括在报价内。

② 特殊处理部位（如管道的通道部位）的嵌缝材料、附加卷材衬垫等应包括在报价内。

③ 永久保护层（如砖墙、混凝土地坪等）应按相关项目编码列项。

(2) 砂浆防水（潮）　砂浆防水（潮）项目适用于地下、基础、楼地面、屋面、墙面等部位的防水防潮。防水、防潮层的外加剂应包括在报价内。

(3) 变形缝　变形缝项目适用于基础、墙体、楼地面、屋面等部位的防震缝、温度缝（伸缩缝）、沉降缝、止水带安装、盖板制作和安装应包括在报价内。

## 二、屋面及防水工程工程量计算方法

### 1. 材料用量的调整

(1) 瓦屋面材料规格不同的调整公式

调整用量=[设计实铺面积/(单页有效瓦长×单页有效瓦宽)]×(1+损耗率)

单页有效瓦长、单页有效瓦宽=瓦的规格－规范规定的搭接尺寸

(2) 檩条调整量计算公式 彩钢压型板屋面檩条，定额按间距 1～1.2m 编制，设计与定额不同时，檩条数量可以换算，其他不变。

调整用量＝设计每平方米檩条用量×10m²×(1＋损耗率)

损耗率按 3%计算。

(3) 变形缝主材用量调整公式

调整用量＝(设计缝口断面积/定额缝口断面积)×定额用量

变形缝断面定额取定：建筑油膏、聚氯乙烯胶泥 30mm×20mm，油浸木丝板 150mm×25mm，木板盖板 200mm×25mm，紫铜板展开宽 450mm，氯丁橡胶片宽 300mm，涂刷式氯丁胶贴玻璃纤维布止水片宽 350mm，其他均为：150mm×30mm。

(4) 整体面层调整量计算公式 整体面层的厚度与定额不同时，可按设计厚度调整用量。调整公式如下：

调整用量＝100m²×铺筑厚度×(1＋损耗率)

损耗率耐酸沥青砂浆为 1%，耐酸沥青胶泥为 1%，耐酸沥青混凝土为 1%，环氧砂浆为 2%，环氧稀胶泥为 5%，钢屑砂浆为 1%。

(5) 块料面层用量调整公式

调整用量＝10m²/[(块材长＋灰缝)×(块料宽＋灰缝)]×单块块料面积×(1＋损耗率)

损耗率耐酸瓷砖为 2%，耐酸瓷板为 4%。

**2. 屋面工程量计算**

(1) 瓦屋面工程量计算公式

等两坡屋面工程量＝檐口总宽度×檐口总长度×延尺系数

等四坡屋面工程量＝(两斜梯形水平投影面积＋两斜三角形水平投影面积)×延尺系数

或

等四坡屋面工程量＝屋面水平投影面积×延尺系数

等两坡正山脊工程量＝(檐口总长度＋檐口总宽度)×延尺系数×山墙端数

等四坡正斜脊工程量＝檐口总长度－檐口总宽度＋屋面檐口总宽度×隅延尺系数×2

屋面坡度系数见表 9-5。

**表 9-5 屋面坡度系数表**

| 坡度 | | | 延尺系数 $C$ | 隅延尺系数 $D$ |
|---|---|---|---|---|
| $B/A(A=1)$ | $B/2A$ | 角度 $\alpha$ | | |
| 1 | 1/2 | 45° | 1.4142 | 1.7321 |
| 0.75 | — | 36°52′ | 1.2500 | 1.6008 |
| 0.70 | — | 35° | 1.2207 | 1.5779 |
| 0.666 | 1/3 | 33°40′ | 1.2015 | 1.5620 |
| 0.65 | — | 33°01′ | 1.1926 | 1.5564 |
| 0.60 | — | 30°58′ | 1.1662 | 1.5362 |
| 0.577 | — | 30° | 1.1547 | 1.5270 |
| 0.55 | — | 28°49′ | 1.1413 | 1.5170 |
| 0.50 | 1/4 | 26°34′ | 1.1180 | 1.5000 |
| 0.45 | — | 24°14′ | 1.0966 | 1.4839 |
| 0.40 | 1/5 | 21°48′ | 1.0770 | 1.4697 |
| 0.35 | — | 19°17′ | 1.0594 | 1.4569 |
| 0.30 | — | 16°42′ | 1.0440 | 1.4457 |
| 0.25 | — | 14°02′ | 1.0308 | 1.4362 |
| 0.20 | 1/10 | 11°19′ | 1.0198 | 1.4283 |
| 0.15 | — | 8°32′ | 1.0112 | 1.4221 |

续表

| 坡度 | | | 延尺系数 $C$ | 隅延尺系数 $D$ |
|---|---|---|---|---|
| $B/A(A=1)$ | $B/2A$ | 角度 $\alpha$ | | |
| 0.125 | — | 7°8′ | 1.0078 | 0.4191 |
| 0.100 | 1/20 | 5°42′ | 1.0050 | 1.4177 |
| 0.083 | — | 4°45′ | 1.0035 | 1.4166 |
| 0.066 | 1/30 | 3°49′ | 1.0022 | 1.4157 |

注：1. 如图 9-2 所示，$A=A'$且 $S=0$ 时，为等两坡屋面；$A=A'=S$ 时，为等四坡屋面。

2. 屋面斜铺面积＝屋面水平投影面积×$C$。

3. 等两坡屋面山墙泛水斜长：$A\times C$。

4. 等四坡屋面斜脊长度：$A\times D$。

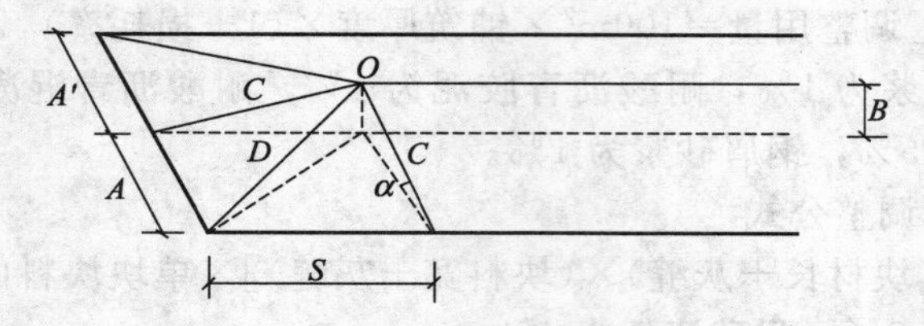


图 9-2 屋面铺设计算示意图

若已知坡度角 $\alpha$ 不在定额屋面坡系数表中，则利用公式 $C=1/\cos\alpha$ 直接计算出延尺系数 $C$，或利用公式 $C=[(A^2+B^2)^{1/2}]/A$ 直接计算出延尺系数 $C$。

隅延尺系数 $D$ 按下式计算：$D=(1+C^2)^{1/2}$。

隅延尺系数 $D$ 可用于计算四坡屋面斜脊长度（斜脊长度＝斜坡水平长度×$D$)。

（2）屋面板工程量计算公式

屋面斜面积＝屋面水平投影面积×延尺系数

（3）檩木工程量计算公式

檩木工程量＝檩木杆件计算长度×竣工木料断面面积

（4）防水工程量计算公式

屋面防水工程量＝设计总长度×总宽度×坡度系数＋弯起部分面积

地面防水、防潮层工程量＝主墙间净长度×主墙间净宽度±增减面积

墙基防水、防潮层工程量＝外墙中心线长度×实铺宽度＋内墙净长度×实铺宽度

## 三、屋面及防水工程主要技术资料

### 1. 屋面防水等级和原则

（1）屋面防水等级 根据建筑物的性质、重要程度、使用功能要求、防水层耐用年限、防水层选用材料和设防要求，将屋面防水分为四个等级，见表 9-6。

**表 9-6 屋面防水等级和设防要求**

| 项目 | 屋面防水等级 | | | |
|---|---|---|---|---|
| | Ⅰ | Ⅱ | Ⅲ | Ⅳ |
| 建筑物类别 | 特别重要的民用建筑和对防水有特殊要求的工业建筑 | 重要的工业与民用建筑、高层建筑 | 一般的工业与民用建筑 | 非永久性的建筑 |
| 防水层耐用年限 | 25 年 | 15 年 | 10 年 | 5 年 |

续表

| 项目 | 屋面防水等级 | | | |
|---|---|---|---|---|
| | Ⅰ | Ⅱ | Ⅲ | Ⅳ |
| 防水层选用材料 | 宜选用合成高分子防水卷材、高聚物改性沥青防水卷材、合成高分子防水涂料、细石防水混凝土等材料 | 宜选用高聚物改性沥青防水卷材、合成高分子防水卷材、合成高分子防水涂料、高聚物改性沥青防水涂料、细石防水混凝土、平瓦等材料 | 可选用二毡三油沥青防水卷材、高聚物改性沥青防水涂料、沥青基防水涂料、波形瓦等材料 | |
| 设防要求 | 三道或三道以上防水设防，其中应有一道合成高分子防水卷材，且只能有一道厚度不小于 2mm 的合成高分子防水涂膜 | 二道防水设防，其中应有一道卷材。也可采用压型钢板进行一道设防 | 一道防水设防，或两种防水材料复合使用 | 一道防水设防 |

(2) 屋面防水原则　防水工程应遵循“防排结合、刚柔并用、多道设防、综合治理”的原则。

**2. 屋顶构造**

(1) 屋顶　屋顶由屋面与承重结构组成。主要功能是承重、围护（即排水、防水和保温隔热）和美观。承重结构可以是平面结构也可以是空间结构，一般承重结构为屋架、钢架、梁板；空间结构为薄壳、网架、悬索等。因此，其屋顶外形也各异，如拱屋顶、薄壳屋顶、折板屋顶、悬索屋顶、网架屋顶等。

(2) 屋顶的组成　屋顶由面层、承重结构、保温隔热层、顶棚四个主要部分组成。

(3) 屋顶的类型　由于不同的屋面材料和不同的承重结构形式，形成了多种屋顶类型，一般可归纳为四大类，即平屋顶、坡屋顶、曲面屋顶和多波式折板屋顶。

① 平屋顶。平屋顶也有一定的排水坡度，其排水坡度小于 5%，最常用的排水坡度为 2%～3%。屋顶坡度的形成有材料找坡和结构找坡两种做法。屋面防水层多用卷材和混凝土防水。

② 坡屋顶。坡屋顶是指屋面坡度较陡的屋顶，其坡度一般大于 10%。坡屋顶有单坡、双坡、四坡、歇山等多种形式。大多数用瓦材做成屋面的防水层，常用的瓦才有黏土瓦、水泥瓦、石棉水泥瓦及金属瓦等，临时性的也有用油毡、玻璃钢瓦等。

③ 曲面屋顶。由各种薄壳结构或悬索结构作为屋顶的承重结构，如双曲拱屋顶、球形网壳屋顶等。在拱形屋架上铺设屋面板也可形成单曲面的屋顶。屋面防水层多用彩钢板。

④ 多波式折板屋顶。是由钢筋混凝土薄板制成的一种多波式屋顶。折板约为 60mm，折板的波长为 2～3m，跨度 9～15m，折板的倾角为 30°～38°之间，按每个波的截面形状又有三角形及梯形两种。屋面防水层多采用刚性防水。

**3. 屋顶排水方式**

(1) 屋顶排水坡度　各种屋面都需要有一定的坡度，以保证排水的通畅，防止雨水由屋面流入或渗入房屋内部。

屋面坡度的影响因素有屋面材料、地理气候条件、屋顶结构形式、施工方法、构造组合方式、建筑造型要求以及经济等。

排水坡度的表示方有斜率法、百分比法、角度法。一般屋面坡度采用单位高度与相应长度的比值，如 1∶2、1∶3 等；较大的坡度也有用角度表示，如 30°、45°等；较平坦的坡度常用百分比表示，如用 2%或 5%等。屋面类型及最小坡度，参见表 9-7。

表 9-7 屋面类型及最小坡度

| 屋面类型 | 屋面名称 | 最小坡度 |
| --- | --- | --- |
| 坡屋面 | 黏土瓦屋面 | 1:2.5 |
| | 波形瓦屋面 | 1:3 |
| | 金属瓦屋面 | 1:10 |
| | 构件自防水屋面 | ≥1:4 |
| 平屋面 | 卷材涂膜平屋面 | ＜1:30 |
| | 架空隔热板屋面 | ≤1:20 |
| | 种植屋面 | 1:30 |
| | 刚性防水屋面 | ＜1:30，＞1:50 |

(2) 排水坡度的形成。

① 材料找坡。亦称填坡，屋顶结构层可像楼板一样水平搁置，采用价廉、质轻的材料，如炉渣加水泥或石灰来垫置屋面排水坡度，上面再做防水层。须设保温层的地区，也可用保温材料来形成坡度。材料找坡适用于跨度不大的平屋盖。

② 结构找坡。亦称撑坡，屋顶的结构层根据屋面排水坡度搁置成倾斜，再铺设防水层等。这种做法不需另加找坡层，荷载轻、施工简便，造价低，但不另设吊顶棚时，顶面稍有倾斜。房屋平面凹凸皆应另加局部垫坡。结构找坡一般适用于屋面进深较大的建筑。

(3) 屋面排水方式

① 无组织排水。又称自由落水，是指屋面雨水直接从檐口落至室外地面的一种排水方式。这种排水方式具有构造简单、造价低廉的优点，但屋面雨水自由落下会溅湿墙面，外墙墙脚常被飞溅的雨水侵蚀，影响到外墙的坚固耐久性，并可能影响人行道的交通。主要适用于少雨地区或一般低层建筑，不宜用于临街建筑和高度较高的建筑。

② 有组织排水。屋面雨水通过排水系统，有组织地排至室外地面或地下管沟的一种排水方式。具有不妨碍人行交通、不易溅湿墙面的优点，因而在建筑工程中应用非常广泛。但与无组织排水相比，其构造较复杂，造价相对较高。

a. 外排水。常用的外排水方式有女儿墙外排水、檐沟外排水、女儿墙檐沟外排水三种。在一般情况下应尽量采用外排水方案，因为有组织排水构造较复杂，极易造成渗漏。在一般民用建筑中，最常用的排水方式有女儿墙外排水和檐沟外排水两种。

b. 内排水。水落管位于外墙内侧。多跨房屋的中间跨为简化构造，以及考虑高层建筑的外立面美观和寒冷地区防止水落管冰冻堵塞等情况时，可采用内排水方式。

## 第二节 屋面及防水工程定额工程量套用规定

### 一、定额说明

**1. 瓦屋面定额说明**

① 黏土瓦、水泥瓦屋面板或椽子挂瓦条上铺设项目，工作内容只包括铺瓦、安脊瓦，瓦以下的木基层要套用“木结构”有关项目。

② 西班牙瓦、英红瓦，定额中工作内容包括调制砂浆、铺瓦、绑扎钢丝同定及清扫瓦面。脊瓦铺设均单列项目。

③ 设计屋面材料规格与定额规定（定额未注明具体规格的除外）不同时，可以换算，其他不变。屋面中瓦材的规格已列于相应的定额项目中，如果设计使用的规格与定额不同，可以调整。水泥瓦或黏土瓦若穿钢丝、钉元钉，每 $10m^2$ 增加 1.1 工日，镀锌低碳钢丝22 号

0.35kg，元钉 0.25kg。

④ 定额中波纹瓦铺设，采用镀锌螺栓钩固定在钢檩条上，镀锌螺钉固定在木檩条上，其工作内容包括在檩条上铺瓦、安装脊瓦。

⑤ 彩钢压型板屋面，定额中工作内容包括：吊装檩条，每块屋面板用专用螺栓与檩条固定，两板侧向搭接处用铝拉铆钉连接，安装屋脊板等。檩条可以调整。

⑥ 彩钢压型板屋面檩条，定额按间距 1～1.2m 编制。设计与定额不同时，檩条数量可以换算，其他不变。

⑦ 石棉瓦屋面、镀锌薄钢板屋面，工作内容包括檩条上铺瓦、安脊瓦，但檩条的制作、安装不包括在定额内，制作及安装另套用相应项目。彩钢压型板屋面，檩条已包括在定额内，不另计算。

⑧ 屋面找平层，执行装饰工程楼地面找平相应子目。

**2. 木作构件定额说明**

① 木作构件是按机械和手工操作综合编制的。不论实际采用何种操作方法，均按定额执行。定额木结构中的木材消耗量均包括后备长度及刨光损耗，使用时不再调整。

② 屋面板厚度，定额中按 15mm 计算，如设计板厚不同则板材量可以调整，其他不变(木板材的损耗率平口为 4.4%，错口为 13%)。

③ 屋面板制作项目（5-8-9～5-8-12），不包括安装工料，它只作为檩木上钉屋面板、铺油毡挂瓦条项目（5-8-13、5-8-14）中的屋面板的单价使用。

**3. 刚性防水定额说明**

定额 6-2-6、6-2-7 素水泥浆和水泥砂浆掺入的无机盐铝防水剂，是一种淡黄色的油状液体，是水泥砂将找平层的添加剂，可以降低找平层的透湿率。定额中考虑素水泥浆 1mm 厚，防水砂浆 20mm 厚，掺无机盐按水泥用量按 10%计入。

**4. 卷材防水定额说明**

① 一般屋面基层以上有找坡层、隔气层、保温层、找平层、防水层、隔热层等构造。在该定额中，分别按各结构层的不同做法列了项目，使用时按设计做法分别套用。

② 本定额中，不再区分防水部位，只按设计做法套用相应定额。

③ 刚性防水中，分格嵌缝的工料已包括在定额内，不另套用。卷材防水中，卷材下找平层的嵌缝内容不包括在定额内，发生时按定额有关项目套用。

④ 定额 6-2-5 防水砂浆 20mm 厚子目，仅适用于基础做水平防水砂浆防潮层的情况。

⑤ 卷材防水中，防水薄弱处的附加层、卷材接缝、收头及冷底油基层均包括在定额内，不再另套项目。

**5. 玻璃钢排水管定额说明**

玻璃钢排水管规格取定两种，为 $\phi$110mm×1500mm、$\phi$160mm×1500mm。单层面排水管管箍每根一个，检查口每 10m 一个，伸缩节每 9m 一个。屋面阳台雨水管每 2.8m 增加三通一个。

**6. 变形缝与止水带定额说明**

① 定额中氯丁橡胶片止水带，胶结材料以氯丁橡胶胶黏剂为主要材料，掺入固化剂、稀释剂等配制而成。施工做法：先用乙酸乙酯刷洗涂刷位置，按粘贴宽度切割胶片，用氯丁胶将胶片粘贴于基面上；3～5d 后，经检查无空鼓、起泡现象后，再在氯丁胶片上涂胶铺砂。

② 定额中氯丁胶贴玻璃纤维布止水带，胶黏剂用氯丁胶浆、三异氰酸酯、稀释剂、水泥等配成。施工做法：先在干燥基面上刷底胶一层，缝上粘贴 350mm 宽一布二涂氯丁胶贴

玻璃纤维布，缝中心粘贴150mm宽一布二涂氯丁胶贴玻璃纤维布，止水片干后，表面涂胶粘砂粒。若基层表面潮湿，应先涂刷一层环氧聚酰胺树脂作为底层胶黏剂。

**7. 防水定额说明**

① 定额防水项目不分室内、室外及防水部位，使用时按设计做法套用相应定额。

② 卷材防水中的卷材接缝、收头、防水薄弱处的附加层及找平层的嵌缝、冷底子油基层等人工、材料，已计入定额中，不另行计算。

③ 细石混凝土防水层，使用钢筋网时，按有关规定计算。

**8. 变形缝**

变形缝包括建筑物的伸缩缝、沉降缝及防震缝，适用于屋面、墙面、地基等部位。缝口断面尺寸已列于定额说明中，若设计断面尺寸定额取定不同，主材用量可以调整，人工及辅材不变。

**9. 地面防水**

墙面防水及楼面防水中上卷高度超过500mm的防水，要套用立面防水项目（含500mm以内部分）；其他部位的防水，如屋面（包括上卷）、楼地面（包括上卷高度5 00mm以下面积），均套用平面防水项目。

## 二、定额工程量计算规则

**1. 瓦屋面**

① 各种瓦屋面（包括挑檐部分），均按设计图示尺寸的水平投影面积乘以屋面坡度系数，以平方米计算，不扣除房上烟囱、风帽底座、风道、屋面小气窗、斜沟和脊瓦等所占面积，屋面小气窗的出檐部分也不增加。

② 玻璃瓦屋面的琉璃瓦脊、檐口线，按设计图示尺寸以米计算。设计要求安装勾头（卷尾）或博古（宝顶）等时，另按个计算。

**2. 屋面板、檩木**

① 屋面板制作、檩木上钉屋面板、油毡挂瓦条、钉椽板项目按屋面的斜面积计算。天窗挑檐重叠部分按设计规定计算，屋面烟囱及斜沟部分所占面积不扣除。

② 檩木按竣工木料以立方米计算。檩垫木或钉在屋架上的檩托木已包括在定额内，不另计算。简支檩长度按设计规定计算，如设计未规定者，按屋架或山墙中距增加200mm计算，如两端出山，檩条长度算至博风板；连接檩长度按设计长度计算，其接头长度按全部连续檩的总长度增加5%计算，即按全部连续檩的总体积增加5%计算。

连续檩由于檩木太长，通常檩木在中间对接，增加了对接接头长度，此部分搭接体积按全部连续檩总体积的5%计算，并入檩木工程量内。

**3. 屋面分格缝、油膏嵌缝、变形缝**

① 屋面分格缝，按设计图示尺寸，以米计算。

② 涂膜防水的油膏嵌缝，按设计图示尺寸，以米计算。

③ 变形缝与止水带，按设计图示尺寸，以米计算。

**4. 屋面防水**

① 屋面防水，按设计图示尺寸的水平投影面积乘以坡度系数，以平方米计算，不扣除房上烟囱、风帽底座、风道和屋面小气窗等所占面积。屋面的女儿墙、伸缩缝和天窗等处的弯起部分，按设计图示尺寸并入屋面工程量内计算。设计无规定时，伸缩缝、女儿墙的弯起部分按250mm计算，天窗弯起部分按500mm计算。

② 本定额中屋面防水，坡屋面工程量按斜铺面积加弯起部分，平屋面工程量按水平投影面积加弯起部分，坡度小于1/30屋面均按平屋面计算。屋面（包括上卷）、楼地面（包括

上卷高度不足500mm部分面积）均套用平面防水项目。

**5. 排水**

① 水落管、镀锌薄钢板天沟、檐沟，按设计图示尺寸，以米计算。

② 水斗、下水口、雨水口、弯头、短管等，均以个计算。

**6. 地面防水、防潮层**

① 地面防水、防潮层按主墙间净面积以平方米计算。扣除凸出地面的构筑物、设备基础等所占面积，不扣除柱、垛、间壁墙、烟囱以及单个面积在 $0.3m^2$ 以内的孔洞所占面积。

② 在本定额中，地面防水，包括地面、楼面、地下室地面的防水，均按主墙间的净空面积计算，扣除地面上的构筑物、设备基础，柱、垛、间壁墙、烟囱及 $0.3m^2$ 以内的孔洞所占面积均不扣除。

**7. 墙基防水、防潮层**

① 墙基防水、防潮层，外墙按外墙中心线长度、内墙按墙体净长度乘以宽度，以平方米计算。

② 墙基侧面及墙立面防水、防潮层，不论内墙、外墙，均按设计面积以平方米计算。

## 第三节 屋面及防水工程工程量计算示例

### 一、瓦屋面工程量计算

如图 9-3 所示，在此钢筋混凝土斜屋面板上铺瓦，试计算此瓦面工程量（所铺瓦为西班牙 310mm×310mm 无釉瓦）。

**解：** 依据题意并套用基础定额 6-1-12 及 6-1-13 得

此瓦屋面工程量为：$9.68\times6.68\times1.118=72.29$（$m^2$）

（损耗率为 0.118）

正斜脊工程量为：$9.68-6.68+6.68\times1.5\times2=23.04$（m）

人工、材料、机械单价选用市场信息价。

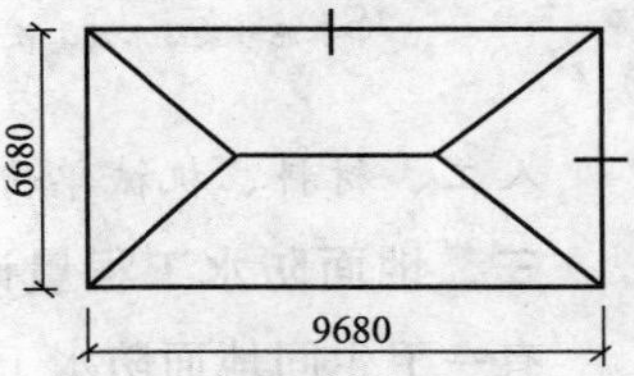

6680

9680

图 9-3 钢筋混凝土斜屋面板上铺瓦

### 二、屋面防水工程量计算

**1. 屋面找坡层工程量计算**

如图 9-4 所示，屋面尺寸如图所示，试计算此屋面找坡层工程量。

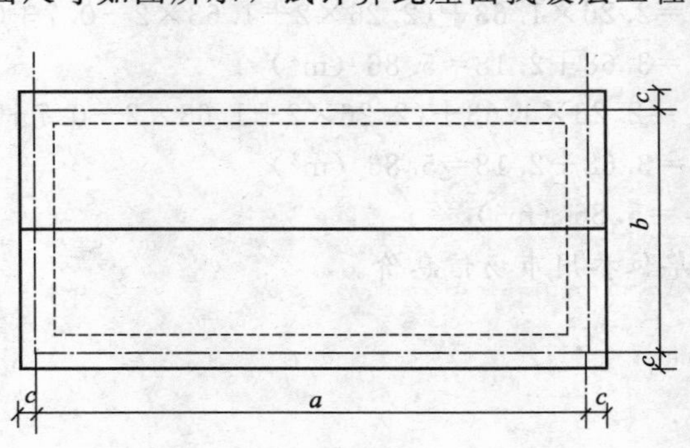


图 9-4 屋面找坡层

**解：** 依据题意得

$$S_{屋面找坡层工程量}=ab$$

### 2. 刚性防水屋面工程量计算

如图 9-5 所示，在此屋面板上铺厚 40mm C20 的细石混凝土作为防水层，铺 1∶3 水泥砂浆掺拒水粉作为保护层。试计算此刚性防水屋面工程量。

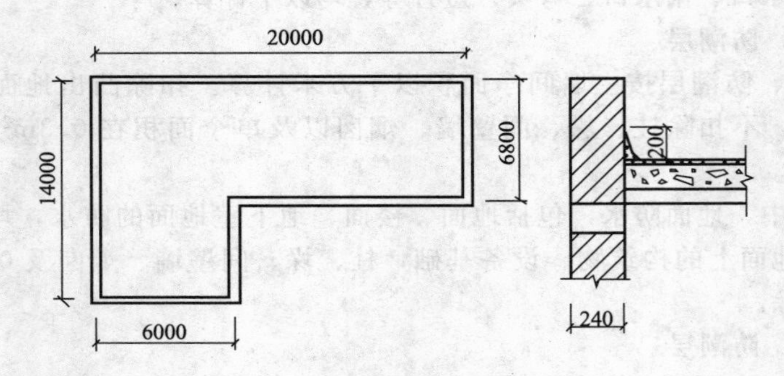


图 9-5 刚性防水屋面

解：依据题意并套用定额 6-2-1、4-4-17、6-2-8 得，

$$S_{刚性防水屋面工程量}=(20.00-0.24)\times(6.80-0.24)-(6.00-0.24)\times(14.00-6.80)=88.15(m^2)$$

$$S_{细石混凝土防水层工程量}=(20.00-0.24)\times(6.80-0.24)-(6.00-0.24)\times(14.00-6.80)=88.15(m^2)$$

$$V_{混凝土制作工程量}=0.0404\times88.15=3.56(m^3)$$

（细石混凝土防水层厚 40mm，套用定额 6-2-1，细石混凝土含量为 $0.0404m^3/m^2$）

$$S_{水泥砂浆防水层工程量}=(20.00-0.24)\times(6.80-0.24)-(6.00-0.24)\times(14.00-6.80)=88.15(m^2)$$

人工、材料、机械单价选用市场信息价。

## 三、地面防水工程量计算

有一卫生间地面防水工程，此卫生间地面净长 2.26m，宽 1.63m，门宽 70mm，门侧面宽 85mm，现用 1∶3 水泥砂浆找平，厚 20mm，再用聚氨酯涂膜作防水两遍，翻起高度为 300mm，试计算此地面防水工程量。

解：依据题意度套用基础定额 9-1-1 和 6-2-71 得

$$S_{地面涂膜防水工程量}=2.26\times1.63+(2.26\times2+1.63\times2-0.7+0.085\times2)\times0.30=3.68+2.18=5.86\ (m^2)$$

$$S_{水泥砂浆找平工程量}=2.26\times1.63+(2.26\times2+1.63\times2-0.7+0.085\times2)\times0.3=3.68+2.18=5.86\ (m^2)$$

$$S_{聚氨酯净膜防水工程量}=5.86\ (m^2)$$

人工、材料、机械单位参用市场信息价。

# 第十章　保温、隔热及防腐工程

## 第一节　工程工程量清单项目设置规则及工程量计算技术资料

### 一、保温、隔热及防腐工程工程量清单项目设置及说明

**1. 保温、隔热**

保温、隔热项目包括保温隔热屋面、保温隔热天棚、保温隔热墙面、保温柱、隔热楼地面等，见表 10-1。

（1）保温隔热屋面、天棚

① 保温隔热屋面项目适用于各种材料的屋面隔热保温。

a. 屋面保温隔热层上的防水层应按屋面的防水项目单独列项。

b. 预制隔热板屋面的隔热板与砖墩分别按混凝土及钢筋混凝土工程和砌筑工程相关工程量清单项目编码列项。

c. 屋面保温隔热的找坡、找平层应包括在报价内，如果屋面防水层项目包括找平层和找坡，屋面保温隔热不再计算，以免重复。

**表 10-1　保温、隔热（编码：011001）**

| 项目编码 | 项目名称 | 项目特征 | 计量单位 | 工程量计算规则 | 工作内容 |
| --- | --- | --- | --- | --- | --- |
| 011001001 | 保温隔热屋面 | 1. 保温隔热材料品种、规格、厚度<br>2. 隔气层材料品种、厚度<br>3. 黏结材料种类、做法<br>4. 防护材料种类、做法 | $m^2$ | 按设计图示尺寸以面积计算。扣除面积＞0.3m² 孔洞及占位面积 | 1. 基层清理<br>2. 刷粘结材料<br>3. 铺粘保温层<br>4. 铺、刷（喷）防护材料 |
| 011001002 | 保温隔热天棚 | 1. 保温隔热面层材料品种、规格、性能<br>2. 保温隔热材料品种、规格及厚度<br>3. 黏结材料种类及做法<br>4. 防护材料种类及做法 | | 按设计图示尺寸以面积计算。扣除面积＞0.3m² 的柱、垛、孔洞所占面积，与天棚相连的梁按展开面积，计算并入天棚工程量内 | |
| 011001003 | 保温隔热墙面 | 1. 保温隔热部位<br>2. 保温隔热方式<br>3. 踢脚线、勒脚线保温做法<br>4. 龙骨材料品种、规格<br>5. 保温隔热面层材料品种、规格、性能<br>6. 保温隔热材料品种、规格及厚度<br>7. 增强网及抗裂防水砂浆种类<br>8. 黏结材料种类及做法<br>9. 防护材料种类及做法 | | 按设计图示尺寸以面积计算。扣除门窗洞口以及面积＞0.3m² 梁、孔洞所占面积；门窗洞口侧壁以及与墙相连的柱，并入保温墙体工程量内 | 1. 基层清理<br>2. 刷界面剂<br>3. 安装龙骨<br>4. 填贴保温材料<br>5. 保温板安装<br>6. 粘贴面层<br>7. 铺设增强格网、抹抗裂防水砂浆面层<br>8. 嵌缝<br>9. 铺、刷（喷）防护材料 |
| 011001004 | 保温柱、梁 | | | 按设计图示尺寸以面积计算<br>1. 柱按设计图示柱断面保温层中心线展开长度乘保温层高度以面积计算，扣除面积＞0.3m² 的梁所占面积<br>2. 梁按设计图示梁断面保温层中心线展开长度乘保温层长度以面积计算 | |

续表

| 项目编码 | 项目名称 | 项目特征 | 计量单位 | 工程量计算规则 | 工作内容 |
| --- | --- | --- | --- | --- | --- |
| 011001005 | 保温隔热楼地面 | 1. 保温隔热部位<br>2. 保温隔热材料品种、规格、厚度<br>3. 隔气层材料品种、厚度<br>4. 黏结材料种类、做法<br>5. 防护材料种类、做法 | $m^2$ | 按设计图示尺寸以面积计算。扣除面积＞0.3$m^2$ 的柱、垛、孔洞等所占面积。门洞、空圈、暖气包槽、壁龛的开口部分不增加面积 | 1. 基层清理<br>2. 刷黏结材料<br>3. 铺粘保温层<br>4. 铺、刷（喷）防护材料 |
| 011001006 | 其他保温隔热 | 1. 保温隔热部位<br>2. 保温隔热方式<br>3. 隔气层材料品种、厚度<br>4. 保温隔热面层材料品种、规格、性能<br>5. 保温隔热材料品种、规格及厚度<br>6. 黏结材料种类及做法<br>7. 增强网及抗裂防水砂浆种类<br>8. 防护材料种类及做法 | $m^2$ | 按设计图示尺寸以展开面积计算。扣除面积＞0.3$m^2$ 的孔洞所占面积 | 1. 基层清理<br>2. 刷界面划<br>3. 安装龙骨<br>4. 填贴保温材料<br>5. 保温板安装<br>6. 粘贴面层<br>7. 铺设增强格网、抹抗裂防水砂浆面层<br>8. 嵌缝<br>9. 铺、刷（喷）防护材料 |

注：1. 保温隔热装饰面层，按规范 GB 50854—2013 附录 L、M、N、P、Q 中相关项目编码列项；仅做找平层按本规范附录 L 楼地面装饰工程“平面砂浆找平层”或附录 M 墙、柱面装饰与隔断、幕墙工程“立面砂浆找平层”项目编码列项。

2. 柱帽保温隔热应并入天棚保温隔热工程量内。

3. 池槽保温隔热应按其他保温隔热项目编码列项。

4. 保温隔热方式：指内保温、外保温、夹心保温。

5. 保温柱、梁适用于不与墙、天棚相连的独立柱、梁。

② 保温隔热天棚项目适用于各种材料的下贴式或吊顶上搁置式的保温隔热的天棚。柱帽保温隔热应并入天棚保温隔热工程量内。下贴式如需底层抹灰时，应包括在报价内。保温隔热材料需加药物防虫剂，应在清单中进行描述。

（2）保温隔热墙

① 保温隔热墙项目适用于工业与民用建筑物外墙、内墙保温隔热工程。

② 外墙内保温和外保温的面层应包括在报价内，装饰层应按相关工程量清单项目编码列项。

③ 外墙内保温的内墙保温踢脚线应包括在报价内。

④ 外墙外保温、内保温、内墙保温的基层抹灰或刮腻子应包括在报价内。

**2. 防腐面层**

防腐面层项目包括防腐混凝土面层、防腐砂浆面层、防腐胶泥面层、玻璃钢防腐面层、聚氯乙烯板面层、块料防腐面层等，见表 10-2。

**表 10-2 防腐面层**（编码：011002）

| 项目编码 | 项目名称 | 项目特征 | 计量单位 | 工程量计算规则 | 工作内容 |
| --- | --- | --- | --- | --- | --- |
| 011002001 | 防腐混凝土面层 | 1. 防腐部位<br>2. 面层厚度<br>3. 混凝土种类<br>4. 胶泥种类、配合比 | $m^2$ | 按设计图示尺寸以面积计算<br>1. 平面防腐：扣除凸出地面的构筑物、设备基础等以及面积＞0.3$m^2$ 孔洞、柱、垛等所占面积，门洞、空圈、暖气包槽、壁龛的开口部分不增加面积<br>2. 立面防腐：扣除门、窗、洞口以及面积＞0.3$m^2$ 孔洞、梁所占面积，门、窗、洞口侧壁、垛突出部分按展开面积并入墙面积内 | 1. 基层清理<br>2. 基层刷稀胶泥<br>3. 混凝土制作、运输、摊铺、养护 |

续表

| 项目编码 | 项目名称 | 项目特征 | 计量单位 | 工程量计算规则 | 工作内容 |
| --- | --- | --- | --- | --- | --- |
| 011002002 | 防腐砂浆面层 | 1. 防腐部位<br>2. 面层厚度<br>3. 砂浆、胶泥种类、配合比 | $m^2$ | 按设计图示尺寸以面积计算<br>1. 平面防腐：扣除凸出地面的构筑物、设备基础等以及面积＞$0.3m^2$孔洞、柱、垛等所占面积，门洞、空圈、暖气包槽、壁龛的开口部分不增加面积<br>2. 立面防腐：扣除门、窗、洞口以及面积＞$0.3m^2$孔洞、梁所占面积，门、窗、洞口侧壁、垛凸出部分按展开面积并入墙面积内 | 1. 基层清理<br>2. 基层刷稀胶泥<br>3. 砂浆制作、运输、摊铺、养护 |
| 011002003 | 防腐胶泥面层 | 1. 防腐部位<br>2. 面层厚度<br>3. 胶泥种类、配合比 | | | 1. 基层清理<br>2. 胶泥调制、摊铺 |
| 011002004 | 玻璃钢防腐面层 | 1. 防腐部位<br>2. 玻璃钢种类<br>3. 贴布材料的种类、层数<br>4. 面层材料品种 | | | 1. 基层清理<br>2. 刷底漆、刮腻子<br>3. 胶浆配制、涂刷<br>4. 粘布、涂刷面层 |
| 011002005 | 聚氯乙烯板面层 | 1. 防腐部位<br>2. 面层材料品种、厚度<br>3. 黏结材料种类 | | | 1. 基层清理<br>2. 配料、涂胶<br>3. 聚氯乙烯板铺设 |
| 011002006 | 块料防腐面层 | 1. 防腐部位<br>2. 块料品种、规格<br>3. 黏结材料种类<br>4. 勾缝材料种类 | | | 1. 基层清理<br>2. 铺贴块料<br>3. 胶泥调制、勾缝 |
| 011002007 | 池、槽块料防腐面层 | 1. 防腐池、槽名称、代号<br>2. 块料品种、规格<br>3. 黏结材料种类<br>4. 勾缝材料种类 | | 按设计图示尺寸以展开面积计算 | 1. 基层清理<br>2. 铺贴块料<br>3. 胶泥调制、勾缝 |

注：防腐踢脚线，应按规范 GB 50854—2013 附录 L 楼地面装饰工程“踢脚线”项目编码列项。

(1) 防腐混凝土、砂浆、防腐胶泥面层　防腐混凝土面层、防腐砂浆面层、防腐胶泥面层项目适用于平面或立面的水玻璃混凝土、水玻璃砂浆、水玻璃胶泥、沥青混凝土、沥青砂浆、沥青胶泥、树脂砂浆、树脂胶泥以及聚合物水泥砂浆等防腐工程。

① 因防腐材料价格上的差异，清单项目中必须列出混凝土、砂浆、胶泥的材料种类，如水玻璃混凝土、沥青混凝土等。

② 如遇池槽防腐，池底和池壁可合并列项，也可分为池底面积和池壁防腐面积分别列项。

(2) 玻璃钢防腐面层　玻璃钢防腐面层项目适用于树脂胶料与增强材料（如玻璃纤维丝、布、玻璃纤维表面毡、玻璃纤维短切毡或涤纶布、涤纶毡、丙纶布、丙纶毡等）复合塑制而成的玻璃钢防腐。项目名称应描述构成玻璃钢、树脂和增强材料的名称，如环氧酚醛（树脂）玻璃钢、酚醛（树脂）玻璃钢、环氧煤焦油（树脂）玻璃钢、环氧呋喃（树脂）玻璃钢、不饱和聚酯（树脂）玻璃钢等，增强材料玻璃纤维布、毡、涤纶布毡等。

(3) 聚氯乙烯板面层　聚氯乙烯板面层项目适用于地面、墙面的软、硬聚氯乙烯板防腐工程。聚氯乙烯板的焊接应包括在报价内。

(4) 块料防腐面层　块料防腐面层项目适用于地面、沟槽、基础的各类块料防腐工程。防腐蚀块料粘贴部位（地面、沟槽、基础、踢脚线）应在清单项目中进行描述。防腐蚀块料的规格、品种（瓷板、铸石板、天然石板等）应在清单项目中进行描述。

**3. 其他防腐**

其他防腐项目包括隔离层、砌筑沥青浸渍砖、防腐涂料，见表 10-3。

表 10-3　其他防腐（编码：011003）

| 项目编码 | 项目名称 | 项目特征 | 计量单位 | 工程量计算规则 | 工作内容 |
|---|---|---|---|---|---|
| 011003001 | 隔离层 | 1. 隔离层部位<br>2. 隔离层材料品种<br>3. 隔离层做法<br>4. 粘贴材料种类 | $m^2$ | 按设计图示尺寸以面积计算<br>1. 平面防腐：扣除凸出地面的构筑物、设备基础等以及面积>0.3$m^2$ 孔洞、柱、垛等所占面积，门洞、空圈、暖气包槽、壁龛的开口部分不增加面积<br>2. 立面防腐：扣除门、窗、洞口以及面积>0.3$m^2$ 孔洞、梁所占面积，门、窗、洞口侧壁、垛凸出部分按展开面积并入墙面积内 | 1. 基层清理、刷油<br>2. 煮沥青<br>3. 胶泥调制<br>4. 隔离层铺设 |
| 011003002 | 砌筑沥青浸渍砖 | 1. 砌筑部位<br>2. 浸渍砖规格<br>3. 胶泥种类<br>4. 浸渍砖砌法 | $m^3$ | 按设计图示尺寸以体积计算 | 1. 基层清理<br>2. 胶泥调制<br>3. 浸渍砖铺砌 |
| 011003003 | 防腐涂料 | 1. 涂刷部位<br>2. 基层材料类型<br>3. 刮腻子的种类、遍数<br>4. 涂料品种、刷涂遍数 | $m^2$ | 按设计图示尺寸以面积计算<br>1. 平面防腐：扣除凸出地面的构筑物、设备基础等以及面积>0.3$m^2$ 孔洞、柱、垛等所占面积，门洞、空圈、暖气包槽、壁龛的开口部分不增加面积<br>2. 立面防腐：扣除门、窗、洞口以及面积>0.3$m^2$ 孔洞、梁所占面积，门、窗、洞口侧壁、垛凸出部分按展开面积并入墙面积内 | 1. 基层清理<br>2. 刮腻子<br>3. 刷涂料 |

注：浸渍砖砌法指平砌、立砌。

(1) 隔离层　隔离层项目适用于楼地面的沥青类、树脂玻璃钢类防腐工程隔离层。

(2) 砌筑沥青浸渍砖　砌筑沥青浸渍砖项目适用于浸渍标准砖。工程量以体积计算，平砌按厚度 115mm 计算，立砌以 53mm 计算。

(3) 防腐涂料。

① 防腐涂料项目适用于建筑物、构筑物以及钢结构的防腐。

② 项目名称应对涂刷基层（混凝土、抹灰面）进行描述。需刮腻子时应包括在报价内。应对涂料底漆层、中间漆层、面漆涂刷（或刮）遍数进行描述。

## 二、保温、隔热及防腐工程工程量计算方法

### 1. 耐酸防腐工程计算公式

(1) 耐酸防腐平面工程量计算公式

耐酸防腐平面工程量＝设计图示净长×净宽－应扣面积

(2) 铺砌双层防腐块料工程量计算公式

铺砌双层防腐块料工程量＝(设计图示净长×净宽－应扣面积)×2

### 2. 屋面保温层工程计算公式

(1) 屋面保温层工程量计算公式

屋面保温层工程量＝保温层设计长度×设计宽度×平均厚度

双坡屋面保温层平均厚度＝保温层宽度/2×坡度/2＋最薄处厚度

单坡屋面保温层平均厚度＝保温层宽度×坡度/2＋最薄处厚度

平均厚度指保温层兼作找坡层时，其保温层的厚度按平均厚度计算。

(2) 地面保温层工程量计算公式

地面保温层工程量＝(主墙间净长度×主墙间净宽度－应扣面积)×设计厚度

(3) 顶棚保温层工程量计算公式

顶棚保温层工程量＝主墙间净长度×主墙间净宽度×设计厚度＋梁、柱帽保温层体积

(4) 墙体保温层工程量计算公式

墙体保温层工程量＝(外墙保温层中心线长度×设计高度－洞口面积)×厚度＋(内墙保温层净长度×设计高度－洞口面积)×厚度＋洞口侧壁体积

(5) 柱体保温层工程量计算公式

柱体保温层工程量＝保温层中心线展开长度×设计高度×厚度

(6) 池槽保温层工程量计算公式

池槽壁保温层工程量＝设计图示净长×净高×设计厚度

池底保温层工程量＝设计图示净长×净宽×设计厚度

## 三、保温、隔热及防腐工程主要技术资料

### 1. 无机保温隔热材料

(1) 纤维状保温隔热材料

① 石棉及其制品。石棉是常见的天然矿物纤维，主要化学成分是含水硅酸镁，具有耐火、耐热、耐酸碱、绝热、防腐、隔声及绝缘等特性。通常以石棉为主要原料生产的保温隔热制品有石棉粉、石棉涂料、石棉板、石棉毡等，用于建筑工程的高效能保温及防火覆盖等。

② 矿渣棉、岩棉及其制品。矿渣棉是将矿渣熔化，用高速离心法或喷吹法制成的一种矿物棉。岩棉是以天然岩石为原料制成的矿物棉，常用岩石有白云石、花岗石、玄武岩、角闪岩等。矿渣棉与岩棉具有轻质、不燃、绝热、吸声和电绝缘等性能，且原料来源广，成本较低，可制成各种矿棉纤维制品，如纤维带、纤维板、纤维毡、纤维筒及管壳等。可用作建筑物的墙壁、屋顶、天花板等处的保温和吸声材料以及热力管道的保温材料。

③ 玻璃棉及其制品。玻璃棉是玻璃纤维的一种，是用玻璃原料或碎玻璃经熔融后制成纤维状材料。玻璃棉不仅具有无机矿棉绝热材料的优点，可以生产效能更高的超细棉，价格与矿棉相近。可制成沥青玻璃棉毡、板及酚醛玻璃棉毡、板等制品，广泛用于温度较低的热力设备和房屋建筑中的保温，同时它还是良好的吸声材料。超细棉保温性能更为优良。

④ 植物纤维复合板。系以植物纤维为主要材料加入胶结料和填料而制成。如木丝板是以木材下脚料制成木丝，加入硅酸钠溶液及普通硅酸盐水泥混合，经成型、冷压、养护、干燥而制成。甘蔗板是以甘蔗渣为原料，经过蒸制、加压、干燥等工序制成的一种轻质、吸声、保温材料。纤维板在建筑上用途广泛，可用于墙壁、地板、屋顶等。

(2) 散粒状保温隔热材料。

① 膨胀蛭石及其制品。蛭石是一种天然矿物，是一种复杂的镁、铁水硅酸盐矿物，由云母类矿物风化而成，经850～1000℃燃烧，体积急剧膨胀（可膨胀5～20倍），由于其热膨胀时像水蛭（蚂蟥）蠕动，故得名蛭石。其堆积密度为80～200kg/m$^3$，热导率为0.046～0.07W/(m·K)，可在1000～1100℃下使用，是一种良好的无机保温材料，可直接作为松散填充料用于建筑，也可和水泥、水玻璃、沥青、树脂等胶结制成膨胀蛭石制品。用于房屋建筑及冷库建筑的保温层等需要绝热的地方。

② 膨胀珍珠岩。珍珠岩是一种由地下喷出的熔岩在地表急冷而成的酸性火山玻璃质岩石，因具有珍珠裂隙结构而得名。膨胀珍珠岩是珍珠矿石经煅烧体积急剧膨胀（可膨胀20倍）而得的蜂窝状白色或灰白色松散材料，膨胀珍珠岩具有质轻、绝热、无毒、不燃等特点，堆积密度为40～300kg/m$^3$，热导率$\lambda$＝0.025～0.048W/(m·K)，耐热800℃，为高效能保温保冷填充材料。

膨胀珍珠岩制品是以膨胀珍珠岩为骨料，配以适量胶凝材料，经拌和、成型、养护（或干燥、或焙烧）后而制成的板、砖、管等产品。目前国内主要产品有水泥膨胀珍珠岩制品、水玻璃膨胀珍珠岩制品、磷酸盐膨胀珍珠岩制品及沥青膨胀珍珠岩制品等。

（3）多孔状保温隔热材料。

① 微孔硅酸钙制品。微孔硅酸钙制品是用粉状二氧化硅材料（硅藻土）、石灰、纤维增强材料及水等经搅拌、成型、蒸压处理和干燥等工序而制成，用于围护结构及管道保温，效果较水泥膨胀珍珠岩和水泥膨胀蛭石好。

② 泡沫玻璃。它是采用碎玻璃加入1%～2%发泡剂（石灰石或碳化钙），经粉磨、混合、装模，在800℃下烧成后形成含有大量封闭气泡（直径0.1～5mm）的制品。它具有热导率小、抗压强度和抗冻性高、耐久性好等特点，易于进行锯切、钻孔等机械加工，为高级保温材料。

**2. 有机绝热材料**

有机绝热材料，多由天然的植物材料或合成高分子材料为原料，经加工而成。与无机绝热材料相比，一般保温效能较高，但存在易变质、不耐燃和使用温度不能过高的弱点，有待在使用中采取措施或产品的改进。

（1）软木板　软木也叫栓木。软木板是用棕树皮或黄菠萝树皮为原料，经破碎后与皮胶溶液拌和，再加压成型。软木板具有表现密度小、导热性低、抗渗和防腐性能高等特点。软木板的表观密度为150～250kg/m$^3$，热导率$\lambda$为0.046～0.070W/(m·K)。常用于热沥青错缝粘贴及冷藏库隔热。

（2）蜂窝板　蜂窝板是由两块较薄的面板牢固地黏结在一层较厚的蜂窝状芯材两面而制成的板材，亦称蜂窝夹层结构。蜂窝状芯材是用浸渍过合成树脂（酚醛、聚酯等）的牛皮纸、玻璃布和铝片等，经加工粘合成六角形空腹（蜂窝状）的整块芯材。芯材的厚度可根据使用要求而定，孔腔的尺寸一般分为8mm、16mm、32mm。常用的面板为浸渍过树脂的牛皮纸、玻璃布或不经树脂浸渍的胶合板、纤维板、石膏板等。面板必须采用合适的胶黏剂与芯材牢固地黏合在一起，才能显示出蜂窝板的优异特性，即具有比强度大、导热性低和抗震性好等性能。

（3）泡沫塑料　泡沫塑料是以合成树脂为基料，加入一定剂量的发泡剂、催化剂、稳定剂等辅助材料经加热发泡而制成的轻质保温、防震材料。泡沫塑料目前广泛用作建筑上的保温隔热材料，其表观密度很小，隔声性能好。适用于工业厂房的屋面、墙面、冷藏库设备及管道的保温隔热、防湿防潮工程，今后随着这类材料性能的改善，将向着高效、多功能方向发展。现我国生产的泡沫塑料有以下几种。

① 聚苯乙烯。聚苯乙烯泡沫塑料是用低沸点液体的可发性聚苯乙烯树脂与适量的发泡剂加压成型的。由表皮层和中心层构成蜂窝状结构。表皮层不含气孔，而中心层含有大量微细孔，孔隙率可达98%。聚苯乙烯泡沫塑料包括硬质、软质及纸状几种类型。它的缺点是高温下易软化变形，最高使用温度为90℃，最低使用温度为－150℃。

② 聚氯乙烯。聚氯乙烯泡沫塑料产品按其形态分为硬质、软质两种，此材料的特点是质轻、保温隔热、吸水性小、不燃烧。是一种自熄性材料，适用于防火要求高的地方，但价格较为昂贵。

③ 脲醛树脂泡沫塑料。以尿素和甲醛聚合而得的树脂为脲醛树脂。脲醛树脂外观洁白、质轻，价格较低，属于闭孔型硬质泡沫塑料。脲醛树脂塑料耐热性能良好，不易燃，在100℃下可长期使用性能不变，也可在－200～－150℃超低温下长期使用。由于脲醛树脂发泡工艺简单，施工时常采用现场发泡工艺，可将树脂液、发泡剂、硬化剂混合后注入建筑结

构空腔内或空心墙体中发泡硬化后就形成泡沫塑料隔热层。

**3. 定额中几种保温材料的说明**

① 憎水珍珠岩块除具备普通珍珠岩制品的性能外，还有独特的防水性能。定额中的工作内容包括：清理基层，用SG-791建筑轻板胶黏剂配置的材料，铺贴憎水珍珠岩块；用SG-791胶砂浆进行补平、刮缝。SG-791胶砂浆配比为胶：水泥：砂：水＝1：5：7.5：1.92。

② 定额中聚氨酯发泡防水保温层项目由两种液体组成，A组为多元醇，B组为异氰酸酯，两组分在一定状态下发生化学反应，由特制的喷枪喷于建筑物的表面，产生高密度聚氨酯硬泡化合物，形成防水保温一体的复合层。定额按三次喷涂考虑，每层10～15mm。

③ SB保温板，是一种新型外墙保温材料，由于斜插钢丝未穿透保温层，热桥被阻断，因此，保温性能较好。该板具有自重轻、保温、隔声、防火防潮、抗震、节能等特点，施工应用中，可大面积组合成型，安装简便，施工速度快，造价降低。

SB保温板的施工工艺：每1～2层在圈梁上根据保温板厚度设置角钢作为支撑，用膨胀螺栓与结构固定；利用墙面螺栓孔设ϕ6.5拉筋；安装SB保温板，拉筋穿透保温板，扳倒用钢丝网架绑扎固定；保温板搭接处用200mm宽的钢丝网错格绑扎连接。

④ 沥青矿渣棉毡，是利用高炉直接流出的矿渣融物，以离心法或喷射法制成絮状物的过程中，将熔融沥青喷射到絮状物上经压制而成。定额中包括清理基层，贴一层沥青矿渣棉毡。

⑤ 定额中混凝土板上架空隔热项目，是用方形砖和预制混凝土板，用砖砌架空预制混凝土板铺设在防水层上。

**4. 坡屋顶保温与隔热设置**

(1) 坡屋顶保温的设置　坡屋顶的保温有屋面层保温和顶棚层保温两种做法。当采用屋面层保温时，其保温层可设置在瓦材下面或檩条之间。当屋顶为顶棚层保温时，通常需在吊顶龙骨上铺板，板上设保温层，可以收到保温和隔热的双重效果。坡屋顶保温材料可根据工程的具体要求，选用散料类、整体类或板块类材料。

(2) 坡屋顶隔热的设置　在炎热地区的坡屋面应采取一定的构造处理来满足隔热的要求，一般是在坡屋顶中设进风口和出气口，利用屋顶内外的热压差和迎风面的风压差组织空气对流，形成屋顶内的自然通风，以减少由屋顶传入室内的辐射热，从而达到隔热降温的目的。进风口一般设在檐墙上、屋檐上或室内顶棚上，出气口最好设在屋脊处，以增大高差，加速空气流通。

**5. 平屋顶的保温与隔热设置**

(1) 平屋顶保温层的设置　屋顶中按照结构层、防水层和保温层所处的位置不同，可归纳为以下几种情况：

① 正置式保温。将保温层设在结构层之上、防水层之下而形成封闭式保温层，也叫作内置式保温，如图10-1所示。这种形式构造简单，施工方便，目前广泛采用。

② 倒置式保温。将保温层设置在防水层之上，形成敞露式保温层，也叫作外置式保温，如图10-2所示。

③ 混合式保温。保温层与结构层组合复合板材，既是结构构件，又是保温构件。

(2) 平屋顶的隔热设置

① 通风隔热屋面。在屋顶中设置通风间层，使上层表面起着遮挡阳光的作用，利用风压和热压作用把间层中的热空气不断带走，以减少传到室内的热量，从而达到隔热降温的目的。一般有架空通风隔热屋面和顶棚通风隔热屋面两种做法。

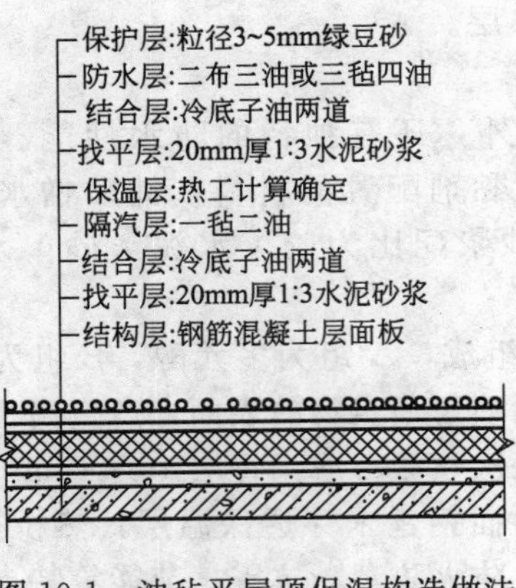


图 10-1　油毡平屋顶保温构造做法

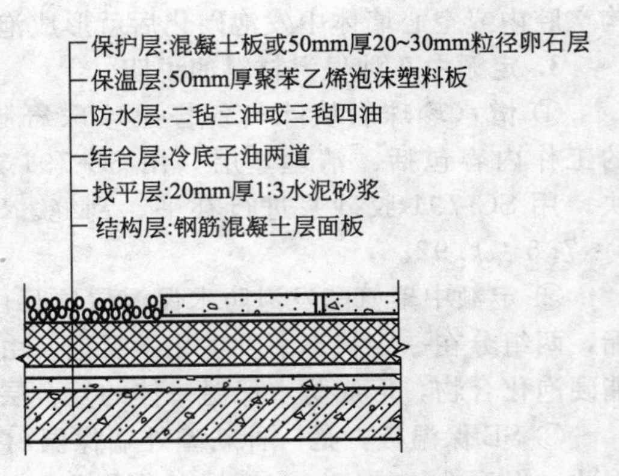


图 10-2　倒置式油毡保温屋面构造做法

② 蓄水隔热屋面。在屋顶蓄积一层水，利用水蒸发时需要大量的汽化热，从而大量消耗晒到屋面的太阳辐射热，以减少屋顶吸收的热能，从而达到降温隔热的目的。蓄水屋面构造与刚性防水屋面基本相同，主要区别是增加了一壁三孔，即蓄水分仓壁、溢水孔、泄水孔和过水孔。

③ 种植隔热屋面。在屋顶上种植植物，利用植被的蒸腾和光合作用，吸收太阳辐射热，从而达到降温隔热的目的。种植隔热屋面构造与刚性防水屋面基本相同，所不同的是需增设挡墙和种植介质。

④ 反射降温屋面。利用材料的颜色和光滑度对热辐射的反射作用，将一部分热量反射回去从而达到降温的目的。例如采用浅色的砾石混凝土作面，或在屋面上涂刷白色涂料，对隔热降温都有一定的效果。如果在吊顶棚通风隔热的顶棚基层中加铺一层铝箔纸板，利用第二次反射作用，其隔热效果将会进一步提高。

## 第二节　保温、隔热及防腐工程定额工程量套用规定

### 一、定额说明

**1. 配套定额总说明**

① 整体面层定额项目，适用于平面、立面、沟槽的防腐工程。

② 块料面层定额项目按平面铺砌编制。铺砌立面时，相应定额人工乘以系数 1.30，块料乘以系数 1.02，其他不变。在定额中，不再区分平面、立面，只是铺立面时，相应定额乘以系数即可。

③ 花岗石板以六面剁斧的板材为准。如底面为毛面者，每 $10m^2$ 定额单位耐酸沥青砂浆增加 $0.04m^3$。

④ 各种砂浆、混凝土、胶泥的种类、配合比及各种整体面层的厚度，设计与定额不同，可以换算，但块料面层的结合层砂浆、胶泥用量不变。

a. 各种砂浆、混凝土、胶泥的种类、配合比，若设计与定额取定不同，可按附录中的配合比表调整，定额中的用量不变。若整体面层的厚度与定额不同，可按设计厚度调整用量。调整方法如下：

$$调整用量=10m^2\times铺筑厚度\times(1+损耗率)$$

损耗率如下：耐酸沥青砂浆 1%，耐酸沥青胶泥 1%，耐酸沥青混凝土 1%，环氧砂浆 2%，环氧稀胶泥 5%，钢屑砂浆 1%。

b. 块料面层中的结合层是按规范取定的，不另调整。块料中耐酸瓷砖和耐酸瓷板，若设计规格与定额不同，用量可以调整。方法如下：

调整用量＝[$10m^2$÷(块料长＋灰缝)×(块料宽＋灰缝)]×单块块料面积×(1＋损耗率)

损耗率耐酸瓷砖为2%，耐酸瓷板为4%。

**2. 耐酸防腐块料面层定额说明**

耐酸防腐块料面层在本章定额中，均按平面铺砌编制。立面防腐时，按设计做法套用相应的定额，再乘以说明中的系数即可。

**3. 保温隔热定额说明**

① 保温隔热定额适用于中温、低温及其恒温的工业厂（库）房保温工程，以及一般保温工程。

② 定额中保温工程可用于工业、民用建筑中的屋面、顶棚、墙面、地面、池、槽、柱、梁等工程的保温。一般工业和民用建筑，主要是屋面和外墙保温；冷库、恒温车间、试验室等建筑物，则包括屋面、墙面、楼地面等保温工程。

③ 保温层种类和保温材料配合比，设计与定额不同时可以换算，其他不变。若保温材料的配合比与定额取定不同（主要指散状、有配合比的保温材料），可按定额附录中的配合比表换算相应的材料，定额中的材料用量不变。若保温材料种类与定额取定不同（成品保温砌块除外），可按与定额中施工方法相同的项目换算材料种类，材料用量不变。加气混凝土块、泡沫混凝土块，若设计使用的规格与定额不同，可按设计规格调整用量。损耗率按7%计算。

④ 混凝土板上保温和架空隔热，适用于楼板、屋面板、地面的保温和架空隔热。

⑤ 立面保温，适用于墙面和柱面的保温。

⑥ 保温隔热定额不包括保护层或衬墙等内容，发生时按相应规则套用。

⑦ 隔热层铺贴，除松散保温材料外，其他均以石油沥青作胶结材料，松散材料的包装材料及包装用工已包括在定额中。如铺贴聚苯乙烯泡沫板或铺贴软木板保温层时，均用石油沥青作为胶结材料，石油沥青已包括在定额内。矿渣棉、玻璃棉等松散材料用塑料薄膜作为包装材料，已包括在定额内。

⑧ 墙面保温铺贴块体材料，包括基层涂沥青一遍。

⑨ 定额中，保温层按保温部位的不同设置的项目，使用时，按保温位置及设计做法套用相应定额即可。

⑩ 楼板上、屋面板上、地面、池槽的池底等保温，执行混凝土板上保温子目；梁保温，执行顶棚保温中混凝土板下的保温子目；柱帽保温，并入顶棚保温工程量内，执行顶棚保温子目；墙面、柱面、池槽的池壁等保温，执行立面保温子目。

⑪ 顶棚保温中混凝土板下沥青铺贴项目，包括木龙骨的制作安装内容，木龙骨不再另套项目。

## 二、定额工程量计算规则

**1. 耐酸防腐工程**

① 耐酸防腐工程区分不同材料及厚度，按设计实铺面积以平方米计算。扣除凸出地面的构筑物、设备基础、门窗洞口等所占面积，墙垛等突出墙面部分按展开面积并入墙面防腐工程量内。

② 平面铺砌双层防腐块料时，按单层工程量乘以系数2计算。

**2. 保温隔热工程**

① 保温层按设计图示尺寸，以立方米计算（另有规定的除外）。

② 聚氨酯发泡保温区分不同的发泡厚度，按设计图示尺寸以平方米计算。混凝土板上

架空隔热，不论架空高度如何，均按设计图示尺寸以平方米计算。其他保温，均按设计图示保温面积乘以保温材料的净厚度（不含胶结材料）以立方米计算。

③ 屋面保温层按设计图示面积乘以平均厚度以立方米计算，不扣除房上烟囱、风帽底座、风道和屋面小气窗等所占体积。

④ 地面保温层按主墙间净面积乘以设计厚度，以立方米计算，扣除凸出地面的构筑物、设备基础等所占体积，不扣除柱、垛、间壁墙、烟囱等所占体积。

⑤ 顶棚保温层按主墙间净面积乘以设计厚度，以立方米计算，不扣除保温层内各种龙骨等所占体积，柱帽保温按设计图示尺寸并入相应顶棚保温工程量内。

⑥ 墙体保温层，外墙按保温层中心线长度、内墙按保温层净长度乘以设计高度及厚度以立方米计算，扣除冷藏门洞口和管道穿墙洞口所占体积，门洞口侧壁周围的保温，按设计图示尺寸并入相应墙面保温工程量内。

⑦ 柱保温层按保温层中心线展开长度乘以设计高度及厚度，以立方米计算。

⑧ 池槽保温层按设计图示长、宽净尺寸乘以设计厚度，以立方米计算。

## 第三节 保温、隔热及防腐工程清单工程量计算示例

### 一、保温工程量计算

如图 10-3 所示，方柱尺寸为 600mm×600mm，若此无柱帽方柱，用 120mm 厚的软木进行保温，试计算此方柱保温工程量。

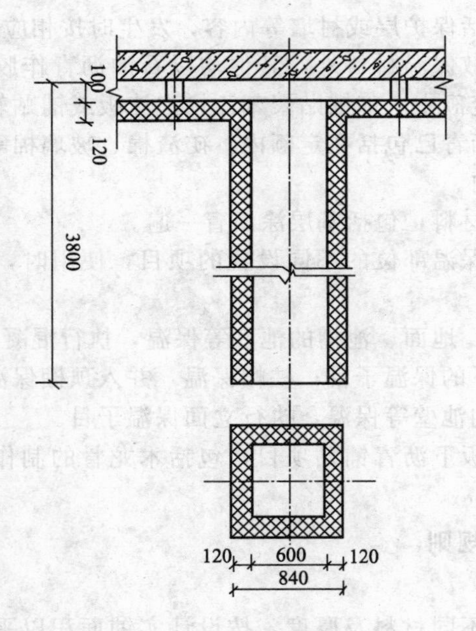


图 10-3 方柱保温

**解：**依据题意并套用基础定额 10-223 得

$$L_{保温隔热方柱}=(0.6+0.6\times2)\times4$$
$$=2.88\ (m)$$
$$V_{方柱保温层工程量}=2.88\times(3.8-0.1-0.12)\times0.12$$
$$=1.237\ (m^3)$$

## 二、防腐工程工程量计算

### 1. 地面防腐工程量计算

如图 10-4 所示，若此防腐地面、踢脚线抹厚 20mm 的清单铁屑砂浆，试计算此地面防腐砂浆工程量。

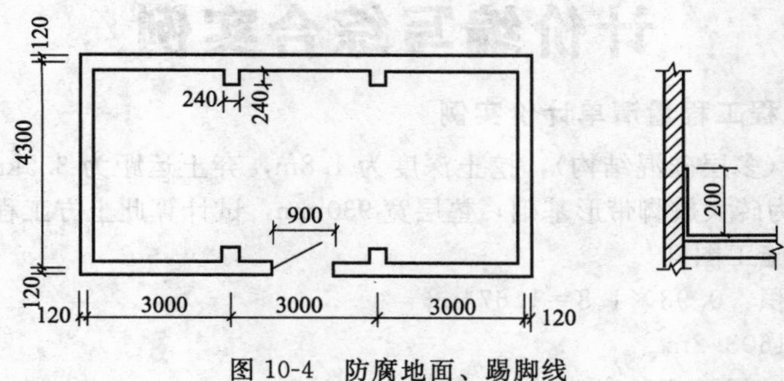


图 10-4 防腐地面、踢脚线

**解：**依据题意并套用基础定额 6-6-7，6-6-8 得

$$S_{地面防腐砂浆工程量}=(9.00-0.24)\times(4.30-0.24)=35.57(m^2)$$

$$S_{踢脚线防腐砂浆工程量}=[(9.00-0.24+0.24\times4+4.30-0.24)\times2-0.90+0.12\times2]\times0.2=5.38(m^2)$$

$$S_{地面工程量}=(9.00-0.24)\times(4.30-0.24)-0.24\times0.24\times4+0.90\times0.12$$
$$=8.76\times4.06-0.2304+0.108=35.44(m^2)$$

$$S_{踢脚线工程量}=[(9.00-0.24+0.24\times4+4.30-0.24)\times2-0.90+0.12\times2]\times0.2$$
$$=[27.56-0.90+0.24]\times0.2=5.38(m^2)$$

人工、材料、机械单价参用市场信息价。

### 2. 楼梯防腐工程量计算

如图 10-5 所示，用水玻璃耐酸混凝土作楼梯面层防腐，防腐厚度为 60mm，若此楼梯为六层建筑，试计算此楼梯防腐工程量。

**解：**依据题意并套用基础定额 10-1 得

$$S_{楼梯防腐工程量}=(4.3-0.24)\times(2.1-0.12+0.3+3+0.3)\times6$$
$$=4.06\times5.58\times6$$
$$=135.93\ (m^2)$$

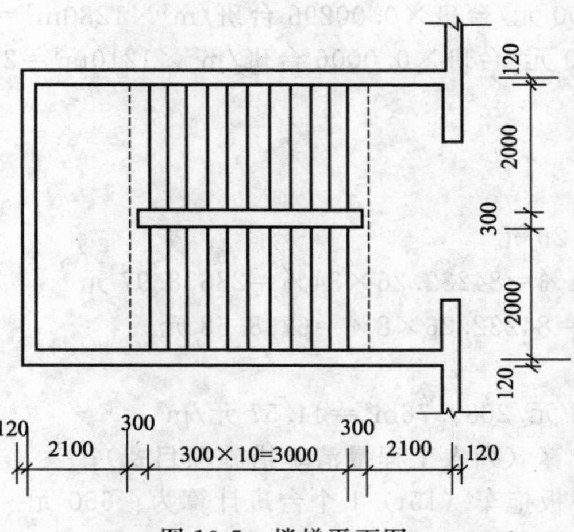


图 10-5 楼梯平面图

# 第十一章　建筑工程工程量清单计价编写综合实例

## 一、土石方工程工程量清单计价实例

有一土方工程（多层硅混结构），挖土深度为1.8m，弃土运距为3.5km，土壤为三类土，若此土方工程基础为砖大放脚带形基础，垫层宽930mm，试计算此土方工程量及控制价。

(1) 由此工程施工图知

基础挖土截面积：0.93×1.8=1.674$m^2$

基础总长度：1603.2m

土方挖方总量：2683.76$m^3$

(2) 投标人施工方案计算

① 基础挖土截面：1.53×1.8=2.75$m^2$

基础总长度：1603.2m

土方挖方总量为：4480.5$m^3$

② 采用人工挖土方量为4480.5$m^3$，根据施工方案除沟边推土外，现场推土2270.5$m^3$、运距60m，采用人工运输。装载机装，自卸汽车运，运距3.5km，土方量1280$m^3$。

③ 人工挖土、运土（60m内）

人工费：4480.5$m^3$×9.0元/$m^3$+2270.5$m^3$×8.12元/$m^3$=40324.5+18436.46=58760.96元

机械费：电动打夯机9元/台班×0.0018台班/$m^2$×1663.35$m^2$=26.95元

合计：58787.91元

④ 装载机装，自卸汽车运土（3.5km）

人工费：30元/工日×0.007工日/$m^3$×1280$m^3$×2=537.6元

材料费：2.0元/$m^3$×0.012$m^3$/$m^3$×1280$m^3$=30.72元

装载机（轮胎式1$m^3$）：280元/台班×0.00398台班/$m^3$×1280$m^3$=1426.43元

自卸汽车（3.5t）：340元/台班×0.049台班/$m^3$×1280$m^3$=21324.8元

推土机（75kW）：500元/台班×0.00296台班/$m^3$×1280$m^3$=1894.4元

洒水车（400L）：300元/台班×0.0006台班/$m^3$×1210$m^3$=230.4元

小计：24876.03元

合计：25444.35元

⑤ 综合

直接费合计：84232.26元

管理费：直接费×34%=84232.26×34%=28638.97元

利润：直接费×8%=84232.26×8%=6738.58元

总计：119609.8元

综合单价：119609.8元/2683.76$m^3$=44.57元/$m^3$

大型机械进出场费计算（列人工程量清单措施项目费）；

大型机械进出场按平板拖车（15t）1个台班计算为：650元

装载机（1$m^3$）进出场按1个台班计算为：300元

自卸汽车进出场费（3 台）按 1.5 台班计算为：550 元

机械进出场费总计：1500 元

**分部分项工程量清单计价表**

工程名称：某多层砖混住宅工程　　　　第　页共　页

| 序号 | 项　目 | 项目名称 | 计量单位 | 工程数量 | 金额/元 | |
|---|---|---|---|---|---|---|
| | | | | | 综合单价 | 合价 |
| 1 | 010101004 | 挖基土方<br>土壤类别:三类土<br>基础类型:砖大放脚带形基础<br>垫层宽度:930mm<br>挖土深度:1.8m<br>弃土运距:3.5km | $m^3$ | 2683.76 | 44.57 | 119609.8 |

**分部分项工程量清单综合单价计算表**

工程名称：某多层砖混住宅工程　　　　计量单位：$m^3$

项目编码：010101004　　　　工程数量：2683.76

项目名称：挖基础土方　　　　综合单价：44.57 元

| 序号 | 定额编号 | 工程内容 | 单位 | 数量 | 其中各项费用/元 | | | | | |
|---|---|---|---|---|---|---|---|---|---|---|
| | | | | | 人工费 | 材料费 | 机械费 | 管理费 | 利润 | 小计 |
| 1 | 1-8 | 人工挖土方（三类土 2m 以上） | $m^3$ | 1.663 | 14.86 | | 0.009 | 4.78 | 1.12 | 20.85 |
| 2 | 1-49 | 人工运土方(60m) | $m^3$ | 0.824 | 7.05 | | | 2.13 | 0.49 | 9.67 |
| 3 | 1-174 | 装载机自卸汽车运土方(3.5km) | $m^3$ | 0.459 | 0.99 | 0.06 | 9.10 | 3.16 | 0.74 | 14.05 |
| | | 合计 | | | 22.90 | 0.07 | 9.10 | 10.07 | 2.35 | 44.57 |

## 二、混凝土及钢筋混凝土工程工程量清单计价实例

有一现浇框架设备基础，其工程量清单计价情况如下。

**1. 招标人根据设备基础（框架）施工图计算**

① 混凝土强度等级 C35。

② 柱基础为块体，工程量为 6.58$m^3$，墙基础为带形基础，工程量为 5.38，基础柱截面 450mm×450mm，工程量为 12.75$m^3$，基础墙厚度 300mm，工程量为 10.85$m^3$，基础梁截面 350mm×700mm，工程量为 17.01$m^3$，基础板厚度 300mm，工程量为 40.53$m^3$。

③ 混凝土合计工程量：93.10$m^3$。

④ 螺栓孔灌浆：细石混凝土 C35。

⑤ 钢筋：φ10 以内，工程量 2.829t；φ10 以外，工程量 4.362t。

**2. 投标人报价计算**

（1）柱基础

① 人工费：25.0 元/$m^3$×6.58$m^3$＝164.50 元

② 材料费：240.00 元/$m^3$×6.58$m^3$＝1579.20 元

③ 机械费：14.00 元/$m^3$×6.58$m^3$＝92.12 元

④ 合计：1835.82 元

（2）带形墙基

① 人工费：22.08 元/$m^3$×5.38$m^3$＝118.79 元
② 材料费：240.00 元/$m^3$×5.38$m^3$＝1291.2 元
③ 机械费：14.00 元/$m^3$×5.38$m^3$＝75.32 元
④ 合计：1485.31 元。
（3）基础墙
① 人工费：27.00 元/$m^3$×10.85$m^3$＝292.95 元
② 材料费：240.00 元/$m^3$×10.85$m^3$＝2604 元
③ 机械费：22 元/$m^3$×10.85$m^3$＝238.70 元
④ 合计：3135.65 元
（4）基础柱
① 人工费：37.00 元/$m^3$×12.75$m^3$＝471.75 元
② 材料费：240.00 元/$m^3$×12.75$m^3$＝3060 元
③ 机械费：22.00 元/$m^3$×12.75$m^3$＝280.50 元
④ 合计：3812.25 元
（5）基础梁
① 人工费：31.00 元/$m^3$×17.01$m^3$＝527.31 元
② 材料费：238.00 元/$m^3$×17.01$m^3$＝4048.38 元
③ 机械费：22.00 元/$m^3$×17.01$m^3$＝374.22 元
④ 合计：4949.91 元
（6）基础板
① 人工费：2700 元/$m^3$×40.53$m^3$＝1094.31 元
② 材料费：240.00 元/$m^3$×40.53$m^3$＝9727.2 元
③ 机械费：22 元/$m^3$×40.53$m^3$＝891.66 元
④ 合计：11713.17 元
（7）锚全孔灌浆
① 人工费：6.00 元/个×28 个＝168.00 元
② 材料费：14.00 元/个×28 个＝392.00 元
③ 机械费：0.20 元/个×28 个＝5.60 元
④ 合计：565.60 元
（8）基础综合
① 直接费合计：27497.71 元
② 管理费：直接费×34%＝27497.71 元×34%＝9349.22 元
③ 利润：直接费×8%＝27497.71 元×8%＝2199.82 元
④ 总计：39046.79 元
⑤ 综合单价：39046.79 元/91.54$m^3$＝419.41 元/$m^3$
（9）钢筋
① 钢筋ϕ10 以内
人工费：141.20 元/t×2.829t＝399.45 元
材料费：2578.30 元/t×2.829t＝7294.01 元
机械费：5 元/t×2.829t＝14.15 元
合计：7707.61 元
② 钢筋ϕ10 以外

人工费：150.00 元/t×4.362t＝654.30 元

材料费：2578.30 元/t×4.362t＝11246.54 元

机械费：5 元/t×4.362t＝21.81 元

合计：11922.65 元

（10）钢筋综合

① 直接费合计：19630.26 元

② 管理费：直接费×34%＝19630.26×34%＝6674.28 元

③ 利润：直接费×8%＝19630.26×8%＝1570.42 元

④ 总计：27874.96 元

⑤ 综合单价：27874.96 元/7.191t＝3876.91 元/t

（11）模板（计算略，计算后列入工程量清单措施项目）。

**分部分项工程量清单计价表**

工程名称：某工厂　　　　第　页共　页

| 序号 | 项目 | 项目名称 | 计量单位 | 工程数量 | 金额/元 | |
|---|---|---|---|---|---|---|
| | | | | | 综合单价 | 合价 |
| | 010501006 | 设备基础<br>块体柱基础：6.58<br>带形墙基础：5.38<br>基础柱：截面 450mm×450mm<br>基础墙：厚度 300mm<br>基础梁：截面 350mm×700mm<br>基础板：厚度 300mm<br>混凝土强度：C35<br>螺栓孔灌浆细石混凝土强度 C35 | m³ | 93.10 | 419.41 | 39046.79 |
| | 010501006001 | 现浇钢筋混凝土基础<br>ϕ10 以内：2.829t<br>ϕ10 以内：4.326t | t | 7.191 | 3876.91 | 27874.96 |
| | | 本页小计 | | | | |
| | | | | | | |
| | | 合计 | | | | |

**分部分项工程量清单综合单价计算表**

工程名称：某工厂　　　　计算单位：m³

项目编码：010501006　　　　工程数量：93.10

项目名称：现浇设备基础（框架）　　　　综合单价：419.41 元

| 序号 | 定额编号 | 工程内容 | 单位 | 数量 | 其中:/元 | | | | | |
|---|---|---|---|---|---|---|---|---|---|---|
| | | | | | 人工费 | 材料费 | 机械费 | 管理费 | 利润 | 小计 |
| | 5-396 | 块体柱基础<br>混凝土强度 C35 | m³ | 0.068 | 1.58 | 16.26 | 0.95 | 6.34 | 1.49 | 26.62 |
| | 5-394 | 带形墙基础：<br>混凝土强度 C35 | m³ | 0.045 | 0.97 | 10.80 | 0.65 | 4.22 | 0.99 | 17.63 |

续表

| 序号 | 定额编号 | 工程内容 | 单位 | 数量 | 其中:/元 | | | | | |
|---|---|---|---|---|---|---|---|---|---|---|
| | | | | | 人工费 | 材料费 | 机械费 | 管理费 | 利润 | 小计 |
| | 5-401 | 基础柱:截面 450mm×450mm、混凝土强度 C35 | $m^3$ | 0.139 | 5.33 | 33.23 | 3.05 | 13.97 | 3.29 | 58.87 |
| | 5-412 | 基础墙:厚度 300mm、混凝土强度 C35 | $m^3$ | 0.119 | 3.64 | 28.20 | 2.61 | 11.47 | 2.71 | 48.63 |
| | 5-406 | 基础梁:截面 350mm×700mm 混凝土强度 C35 | $m^3$ | 0.186 | 6.00 | 44.28 | 4.07 | 18.37 | 4.32 | 77.04 |
| | 5-419 | 基础板:厚度 300mm、混凝土强度 C35 | $m^3$ | 0.443 | 12.08 | 105.88 | 9.4 | 43.35 | 10.20 | 181.25 |
| | | 螺栓孔灌浆细石混凝土强度 C35 | 个 | 0.306 | 2.31 | 4.50 | 0.05 | 2.03 | 0.48 | 9.37 |
| | | 合计 | | | 31.91 | 243.15 | 21.12 | 99.75 | 23.47 | 419.41 |

**分部分项工程量清单综合单价计算表**

工程名称:某工厂　　计量单位:t

项目编码:010501006001　　工程数量:7.191

项目名称:现浇设备基础(框架)　　综合单价:3876.91 元

| 序号 | 定额编号 | 工程内容 | 单位 | 数量 | 其中:/元 | | | | | |
|---|---|---|---|---|---|---|---|---|---|---|
| | | | | | 人工费 | 材料费 | 机械费 | 管理费 | 利润 | 小计 |
| | 套北京定额 8-1 | 现浇混凝土钢筋ϕ10 以内 | t | 1.000 | 72.46 | 1033.14 | 2.00 | 349.34 | 82.20 | 1539.14 |
| | 套北 8-2 | 现浇混凝土钢筋ϕ10 以内 | t | 1.000 | 105.78 | 1561.56 | 2.68 | 540.56 | 127.19 | 2337.77 |
| | | 合计 | | | 178.24 | 2594.70 | 4.68 | 889.90 | 209.39 | 3876.91 |

注:1. 参考《全国统一建筑工程基础定额》。
2. "套北"指套用北京市定额。

## 三、工程量清单计价综合范例

(本实例表中所涉及数据单位均为国家标准规格,未加单位者请读者参看相应国家规定。)

封 2　　××附属工程-岗亭工程(建筑)工程

**招标控制价**

招标控制价(小写):740,450.97 元

(大写):柒拾肆万零肆佰伍拾元玖角柒分

招标人:×××
(单位盖章)

造价咨询人:×××
(单位资质专用章)

年　月　日

## 总　说　明

工程名称：××附属工程-岗亭工程（建筑）　　第1页　共1页

1. 工程概况：本工程为××结构，采用××桩，建筑层数为×层，建筑面积为×××$m^2$，计划工期为×××日历天。

2. 招标控制价包括范围：为本次招标。

3. 招标控制价编制依据：

(1)招标文件提供的工程量清单。

(2)招标文件中有关计价的要求。

(3)工程施工图。

(4)省建设主管部门颁发的计价定额和计价管理办法及有关计价文件。

(5)材料价格采用工程所在地工程造价管理机构××××年×月工程造价信息发布的价格信息，对于工程造价信息没有发布价格信息的材料，其价格参照市场价。

## 单位工程招标控制价汇总表

工程名称：××附属工程-岗亭工程（建筑）　　标段　　第1页　共2页

| 序号 | 汇总内容 | 金额/元 | 其中：暂估价/元 |
|---|---|---|---|
| 1 | 分部分项工程 | 613834.87 | |
| 1.1 | A 土石方工程 | | |
| 1.2 | A.1 土方工程 | | |
| 1.3 | 010101004 挖基坑土方 | 4095.8 | |
| 1.4 | A.3 回填 | | |
| 1.5 | 010103001 回填方 | 689.77 | |
| 1.6 | D 砌筑工程 | | |
| 1.7 | D.1 砖砌体 | | |
| 1.8 | 010401003 实心砖墙 | 43776.66 | |
| 1.9 | E 混凝土及钢筋混凝土工程 | | |
| 1.10 | E.1 现浇混凝土基础 | | |
| 1.11 | 010501002 带形基础 | 12314.76 | |
| 1.12 | 010501003 独立基础 | 7840.4 | |
| 1.13 | 010501006 设备基础 | 6664.98 | |
| 1.14 | E.2 现浇混凝土柱 | | |
| 1.15 | 010502001 矩形柱 | 949.66 | |
| 1.16 | 010502003 异形柱 | 5271.58 | |
| 1.17 | E.3 现浇混凝土梁 | | |
| 1.18 | 010503001 基础梁 | 3554.41 | |
| 1.19 | 010503002 矩形梁 | 1508.54 | |
| 1.20 | 010503003 异形梁 | 787.62 | |
| 1.21 | 010503004 圈梁 | 8069.74 | |
| 1.22 | 010503005 过梁 | 511.05 | |

工程名称：××附属工程-岗亭工程(建筑) 标段 第2页 共2页

| 序号 | 汇 总 内 容 | 金额/元 | 其中：暂估价/元 |
| --- | --- | --- | --- |
| 1.23 | E.5 现浇混凝土板 | | |
| 1.24 | 010505002 无梁板 | 9743.69 | |
| 1.25 | 010505007 挑檐板 | 1569.65 | |
| 1.26 | 010505008 雨篷 | 4816.54 | |
| 1.27 | 010507007 其他构件 | 2996.68 | |
| 1.28 | 010507001 散水、坡道 | 3179.63 | |
| 1.29 | E.15 钢筋工程 | | |
| 1.30 | 010515 钢筋工程 | 83750.22 | |
| 1.31 | F 金属结构工程 | | |
| 1.32 | F.1 钢网架 | | |
| 1.33 | 010601001 钢网架 | 61549.02 | |
| 1.34 | 010902001 屋面卷材防水 | 276677.57 | |
| 1.35 | 010902004 屋面排水管 | 2418.37 | |
| 1.36 | 010903002 涂膜防水 | 1894.79 | |
| 1.37 | 011001001 保温隔热屋面 | 48849.06 | |
| 1.38 | 011001003 保温隔热墙 | 20354.68 | |
| 2 | 措施项目 | 75585.93 | |
| 2.1 | 安全文明施工费 | 22711.89 | |
| 3 | 其他项目 | | |
| 3.1 | 暂列金额 | | |
| 3.2 | 专业工程暂估价 | | |
| 3.3 | 计日工 | | |
| 3.4 | 总承包服务费 | | |
| 4 | 规费 | 26129.04 | |
| 4.1 | 工程排污费 | 689.42 | |
| 4.2 | 建筑安全监督管理费 | 1309.9 | |
| 4.3 | 社会保障费 | 20682.62 | |
| 4.4 | 住房公积金 | 3447.1 | |
| 5 | 税金 | 24901.13 | |
| 6 | 招标控制价=小计×(1－调整系数) | 740450.97 | |
| | | | |
| | | | |
| | | | |

注：1. 本表适用于单位工程招标控制价的汇总，如无单位工程划分，单项工程也使用本表汇总。

2. 调整系数由招标人在工程所在地造价与招投标管理机构定期发布的“建设工程招标价调整系数幅度范围”内取定。

3. “招标控制价”中的暂估价应与“小计”中的暂估价价格一致，暂估价部分不应调整。

**分部分项工程量清单与计价表**

工程名称：××附属工程-岗亭工程（建筑）　　标段：　　第1页　共6页

| 序号 | 项目编码 | 项目名称 | 项目特征描述 | 计量单位 | 工程量 | 金额/元 | | |
|---|---|---|---|---|---|---|---|---|
| | | | | | | 综合单价 | 合价 | 其中：暂估价 |
| | A | 土石方工程 | | | | | | |
| | A.1 | 土方工程 | | | | | | |
| | 010101004 | 挖基坑土方 | | | | | 4095.8 | |
| 1 | 010101004001 | 挖条形基础土方 | 1. 土壤类别：综合考虑现场实际土壤类别<br>2. 挖土深度：根据设计图、相关规范及现场实际情况综合考虑<br>3. 土基要求：根据设计图、相关规范及现场实际情况综合考虑<br>4. 场内运输：适用于回填的运至填方点，弃土运至指定堆放地点，场内运距综合考虑 | $m^3$ | 223.87 | 14.33 | 3208.06 | |
| 2 | 010101004002 | 挖独立基础土方 | 1. 土壤类别：综合考虑现场实际土壤类别<br>2. 挖土深度：根据设计图、相关规范及现场实际情况综合考虑<br>3. 土基要求：根据设计图、相关规定及现场实际情况综合考虑<br>4. 场内运输：适用于回填的运至填方点，弃土运至指定堆放地点，场内运距综合考虑 | $m^3$ | 61.95 | 14.33 | 887.74 | |
| | A.3 | 土石方回填 | | | | | | |
| | 010103001 | 回填方 | | | | | 689.77 | |
| 3 | 010103001001 | 土方回填 | 1. 填方材料品种：回填满足设计及规范要求的回填土<br>2. 密实度：根据设计图、相关规范及现场实际情况综合考虑 | $m^3$ | 182.48 | 3.78 | 689.77 | |
| | D | 砌筑工程 | | | | | | |
| | D.1 | 砖砌体 | | | | | | |
| | 010401003 | 实心砖墙 | | | | | 43776.66 | |
| 4 | 010401003001 | 实心砖墙 | 1. 部位：±0.000以下<br>2. 砖品种、规格、强度等级：MU10烧结非黏土普通砖<br>3. 墙体厚度：240mm<br>4. 墙体高度：详见设计图纸<br>5. 砂浆强度等级、配合比：M10水泥砂浆砌筑 | $m^3$ | 40.54 | 376.62 | 15268.17 | |
| | | | 本页小计 | | | | 20053.74 | |

工程名称：××附属工程-岗亭工程（建筑） 标段： 第2页 共6页

| 序号 | 项目编码 | 项目名称 | 项目特征描述 | 计量单位 | 工程量 | 金额/元 | | |
|---|---|---|---|---|---|---|---|---|
| | | | | | | 综合单价 | 合价 | 其中：暂估价 |
| 5 | 010401003002 | 实心砖墙 | 1. 部位：±0.000以上<br>2. 砖品种、规格、强度等级：MU10烧结非黏土多孔砖（≤16kN/m³）<br>3. 墙体厚度：240mm<br>4. 墙体高度：详见设计图纸<br>5. 砂浆强度等级、配合比：M7.5混合砂浆砌筑 | m³ | 61.11 | 376.71 | 23020.75 | |
| 6 | 010401003003 | 女儿墙 | 详见图集04J101-17/1 | m³ | 14.65 | 374.59 | 5487.74 | |
| | E | 混凝土及钢筋混凝土工程 | | | | | | |
| | E.1 | 现浇混凝土基础 | | | | | | |
| | 010501002 | 带形基础 | | | | | 12314.76 | |
| 7 | 010501002001 | 带形基础 | 1. 混凝土强度等级：C25<br>2. 混凝土拌和料要求：根据设计图、相关规范及现场实际情况综合考虑<br>3. 砂浆强度等级：根据设计图、相关规范及现场实际情况综合考虑 | m³ | 24.42 | 504.29 | 12314.76 | |
| | 010501003 | 独立基础 | | | | | 7840.4 | |
| 8 | 010501003001 | 独立基础 | 1. 混凝土强度等级：C25<br>2. 混凝土拌合料要求：根据设计图、相关规范及现场实际情况综合考虑<br>3. 砂浆强度等级：根据设计图、相关规范及现场实际情况综合考虑 | m³ | 15.6 | 502.59 | 7840.4 | |
| | 010501006 | 设备基础 | | | | | 6664.98 | |
| 9 | 010501006001 | 带形基础 | 1. 混凝土强度等级：C15<br>2. 混凝土拌合料要求：根据设计图、相关规范及现场实际情况综合考虑<br>3. 砂浆强度等级：根据设计图、相关规范及现场实际情况综合考虑 | m³ | 10.18 | 491.15 | 4999.91 | |
| 10 | 010501006002 | 独立基础 | 1. 混凝土强度等级：C20<br>2. 混凝土拌和料要求：根据设计图、相关规范及现场实际情况综合考虑<br>3. 砂浆强度等级：根据设计图、相关规范及现场实际情况综合考虑 | m³ | 3.87 | 430.25 | 1665.07 | |
| | E.2 | 现浇混凝土柱 | | | | | | |
| | 010502001 | 矩形柱 | | | | | 949.66 | |
| | | | 本页小计 | | | | 55328.63 | |

工程名称：××附属工程-岗亭工程（建筑）　　标段：　　第3页　共6页

| 序号 | 项目编码 | 项目名称 | 项目特征描述 | 计量单位 | 工程量 | 金额/元 | | |
|---|---|---|---|---|---|---|---|---|
| | | | | | | 综合单价 | 合价 | 其中:暂估价 |
| 11 | 010502001001 | 构造柱 | 1. 柱高度:详见设计图纸<br>2. 柱截面尺寸:240mm×240mm<br>3. 混凝土强度等级:C25<br>4. 混凝土拌和料要求:根据设计图、相关规范及现场实际情况综合考虑 | $m^3$ | 1.6 | 593.54 | 949.66 | |
| | 010502003 | 异形柱 | | | | | 5271.58 | |
| 12 | 010502003001 | 圆柱 | 1. 柱高度:基础顶面到5.11m<br>2. 柱截面尺寸:直径250mm<br>3. 混凝土强度等级:C30<br>4. 混凝土拌和 料要求:根据设计图、相关规范及现场实际情况综合考虑 | $m^3$ | 9.44 | 558.43 | 5271.58 | |
| | E.3 | 现浇混凝土梁 | | | | | | |
| | 010503001 | 基础梁 | | | | | 3554.41 | |
| 13 | 010503001001 | 基础梁 | 1. 梁底标高:－1.5m<br>2. 梁截面:300mm×700mm<br>3. 混凝土强度等级:C30<br>4. 混凝土拌和料要求:根据设计图、相关规范及现场实际情况综合考虑 | $m^3$ | 6.89 | 515.88 | 3554.41 | |
| | 010503002 | 矩形梁 | | | | | 1508.54 | |
| 14 | 010503002001 | 矩形梁 | 1. 梁底标高:详见设计图纸<br>2. 梁截面:240mm×300mm<br>3. 混凝土强度等级:C25<br>4. 混凝土拌和料要求:根据设计图、相关规范及现场实际情况综合考虑 | $m^3$ | 1.98 | 515.02 | 1019.74 | |
| 15 | 010503002002 | 抗渗翻梁 | 1. 梁底标高:详见设计图纸<br>2. 梁截面:240mm×200mm<br>3. 混凝土强度等级:C20 抗渗<br>4. 混凝土拌和料要求:按设计说明 | $m^3$ | 1.14 | 428.77 | 488.8 | |
| | 010503003 | 异形梁 | | | | | 787.62 | |
| 16 | 010503003 | 钢筋混凝土异形梁 | 1. 混凝土强度等级:C30<br>2. 混凝土拌和料要求:按设计说明 | $m^3$ | 1.51 | 521.6 | 787.62 | |
| | 010503004 | 圈梁 | | | | | 8069.74 | |
| 17 | 010503004001 | 地圈梁 | 1. 梁底标高:详见设计图纸<br>2. 梁截面:240mm×300mm<br>3. 混凝土强度等级:C25<br>4. 混凝土拌和料要求:根据设计图、相关规范及现场实际情况综合考虑 | $m^3$ | 7.33 | 550.46 | 4034.87 | |
| | | | 本页小计 | | | | 16106.68 | |

工程名称：××附属工程-岗亭工程（建筑） 标段： 第4页 共6页

| 序号 | 项目编码 | 项目名称 | 项目特征描述 | 计量单位 | 工程量 | 金额/元 | | |
|---|---|---|---|---|---|---|---|---|
| | | | | | | 综合单价 | 合价 | 其中：暂估价 |
| 18 | 010503004002 | 圈梁 | 1. 梁底标高：详见设计图纸<br>2. 梁截面：240mm×300mm<br>3. 混凝土强度等级：C25<br>4. 混凝土拌和料要求：根据设计图、相关规范及现场实际情况综合考虑 | $m^3$ | 7.33 | 550.46 | 4034.87 | |
| | 010503005 | 过梁 | | | | | 511.05 | |
| 19 | 010503005001 | 过梁 | 1. 梁底标高：详见设计图纸，包括各种门窗过梁<br>2. 梁截面：详见设计图纸<br>3. 混凝土强度等级：C25<br>4. 混凝土拌和料要求：根据设计图、相关规范及现场实际情况综合考虑 | $m^3$ | 0.98 | 521.48 | 511.05 | |
| | E.5 | 现浇混凝土板 | | | | | | |
| | 010505002 | 无梁板 | | | | | 9743.69 | |
| 20 | 010505002001 | 屋面板 | 1. 板底标高：详见设计图纸<br>2. 板厚度：120mm<br>3. 混凝土强度等级：C25<br>4. 混凝土拌和料要求：根据设计图、相关规范及现场实际情况综合考虑 | $m^3$ | 18.64 | 522.73 | 9743.69 | |
| | 010505007 | 挑檐板 | | | | | 1569.65 | |
| 21 | 010505007001 | 挑檐板 | 1. 板厚度：80mm<br>2. 混凝土强度等级：C30<br>3. 混凝土拌和料要求：根据设计图、相关规范及现场实际情况综合考虑 | $m^3$ | 3.11 | 504.71 | 1569.65 | |
| | 010505008 | 雨篷 | | | | | 4816.54 | |
| 22 | 010505008001 | 雨篷 | 1. 板厚度：120mm<br>2. 混凝土强度等级：C30<br>3. 混凝土拌和料要求：根据设计图、相关规范及现场实际情况综合考虑 | $m^3$ | 10.89 | 442.29 | 4816.54 | |
| | 010507007 | 其他构件 | | | | | 2996.68 | |
| 23 | 010507004001 | 台阶 | 详见图集 02J003-1A/7<br>1.60mm 厚 C15 混凝土随打随抹，上撒 1∶1 水泥沙子压实赶光，台阶面内外坡 1%<br>2.30mm 厚 5-32 卵石灌 M2.5 混合砂浆分两步灌注<br>3. 素土夯实 | $m^2$ | 42.32 | 70.81 | 2996.68 | |
| | 010507001 | 坡道 | | | | | 3179.63 | |
| | | | 本页小计 | | | | 23672.48 | |

工程名称：××附属工程-岗亭工程（建筑） 标段： 第5页 共6页

| 序号 | 项目编码 | 项目名称 | 项目特征描述 | 计量单位 | 工程量 | 金额/元 | | |
|---|---|---|---|---|---|---|---|---|
| | | | | | | 综合单价 | 合价 | 其中：暂估价 |
| 24 | 010507001001 | 散水 | 1. 垫层材料种类：详见图纸说明<br>2. 散水宽度：900mm<br>3. 混凝土强度等级：C25<br>4. 混凝土拌和料要求：按设计说明 | $m^2$ | 52.4 | 60.68 | 3179.63 | |
| | E.15 | 钢筋工程 | | | | | | |
| | 010515 | 钢筋工程 | | | | | 83750.22 | |
| 25 | 010515001 | 钢筋 | 直径：≤10mm | t | 7.411 | 6563.22 | 48640.02 | |
| 26 | 010515002 | 钢筋 | 直径：>10mm | t | 5.668 | 6194.46 | 35110.2 | |
| | F. | 金属结构工程 | | | | | | |
| | F.1 | 钢网架 | | | | | | |
| | 010601001 | 钢网架 | | | | | 61549.02 | |
| 27 | 010601001001 | 钢网架 | 1. 钢材品种、规格：详见设计说明<br>2. 网架结构型式：双层网架<br>3. 节点类型：螺栓球<br>4. 网格形式：斜放四角锥<br>5. 网架跨度、安装高度：详见设计图纸<br>6. 探伤要求：依据设计图纸及相关规范<br>7. 涂料品种、刷漆遍数依据设计图纸及相关规范 | t | 7.84 | 7850.64 | 61549.02 | |
| | 010902001 | 屋面卷材防水 | | | | | 276677.57 | |
| 28 | 010902001001 | 卷材防水屋面 | 卷材防水屋面<br>详见99J201-1(W2B)<br>1. 涂料保护层<br>2. 20mm厚1∶2水泥砂浆结合层<br>3. 保温层另外列项计量<br>4. 粘贴一道三元乙丙卷材防水层厚度为1.2mm<br>5. 高聚物改性沥青防水涂膜厚度3.0mm(两布三涂)<br>6. 冷底子油一层(或根据防水涂料配套涂料)<br>7. 1∶8水泥陶粒找坡层最薄处30mm厚<br>8. 40mm厚C30细石混凝土<br>9. 屋面天沟、女儿墙泛水、管道穿墙处及屋面突出部位的连接必须加铺一层附加卷材层(宽度不小于350mm) | $m^2$ | 629.07 | 439.82 | 276677.57 | |
| | | | 本页小计 | | | | 425156.44 | |

工程名称：××附属工程-岗亭工程（建筑）　　　标段：　　　第6页　共6页

| 序号 | 项目编码 | 项目名称 | 项目特征描述 | 计量单位 | 工程量 | 金额/元 | | |
|---|---|---|---|---|---|---|---|---|
| | | | | | | 综合单价 | 合价 | 其中：暂估价 |
| | 010902004 | 屋面排水管 | | | | | 2418.37 | |
| 29 | 010902004001 | 屋面排水管 | 屋面排水管<br>1. 排水管品种、规格：Φ100UPVC雨水管<br>2. 接缝、嵌缝材料种类：按设计说明及规范要求 | m | 78.8 | 30.69 | 2418.37 | |
| | 010903002 | 涂膜防水 | | | | | 1894.79 | |
| 30 | 010903002001 | 卫生间地面防水 | 涂膜防水地面<br>1.2mm 厚的聚氨酯防水涂料两道<br>2. 防水层沿墙上翻 600mm<br>3. 做好洞口处与卫生器具上下水管等处防水附加层与防水封堵 | $m^2$ | 87.6 | 21.63 | 1894.79 | |
| | 011001001 | 保温隔热屋面 | | | | | 48849.06 | |
| 31 | 011001001001 | 保温隔热屋面 | 1. 保温隔热部位：屋面<br>2. 保温隔热材料品种、规格：XPS 挤塑聚苯板 80mm 厚<br>3. 其他：按规定 | $m^2$ | 281.34 | 173.63 | 48849.06 | |
| | 011001003 | 保温隔热墙 | | | | | 20354.68 | |
| 32 | 011001003001 | 保温隔热墙 | 外墙<br>60mm 厚岩棉保温 | $m^2$ | 184.69 | 110.21 | 20354.68 | |
| | | | 本页小计 | | | | 73516.9 | |
| | | | 合　计 | | | | 613834.87 | |

注：根据建设部、财政部发布的《建筑安装工程费用组成》（建标［2003］206号）的规定，为计取规费等的使用，可在表中增设其中："直接费"、"人工费"或"人工费+机械费"。

**工程量清单综合单价分析表(所有材料)**

工程名称：××附属工程-岗亭工程（建筑）　　标段：　　第1页　共33页

| 项目编码 | 010101004001 | 项目名称 | 挖条形基础土方 | 计量单位 | $m^3$ |
|---|---|---|---|---|---|

| 清单综合单价组成明细 | | | | | | | | | | | | | |
|---|---|---|---|---|---|---|---|---|---|---|---|---|---|
| 定额编号 | 定额名称 | 定额单位 | 数量 | 单价 | | | | | 合价 | | | | |
| | | | | 人工费 | 材料费 | 机械费 | 管理费 | 利润 | 人工费 | 材料费 | 机械费 | 管理费 | 利润 |
| 1-204 | 反铲挖掘机(1.25$m^3$ 以内)挖土装车 | 1000$m^3$ | 0.001 | 150 | | 2979.4 | 782.35 | 375.53 | 0.15 | | 2.98 | 0.78 | 0.38 |
| 1-239 | 自卸汽车运土运距<1km | 1000$m^3$ | 0.001 | | 34.4 | 7315.11 | 1828.78 | 877.81 | | 0.03 | 7.32 | 1.83 | 0.88 |
| 综合人工工日 | | | | 小计 | | | | | 0.15 | 0.03 | 10.3 | 2.61 | 1.26 |
| 0.003　工日 | | | | 未计价材料费 | | | | | | | | | |
| 清单项目综合单价 | | | | | | | | | 14.33 | | | | |

| 材料费明细 | 主要材料名称、规格、型号 | 单位 | 数量 | 单价/元 | 合价/元 | 暂估单价/元 | 暂估合价/元 |
|---|---|---|---|---|---|---|---|
| | 水 | $m^3$ | 0.0086 | 4 | 0.03 | | |
| | 材料费小计 | | | — | 0.03 | — | |

工程名称：××附属工程-岗亭工程（建筑） 标段： 第2页 共33页

| 项目编码 | 010101004002 | | | 项目名称 | | 挖独立基础土方 | | | | 计量单位 | | | m³ |
|---|---|---|---|---|---|---|---|---|---|---|---|---|---|
| 清单综合单价组成明细 | | | | | | | | | | | | | |
| 定额编号 | 定额名称 | 定额单位 | 数量 | 单价 | | | | | 合价 | | | | |
| | | | | 人工费 | 材料费 | 机械费 | 管理费 | 利润 | 人工费 | 材料费 | 机械费 | 管理费 | 利润 |
| 1-204 | 反铲挖掘机（1.25m³以内）挖土装车 | 1000m³ | 0.001 | 150 | | 2979.4 | 782.35 | 375.53 | 0.15 | | 2.98 | 0.78 | 0.38 |
| 1-239 | 自卸汽车运土运距<1km | 1000m³ | 0.001 | | 34.4 | 7315.11 | 1828.78 | 877.81 | | 0.03 | 7.32 | 1.83 | 0.88 |
| 综合人工工日 | | | | 小计 | | | | | 0.15 | 0.03 | 10.3 | 2.61 | 1.26 |
| 0.003 工日 | | | | 未计价材料费 | | | | | | | | | |
| 清单项目综合单价 | | | | | | | | | 14.33 | | | | |

| 材料费明细 | 主要材料名称、规格、型号 | 单位 | 数量 | 单价/元 | 合价/元 | 暂估单价/元 | 暂估合价/元 |
|---|---|---|---|---|---|---|---|
| | 水 | m³ | 0.0086 | 4 | 0.03 | | |
| | 材料费小计 | | | — | 0.03 | — | |
| | | | | | | | |
| | | | | | | | |
| | | | | | | | |
| | | | | | | | |
| | | | | | | | |
| | | | | | | | |
| | | | | | | | |
| | | | | | | | |
| | | | | | | | |
| | | | | | | | |
| | | | | | | | |

工程名称：××附属工程-岗亭工程（建筑）　　标段：　　第 3 页　共 33 页

| 项目编码 | 010103001001 | 项目名称 | 回填方 | | | | | | | | 计量单位 | | m$^3$ |
| --- | --- | --- | --- | --- | --- | --- | --- | --- | --- | --- | --- | --- | --- |
| 清单综合单价组成明细 | | | | | | | | | | | | | |
| 定额编号 | 定额名称 | 定额单位 | 数量 | 单价 | | | | | 合价 | | | | |
| | | | | 人工费 | 材料费 | 机械费 | 管理费 | 利润 | 人工费 | 材料费 | 机械费 | 管理费 | 利润 |
| 1-276 | 震动压路机 10t 以内填土碾压 | 1000m$^3$ | 0.001 | 300 | 40 | 2427.99 | 682 | 327.36 | 0.3 | 0.04 | 2.43 | 0.68 | 0.33 |
| 综合人工工日 | | | | 小计 | | | | | 0.3 | 0.04 | 2.43 | 0.68 | 0.33 |
| 0.006　工日 | | | | 未计价材料费 | | | | | | | | | |
| 清单项目综合单价 | | | | | | | | | 3.78 | | | | |

| 材料费明细 | 主要材料名称、规格、型号 | 单位 | 数量 | 单价/元 | 合价/元 | 暂估单价/元 | 暂估合价/元 |
| --- | --- | --- | --- | --- | --- | --- | --- |
| | 水 | m$^3$ | 0.01 | 4 | 0.04 | | |
| | 材料费小计 | | | — | 0.04 | — | |

工程名称：××附属工程-岗亭工程（建筑） 标段： 第4页 共33页

| 项目编码 | 010401003001 | 项目名称 | 实心砖墙 | 计量单位 | $m^3$ |
|---|---|---|---|---|---|

清单综合单价组成明细

| 定额编号 | 定额名称 | 定额单位 | 数量 | 单价 | | | | | 合价 | | | | |
|---|---|---|---|---|---|---|---|---|---|---|---|---|---|
| | | | | 人工费 | 材料费 | 机械费 | 管理费 | 利润 | 人工费 | 材料费 | 机械费 | 管理费 | 利润 |
| 3-29(1) | 标准1砖外墙（M10水泥砂浆） | $m^3$ | 1 | 73.14 | 270.93 | 4 | 19.29 | 9.26 | 73.14 | 270.93 | 4 | 19.29 | 9.26 |
| 综合人工工日 | | | | 小计 | | | | | 73.14 | 270.93 | 4 | 19.29 | 9.26 |
| 1.38 工日 | | | | 未计价材料费 | | | | | | | | | |
| 清单项目综合单价 | | | | | | | | | 376.62 | | | | |

| | 主要材料名称、规格、型号 | 单位 | 数量 | 单价/元 | 合价/元 | 暂估单价/元 | 暂估合价/元 |
|---|---|---|---|---|---|---|---|
| 材料费明细 | 水 | $m^3$ | 0.107 | 4 | 0.43 | | |
| | 水泥32.5级 | kg | 0.3 | 0.44 | 0.13 | | |
| | 周转木材 | $m^3$ | 0.0002 | 1249 | 0.25 | | |
| | 铁钉 | kg | 0.002 | 3.6 | 0.01 | | |
| | 水泥砂浆M10 | $m^3$ | 0.234 | 238.1 | 55.72 | | |
| | MU10烧结非黏土普通砖240mm×115mm×53mm | 百块 | 5.36 | 40 | 214.4 | | |
| | 材料费小计 | | | — | 270.93 | — | |
| | | | | | | | |
| | | | | | | | |
| | | | | | | | |
| | | | | | | | |
| | | | | | | | |
| | | | | | | | |
| | | | | | | | |
| | | | | | | | |
| | | | | | | | |

工程名称：××附属工程-岗亭工程（建筑）　　标段：　　第 5 页　共 33 页

| 项目编码 | 010401003002 | 项目名称 | 实心砖墙 | | | | | | | | | 计量单位 | $m^3$ |
|---|---|---|---|---|---|---|---|---|---|---|---|---|---|
| 清单综合单价组成明细 | | | | | | | | | | | | | |
| 定额编号 | 定额名称 | 定额单位 | 数量 | 单价 | | | | | 合价 | | | | |
| | | | | 人工费 | 材料费 | 机械费 | 管理费 | 利润 | 人工费 | 材料费 | 机械费 | 管理费 | 利润 |
| 3-29(5) | 标准1砖外墙（M7.5混合砂浆） | $m^3$ | 1 | 73.14 | 271.02 | 4 | 19.29 | 9.26 | 73.14 | 271.02 | 4 | 19.29 | 9.26 |
| 综合人工工日 | | | | 小计 | | | | | 73.14 | 271.02 | 4 | 19.29 | 9.26 |
| 1.38　工日 | | | | 未计价材料费 | | | | | | | | | |
| 清单项目综合单价 | | | | | | | | | | | 376.71 | | |

| | 主要材料名称、规格、型号 | 单位 | 数量 | 单价/元 | 合价/元 | 暂估单价/元 | 暂估合价/元 |
|---|---|---|---|---|---|---|---|
| 材料费明细 | 水 | $m^3$ | 0.107 | 4 | 0.43 | | |
| | 水泥 32.5 级 | kg | 0.3 | 0.44 | 0.13 | | |
| | 周转木材 | $m^3$ | 0.0002 | 1249 | 0.25 | | |
| | 铁钉 | kg | 0.002 | 3.6 | 0.01 | | |
| | 混合砂浆 M7.5 | $m^3$ | 0.234 | 238.48 | 55.8 | | |
| | MU10 烧结非黏土多孔砖（≤16kN/$m^3$）240mm×115mm×53mm | 百块 | 5.36 | 40 | 214.4 | | |
| | 材料费小计 | | | — | 271.02 | — | |

工程名称：××附属工程-岗亭工程（建筑）　　标段：　　第 6 页　共 33 页

| 项目编码 | 010401003003 | 项目名称 | 女儿墙 | 计量单位 | m³ |
|---|---|---|---|---|---|

清单综合单价组成明细

| 定额编号 | 定额名称 | 定额单位 | 数量 | 单价 | | | | | 合价 | | | | |
|---|---|---|---|---|---|---|---|---|---|---|---|---|---|
| | | | | 人工费 | 材料费 | 机械费 | 管理费 | 利润 | 人工费 | 材料费 | 机械费 | 管理费 | 利润 |
| 3-26 | 页岩模数多孔砖墙厚190mm(M5 混合砂浆) | m³ | 1 | 57.77 | 291.94 | 2.56 | 15.08 | 7.24 | 57.77 | 291.94 | 2.56 | 15.08 | 7.24 |
| 综合人工工日 | | | | 小计 | | | | | 57.77 | 291.94 | 2.56 | 15.08 | 7.24 |
| 1.09 工日 | | | | 未计价材料费 | | | | | | | | | |
| 清单项目综合单价 | | | | | | | | | 374.59 | | | | |

| | 主要材料名称、规格、型号 | 单位 | 数量 | 单价/元 | 合价/元 | 暂估单价/元 | 暂估合价/元 |
|---|---|---|---|---|---|---|---|
| 材料费明细 | 水 | m³ | 0.12 | 4 | 0.48 | | |
| | 混合砂浆 M5 | m³ | 0.151 | 232.46 | 35.1 | | |
| | DM 多孔砖 190mm×240mm×90mm | 百块 | 2.08 | 118 | 245.44 | | |
| | DM 多孔砖 190mm×120mm×90mm | 百块 | 0.13 | 84 | 10.92 | | |
| | 材料费小计 | | | — | 291.94 | — | |

工程名称：××附属工程-岗亭工程（建筑）　　　标段：　　　第7页　共33页

| 项目编码 | | 010501002001 | | 项目名称 | | 带形基础 | | | | | 计量单位 | | m³ |
|---|---|---|---|---|---|---|---|---|---|---|---|---|---|
| 清单综合单价组成明细 | | | | | | | | | | | | | |
| 定额编号 | 定额名称 | 定额单位 | 数量 | 单价 | | | | | 合价 | | | | |
| | | | | 人工费 | 材料费 | 机械费 | 管理费 | 利润 | 人工费 | 材料费 | 机械费 | 管理费 | 利润 |
| 5-171 | 无梁式混凝土条形基础（C20泵送商品混凝土），换为【商品混凝土 C25（泵送）】 | m³ | 1 | 15.9 | 465.34 | 12.53 | 7.11 | 3.41 | 15.9 | 465.34 | 12.53 | 7.11 | 3.41 |
| 综合人工工日 | | | | 小计 | | | | | 15.9 | 465.34 | 12.53 | 7.11 | 3.41 |
| 0.3 工日 | | | | 未计价材料费 | | | | | | | | | |
| 清单项目综合单价 | | | | | | | | | | | 504.29 | | |
| 材料费明细 | 主要材料名称、规格、型号 | | | 单位 | | 数量 | | | 单价/元 | 合价/元 | 暂估单价/元 | 暂估合价/元 | |
| | 水 | | | m³ | | 1.15 | | | 4 | 4.6 | | | |
| | 塑料薄膜 | | | m² | | 1.73 | | | 0.86 | 1.49 | | | |
| | 泵管摊销费 | | | 元 | | 0.25 | | | 1 | 0.25 | | | |
| | 商品混凝土 C25（泵送） | | | m³ | | 1.02 | | | 450 | 459 | | | |
| | 材料费小计 | | | | | | | | — | 465.34 | — | | |

工程名称：××附属工程-岗亭工程（建筑）　　标段：　　第8页　共33页

| 项目编码 | 010501003001 | | | 项目名称 | 独立基础 | | | | | | 计量单位 | | $m^3$ |
|---|---|---|---|---|---|---|---|---|---|---|---|---|---|
| 清单综合单价组成明细 | | | | | | | | | | | | | |
| 定额编号 | 定额名称 | 定额单位 | 数量 | 单价 | | | | | 合价 | | | | |
| | | | | 人工费 | 材料费 | 机械费 | 管理费 | 利润 | 人工费 | 材料费 | 机械费 | 管理费 | 利润 |
| 5-176 | 桩承台，独立柱基（C20泵送商品混凝土）换为【商品混凝土 C25(泵送)】 | $m^3$ | 1 | 15.9 | 463.64 | 12.53 | 7.11 | 3.41 | 15.9 | 463.64 | 12.53 | 7.11 | 3.41 |
| 综合人工工日 | | | | 小计 | | | | | 15.9 | 463.64 | 12.53 | 7.11 | 3.41 |
| 0.3　工日 | | | | 未计价材料费 | | | | | | | | | |
| 清单项目综合单价 | | | | | | | | | 502.59 | | | | |
| 材料费明细 | 主要材料名称、规格、型号 | | | | 单位 | 数量 | | | 单价/元 | 合价/元 | 暂估单价/元 | 暂估合价/元 | |
| | 水 | | | | $m^3$ | 0.92 | | | 4 | 3.68 | | | |
| | 塑料薄膜 | | | | $m^2$ | 0.81 | | | 0.86 | 0.7 | | | |
| | 泵管摊销费 | | | | 元 | 0.25 | | | 1 | 0.25 | | | |
| | 商品混凝土 C25(泵送) | | | | $m^3$ | 1.02 | | | 450 | 459 | | | |
| | 材料费小计 | | | | | | | | — | 465.63 | — | | |

工程名称：××附属工程-岗亭工程（建筑）　　　　标段：　　　　第9页　共33页

| 项目编码 | | 010501006001 | | 项目名称 | | 设备基础 | | | | | 计量单位 | | m³ |
|---|---|---|---|---|---|---|---|---|---|---|---|---|---|
| 清单综合单价组成明细 | | | | | | | | | | | | | |
| 定额编号 | 定额名称 | 定额单位 | 数量 | 单价 | | | | | 合价 | | | | |
| | | | | 人工费 | 材料费 | 机械费 | 管理费 | 利润 | 人工费 | 材料费 | 机械费 | 管理费 | 利润 |
| 2-121 | 基础无筋混凝土垫层（C15泵送商品混凝土） | $m^3$ | 1 | 25.44 | 438.82 | 12.76 | 9.55 | 4.58 | 25.44 | 438.82 | 12.76 | 9.55 | 4.58 |
| 综合人工工日 | | | | 小计 | | | | | 25.44 | 438.82 | 12.76 | 9.55 | 4.58 |
| 0.48 工日 | | | | 未计价材料费 | | | | | | | | | |
| 清单项目综合单价 | | | | | | | | | 491.15 | | | | |
| 材料费明细 | 主要材料名称、规格、型号 | | | | | 单位 | 数量 | | 单价/元 | 合价/元 | 暂估单价/元 | 暂估合价/元 | |
| | 水 | | | | | $m^3$ | 0.53 | | 4 | 2.12 | | | |
| | 泵管摊销费 | | | | | 元 | 0.25 | | 1 | 0.25 | | | |
| | 商品混凝土C15(泵送) | | | | | $m^3$ | 1.015 | | 430 | 436.45 | | | |
| | 材料费小计 | | | | | | | | — | 438.82 | — | | |
| | | | | | | | | | | | | | |
| | | | | | | | | | | | | | |
| | | | | | | | | | | | | | |
| | | | | | | | | | | | | | |
| | | | | | | | | | | | | | |
| | | | | | | | | | | | | | |
| | | | | | | | | | | | | | |
| | | | | | | | | | | | | | |
| | | | | | | | | | | | | | |

工程名称：××附属工程-岗亭工程（建筑）　　　标段：　　　第10页　共33页

| 项目编码 | 010501006002 | 项目名称 | 独立基础 | 计量单位 | $m^3$ |
|---|---|---|---|---|---|

清单综合单价组成明细

| 定额编号 | 定额名称 | 定额单位 | 数量 | 单价 | | | | | 合价 | | | | |
|---|---|---|---|---|---|---|---|---|---|---|---|---|---|
| | | | | 人工费 | 材料费 | 机械费 | 管理费 | 利润 | 人工费 | 材料费 | 机械费 | 管理费 | 利润 |
| 2-121 | 基础无筋混凝土垫层（C20泵送商品混凝土） | $m^3$ | 1 | 25.44 | 377.92 | 12.76 | 9.55 | 4.58 | 25.44 | 377.92 | 12.76 | 9.55 | 4.58 |
| 综合人工工日 | | | | 小计 | | | | | 25.44 | 377.92 | 12.76 | 9.55 | 4.58 |
| 0.48　工日 | | | | 未计价材料费 | | | | | | | | | |
| 清单项目综合单价 | | | | | | | | | | | 430.25 | | |

| 材料费明细 | 主要材料名称、规格、型号 | 单位 | 数量 | 单价/元 | 合价/元 | 暂估单价/元 | 暂估合价/元 |
|---|---|---|---|---|---|---|---|
| | 水 | $m^3$ | 0.53 | 4 | 2.12 | | |
| | 商品混凝土C20(泵送) | $m^3$ | 1.015 | 370 | 375.55 | | |
| | 泵管摊销费 | 元 | 0.25 | 1 | 0.25 | | |
| | 材料费小计 | | | — | 377.92 | — | |

工程名称：××附属工程-岗亭工程（建筑）　　标段：　　第 11 页　共 33 页

| 项目编码 | 010502001001 | 项目名称 | 构造柱 | 计量单位 | $m^3$ |
|---|---|---|---|---|---|

清单综合单价组成明细

| 定额编号 | 定额名称 | 定额单位 | 数量 | 单价 | | | | | 合价 | | | | |
|---|---|---|---|---|---|---|---|---|---|---|---|---|---|
| | | | | 人工费 | 材料费 | 机械费 | 管理费 | 利润 | 人工费 | 材料费 | 机械费 | 管理费 | 利润 |
| 5-16(5) | 现浇 C20 构造柱换为【C25 粒径 40mm 混凝土 32.5 级坍落度 35～50】 | $m^3$ | 1 | 172.25 | 346.03 | 8.41 | 45.17 | 21.68 | 172.25 | 346.03 | 8.41 | 45.17 | 21.68 |
| 综合人工工日 | | | | 小计 | | | | | 172.25 | 346.03 | 8.41 | 45.17 | 21.68 |
| 3.25 工日 | | | | 未计价材料费 | | | | | | | | | |
| 清单项目综合单价 | | | | | | | | | | | 593.54 | | |

| 材料费明细 | 主要材料名称、规格、型号 | 单位 | 数量 | 单价/元 | 合价/元 | 暂估单价/元 | 暂估合价/元 |
|---|---|---|---|---|---|---|---|
| | 水 | $m^3$ | 1.2 | 4 | 4.8 | | |
| | 塑料薄膜 | $m^2$ | 0.23 | 0.86 | 0.2 | | |
| | 水泥砂浆 1∶2 | $m^3$ | 0.031 | 360.47 | 11.17 | | |
| | C25 粒径 40mm 混凝土 32.5 级坍落度 35～50 | $m^3$ | 0.985 | 334.87 | 329.85 | | |
| | 材料费小计 | | | — | 346.02 | — | |

工程名称：××附属工程-岗亭工程（建筑）　　标段：　　第12页　共33页

| 项目编码 | 010502003001 | 项目名称 | 圆柱 | 计量单位 | m³ |
|---|---|---|---|---|---|

清单综合单价组成明细

| 定额编号 | 定额名称 | 定额单位 | 数量 | 单价 | | | | | 合价 | | | | |
|---|---|---|---|---|---|---|---|---|---|---|---|---|---|
| | | | | 人工费 | 材料费 | 机械费 | 管理费 | 利润 | 人工费 | 材料费 | 机械费 | 管理费 | 利润 |
| 5-182 | 圆形多边形柱(C30泵送商品混凝土) | m³ | 1 | 42.93 | 471.9 | 20.23 | 15.79 | 7.58 | 42.93 | 471.9 | 20.23 | 15.79 | 7.58 |
| 综合人工工日 | | | | 小计 | | | | | 42.93 | 471.9 | 20.23 | 15.79 | 7.58 |
| 0.81 工日 | | | | 未计价材料费 | | | | | | | | | |
| 清单项目综合单价 | | | | | | | | | 558.43 | | | | |

| 材料费明细 | 主要材料名称、规格、型号 | 单位 | 数量 | 单价/元 | 合价/元 | 暂估单价/元 | 暂估合价/元 |
|---|---|---|---|---|---|---|---|
| | 水 | m³ | 1.24 | 4 | 4.96 | | |
| | 塑料薄膜 | m² | 0.14 | 0.86 | 0.12 | | |
| | 泵管摊销费 | 元 | 0.24 | 1 | 0.24 | | |
| | 水泥砂浆1∶2 | m³ | 0.031 | 360.47 | 11.17 | | |
| | 商品混凝土C30(泵送) | m³ | 0.99 | 460 | 455.4 | | |
| | 材料费小计 | | | — | 471.89 | — | |

工程名称：××附属工程-岗亭工程（建筑）　　标段：　　第13页　共33页

| 项目编码 | 010503001001 | 项目名称 | 基础梁 | 计量单位 | m³ |
|---|---|---|---|---|---|

| 清单综合单价组成明细 | | | | | | | | | | | | | |
|---|---|---|---|---|---|---|---|---|---|---|---|---|---|
| 定额编号 | 定额名称 | 定额单位 | 数量 | 单价 | | | | | 合价 | | | | |
| | | | | 人工费 | 材料费 | 机械费 | 管理费 | 利润 | 人工费 | 材料费 | 机械费 | 管理费 | 利润 |
| 5-184 | 基础梁地坑支撑梁（C30泵送商品混凝土） | m³ | 1 | 15.9 | 476.19 | 13.07 | 7.24 | 3.48 | 15.9 | 476.19 | 13.07 | 7.24 | 3.48 |
| 综合人工工日 | | | | 小计 | | | | | 15.9 | 476.19 | 13.07 | 7.24 | 3.48 |
| 0.3　工日 | | | | 未计价材料费 | | | | | | | | | |
| 清单项目综合单价 | | | | | | | | | 515.88 | | | | |

| 材料费明细 | 主要材料名称、规格、型号 | 单位 | 数量 | 单价/元 | 合价/元 | 暂估单价/元 | 暂估合价/元 |
|---|---|---|---|---|---|---|---|
| | 水 | m³ | 1.46 | 4 | 5.84 | | |
| | 塑料薄膜 | m² | 1.05 | 0.86 | 0.9 | | |
| | 泵管摊销费 | 元 | 0.25 | 1 | 0.25 | | |
| | 商品混凝土 C30（泵送） | m³ | 1.02 | 460 | 469.2 | | |
| | 材料费小计 | | | — | 476.19 | — | |

工程名称：××附属工程-岗亭工程（建筑）　　标段：　　第 14 页　共 33 页

| 项目编码 | 010503002001 | | | 项目名称 | | 矩形梁 | | | | 计量单位 | | m³ | |
|---|---|---|---|---|---|---|---|---|---|---|---|---|---|
| 清单综合单价组成明细 | | | | | | | | | | | | | |
| 定额编号 | 定额名称 | 定额单位 | 数量 | 单价 | | | | | 合价 | | | | |
| | | | | 人工费 | 材料费 | 机械费 | 管理费 | 利润 | 人工费 | 材料费 | 机械费 | 管理费 | 利润 |
| 5-216 | 矩形梁，托架梁(C20 泵送商品混凝土)换为【商品混凝土 C25(泵送)】 | $m^3$ | 1 | 20.14 | 465.39 | 16.08 | 9.06 | 4.35 | 20.14 | 465.39 | 16.08 | 9.06 | 4.35 |
| 综合人工工日 | | | | | | 小计 | | | 20.14 | 465.39 | 16.08 | 9.06 | 4.35 |
| 0.38　工日 | | | | | | 未计价材料费 | | | | | | | |
| 清单项目综合单价 | | | | | | | | | | | 515.02 | | |
| 材料费明细 | 主要材料名称、规格、型号 | | | | | 单位 | 数量 | | 单价/元 | 合价/元 | 暂估单价/元 | 暂估合价/元 | |
| | 水 | | | | | $m^3$ | 1.37 | | 4 | 5.48 | | | |
| | 塑料薄膜 | | | | | $m^2$ | 0.77 | | 0.86 | 0.66 | | | |
| | 泵管摊销费 | | | | | 元 | 0.25 | | 1 | 0.25 | | | |
| | 商品混凝土 C25(泵送) | | | | | $m^3$ | 1.02 | | 450 | 459 | | | |
| | 材料费小计 | | | | | | | | — | 465.39 | — | | |

工程名称：××附属工程-岗亭工程（建筑）　　标段：　　第15页　共33页

| 项目编码 | 010503002002 | | | 项目名称 | | 抗渗翻梁 | | | | 计量单位 | | | m³ |
|---|---|---|---|---|---|---|---|---|---|---|---|---|---|
| 清单综合单价组成明细 | | | | | | | | | | | | | |
| 定额编号 | 定额名称 | 定额单位 | 数量 | 单价 | | | | | 合价 | | | | |
| | | | | 人工费 | 材料费 | 机械费 | 管理费 | 利润 | 人工费 | 材料费 | 机械费 | 管理费 | 利润 |
| 5-187 | 圈梁（C20泵送商品混凝土） | $m^3$ | 1 | 40.28 | 346.53 | 19.75 | 15.01 | 7.2 | 40.28 | 346.53 | 19.75 | 15.01 | 7.2 |
| 综合人工工日 | | | | 小计 | | | | | 40.28 | 346.53 | 19.75 | 15.01 | 7.2 |
| 0.76　工日 | | | | 未计价材料费 | | | | | | | | | |
| 清单项目综合单价 | | | | | | | | | | | 428.77 | | |
| 材料费明细 | 主要材料名称、规格、型号 | | | | | 单位 | 数量 | 单价/元 | 合价/元 | 暂估单价/元 | 暂估合价/元 | | |
| | 水 | | | | | $m^3$ | 1.77 | 4 | 7.08 | | | | |
| | 塑料薄膜 | | | | | $m^2$ | 2.2 | 0.86 | 1.89 | | | | |
| | 泵管摊销费 | | | | | 元 | 0.25 | 1 | 0.25 | | | | |
| | 防水混凝土 C20 粒径混凝土 32.5 级　坍落度 35～50　抗渗等级 P10 以内 | | | | | $m^3$ | 1.02 | 330.69 | 337.3 | | | | |
| | 材料费小计 | | | | | | | — | 346.53 | — | | | |

工程名称：××附属工程-岗亭工程（建筑）　　标段：　　第16页　共33页

| 项目编码 | 010503003 | | | 项目名称 | | 钢筋混凝土异形梁 | | | | | 计量单位 | | m³ |
|---|---|---|---|---|---|---|---|---|---|---|---|---|---|
| 清单综合单价组成明细 | | | | | | | | | | | | | |
| 定额编号 | 定额名称 | 定额单位 | 数量 | 单价 | | | | | 合价 | | | | |
| | | | | 人工费 | 材料费 | 机械费 | 管理费 | 利润 | 人工费 | 材料费 | 机械费 | 管理费 | 利润 |
| 2-121 | 无筋混凝土垫层(C30泵送商品混凝土) | m³ | 1 | 25.44 | 469.27 | 12.76 | 9.55 | 4.58 | 25.44 | 469.27 | 12.76 | 9.55 | 4.58 |
| 4-1 | 现浇混凝土构件钢筋 $\phi$<12mm | t | | 673.63 | 5539.57 | 73.56 | 186.8 | 89.66 | | | | | |
| 综合人工工日 | | | | 小计 | | | | | 25.44 | 469.27 | 12.76 | 9.55 | 4.58 |
| 0.48　工日 | | | | 未计价材料费 | | | | | | | | | |
| 清单项目综合单价 | | | | | | | | | | | 521.6 | | |
| 材料费明细 | 主要材料名称、规格、型号 | | | | | 单位 | 数量 | | 单价/元 | 合价/元 | 暂估单价/元 | 暂估合价/元 | |
| | 水 | | | | | m³ | 0.53 | | 4 | 2.12 | | | |
| | 泵管摊销费 | | | | | 元 | 0.25 | | 1 | 0.25 | | | |
| | 钢筋(综合) | | | | | t | | | 5390 | | | | |
| | 镀锌铁丝 22# | | | | | kg | | | 3.9 | | | | |
| | 电焊条结 422 | | | | | kg | | | 8 | | | | |
| | 商品混凝土 C30(泵送) | | | | | m³ | 1.015 | | 460 | 466.9 | | | |
| | 材料费小计 | | | | | | | | — | 469.27 | — | | |

工程名称：××附属工程-岗亭工程（建筑）　　　　标段：　　　　第 17 页　共 33 页

| 项目编码 | 010503004001 | 项目名称 | 地圈梁 | 计量单位 | $m^3$ |
|---|---|---|---|---|---|

清单综合单价组成明细

| 定额编号 | 定额名称 | 定额单位 | 数量 | 单价 | | | | | 合价 | | | | |
|---|---|---|---|---|---|---|---|---|---|---|---|---|---|
| | | | | 人工费 | 材料费 | 机械费 | 管理费 | 利润 | 人工费 | 材料费 | 机械费 | 管理费 | 利润 |
| 5-187 | 圈梁（C25 泵送商品混凝土） | $m^3$ | 1 | 40.28 | 468.22 | 19.75 | 15.01 | 7.2 | 40.28 | 468.22 | 19.75 | 15.01 | 7.2 |
| 综合人工工日 | | | | 小计 | | | | | 40.28 | 468.22 | 19.75 | 15.01 | 7.2 |
| 0.76 工日 | | | | 未计价材料费 | | | | | | | | | |
| 清单项目综合单价 | | | | | | | | | | | 550.46 | | |

| 材料费明细 | 主要材料名称、规格、型号 | 单位 | 数量 | 单价/元 | 合价/元 | 暂估单价/元 | 暂估合价/元 |
|---|---|---|---|---|---|---|---|
| | 水 | $m^3$ | 1.77 | 4 | 7.08 | | |
| | 塑料薄膜 | $m^2$ | 2.2 | 0.86 | 1.89 | | |
| | 泵管摊销费 | 元 | 0.25 | 1 | 0.25 | | |
| | 商品混凝土 C25(泵送) | $m^3$ | 1.02 | 450 | 459 | | |
| | 材料费小计 | | | — | 468.22 | — | |

工程名称：××附属工程-岗亭工程（建筑）　　标段：　　第18页　共33页

| 项目编码 | | 010503004002 | | 项目名称 | | 圈梁 | | | | | 计量单位 | | m³ |
|---|---|---|---|---|---|---|---|---|---|---|---|---|---|
| 清单综合单价组成明细 | | | | | | | | | | | | | |
| 定额编号 | 定额名称 | 定额单位 | 数量 | 单价 | | | | | 合价 | | | | |
| | | | | 人工费 | 材料费 | 机械费 | 管理费 | 利润 | 人工费 | 材料费 | 机械费 | 管理费 | 利润 |
| 5-187 | 圈梁（C25 泵送商品混凝土） | m³ | 1 | 40.28 | 468.22 | 19.75 | 15.01 | 7.2 | 40.28 | 468.22 | 19.75 | 15.01 | 7.2 |
| 综合人工工日 | | | | 小计 | | | | | 40.28 | 468.22 | 19.75 | 15.01 | 7.2 |
| 0.76 工日 | | | | 未计价材料费 | | | | | | | | | |
| 清单项目综合单价 | | | | | | | | | 550.46 | | | | |

| 材料费明细 | 主要材料名称、规格、型号 | 单位 | 数量 | 单价/元 | 合价/元 | 暂估单价/元 | 暂估合价/元 |
|---|---|---|---|---|---|---|---|
| | 水 | m³ | 1.77 | 4 | 7.08 | | |
| | 塑料薄膜 | m² | 2.2 | 0.86 | 1.89 | | |
| | 泵管摊销费 | 元 | 0.25 | 1 | 0.25 | | |
| | 商品混凝土 C25(泵送) | m³ | 1.02 | 450 | 459 | | |
| | 材料费小计 | | | — | 468.22 | — | |

工程名称：××附属工程-岗亭工程（建筑）　　标段：　　第19页　共33页

| 项目编码 | | 010503005001 | | 项目名称 | | 过梁 | | | | 计量单位 | | | $m^3$ |
|---|---|---|---|---|---|---|---|---|---|---|---|---|---|
| 清单综合单价组成明细 | | | | | | | | | | | | | |
| 定额编号 | 定额名称 | 定额单位 | 数量 | 单价 | | | | | 合价 | | | | |
| | | | | 人工费 | 材料费 | 机械费 | 管理费 | 利润 | 人工费 | 材料费 | 机械费 | 管理费 | 利润 |
| 5-218 | 过梁（C25泵送商品混凝土） | $m^3$ | 1 | 22.26 | 468.95 | 16.08 | 9.59 | 4.6 | 22.26 | 468.95 | 16.08 | 9.59 | 4.6 |
| 综合人工工日 | | | | 小计 | | | | | 22.26 | 468.95 | 16.08 | 9.59 | 4.6 |
| 0.42　工日 | | | | 未计价材料费 | | | | | | | | | |
| 清单项目综合单价 | | | | | | | | | | | 521.48 | | |

| 材料费明细 | 主要材料名称、规格、型号 | 单位 | 数量 | 单价/元 | 合价/元 | 暂估单价/元 | 暂估合价/元 |
|---|---|---|---|---|---|---|---|
| | 水 | $m^3$ | 2 | 4 | 8 | | |
| | 塑料薄膜 | $m^2$ | 1.98 | 0.86 | 1.7 | | |
| | 泵管摊销费 | 元 | 0.25 | 1 | 0.25 | | |
| | 商品混凝土C25（泵送） | $m^3$ | 1.02 | 450 | 459 | | |
| | 材料费小计 | | | — | 468.95 | — | |

工程名称：××附属工程-岗亭工程（建筑）　　标段：　　第20页　共33页

| 项目编码 | 010505002001 | 项目名称 | 屋面板 | 计量单位 | $m^3$ |
|---|---|---|---|---|---|

| 清单综合单价组成明细 | | | | | | | | | | | | | |
|---|---|---|---|---|---|---|---|---|---|---|---|---|---|
| 定额编号 | 定额名称 | 定额单位 | 数量 | 单价 | | | | | 合价 | | | | |
| | | | | 人工费 | 材料费 | 机械费 | 管理费 | 利润 | 人工费 | 材料费 | 机械费 | 管理费 | 利润 |
| 5-200 | 无梁板(C25泵送商品混凝土) | $m^3$ | 1 | 21.73 | 465.58 | 19.98 | 10.43 | 5.01 | 21.73 | 465.58 | 19.98 | 10.43 | 5.01 |
| 综合人工工日 | | | | 小计 | | | | | 21.73 | 465.58 | 19.98 | 10.43 | 5.01 |
| 0.41　工日 | | | | 未计价材料费 | | | | | | | | | |
| 清单项目综合单价 | | | | | | | | | 522.73 | | | | |

| | 主要材料名称、规格、型号 | 单位 | 数量 | 单价/元 | 合价/元 | 暂估单价/元 | 暂估合价/元 |
|---|---|---|---|---|---|---|---|
| 材料费明细 | 水 | $m^3$ | 1.19 | 4 | 4.76 | | |
| | 塑料薄膜 | $m^2$ | 1.82 | 0.86 | 1.57 | | |
| | 泵管摊销费 | 元 | 0.25 | 1 | 0.25 | | |
| | 商品混凝土C25(泵送) | $m^3$ | 1.02 | 450 | 459 | | |
| | 材料费小计 | | | — | 465.58 | — | |

工程名称：××附属工程-岗亭工程（建筑）　　标段：　　第21页　共33页

| 项目编码 | | 010505007001 | | 项目名称 | | 挑檐板 | | | | | 计量单位 | | m³ |
|---|---|---|---|---|---|---|---|---|---|---|---|---|---|
| 清单综合单价组成明细 | | | | | | | | | | | | | |
| 定额编号 | 定额名称 | 定额单位 | 数量 | 单价 | | | | | 合价 | | | | |
| | | | | 人工费 | 材料费 | 机械费 | 管理费 | 利润 | 人工费 | 材料费 | 机械费 | 管理费 | 利润 |
| 5-44(3) | 现浇C30栏板 | m³ | 1 | 134.09 | 303.23 | 12.97 | 36.77 | 17.65 | 134.09 | 303.23 | 12.97 | 36.77 | 17.65 |
| 综合人工工日 | | | | 小计 | | | | | 134.09 | 303.23 | 12.97 | 36.77 | 17.65 |
| 2.53　工日 | | | | 未计价材料费 | | | | | | | | | |
| 清单项目综合单价 | | | | | | | | | | | 504.71 | | |
| 材料费明细 | 主要材料名称、规格、型号 | | | | | 单位 | 数量 | | 单价/元 | 合价/元 | 暂估单价/元 | 暂估合价/元 | |
| | 水 | | | | | m³ | 2.52 | | 4 | 10.08 | | | |
| | 塑料薄膜 | | | | | m² | 0.52 | | 0.86 | 0.45 | | | |
| | C30粒径20mm混凝土42.5级坍落度35～50 | | | | | m³ | 1.015 | | 288.38 | 292.71 | | | |
| | 材料费小计 | | | | | | | | — | 303.23 | — | | |

工程名称：××附属工程-岗亭工程（建筑）　　标段：　　第 22 页　共 33 页

| 项目编码 | 010505008001 | 项目名称 | 雨篷 | | | | | | 计量单位 | | m³ | | |
|---|---|---|---|---|---|---|---|---|---|---|---|---|---|
| 清单综合单价组成明细 | | | | | | | | | | | | | |
| 定额编号 | 定额名称 | 定额单位 | 数量 | 单价 | | | | | 合价 | | | | |
| | | | | 人工费 | 材料费 | 机械费 | 管理费 | 利润 | 人工费 | 材料费 | 机械费 | 管理费 | 利润 |
| 5-205 | 板式雨篷（C30 泵送商品混凝土） | 10m² 水平 | 0.8333 | 38.69 | 436.1 | 30.39 | 17.27 | 8.29 | 32.24 | 363.42 | 25.33 | 14.39 | 6.91 |
| 综合人工工日 | | | | 小计 | | | | | 32.24 | 363.42 | 25.33 | 14.39 | 6.91 |
| 0.6083 工日 | | | | 未计价材料费 | | | | | | | | | |
| 清单项目综合单价 | | | | | | | | | 442.29 | | | | |

| 材料费明细 | 主要材料名称、规格、型号 | 单位 | 数量 | 单价/元 | 合价/元 | 暂估单价/元 | 暂估合价/元 |
|---|---|---|---|---|---|---|---|
| | 水 | m³ | 1.75 | 4 | 7 | | |
| | 塑料薄膜 | m² | 4.5833 | 0.86 | 3.94 | | |
| | 泵管摊销费 | 元 | 0.1917 | 1 | 0.19 | | |
| | 商品混凝土 C30（泵送） | m³ | 0.7658 | 460 | 352.27 | | |
| | 材料费小计 | | | — | 363.4 | — | |

工程名称：××附属工程-岗亭工程（建筑）　　标段：　　第 23 页　共 33 页

| 项目编码 | | 010507004001 | | 项目名称 | | 台阶 | | | | | 计量单位 | | m$^2$ |
|---|---|---|---|---|---|---|---|---|---|---|---|---|---|
| 清单综合单价组成明细 | | | | | | | | | | | | | |
| 定额编号 | 定额名称 | 定额单位 | 数量 | 单价 | | | | | 合价 | | | | |
| | | | | 人工费 | 材料费 | 机械费 | 管理费 | 利润 | 人工费 | 材料费 | 机械费 | 管理费 | 利润 |
| 5-51H | C15 台阶 | 10m$^2$ | 0.1 | 131.44 | 499.3 | 21.02 | 38.12 | 18.3 | 13.14 | 49.93 | 2.1 | 3.81 | 1.83 |
| 综合人工工日 | | | | 小计 | | | | | 13.14 | 49.93 | 2.1 | 3.81 | 1.83 |
| 0.248　工日 | | | | 未计价材料费 | | | | | | | | | |
| 清单项目综合单价 | | | | | | | | | 70.81 | | | | |
| 材料费明细 | 主要材料名称、规格、型号 | | | | 单位 | | 数量 | | 单价/元 | 合价/元 | 暂估单价/元 | 暂估合价/元 | |
| | 水 | | | | m$^3$ | | 0.22 | | 4 | 0.88 | | | |
| | 塑料薄膜 | | | | m$^2$ | | 0.62 | | 0.86 | 0.53 | | | |
| | C15 粒径 20mm 混凝土 32.5 级坍落度 35～50 | | | | m$^3$ | | 0.163 | | 297.65 | 48.52 | | | |
| | 材料费小计 | | | | | | | | — | 49.93 | — | | |

工程名称：××附属工程-岗亭工程（建筑）　　　　标段：　　　　第 24 页　共 33 页

<table>
<tr><td colspan="2">项目编码</td><td colspan="2">010507001001</td><td colspan="2">项目名称</td><td colspan="5">散水</td><td colspan="2">计量单位</td><td>m²</td></tr>
<tr><td colspan="14">清单综合单价组成明细</td></tr>
<tr><td rowspan="2">定额编号</td><td rowspan="2">定额名称</td><td rowspan="2">定额单位</td><td rowspan="2">数量</td><td colspan="5">单　价</td><td colspan="5">合　价</td></tr>
<tr><td>人工费</td><td>材料费</td><td>机械费</td><td>管理费</td><td>利润</td><td>人工费</td><td>材料费</td><td>机械费</td><td>管理费</td><td>利润</td></tr>
<tr><td>12-172</td><td>（C25 混凝土 20mm32.5 级）散水</td><td>10m²</td><td>0.1</td><td>159.25</td><td>377.67</td><td>7.89</td><td>41.79</td><td>20.06</td><td>15.93</td><td>37.77</td><td>0.79</td><td>4.18</td><td>2.01</td></tr>
<tr><td colspan="4">综合人工工日</td><td colspan="5">小计</td><td>15.93</td><td>37.77</td><td>0.79</td><td>4.18</td><td>2.01</td></tr>
<tr><td colspan="4">0.245　工日</td><td colspan="5">未计价材料费</td><td colspan="5"></td></tr>
<tr><td colspan="9">清单项目综合单价</td><td colspan="5">60.68</td></tr>
<tr><td rowspan="6">材料费明细</td><td colspan="5">主要材料名称、规格、型号</td><td>单位</td><td colspan="2">数量</td><td>单价/元</td><td>合价/元</td><td>暂估单价/元</td><td colspan="2">暂估合价/元</td></tr>
<tr><td colspan="5">水</td><td>m³</td><td colspan="2">0.08</td><td>4</td><td>0.32</td><td></td><td colspan="2"></td></tr>
<tr><td colspan="5">水泥砂浆 1：2</td><td>m³</td><td colspan="2">0.0202</td><td>360.47</td><td>7.28</td><td></td><td colspan="2"></td></tr>
<tr><td colspan="5">道碴 40～80mm</td><td>t</td><td colspan="2">0.113</td><td>63</td><td>7.12</td><td></td><td colspan="2"></td></tr>
<tr><td colspan="5">C25 粒径 20mm 混凝土 32.5 级坍落度 35～50</td><td>m³</td><td colspan="2">0.066</td><td>349.19</td><td>23.05</td><td></td><td colspan="2"></td></tr>
<tr><td colspan="8">材料费小计</td><td>—</td><td>37.77</td><td>—</td><td colspan="2"></td></tr>
</table>

工程名称：××附属工程-岗亭工程（建筑）　　标段：　　第25页　共33页

| 项目编码 | 010515001001 | 项目名称 | 钢筋 | | | | | | | | 计量单位 | t | |
|---|---|---|---|---|---|---|---|---|---|---|---|---|---|
| 清单综合单价组成明细 | | | | | | | | | | | | | |
| 定额编号 | 定额名称 | 定额单位 | 数量 | 单价 | | | | | 合价 | | | | |
| | | | | 人工费 | 材料费 | 机械费 | 管理费 | 利润 | 人工费 | 材料费 | 机械费 | 管理费 | 利润 |
| 4-1 | 现浇混凝土构件钢筋 $\phi$<12 | t | 1 | 673.63 | 5539.57 | 73.56 | 186.8 | 89.66 | 673.63 | 5539.57 | 73.56 | 186.8 | 89.66 |
| 综合人工工日 | | | | 小计 | | | | | 673.63 | 5539.57 | 73.56 | 186.8 | 89.66 |
| 12.71 工日 | | | | 未计价材料费 | | | | | | | | | |
| 清单项目综合单价 | | | | | | | | | | | 6563.22 | | |

| 材料费明细 | 主要材料名称、规格、型号 | 单位 | 数量 | 单价/元 | 合价/元 | 暂估单价/元 | 暂估合价/元 |
|---|---|---|---|---|---|---|---|
| | 水 | $m^3$ | 0.04 | 4 | 0.16 | | |
| | 钢筋(综合) | t | 1.02 | 5390 | 5497.8 | | |
| | 镀锌铁丝 22# | kg | 6.85 | 3.9 | 26.72 | | |
| | 电焊条结 422 | kg | 1.86 | 8 | 14.88 | | |
| | 材料费小计 | | | — | 5539.56 | — | |

工程名称：××附属工程-岗亭工程（建筑）　　标段：　　第 26 页　共 33 页

| 项目编码 | 010515002002 | 项目名称 | 钢筋 | | | | | | | | 计量单位 | t | |
|---|---|---|---|---|---|---|---|---|---|---|---|---|---|
| 清单综合单价组成明细 | | | | | | | | | | | | | |
| 定额编号 | 定额名称 | 定额单位 | 数量 | 单价 | | | | | 合价 | | | | |
| | | | | 人工费 | 材料费 | 机械费 | 管理费 | 利润 | 人工费 | 材料费 | 机械费 | 管理费 | 利润 |
| 4-2 | 现浇混凝土构件钢筋 $\phi<25$ | t | 1 | 338.67 | 5582.86 | 107.75 | 111.61 | 53.57 | 338.67 | 5582.86 | 107.75 | 111.61 | 53.57 |
| 综合人工工日 | | | | 小计 | | | | | 338.67 | 5582.86 | 107.75 | 111.61 | 53.57 |
| 6.39　工日 | | | | 未计价材料费 | | | | | | | | | |
| 清单项目综合单价 | | | | | | | | | | | 6194.46 | | |

| | 主要材料名称、规格、型号 | 单位 | 数量 | 单价/元 | 合价/元 | 暂估单价/元 | 暂估合价/元 |
|---|---|---|---|---|---|---|---|
| 材料费明细 | 水 | $m^3$ | 0.12 | 4 | 0.48 | | |
| | 钢筋（综合） | t | 1.02 | 5390 | 5497.8 | | |
| | 镀锌铁丝 22＃ | kg | 1.95 | 3.9 | 7.61 | | |
| | 电焊条结 422 | kg | 9.62 | 8 | 76.96 | | |
| | 材料费小计 | | | — | 5582.85 | — | |

工程名称：××附属工程-岗亭工程（建筑）　　标段：　　第27页　共33页

| 项目编码 | 010601001001 | | | 项目名称 | | 钢网架 | | | | | 计量单位 | | t |
|---|---|---|---|---|---|---|---|---|---|---|---|---|---|
| 清单综合单价组成明细 | | | | | | | | | | | | | |
| 定额编号 | 定额名称 | 定额单位 | 数量 | 单价 | | | | | 合价 | | | | |
| | | | | 人工费 | 材料费 | 机械费 | 管理费 | 利润 | 人工费 | 材料费 | 机械费 | 管理费 | 利润 |
| 6-9 | 钢屋架制作＜8t | t | 1 | 746.77 | 6031.46 | 581.1 | 331.97 | 159.34 | 746.77 | 6031.46 | 581.1 | 331.97 | 159.34 |
| 综合人工工日 | | | | 小计 | | | | | 746.77 | 6031.46 | 581.1 | 331.97 | 159.34 |
| 14.09　工日 | | | | 未计价材料费 | | | | | | | | | |
| 清单项目综合单价 | | | | | | | | | | | 7850.64 | | |
| 材料费明细 | 主要材料名称、规格、型号 | | | | | 单位 | 数量 | | 单价/元 | 合价/元 | 暂估单价/元 | 暂估合价/元 | |
| | 电焊条结422 | | | | | kg | 28.88 | | 8 | 231.04 | | | |
| | 型钢 | | | | | t | 1.05 | | 5430 | 5701.5 | | | |
| | 带帽螺栓 | | | | | kg | 1.74 | | 4.75 | 8.27 | | | |
| | 氧气 | | | | | $m^3$ | 6.16 | | 2.47 | 15.22 | | | |
| | 乙炔气 | | | | | $m^3$ | 2.68 | | 8.93 | 23.93 | | | |
| | 防锈漆（铁红） | | | | | kg | 5.8 | | 6 | 34.8 | | | |
| | 油漆溶剂油 | | | | | kg | 1.5 | | 3.33 | 5 | | | |
| | 其他材料费 | | | | | | | | — | 11.7 | — | | |
| | 材料费小计 | | | | | | | | — | 6031.45 | — | | |

工程名称：××附属工程-岗亭工程（建筑）　　标段：　　第28页　共33页

| 项目编码 | 010902001001 | 项目名称 | 卷材防水屋面 | 计量单位 | $m^2$ |
|---|---|---|---|---|---|

清单综合单价组成明细

| 定额编号 | 定额名称 | 定额单位 | 数量 | 单价 | | | | | 合价 | | | | |
|---|---|---|---|---|---|---|---|---|---|---|---|---|---|
| | | | | 人工费 | 材料费 | 机械费 | 管理费 | 利润 | 人工费 | 材料费 | 机械费 | 管理费 | 利润 |
| 9-81 | 屋面满涂 APP 冷胶涂料 | $10m^2$ | 0.1 | 5.3 | 765 | | 1.33 | 0.64 | 0.53 | 76.5 | | 0.13 | 0.06 |
| 9-40 | 一道三元乙丙卷材防水层 | $10m^2$ | 0.1 | 31.8 | 400.05 | | 7.95 | 3.82 | 3.18 | 40.01 | | 0.79 | 0.38 |
| 9-51 | 2层高聚物改性沥青防水 APP 卷材黏结剂 B 型 | $10m^2$ | 0.1 | 38.16 | 759.56 | | 9.54 | 4.58 | 3.82 | 75.96 | | 0.95 | 0.46 |
| 5-B21 | 现浇构件 其他二次灌浆细石混凝土 | $m^3$ | 0.4 | 187.09 | 266.31 | 10.72 | 49.45 | 23.74 | 74.84 | 106.52 | 4.29 | 19.78 | 9.5 |
| 12-18 | 水泥陶粒找坡层 | $10m^2$ | 0.1 | 57.2 | 137.93 | 3.63 | 15.21 | 7.3 | 5.72 | 13.79 | 0.36 | 1.52 | 0.73 |
| 综合人工工日 | | | | 小计 | | | | | 88.09 | 312.78 | 4.65 | 23.17 | 11.13 |
| 1.642 工日 | | | | 未计价材料费 | | | | | | | | | |
| 清单项目综合单价 | | | | | | | | | 439.82 | | | | |

| 材料费明细 | 主要材料名称、规格、型号 | 单位 | 数量 | 单价/元 | 合价/元 | 暂估单价/元 | 暂估合价/元 |
|---|---|---|---|---|---|---|---|
| | 水 | $m^3$ | 0.24 | 4 | 0.96 | | |
| | 周转木材 | $m^3$ | 0.0148 | 1249 | 18.49 | | |
| | 铁钉 | kg | 0.176 | 3.6 | 0.63 | | |
| | 高强 APP-841 冷胶涂料 | kg | 3.06 | 25 | 76.5 | | |
| | 高强 APP 黏结剂 B 型 | kg | 1.36 | 5.04 | 6.85 | | |
| | 高强 APP 基底处理剂 | kg | 0.253 | 5.04 | 1.28 | | |
| | 钢压条 | kg | 0.076 | 3 | 0.23 | | |
| | 801 胶素水泥胶 | $m^3$ | 0.0001 | 711.56 | 0.07 | | |
| | 钢钉 | kg | 0.031 | 9 | 0.28 | | |

工程名称：××附属工程-岗亭工程（建筑）　　标段：　　第29页　共33页

| | | | | | | | |
|---|---|---|---|---|---|---|---|
| 材料费明细 | 绿豆砂 | t | 0.008 | 120 | 0.96 | | |
| | APP及SBS基层处理剂 | kg | 0.355 | 4.6 | 1.63 | | |
| | APP封口沥青 | kg | 0.062 | 7.5 | 0.47 | | |
| | 石油液化气 | kg | 0.052 | 4 | 0.21 | | |
| | APP卷材 | $m^2$ | 2.371 | 28 | 66.39 | | |
| | 三元乙丙卷材防水层厚度1.2m | $m^2$ | 1.25 | 30 | 37.5 | | |
| | 现浇C30混凝土 | $m^3$ | 0.412 | 210.21 | 86.61 | | |
| | C20粒径16mm混凝土，32.5级，坍落度35～50 | $m^3$ | 0.0404 | 337.46 | 13.63 | | |
| | 陶粒混凝土CL10 | $m^3$ | | 278.58 | | | |
| | 其他材料费 | | | — | 0.1 | — | |
| | 材料费小计 | | | — | 312.78 | — | |
| | | | | | | | |
| | | | | | | | |
| | | | | | | | |
| | | | | | | | |
| | | | | | | | |
| | | | | | | | |
| | | | | | | | |
| | | | | | | | |
| | | | | | | | |
| | | | | | | | |
| | | | | | | | |
| | | | | | | | |
| | | | | | | | |
| | | | | | | | |

工程名称：××附属工程-岗亭工程（建筑）　　　　标段：　　　　第 30 页　共 33 页

| 项目编码 | 010902004001 | | 项目名称 | | | 屋面排水管 | | | | | 计量单位 | | m |
|---|---|---|---|---|---|---|---|---|---|---|---|---|---|
| 清单综合单价组成明细 | | | | | | | | | | | | | |
| 定额编号 | 定额名称 | 定额单位 | 数量 | 单价 | | | | | 合价 | | | | |
| | | | | 人工费 | 材料费 | 机械费 | 管理费 | 利润 | 人工费 | 材料费 | 机械费 | 管理费 | 利润 |
| 9-188 | PVC 水落管屋面排水 $\phi$100 | 10m | 0.1 | 24.38 | 273.55 | | 6.1 | 2.93 | 2.44 | 27.35 | | 0.61 | 0.29 |
| 综合人工工日 | | | | 小计 | | | | | 2.44 | 27.35 | | 0.61 | 0.29 |
| 0.046 工日 | | | | 未计价材料费 | | | | | | | | | |
| 清单项目综合单价 | | | | | | | | | 30.69 | | | | |
| 材料费明细 | 主要材料名称、规格、型号 | | | | | 单位 | 数量 | | 单价/元 | 合价/元 | 暂估单价/元 | 暂估合价/元 | |
| | 增强塑料水管（PVC 水管）$\phi$100 | | | | | m | 1.02 | | 21.44 | 21.87 | | | |
| | 塑料拖箍（PVC）$\phi$100 | | | | | 副 | 1.06 | | 3.52 | 3.73 | | | |
| | PVC 束接 $\phi$100 | | | | | 只 | 0.274 | | 4.18 | 1.15 | | | |
| | 塑料弯头（PVC）$\phi$100 135 度 | | | | | 只 | 0.057 | | 8.17 | 0.47 | | | |
| | 胶水 | | | | | kg | 0.018 | | 7.98 | 0.14 | | | |
| | 材料费小计 | | | | | | | | — | 27.35 | — | | |

工程名称：××附属工程-岗亭工程（建筑）　　　　标段：　　　　第31页　共33页

| 项目编码 | | 010903002001 | | 项目名称 | | 卫生间地面防水 | | | | | 计量单位 | | m² |
|---|---|---|---|---|---|---|---|---|---|---|---|---|---|
| 清单综合单价组成明细 | | | | | | | | | | | | | |
| 定额编号 | 定额名称 | 定额单位 | 数量 | 单价 | | | | | 合价 | | | | |
| | | | | 人工费 | 材料费 | 机械费 | 管理费 | 利润 | 人工费 | 材料费 | 机械费 | 管理费 | 利润 |
| 9-108 | 刷聚氨酯防水涂料2涂2mm | 10m² | 0.1 | 26.5 | 180 | | 6.63 | 3.18 | 2.65 | 18 | | 0.66 | 0.32 |
| 综合人工工日 | | | | 小计 | | | | | 2.65 | 18 | | 0.66 | 0.32 |
| 0.05　工日 | | | | 未计价材料费 | | | | | | | | | |
| 清单项目综合单价 | | | | | | | | | | 21.63 | | | |
| 材料费明细 | 主要材料名称、规格、型号 | | | | | 单位 | 数量 | | 单价/元 | 合价/元 | 暂估单价/元 | 暂估合价/元 | |
| | 聚氨酯防水涂料2mm厚 | | | | | kg | 1.8 | | 10 | 18 | | | |
| | 材料费小计 | | | | | | | | — | 18 | — | | |

工程名称：××附属工程-岗亭工程（建筑）　　标段：　　第32页　共33页

| 项目编码 | | 011001001001 | | 项目名称 | | 保温隔热屋面 | | | | | 计量单位 | | $m^2$ |
|---|---|---|---|---|---|---|---|---|---|---|---|---|---|
| 清单综合单价组成明细 | | | | | | | | | | | | | |
| 定额编号 | 定额名称 | 定额单位 | 数量 | 单价 | | | | | 合价 | | | | |
| | | | | 人工费 | 材料费 | 机械费 | 管理费 | 利润 | 人工费 | 材料费 | 机械费 | 管理费 | 利润 |
| 9-216 | 屋面、楼地面铺XPS挤塑聚苯板80mm厚保温隔热 | $m^2$ | 0.08 | 242.21 | 1838.44 | | 60.55 | 29.07 | 19.38 | 147.07 | | 4.84 | 2.33 |
| 综合人工工日 | | | | 小计 | | | | | 19.38 | 147.07 | | 4.84 | 2.33 |
| 0.3656工日 | | | | 未计价材料费 | | | | | | | | | |
| 清单项目综合单价 | | | | | | | | | 173.63 | | | | |
| 材料费明细 | 主要材料名称、规格、型号 | | | | | 单位 | 数量 | | 单价/元 | 合价/元 | 暂估单价/元 | 暂估合价/元 | |
| | 石油沥青30# | | | | | kg | 9.3367 | | 4.71 | 43.98 | | | |
| | 汽油 | | | | | kg | 4.664 | | 9.58 | 44.68 | | | |
| | 石棉粉 | | | | | kg | 0.48 | | 0.68 | 0.33 | | | |
| | 木柴 | | | | | kg | 0.856 | | 0.35 | 0.3 | | | |
| | 煤 | | | | | kg | 1.72 | | 0.39 | 0.67 | | | |
| | XPS挤塑聚苯板80mm厚 | | | | | $m^3$ | 0.0816 | | 700 | 57.12 | | | |
| | 材料费小计 | | | | | | | | — | 147.07 | — | | |
| | | | | | | | | | | | | | |
| | | | | | | | | | | | | | |
| | | | | | | | | | | | | | |
| | | | | | | | | | | | | | |
| | | | | | | | | | | | | | |
| | | | | | | | | | | | | | |
| | | | | | | | | | | | | | |

工程名称：××附属工程-岗亭工程（建筑）　　标段：　　第 33 页　共 33 页

| 项目编码 | | 011001003001 | | 项目名称 | | 保温隔热墙 | | | | | 计量单位 | | m² |
|---|---|---|---|---|---|---|---|---|---|---|---|---|---|
| 清单综合单价组成明细 | | | | | | | | | | | | | |
| 定额编号 | 定额名称 | 定额单位 | 数量 | 单价 | | | | | 合价 | | | | |
| | | | | 人工费 | 材料费 | 机械费 | 管理费 | 利润 | 人工费 | 材料费 | 机械费 | 管理费 | 利润 |
| 9-234 | 附墙铺贴聚苯乙烯泡沫板保温隔热 | m³ | 0.0596 | 283.02 | 1461.14 | | 70.76 | 33.96 | 16.87 | 87.1 | | 4.22 | 2.02 |
| 综合人工工日 | | | | 小计 | | | | | 16.87 | 87.1 | · | 4.22 | 2.02 |
| 0.3183 工日 | | | | 未计价材料费 | | | | | | | | | |
| 清单项目综合单价 | | | | | | | | | 110.21 | | | | |

| 材料费明细 | 主要材料名称、规格、型号 | 单位 | 数量 | 单价/元 | 合价/元 | 暂估单价/元 | 暂估合价/元 |
|---|---|---|---|---|---|---|---|
| | 聚苯乙烯泡沫板 | m³ | 0.0608 | 540 | 32.83 | | |
| | 石油沥青 30＃ | kg | 5.6275 | 4.71 | 26.51 | | |
| | 汽油 | kg | 2.8138 | 9.58 | 26.96 | | |
| | 石棉粉 | kg | 0.2861 | 0.68 | 0.19 | | |
| | 木柴 | kg | 0.5186 | 0.35 | 0.18 | | |
| | 煤 | kg | 1.0373 | 0.39 | 0.4 | | |
| | 竹钉 $\phi$5mm×40mm | 百个 | 0.0077 | 3.31 | 0.03 | | |
| | 材料费小计 | | | — | 87.1 | — | |

**措施项目清单与计价表（一）**

工程名称：××附属工程-岗亭工程（建筑）　　标段：　　第1页　共1页

| 序　号 | 项目名称 | 计算基础 | 费率/% | 金　额 |
|---|---|---|---|---|
|  | 通用措施项目 |  |  |  |
| 1 | 现场安全文明施工 |  |  | 22711.89 |
| 1.1 | 基本费 | FBFXHJ | 2.2 | 13504.37 |
| 1.2 | 考评费 | FBFXHJ | 1.1 | 6752.18 |
| 1.3 | 奖励费 | FBFXHJ | 0.4 | 2455.34 |
| 2 | 夜间施工 | FBFXHJ | 0.1 | 613.83 |
| 3 | 冬雨季施工 | FBFXHJ | 0.2 | 1227.67 |
| 4 | 已完工程及设备保护 | FBFXHJ | 0 |  |
| 5 | 临时设施 | FBFXHJ | 2.2 | 13504.37 |
| 6 | 材料与设备检验试验 | FBFXHJ | 0 |  |
| 7 | 赶工措施 | FBFXHJ | 0 |  |
| 8 | 工程按质论价 | FBFXHJ | 0 |  |
|  | 专业工程措施项目 |  |  |  |
| 9 | 住宅工程分户验收 | FBFXHJ | 0 |  |
| 10 | 室内空气污染测试 |  |  |  |
|  | 合计 |  |  | 38057.76 |

注：本表适用于以“费率”计价的措施项目。

**措施项目清单与计价表（二）**

工程名称：××附属工程-岗亭工程（建筑） 标段： 第1页 共1页

| 序号 | 项目名称 | 金额 |
|---|---|---|
| | 通用措施项目 | |
| | 二次搬运 | |
| 1 | 大型机械设备进出场及安拆 | |
| 2 | 施工排水 | |
| 3 | 施工降水 | |
| 4 | 地上、地下设施，建筑物的临时保护设施 | |
| 5 | 特殊条件下施工增加 | |
| | 专业工程措施项目 | |
| 6 | 混凝土、钢筋混凝土模板及支架 | 37518.8 |
| 7 | 脚手架 | 9.37 |
| 8 | 垂直运输机械 | |
| | 合计 | 37528.17 |

注：1. 本表适用于按江苏省计价表规定计价的措施项目，具体组成由投标人在措施项目费用分析表中列出。

2. 本表中的“地上、地下设施，建筑物的临时保护设施”和“特殊条件下施工增加”项目可以不进行费用组成分析，直接按金额报价。

3. 专业工程中的“模板”和“脚手架”项目，除招标人另有要求的，一般应按江苏省计价表规定的计算规则进行费用组价。

**措施项目清单费用分析表**

工程名称：××附属工程-岗亭工程（建筑） 标段： 第1页 共3页

| 项目编码 | | 1 | | 项目名称 | | 混凝土、钢筋混凝土模板及支架 | | | | | | 计量单位 | | 项 |
|---|---|---|---|---|---|---|---|---|---|---|---|---|---|---|
| 清单综合单价组成明细 | | | | | | | | | | | | | | |
| 定额编号 | 定额名称 | 定额单位 | 数量 | 单价 | | | | | 合价 | | | | | |
| | | | | 人工费 | 材料费 | 机械费 | 管理费 | 利润 | 人工费 | 材料费 | 机械费 | 管理费 | 利润 | |
| 20-1 | 现浇混凝土垫层基础组合钢模板 | $10m^2$ | 2.779 | 221.54 | 87.54 | 11.56 | 58.28 | 27.97 | 615.66 | 243.27 | 32.13 | 161.96 | 77.73 | |
| 20-2 | 现浇无梁式带形基础组合钢模板 | $10m^2$ | 6.202 | 154.23 | 88.09 | 11.56 | 41.45 | 19.89 | 956.53 | 546.33 | 71.7 | 257.07 | 123.36 | |
| 20-1 | 现浇混凝土垫层基础组合钢模板 | $10m^2$ | 3.36 | 221.54 | 87.54 | 11.56 | 58.28 | 27.97 | 744.37 | 294.13 | 38.84 | 195.82 | 93.98 | |
| 20-25 | 现浇矩形柱组合钢模板 | $10m^2$ | 1.787 | 213.59 | 104.11 | 26.79 | 60.1 | 28.85 | 381.69 | 186.04 | 47.87 | 107.4 | 51.55 | |
| 20-25 | 现浇矩形柱组合钢模板（柱超高1m） | $10m^2$ | 0.884 | 234.95 | 106.56 | 26.79 | 65.44 | 31.41 | 207.7 | 94.2 | 23.68 | 57.85 | 27.77 | |
| 20-29 | 现浇圆、多边形柱木模板 | $10m^2$ | 4.522 | 259.17 | 300.75 | 3.74 | 65.73 | 31.55 | 1171.97 | 1359.99 | 16.91 | 297.23 | 142.67 | |
| 20-29 | 现浇圆、多边形柱木模板（柱超高1m） | $10m^2$ | 1.256 | 285.09 | 484.09 | 3.74 | 72.21 | 34.66 | 358.07 | 608.02 | 4.7 | 90.7 | 43.53 | |
| 20-29 | 现浇圆、多边形柱木模板（柱超高2m） | $10m^2$ | 3.027 | 285.09 | 484.09 | 3.74 | 72.21 | 34.66 | 862.97 | 1465.34 | 11.32 | 218.58 | 104.92 | |
| 20-34 | 现浇挑梁、单梁、连续梁、框架梁组合钢模板 | $10m^2$ | 8.938 | 210.94 | 116.53 | 36.63 | 61.89 | 29.71 | 1885.38 | 1041.55 | 327.4 | 553.17 | 265.55 | |
| 20-40 | 现浇圈梁、地坑支撑梁组合钢模板 | $10m^2$ | 12.268 | 162.71 | 74.88 | 16.04 | 44.69 | 21.45 | 1996.13 | 918.63 | 196.78 | 548.26 | 263.15 | |
| 20-42 | 现浇过梁组合钢模板 | $10m^2$ | 9.98 | 231.08 | 102.45 | 19.27 | 62.59 | 30.04 | 2306.18 | 1022.45 | 192.31 | 624.65 | 299.8 | |
| 20-58 | 现浇板厚度＜20cm组合钢模板 | $10m^2$ | 16.3 | 175.43 | 108.5 | 37.9 | 53.33 | 25.6 | 2859.51 | 1768.55 | 617.77 | 869.28 | 417.28 | |
| 20-71 | 现浇水平挑檐、板式雨篷组合钢模板 | $10m^2$ | 9.153 | 341.32 | 145.27 | 35.53 | 94.21 | 45.22 | 3124.1 | 1329.66 | 325.21 | 862.3 | 413.9 | |
| 20-78 | 现浇台阶模板 | $10m^2$ | 0.5 | 92.22 | 53.32 | 6.53 | 24.69 | 11.85 | 46.11 | 26.66 | 3.27 | 12.35 | 5.93 | |
| 综合人工工日 | | | | 小计 | | | | | 17516.37 | 10904.82 | 1909.89 | 4856.62 | 2331.12 | |

工程名称：××附属工程-岗亭工程（建筑）　　　　标段：　　　　第2页　共3页

| | 328.0465　工日 | 未计价材料费 | | | | | |
|---|---|---|---|---|---|---|---|
| | 清单项目综合单价 | | | 37518.8 | | | |
| 材料费明细 | 主要材料名称、规格、型号 | 单位 | 数量 | 单价/元 | 合价/元 | 暂估单价/元 | 暂估合价/元 |
| | 周转木材 | $m^3$ | 3.645 | 1249 | 4552.61 | | |
| | 其他材料费 | | | — | 6351.79 | — | |
| | 材料费小计 | | | — | 10904.4 | — | |

工程名称：××附属工程-岗亭工程（建筑）　　标段：　　第3页　共3页

| 项目编码 | | 2 | | 项目名称 | | 脚手架 | | | | 计量单位 | | | 项 |
|---|---|---|---|---|---|---|---|---|---|---|---|---|---|
| 清单综合单价组成明细 | | | | | | | | | | | | | |
| 定额编号 | 定额名称 | 定额单位 | 数量 | 单价 | | | | | 合价 | | | | |
| | | | | 人工费 | 材料费 | 机械费 | 管理费 | 利润 | 人工费 | 材料费 | 机械费 | 管理费 | 利润 |
| 19-2 | 砌墙脚手架单排外架子(12m以内) | $10m^2$ | 0.1 | 35.3 | 36.4 | 6.45 | 10.44 | 5.01 | 3.53 | 3.64 | 0.65 | 1.04 | 0.5 |
| 综合人工工日 | | | | 小计 | | | | | 3.53 | 3.64 | 0.65 | 1.04 | 0.5 |
| 0.0666工日 | | | | 未计价材料费 | | | | | | | | | |
| 清单项目综合单价 | | | | | | | | | 9.37 | | | | |
| 材料费明细 | 主要材料名称、规格、型号 | | | | | 单位 | 数量 | | 单价/元 | 合价/元 | 暂估单价/元 | 暂估合价/元 | |
| | 周转木材 | | | | | $m^3$ | 0.0007 | | 1249 | 0.87 | | | |
| | 其他材料费 | | | | | | | | — | 2.77 | — | | |
| | 材料费小计 | | | | | | | | — | 3.64 | — | | |

**其他项目清单与计价汇总表**

工程名称：××附属工程-岗亭工程（建筑）　　标段：　　第1页　共1页

| 序　号 | 项目名称 | 计量单位 | 金额/元 | 备　注 |
| --- | --- | --- | --- | --- |
| 1 | 暂列金额 | 元 | | |
| 2 | 暂估价 | 元 | | |
| 2.1 | 材料暂估价 | 元 | | |
| 2.2 | 专业工程暂估价 | 元 | | |
| 3 | 计日工 | 元 | | |
| 4 | 总承包服务费 | 元 | | |
| 合计 | | | 0 | |

注：材料暂估单价进入清单项目综合单价，此处不汇总。

**暂列金额明细表**

工程名称：××附属工程-岗亭工程（建筑） 标段： 第1页 共1页

| 序号 | 项目名称 | 计量单位 | 暂定金额/元 | 备注 |
| --- | --- | --- | --- | --- |
| | | | | |
| | 合计 | | | — |

注：此表由招标人填写，也可只列暂定金额总额，投标人应将上述暂列金额计入投标总价中。

**材料暂估价格表**

工程名称：××附属工程-岗亭工程（建筑） 标段： 第1页 共1页

| 序 号 | 材料编码 | 材料名称 | 规格、型号等要求 | 单位 | 数量 | 单价/元 | 合价/元 | 备 注 |
|---|---|---|---|---|---|---|---|---|
| | | | | | | | | |
| | | | | | | | | |
| | | | | | | | | |
| | | | | | | | | |
| | | | | | | | | |
| | | | | | | | | |
| | | | | | | | | |
| | | | | | | | | |
| | | | | | | | | |
| | | | | | | | | |
| | | | | | | | | |
| | | | | | | | | |
| | | | | | | | | |
| | | | | | | | | |
| | | | | | | | | |
| | | | | | | | | |
| | | | | | | | | |
| | | | | | | | | |
| | | | | | | | | |
| | | | | | | | | |
| | | | | | | | | |
| | | | | | | | | |
| | | | | | | | | |
| | | | | | | | | |
| | | | | | | | | |
| | | | | | | | | |
| | | | | | | | | |
| | | | | | | | | |
| | | | | | | | | |
| | | | | | | | | |
| | | | | | | | | |
| | | | | | | | | |
| | | | | | | | | |
| | | | | | | | | |
| | | | | | | | | |
| | | | | | | | | |
| | | | | | | | | |
| | | | | | | | | |
| | | | | | | | | |
| | | | | | | | | |
| | | | | | | | | |
| | | | | | | | | |
| | | | | | | | | |
| | | | | | | | | |
| | | | | | | | | |
| | | | | | | | | |
| | | | | | | | | |
| | | | | | | | | |

注：1. 此表前五栏与第七栏由招标人填写，投标人应填写“数量”、“合价”与“合计”栏，并在工程量清单综合单价报价中按上述材料暂估单价计入。

2. 材料包括原材料、燃料、构配件以及按规定应计入建筑安装工程造价的设备。

3. 此表中的暂估价材料均为由承包人供应的材料。

**专业工程暂估价表**

工程名称：××附属工程-岗亭工程（建筑） 标段： 第1页 共1页

| 序 号 | 工程名称 | 工程内容 | 金额/元 | 备 注 |
|---|---|---|---|---|
| 合计 | | | | — |

注：此表由招标人填写，投标人应将上述专业工程暂估价计入投标总价中。

**计日工表**

工程名称：××附属工程-岗亭工程（建筑）　　标段：　　第1页　共1页

| 编　号 | 项目名称 | 单位 | 暂定数量 | 综合单价 | 合　价 |
|---|---|---|---|---|---|
| 1 | 人工 | | | | |
| 1.1 | | | | | |
| | 小计 | | | | |
| 2 | 材料 | | | | |
| 2.1 | | | | | |
| | 小计 | | | | |
| 3 | 机械 | | | | |
| 3.1 | | | | | |
| | 小计 | | | | |
| | | | | | |
| | | | | | |
| | | | | | |
| | | | | | |
| | | | | | |
| | | | | | |
| | | | | | |
| | | | | | |
| | | | | | |
| | | | | | |
| | | | | | |
| | | | | | |
| | | | | | |
| | | | | | |
| | | | | | |
| | | | | | |
| | | | | | |
| | | | | | |
| | | | | | |
| | | | | | |
| | | | | | |
| | | | | | |
| | | | | | |
| | | | | | |
| | | | | | |
| | | | | | |
| | | | | | |
| | | | | | |
| | | | | | |
| | | | | | |
| | | | | | |
| | | | | | |
| | | | | | |
| | | | | | |
| | 合计 | | | | |

注：此表项目名称、数量由招标人填写，编制招标控制价时，单价由招标人按有关计价规定确定；投标时，单价由投标人自助报价，计人投标总价中。

**规费、税金项目清单与计价表**

工程名称：××附属工程-岗亭工程（建筑）　　标段：　　第1页　共1页

| 序号 | 项目名称 | 计算基础 | 费率/% | 金额/元 |
|---|---|---|---|---|
| 1 | 规费 | 工程排污费＋建筑安全监督管理费＋社会保障费＋住房公积金 | | 26129.04 |
| 1.1 | 工程排污费 | 分部分项工程＋措施项目＋其他项目 | 0.1 | 689.42 |
| 1.2 | 建筑安全监督管理费 | 分部分项工程＋措施项目＋其他项目 | 0.19 | 1309.9 |
| 1.3 | 社会保障费 | 分部分项工程＋措施项目＋其他项目 | 3 | 20682.62 |
| 1.4 | 住房公积金 | 分部分项工程＋措施项目＋其他项目 | 0.5 | 3447.1 |
| 2 | 税金 | 分部分项工程＋措施项目＋其他项目＋规费 | 3.48 | 24901.13 |
| | | 合计 | | 51030.17 |

**承包人供应主要材料一览表**

工程名称：××附属工程-岗亭工程（建筑） 标段： 第1页 共2页

| 序号 | 材料编码 | 材料名称 | 规格、型号等要求 | 单位 | 数量 | 单价/元 | 合价/元 |
|---|---|---|---|---|---|---|---|
| 1 | 101008 | 绿豆砂 | | t | 5.03256 | 120 | 603.91 |
| 2 | 101022 | 中砂 | | t | 74.41809 | 78 | 5804.61 |
| 3 | 102011 | 道碴 | 40～80mm | t | 5.9212 | 63 | 373.04 |
| 4 | 102040 | 碎石 | 5～16mm | t | 31.0056 | 85 | 2635.48 |
| 5 | 102041 | 碎石 | 5～20mm | t | 17.84426 | 84 | 1498.92 |
| 6 | 102042 | 碎石 | 5～40mm | t | 2.06298 | 84 | 173.29 |
| 7 | 105012 | 石灰膏 | | $m^3$ | 0.89196 | 210 | 187.31 |
| 8 | 201008@1 | MU10烧结非黏土普通砖 | 240mm×115mm×53mm | 百块 | 217.2944 | 40 | 8691.78 |
| 9 | 201008@2 | MU10烧结非黏土多孔砖(≤16kN/$m^3$) | 240mm×115mm×53mm | 百块 | 327.5496 | 40 | 13101.98 |
| 10 | 201059@1 | DM多孔砖 | 190mm×240mm×90mm | 百块 | 30.472 | 118 | 3595.7 |
| 11 | 201062@1 | DM多孔砖 | 190mm×120mm×90mm | 百块 | 1.9045 | 84 | 159.98 |
| 12 | 301023 | 水泥 | 32.5级 | kg | 21888.82933 | 0.44 | 9631.08 |
| 13 | 301026 | 水泥 | 42.5级 | kg | 1215.31025 | 0.33 | 401.05 |
| 14 | 303080 | 商品混凝土C15(泵送) | | $m^3$ | 10.3327 | 430 | 4443.06 |
| 15 | 303081 | 商品混凝土C20(泵送) | | $m^3$ | 3.92805 | 370 | 1453.38 |
| 16 | 303081-1 | 商品混凝土C30(泵送) | | $m^3$ | 9.87258 | 460 | 4541.39 |
| 17 | 303082 | 商品混凝土C25(泵送) | | $m^3$ | 77.8056 | 450 | 35012.52 |
| 18 | 303083 | 商品混凝土C30(泵送) | | $m^3$ | 16.3734 | 460 | 7531.76 |
| 19 | 401035 | 周转木材 | | $m^3$ | 12.97633 | 1249 | 16207.44 |
| 20 | 401035@1 | 周转木材 | | $m^3$ | 0.9337 | 2090 | 1951.43 |
| 21 | 406002 | 毛竹 | | 根 | 0.012 | 9.5 | 0.11 |
| 22 | 406010 | 竹钉 | Φ5mm×40mm | 百个 | 1.4313 | 3.31 | 4.74 |
| 23 | 407012 | 木柴 | | kg | 336.6119 | 0.35 | 117.81 |
| 24 | 501114 | 型钢 | | t | 8.232 | 5430 | 44699.76 |
| 25 | 502018 | 钢筋(综合) | | t | 13.34058 | 5390 | 71905.73 |
| 26 | 503152 | 钢压条 | | kg | 47.80932 | 3 | 143.43 |
| 27 | 504098 | 钢支架(钢管) | | kg | 274.48173 | 3.1 | 850.89 |
| 28 | 504098@1 | 钢支架(钢管) | | kg | 3.15588 | 3.41 | 10.76 |
| 29 | 504177 | 脚手钢管 | | kg | 0.357 | 3.1 | 1.11 |
| 30 | 507042 | 底座 | | 个 | 0.001 | 6 | 0.01 |
| 31 | 507108 | 扣件 | | 个 | 0.057 | 3.4 | 0.19 |
| 32 | 509006 | 电焊条 | 结422 | kg | 294.72982 | 8 | 2357.84 |
| 33 | 510122 | 镀锌铁丝 | 8# | kg | 26.561 | 3.55 | 94.29 |
| 34 | 510127 | 镀锌铁丝 | 22# | kg | 64.89236 | 3.9 | 253.08 |
| 35 | 511076 | 带帽螺栓 | | kg | 13.6416 | 4.75 | 64.8 |
| 36 | 511213 | 钢钉 | | kg | 19.50117 | 9 | 175.51 |

工程名称：××附属工程-岗亭工程（建筑） 标段： 第2页 共2页

| 序号 | 材料编码 | 材料名称 | 规格、型号等要求 | 单位 | 数量 | 单价/元 | 合价/元 |
|---|---|---|---|---|---|---|---|
| 37 | 511366 | 零星卡具 | | kg | 153.00323 | 3.8 | 581.41 |
| 38 | 511366@1 | 零星卡具 | | kg | 3.1382 | 4.18 | 13.12 |
| 39 | 511533 | 铁钉 | | kg | 159.34543 | 3.6 | 573.64 |
| 40 | 513287 | 组合钢模板 | | kg | 424.73697 | 4 | 1698.95 |
| 41 | 601036 | 防锈漆(铁红) | | kg | 45.472 | 6 | 272.83 |
| 42 | 602029 | 高强APP-841冷胶涂料 | | kg | 1924.9542 | 25 | 48123.86 |
| 43 | 603030 | 汽油 | | kg | 1831.8301 | 9.58 | 17548.93 |
| 44 | 603045 | 油漆溶剂油 | | kg | 11.76 | 3.33 | 39.16 |
| 45 | 603050 | 石油液化气 | | kg | 32.71164 | 4 | 130.85 |
| 46 | 604032 | 石油沥青 | 30# | kg | 3666.13597 | 4.71 | 17267.5 |
| 47 | 605024 | PVC束接 | ϕ100mm | 只 | 21.5912 | 4.18 | 90.25 |
| 48 | 605110 | 聚苯乙烯泡沫板 | | $m^3$ | 11.2302 | 540 | 6064.31 |
| 49 | 605110@1 | XPS挤塑聚苯板80mm厚 | | $m^3$ | 22.95714 | 700 | 16070 |
| 50 | 605154 | 塑料抱箍(PVC) | ϕ100mm | 副 | 83.528 | 3.52 | 294.02 |
| 51 | 605155 | 塑料薄膜 | | $m^2$ | 213.7246 | 0.86 | 183.8 |
| 52 | 605291 | 塑料弯头(PVC) | ϕ100,135° | 只 | 4.4916 | 8.17 | 36.7 |
| 53 | 605356 | 增强塑料水管(PVC水管) | ϕ100mm | m | 80.376 | 21.44 | 1723.26 |
| 54 | 607045 | 石棉粉 | | kg | 187.89 | 0.68 | 127.77 |
| 55 | 609043 | 高强APP基底处理剂 | | kg | 159.15471 | 5.04 | 802.14 |
| 56 | 609044 | 高强APP黏结剂 | B型 | kg | 855.5352 | 5.04 | 4311.9 |
| 57 | 610001 | APP及SBS基层处理剂 | | kg | 223.31985 | 4.6 | 1027.27 |
| 58 | 610002 | APP卷材 | | $m^2$ | 1491.52497 | 28 | 41762.7 |
| 59 | 610004@1 | 三元乙丙卷材防水层 | 厚度1.2m | $m^2$ | 786.3375 | 30 | 23590.13 |
| 60 | 610007 | APP封口油青 | | kg | 39.00234 | 7.5 | 292.52 |
| 61 | 610122@1 | 聚氨酯防水涂料 | 2mm厚 | kg | 157.68 | 10 | 1576.8 |
| 62 | 613003 | 801胶 | | kg | 1.32111 | 2 | 2.64 |
| 63 | 613098 | 胶水 | | kg | 1.4184 | 7.98 | 11.32 |
| 64 | 613145 | 煤 | | kg | 675.4745 | 0.39 | 263.44 |
| 65 | 613151 | 木质素磺酸钙 | | kg | 1.09303 | 3.71 | 4.06 |
| 66 | 613206 | 水 | | $m^3$ | 355.26422 | 4 | 1421.06 |
| 67 | 613249 | 氧气 | | $m^3$ | 48.2944 | 2.47 | 119.29 |
| 68 | 613253 | 乙炔气 | | $m^3$ | 21.0112 | 8.93 | 187.63 |
| 69 | BC01004 | 现浇C30混凝土 | | $m^3$ | 259.1789 | 210.21 | 54482 |
| 70 | C00007 | 回库修理、保养费 | | 元 | 204.80109 | 1 | 204.8 |
| 71 | CL3000 | 泵管摊销费 | | 元 | 29.32035 | 1 | 29.32 |
| 72 | QTCLF | 其他材料费 | | 元 | 915.79836 | 1 | 915.8 |
| 73 | YLFCCS | 养路费车船税 | | 元 | 382.49374 | 1 | 382.49 |
| | 小计 | | | | | | 480906.84 |

注：1. 此表由投标人填写。

2. 此表中不包括由承包人提供的暂估价格材料。

**发包人供应材料一览表**

工程名称：××附属工程-岗亭工程（建筑） 标段： 第1页 共1页

| 序号 | 材料编码 | 材料名称 | 规格、型号等要求 | 单位 | 数量 | 单价/元 | 合价/元 | 备注 |
|---|---|---|---|---|---|---|---|---|
| | | | | | | | | |
| | | | | | | | | |
| | | | | | | | | |
| | | | | | | | | |
| | | | | | | | | |
| | | | | | | | | |
| | | | | | | | | |
| | | | | | | | | |
| | | | | | | | | |
| | | | | | | | | |
| | | | | | | | | |
| | | | | | | | | |
| | | | | | | | | |
| | | | | | | | | |
| | | | | | | | | |
| | | | | | | | | |
| | | | | | | | | |
| | | | | | | | | |
| | | | | | | | | |
| | | | | | | | | |
| | | | | | | | | |
| | | | | | | | | |
| | | | | | | | | |
| | | | | | | | | |
| | | | | | | | | |
| | | | | | | | | |
| | | | | | | | | |
| | | | | | | | | |
| | | | | | | | | |
| | | | | | | | | |
| | | | | | | | | |
| | | | | | | | | |
| | | | | | | | | |
| | | | | | | | | |
| | | | | | | | | |
| | 小计 | | | | | | | |
| | 合计 | | | | | | | |

注：1. 此表前五栏与第七栏由招标人填写，投标人应填写“数量”、“合价”与“合计”栏，并在工程量清单综合单价报价中按上述材料单价计入。

2. 材料包括原材料、燃料、构配件以及按规定应计入建筑安装工程造价的设备。

# 参 考 文 献


[1] 中华人民共和国建设部．建设工程工程量清单计价规范（GB 50500—2008）[S]．北京：中国计划出版社，2008.

[2] 建设部标准定额研究所．《建设工程工程量清单计价规范》宣贯辅导教材［M］．北京：中国计划出版社，2003.

[3] 中华人民共和国建设部．建筑工程建筑面积计算规范（GB/T 50353—2005）[S]．北京：中国计划出版社，2005.

[4] 中华人民共和国建设部标准定额司．全国统一建筑工程基础定额（GJD—101—95）[S]．北京：中国计划出版社，1995.

[5] 中华人民共和国建设部．全国统一建筑装饰装修工程消耗量定额（GYD—901—2002）[S]．北京：中国建筑工业出版社，2002.

[6] 中华人民共和国建设部．全国统一安装工程预算工程量计算规则（GYDG 2—201—2000）[S]．第2版．北京：中国计划出版社，2001.

[7] 王欣龙．手把手教你学园林绿化工程工程量清单计价［M］．北京：中国建材工业出版社，2012.

[8] 徐涛，卢鹏．园林绿化工程预算知识问答［M］．北京：机械工业出版社，2004.

[9]《造价工程师实务手册》编写组．造价工程师实务手册［M］．北京：机械工业出版社，2001.

[10] 中华人民共和国住房和城乡建设部．GB 50500—2013 中华人民共和国国家质量监督检验检疫总局．建设工程工程量清单计价规范［S］．北京：中国计划出版社，2013.

[11] 中华人民共和国住房和城乡及建设部．中华人民共和国国家质量监督检验检疫总局．房屋建筑与装饰工程工程量清单计算规范（GB 50854—2013）．北京：中国计划出版社，2013.